“生命早期1000天营养改善与应用前沿”编委会

姜毓君　东北农业大学

蒋卓勤　中山大学预防医学研究所

李光辉　首都医科大学附属北京妇产医院

厉梁秋　中国营养保健食品协会

刘　彪　内蒙古乳业技术研究院有限责任公司

刘烈刚　华中科技大学同济医学院

刘晓红　首都医科大学附属北京友谊医院

毛学英　中国农业大学

米　杰　首都儿科研究所

任发政　中国农业大学

任一平　浙江省疾病预防控制中心

邵　兵　北京市疾病预防控制中心

王　晖　中国人口与发展研究中心

王　杰　中国疾病预防控制中心营养与健康所

王　欣　首都医科大学附属北京妇产医院

吴永宁　国家食品安全风险评估中心

严卫星　国家食品安全风险评估中心

杨慧霞　北京大学第一医院

杨晓光　中国疾病预防控制中心营养与健康所

杨振宇　中国疾病预防控制中心营养与健康所

荫士安　中国疾病预防控制中心营养与健康所

曾　果　四川大学华西公共卫生学院

张　峰　首都医科大学附属北京儿童医院

张玉梅　北京大学

中国营养保健食品协会推荐用书

生命早期1000天
营养改善与应用前沿

Frontiers in Nutrition Improvement and Application During the First 1000 Days of Life

婴幼儿精准喂养

Practical Feeding for Infants and Young Children

戴耀华
王　晖　主编
荫士安

化学工业出版社
·北京·

内容简介

本书是基于我国婴幼儿看护与喂养特点，系统分析我国婴幼儿看护与喂养中存在的突出问题的中文出版物。作者基于婴幼儿的生长发育特点、生理功能发育程度以及母乳喂养与辅食添加、对外环境暴露的敏感程度、需要优先考虑的护理与喂养等相关研究，探讨了我国婴幼儿的精准喂养问题，包括现状、存在的突出问题或常见的营养问题（如营养不良、缺铁与缺铁性贫血、钙与维生素D缺乏等）和城乡儿童存在的喂养问题（如偏食、挑食等不良饮食习惯）及其影响因素，婴幼儿期营养缺乏的近期影响与远期效应和解决的对策与干预最佳时机等。

本书可作为妇幼保健人员、婴幼儿营养专家和婴幼儿食品研发人员的参考书。

图书在版编目（CIP）数据

婴幼儿精准喂养/戴耀华，王晖，荫士安主编．—北京：化学工业出版社，2023.12

（生命早期1000天营养改善与应用前沿）

ISBN 978-7-122-44201-7

Ⅰ.①婴…　Ⅱ.①戴…②王…③荫…　Ⅲ.①婴幼儿-哺育　Ⅳ.①TS976.31

中国国家版本馆CIP数据核字（2023）第181435号

责任编辑：李　丽　刘　军　　文字编辑：张春娥　李　玥

责任校对：田睿涵　　装帧设计：王晓宇

出版发行：化学工业出版社（北京市东城区青年湖南街13号　邮政编码100011）

印　　装：中煤（北京）印务有限公司

710mm×1000mm　1/16　印张$26^1/_4$　字数471千字

2024年6月北京第1版第1次印刷

购书咨询：010-64518888　　售后服务：010-64518899

网　　址：http：//www.cip.com.cn

凡购买本书，如有缺损质量问题，本社销售中心负责调换。

定　　价：168.00元

《婴幼儿精准喂养》编写人员名单

主编

戴耀华　王　晖　荫士安

主审

任发政

副主编

吕岩玉　董彩霞　何守森　王　然

编写人员（按姓氏汉语拼音排序）

戴耀华　董彩霞　古桂雄　何守森　李　涛　刘冬梅

吕岩玉　石　英　史海燕　王　晖　王　然　吴康敏

荫士安　张环美

序一

生命早期1000天是人类一生健康的关键期。良好的营养支持是胚胎及婴幼儿生长发育的基础。对生命早期1000天的营养投资被公认为全球健康发展的最佳投资之一，有助于全面提升人口素质，促进国家可持续发展。在我国《国民营养计划（2017—2030年）》中，将“生命早期1000天营养健康行动”列在“开展重大行动”的第一条，充分体现了党中央、国务院对提升全民健康的高度重视。

随着我国优生优育政策的推进，社会各界及广大消费者对生命早期健康的认识发生了质的变化。然而，目前我国尚缺乏系统论述母乳特征性成分及其营养特点的系列丛书。2019年8月，在科学家、企业家等的倡导下，启动“生命早期1000天营养改善与应用前沿”丛书编写工作。此丛书包括《孕妇和乳母营养》《婴幼儿精准喂养》《母乳成分特征》《母乳成分分析方法》《婴幼儿膳食营养素参考摄入量》《生命早期1000天与未来健康》《婴幼儿配方食品品质创新与实践》《特殊医学状况婴幼儿配方食品》《婴幼儿配方食品喂养效果评估》共九个分册。丛书以生命体生长发育为核心，结合临床医学、预防医学、生物学及食品科学等学科的理论与实践，聚焦学科关键点、热点与难点问题，以全新的视角阐释遗传-膳食营养-行为-环境-文化的复杂交互作用及与慢性病发生、发展的关系，在此基础上提出零岁开始精准营养和零岁预防（简称“双零”）策略。

该丛书是一部全面系统论述生命早期营养与健康及婴幼儿配方食品创新的著作，涉及许多原创性新理论、新技术与新方法，对推动生命早期1000天适宜营养的重要性认知具有重要意义。该丛书编委包括国内相关领域的学术带头人及产业界的研发人员，历时五年精心编撰，由国家出版基金资助、化学工业出版社出版发行。该丛书是母婴健康专业人员、企业产品研发人员、政策制定者与广大父母的参考书。值此丛书付梓面世之际，欣然为序。

任发政

2024年6月30日

序二

儿童是人类的未来，也是人类社会可持续发展的基础。在世界卫生组织、联合国儿童基金会、欧盟等组织的联合倡议下，生命早期 1000 天营养主题作为影响人类未来的重要主题，成为 2010 年联合国千年发展目标首脑会议的重要内容，以推动儿童早期营养改善行动在全球范围的实施和推广。“生命早期 1000 天”被世界卫生组织定义为个人生长发育的“机遇窗口期”，大量的科研和实践证明，重视儿童早期发展、增进儿童早期营养状况的改善，有助于全面提升儿童期及成年的体能、智能，降低成年期营养相关慢性病的发病率，是人力资本提升的重要突破口。我国慢性非传染性疾病导致的死亡人数占总死亡人数的 88%，党中央、国务院高度重视我国人口素质和全民健康素养的提升，将慢性病综合防控战略纳入《“健康中国 2030”规划纲要》。

“生命早期 1000 天营养改善与应用前沿”丛书结合全球人类学、遗传学、营养与食品学、现代分析化学、临床医学和预防医学的理论、技术与相关实践，聚焦学科关键点、难点以及热点问题，系统地阐述了人体健康与疾病的发育起源以及生命早期 1000 天营养改善发挥的重要作用。作为我国首部全面系统探讨生命早期营养与健康、婴幼儿精准喂养、母乳成分特征和婴幼儿配方食品品质创新以及特殊医学状况婴幼儿配方食品等方面的论著，突出了产、学、研相结合的特点。本丛书所述领域内相关的国内外最新研究成果、全国性调查数据及许多原创性新理论、新技术与新方法均得以体现，具有权威性和先进性，极具学术价值和社会价值。以陈君石院士、孙宝国院士、陈坚院士、张福锁院士、刘仲华院士为顾问，以任发政院士为编委会主任、荫士安教授为副主任的专家团队花费了大量精力和心血著成此丛书，将为创新性的慢性病预防理论提供基础依据，对全面提升我国人口素质，推动 21 世纪中国人口核心战略做出贡献，进而服务于“一带一路”共建国家和其他发展中国家，也将为修订国际食品法典相关标准提供中国建议。

中国营养保健食品协会会长

边振甲

2023 年 10 月 1 日

前言

儿童营养与健康状况的变化反映了整个社会和经济的发展，也能够反映一般人群的健康和营养状况，因为儿童对不良的生活环境和恶化的卫生条件、营养条件最为敏感。儿童营养与健康状况与国家的社会发展、医疗卫生事业发展、农业生产和食物供给等各方面息息相关。儿童时期经历营养不良的近期后果是感染性疾病的发病率增加、死亡率升高、生长发育潜能受限和神经系统发育延迟，远期后果是导致学习认知能力受损、做功能力和劳动生产率降低以及成年时期营养相关慢性病的易感性增高，通常这些结局是不可逆的！

为了促进婴幼儿照护服务的发展，2019年国务院办公厅发布了《关于促进3岁以下婴幼儿照护服务发展的指导意见》(国办发[2019]15号)，强调了要重视婴幼儿的养护与看护工作。本书围绕这一受到重点关注的问题，根据作者们在儿科、儿童保健领域多年积累的临床实践经验、妇幼营养学研究和全国儿童营养状况监测数据，从实用技术到学术研究，较系统地论述了如何能更好地养育和看护我们的孩子。

全书共20章，内容包括我国婴幼儿的食物与营养状况、营养缺乏发生率，生长发育、消化吸收与生理特点，营养缺乏对儿童的近期和远期影响，母乳喂养与辅食添加的关系，婴幼儿营养学基础，存在的常见营养问题、干预对策、精准补充、平衡膳食计划和良好膳食习惯养成，以及以前研究和关注较少的问题，如生命最初1000天的口腔健康、儿童喂养困难、儿童早期味觉发育与后期食物选择、营养与学习认知功能等。本书是目前较少的基于我国婴幼儿的看护与喂养特点，系统分析我国婴幼儿看护与喂养中存在的突出问题的中文出版物。

非常感谢书中每位作者对本书所做出的贡献。本书是2022年度国家出版基金支持的“生命早期1000天营养改善与应用前沿”丛书的组成部分，在此感谢国家出版基金的支持，同时感谢中国营养保健食品协会对本书出版给予的支持。

在本书编写过程中，全体参编人员根据自己多年从事相关工作（研究与临床实践）积累的数据，尽可能地收集、参考了国内外最新的研究成果和公开发表的论文论著，但仍难免存在疏漏和表达不妥之处，敬请同行专家和使用本书的读者将意见反馈给作者，以不断改进。

编者

2024年5月31日，北京

目录

第 1 章

绪论

儿童是人类的未来，也是人类社会可持续发展的基础。1990 年，在世界儿童问题首脑会议上，世界各国的领导人联合签署了《儿童生存、保护和发展世界宣言》和《执行九十年代儿童生存、保护和发展世界宣言行动计划》两个文件，郑重承诺共同关注儿童问题，让每个儿童拥有美好的未来。中国政府积极履行了世界儿童问题会议上做出的承诺，根据世界儿童问题首脑会议提出的全球目标和《儿童权利公约》，结合中国国情，国务院于 1992 年正式颁布实施了《九十年代中国儿童发展规划纲要》(以下简称《儿童纲要》)。这是我国第一部以儿童为主体、促进儿童发展的国家行动计划。之后每十年修订一次。由于各级政府和相关部门的重视，中国基本实现了《儿童纲要》的主要目标和世界儿童问题首脑会议提出的全球目标，我国儿童发展事业取得了重大进步[1-3]。但是作为一个人口众多的发展中国家，中国儿童发展事业仍面临诸多的问题和挑战，仍然需要提高儿童发展的整体水平，进一步优化儿童发展的环境；缩短地区（如东西部、发展中与发达地区）之间、城乡之间发展条件和水平上的差距[2,3]；随着流动人口数量的增加，出现了城市流动儿童和农村留守儿童的护理和养育问题[4,5]，这些人群中的儿童保健、教育和保护等问题也亟待解决[2,3,6]。

1.1 中国 0 ~ 5 岁儿童营养不良的原因和挑战

儿童群体是营养缺乏的最脆弱群体，尤其是 5 岁以下儿童。儿童营养不良仍然是世界范围内的主要公共卫生问题[7]，由于免疫能力下降，尤其伴随微量营养素（如维生素 A 和维生素 D、铁、锌）缺乏时，将导致感染性疾病的发病率和死亡率增加[8-10]，不仅对儿童的身心健康造成不可逆转的损害，对儿童的认知能力、成年后的健康状况和生产能力等产生长期不良影响[1-5]，还将导致成年时期对营养相关慢性病的易感性增加[11-15]。降低儿童营养不良率是联合国设定的千年发展目标（MDG）之一。5 岁以下儿童营养不良一般包括生长发育迟缓、低体重、消瘦和微量营养素缺乏。近年来，营养不良还包括营养失衡导致的超重和肥胖[16-18]。下面将重点论述我国 0 ～ 5 岁儿童生长发育迟缓（年龄别身高 Z 评分＜ −2）、低体重（年龄别体重 Z 评分＜ −2）、消瘦（身高别体重 Z 评分＜ −2）的过去（改革开放前）、现在（改革开放后）和将来，以及如何应对我国 5 岁以下儿童营养不足和营养过剩的双重负担。

1.1.1 食物短缺导致儿童营养不良

大约半个世纪之前，我国是一个贫穷的农业国家，当时也是世界上文盲或半文盲农业人口最多的国家之一。7 岁以下儿童数量约 1.3 亿，约占人口的 13%，其中 2/3 以上的人口生活在农村。中华人民共和国成立前（1949 年前），没有完整的儿童生长发育调查数据。据估计，我国贫困农村地区儿童的发育状况非常差，婴儿死亡率高达 200‰左右（2012 年已降低到 10.3‰）[19]。20 世纪 50 年代末至 70 年代末，我国的粮食供应在数量和质量上几乎没有得到明显改善，可用粮食几乎无法满足大多数地区基本人口的增长和劳动人口所需[20]。新生儿期和出生后最初 6 个月，绝大部分婴儿（80% 以上）都是母乳喂养，6 月龄内婴儿体格生长模式与工业化国家的婴儿相似。农村地区 6 月龄或城市地区 4 月龄之后，许多婴儿停止母乳喂养或开始添加营养和 / 或能量密度低的辅助食品，导致生长发育欠佳和微量营养素缺乏的发生率很高，如铁、维生素 A、维生素 D、锌和 B 族维生素[21]。在当时，如何降低 5 岁以下儿童营养不良率仍然是中国的一大公共卫生挑战。1959 年冬至 1961 年秋，我国发生的“三年困难时期”对农村地区食物供给的破坏性更大，最严重时期导致婴幼儿较高的死亡率。尽管当时没有儿童营养状况的数据，可以预测由于严重食物短缺，5 岁前儿童的情况（营养不良发生率和死亡率更高）应是相当严重的[11-13]。

新中国成立以来，虽然在多个城市开展了儿童生长发育的小样本调查，但是受当时诸多因素制约，调查的设计和方法上仍有些局限性。我国第一次全国营养调查是在1959年全国发生严重自然灾害时进行的，当时的调查结果并未公布[13-15]。据近年的流行病学调查结果，我国中老年人代谢综合征患病率迅速上升，与其胎儿期和儿童期遭受的严重饥荒（1959～1961年）以及成年期较好的经济状况与膳食西式变迁有关[11-15]。

1975年首次发表的儿童生长发育调查，是在中央财政支持下，采用综合方法调查了9个城市儿童身体发育状况。根据1975年9个城市的调查结果[22]，城市地区儿童的体重和身高较1949年前有明显改善。例如，1975年北京四个城区新生儿至11岁儿童生活条件的调查结果显示，当时各年龄段儿童的生长发育状况均比1937～1940年四个城区有显著改善[22]。

1.1.2 经济发展降低营养不良发生率

20世纪70年代之前，中国曾是世界上最贫穷的国家之一。例如，1981年中国的贫困率约为84.0%，占世界绝对贫困人口总数的43.6%。自20世纪80年代全面改革开放以来，我国贫困人口数、贫困率和占世界绝对贫困总人数的比例于2010年年底分别下降到1.571亿、11.8%和12.9%，减少贫困人口6.78亿、贫困率72.2%、绝对贫困人口总数的30.7%。随着我国政府宣布已经全面消除贫困，将为儿童营养状况的全面改善和降低营养不良奠定重要基础条件[23]。

1.1.2.1 食物供给和营养素摄入量得到明显改善

自1978年中国实行改革开放以来，鱼、禽、蛋、奶及其制品等动物性副食品以及其他各种食品的市场供给丰富，蔬菜和水果品种多样，以及由于农业政策的稳定显著改善了国民的膳食水平，同时伴随我国儿童营养和健康状况得到全面改善。根据1982年秋季我国第二次全国居民营养状况调查（数据未公布），我国已基本解决了温饱问题，人口的营养状况有所改善。能量和蛋白质的平均摄入量分别为2484kcal/d（1cal=4.1840J）和67g/d，达到了当时的推荐膳食供给量（RDA），典型的营养缺乏疾病的症状和体征已很少见。例如，尽管最近多次调查结果显示，我国3～5岁儿童城乡总能量和蛋白质的摄入量有所降低，但是动物性食物来源的蛋白质所占比例不断增加，脂肪提供能量的比例增长明显，而谷物及其制品来源的蛋白质和提供能量的占比持续下降[2,3]。

1.1.2.2 营养不良率显著下降

1992 ～ 2017 年中国 5 岁以下儿童营养不良患病率变化如图 1-1 所示。经过改革开放和国民经济持续发展 40 多年，我国已经全面摆脱贫困、加速实现现代化和工业化，国力迅速增强，家庭收入和居民生活条件以及营养状况得到明显改善，全国学龄前儿童营养不良率明显下降。根据 2016 ～ 2017 年我国 5 岁以下儿童营养状况监测结果，城乡 5 岁以下儿童的生长迟缓率、低体重率和消瘦率均比 1992 年显著降低 [23-25]，然而农村地区营养不良的发生率仍高于城市，特别是在那些偏僻的农村地区尤为突出 [26]。几十年来，我国城乡儿童营养状况的改善与膳食多样性和膳食质量的改善有关（图 1-2）。

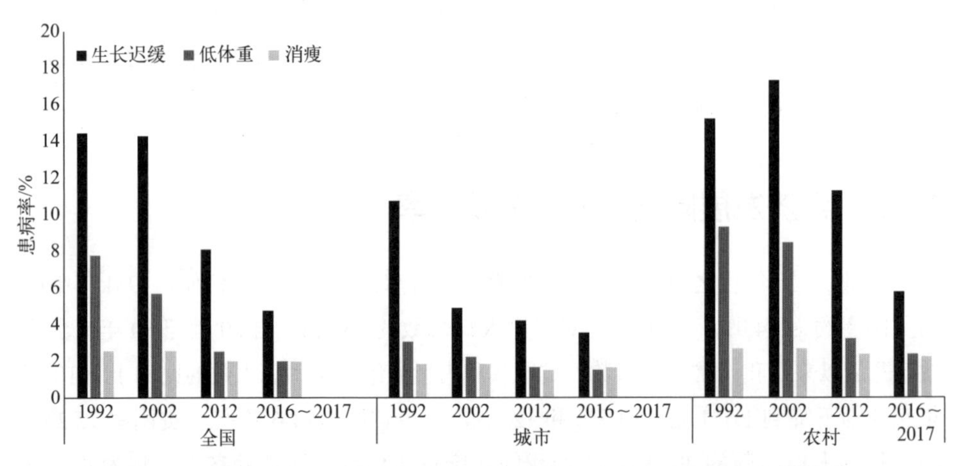

图 1-1 1992 ～ 2017 年中国 5 岁以下儿童营养不良患病率的变化 [2,3,23,25]

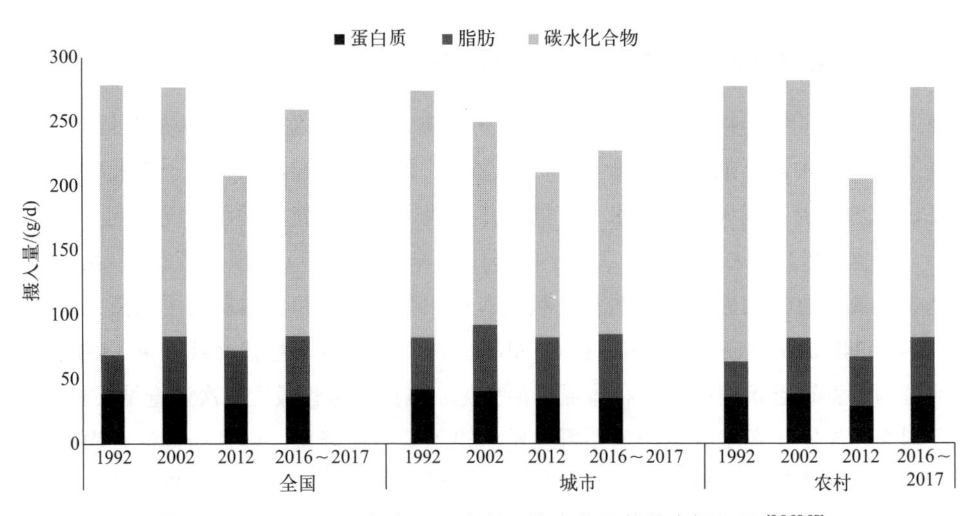

图 1-2 1992 ～ 2017 年中国 5 岁以下儿童宏量营养素摄入量 [2,3,23,25]

其他多项相关的调查结果也显示，我国5岁以下儿童营养不良的变化趋势相同。例如，根据1985～1989年儿童营养状况监测与改善项目，基于世界卫生组织（WHO）生长发育参考标准，当时涉及7个省、市、自治区18个贫困点的6岁以下儿童生长发育迟缓率、低体重率、消瘦率分别为18.8%～78.1%、11.6%～49.1%和5%（数据未公开）。以下项目涉及1990～1995年生活在27个省、市、自治区101个县的11.7万名5岁以下儿童，生长发育迟缓率从1990年的36.2%下降到1995年的28.7%；低体重率从1990年的23.7%下降到1995年的17.7%；消瘦率变化不显著，这些变化与身高增长较慢有关（1990～1995年儿童营养状况监测改善项目，数据未公开）。1985年9个城市学龄前儿童体格测量结果显示，同年龄组平均身高、体重均高于1975年，农村儿童的身高和体重明显低于城市儿童，整体上仍低于WHO的推荐参考标准。1985～1987年18个农村站点的数据显示，生活在低经济水平家庭（年人均收入＜200元）的儿童身高和体重显著低于生活在人均收入高于500元家庭的儿童（1985年9个城市学龄前儿童体格测量，数据未公开）。1990～1998年，城市地区低体重发生率从1990年的8.0%下降到1998年的2.7%，农村地区由22.0%下降到12.6%；发育迟缓率城市由9.4%下降到4.1%，农村由41.4%下降到22.0%[27]。2005年Pei等[28]报道，中国西部贫困地区5岁以下儿童营养不良及其影响因素调查中，10个省45个县13532名3岁以下儿童（0～36个月儿童）营养不良综合指数评估为21.7%；发育迟缓、低体重和消瘦发生率分别为15.9%、7.8%和3.7%[29]。

儿童营养状况的改善与经济的快速持续增长有关，中国40多年的发展经验充分证明了这一点[30]。大多数调查结果表明，我国儿童营养状况改善重点以改善和降低营养不良（尤其是生长发育迟缓和缺铁性贫血）为目标，重点关注育龄妇女和两岁以下儿童（生命最初1000天），积极预防儿童的消瘦和生长发育迟缓[31]。

1.1.2.3 肥胖发生率持续升高

已有报道，社会经济状况（socioeconomic status, SES）与人群超重肥胖和慢性非传染性疾病密切关联，社会经济地位低的人患肥胖和非传染性疾病的风险更大[32]。随着经济持续发展，国民收入增加以及膳食西式变迁，我国城乡儿童超重肥胖的发生率呈现持续增长态势。尽管整体趋势是城市地区儿童超重和肥胖患病率高于农村地区，但农村儿童中除了仍然存在常见的消瘦和传统营养缺乏问题的同时，肥胖率也在迅速上升（图1-3）。例如，2016～2017年全国居民营养与慢性病调查数据显示，发育迟缓、低体重和消瘦发生率分别为4.8%（城市3.5%，农村5.8%）、2.0%（城市1.5%，农村2.4%）和2.0%（城市1.7%，农村2.2%），而超重发生率为6.8%（城市6.9%，农村6.7%），同一年龄组的肥胖患病率为3.6%（城市3.4%，农村3.7%），我国5岁以下儿童的肥胖率持续上升是需要高度关注的问题[2,3]。

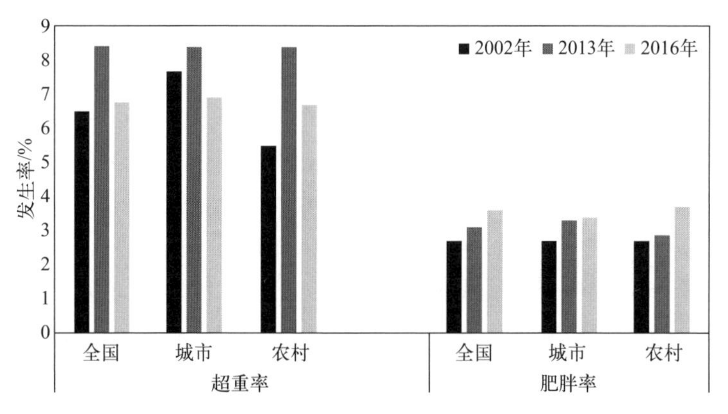

图 1-3　2002 年、2013 年、2016 年我国 5 岁以下儿童超重肥胖率

1.1.3　未来面临的营养不良挑战

"健康和疾病的发育起源"的科学证据表明，预防成人营养相关慢性病应从生命早期开始（即生命最初 1000 天）[33]，通过纯母乳喂养和提供高质量辅食促进母婴健康和降低婴幼儿营养不良发生率，促进公众的均衡膳食模式和健康素养的提高。儿童是一个国家或民族的未来，一个国家的繁荣和可持续发展必须从教育和培养儿童身心健康开始。尤其是我国全面放开三孩政策实施之后，高龄妊娠的比例增加，如何提高我国出生人口的质量、优生优育是亟待解决的问题。

过去几十年农村人口的健康和营养状况得到明显改善。然而，在我国西北、西南和中西部省份的一些偏远农村地区或山区，儿童仍然存在不同程度的营养不良 [26,28,29,34]，这些区域儿童的微量营养素缺乏也很常见，包括维生素 D 与钙、维生素 A、维生素 B_2 和维生素 B_{12}、锌的缺乏与缺铁性贫血，与生活在城市地区的儿童相比，农村地区儿童的营养素缺乏问题尤为严重 [35]。

同时，需要特别关注我国城市和农村地区儿童营养失衡（超重和肥胖）的问题，随着膳食明显的西式变迁，方便食品、高能量 / 高脂肪食物和含糖饮料消费量的增加以及身体活动减少和久坐时间增加等因素，肥胖发生率呈现持续上升态势，我国 5 岁以下儿童营养改善面临疾病的"双重负担"或"双重挑战"。

然而，还需要更加关注以下问题，例如，儿童营养状况存在显著的城乡和区域差异，儿童贫血和其他微量营养素缺乏的高发率；城市流动儿童、农村留守儿童等弱势儿童群体的营养问题，因此国家应探讨农村 5 岁以下儿童的营养改善政策和加强扶植力度 [36]，通过增加农村地区家庭的经济收入，改善儿童生存环境和针对性营养干预，缩小城乡儿童营养状况差距。例如，一项给贫困地区学龄前儿童提供免费午餐的研究结果显示，这样的营养干预可能改变学龄前儿童的发展轨迹[37]；国家启动的为集中连片贫困地区6～23月龄婴幼儿免费提供辅食营养补充品（营养包）干预证明，可以明显改善儿童的生长发育状况，降低缺铁性贫血发生率[38]。

作为国家公共卫生政策，学龄前儿童营养状况的改善应着眼于实施扶贫和改善家庭经济状况；在强力推进母乳喂养的同时，应加大及时合理添加辅助食品的宣传和提供更多优质辅助食品；增加膳食多样性和奶类食物的摄入量；加强母亲或儿童看护人营养知识的教育以解决这些儿童的营养缺乏或不足，科学合理进行营养补充和食品强化。这些措施都可以有效改善婴幼儿的营养与健康状况，降低5岁以下儿童营养不良和微量营养素缺乏的发生率[39]。

1.2 儿童早期发展的重要性

儿童早期综合发展包括6岁以内的儿童，或者指出生后到入学前的这一阶段，还应包括产前阶段，因为这段时期对于儿童未来健康、生长和发育轨迹均产生重要影响。其中0～3岁是人类大脑发育的关键时期，对儿童早期认知、语言、社交和学习能力的形成与发展均产生重要影响，这个时期发生营养不良将会严重影响儿童这些发育潜能，因此应关注儿童早期发展[40,41]，尤其是3岁以下儿童。

1.2.1 儿童早期发展的理论基础

1.2.1.1 健康和疾病的发展起源

“健康和疾病的发育起源”理论指出，儿童早期的营养和发育状况的影响是长期的，构成人一生的健康基础[42,43]。而儿童早期的营养不良和发育障碍被认为是成人时期罹患营养相关慢性疾病的重要危险因素[44-46]。该理论强调了儿童早期发展在生命早期中的基础作用：

（1）强调了营养和养育在儿童早期发展中的重要作用，开拓了脑科学、表观遗传学等学科的研究领域；

（2）为孕产妇保健提供了新的依据，即良好的孕期营养和环境可以促进胎儿的发育，为下一代的终生健康奠定基础（构建良好的组织结构和体成分）；

（3）为成人营养相关慢性病预防关口前移到儿童期，尤其是生命最初的1000天，提供了理论依据；

（4）推动了发育儿科学的发展。

1.2.1.2　儿童早期发展的遗传机制和环境机制

儿童早期发展取决于遗传机制和环境机制的相互作用[42,47]。先天的遗传机制确定了儿童发展的内涵和潜力，后天的生存环境则促进了这些潜力的充分发展。儿童早期发展应遵循儿童生理发育的规律和里程碑，避免拔苗助长；儿童早期发展需要了解儿童的个体差异，扬长避短，尽可能地创造条件让儿童的优势潜能得以充分发展。

重视儿童早期发展的环境机制就是要为儿童创建良好的家庭环境，指导和帮助父母建立正确的育儿观，学习科学养育孩子的方法和技巧，了解孩子的发育轨迹和规律，在日常生活中培养孩子自主、自尊、自强和良好的人际交往等社会能力。

1.2.2　儿童早期生长发育的特点

1.2.2.1　脑发育在儿童早期发展中的重要性

科学证明，生命最初1000天关键期的经历对个体的智力、人格和社会行为的形成至关重要，同时对儿童的生长发育也将产生重要影响[48]。分子生物学的最新研究技术可以帮助我们更好地了解神经系统的功能、大脑发育方式以及环境对脑发育的影响。

1岁以内是出生后大脑发育最快的时期，出生后数月是大脑发育成熟非常关键的时期。在这一时期，神经突触（大脑神经细胞之间的神经联系）的数量将增加20倍。儿童早期发展过程中，压力对大脑功能具有负面影响。在儿童早期阶段，那些经历/承受过巨大压力的孩子比其他同龄人更容易出现认知、行为和情绪方面的问题。

大脑在出生时就已经基本发育成型，在出生后最初2年，脑发育速度最快，包括脑神经细胞数量的快速增加以及神经联系的塑形。6岁前，绝大多数的神经联系已经发育完成，因此，给予早期儿童适当的感觉和运动刺激可以促进儿童今后的各种学习能力发育，甚至可以弥补早期营养不良所带来的不良影响。

每个家庭都需要确保孩子早期能够打下坚实的基础，从而得以顺利地进入学龄期乃至完成终身的学习，这些基础包括早期健康、良好的营养以及充满好奇心和社会自信。

1.2.2.2　儿童早期发育与需求特点

出生后最初三年是儿童生命中学习最快的时期，这期间，他们从需要被人照顾的嗷嗷待哺的小儿逐渐成长为一个可以开口表达自己需要的有独立意识的个体，早期养育质量影响儿童的大脑结构与功能发育[49]。表1-1详细描述了0～3岁

表 1-1　儿童早期发育特点及需求

年龄段	发育特点	需求
出生～ 3 个月	通过各种感觉器官认识周围世界 眼睛可以追随人和物体 对人脸和鲜艳的颜色有反应 伸展、发觉手脚的存在 抬头、转向声源 哭，经常抱起来后能够平静下来 开始建立自我感觉能力	预防疾病 充足营养（纯母乳喂养是最佳选择） 适当的保健（疫苗接种、口服补液疗法、营养素补充、卫生） 与成人之间形成依恋 身边需要有成人能够理解婴儿的信号并做出反应 可以看、触碰、听、闻和尝的东西 被人抱起、摇晃，听到歌声
4 ～ 6 个月	经常笑 喜欢与父母和大一点的孩子倚在一起 重复一些感兴趣的动作 专心听 与孩子讲话时，有反应 会咯咯地笑，模仿声音 探索手和脚 将东西放进嘴里 会翻身，可以在别人帮助下坐及在床上弹跳 全手掌抓物体	出生～ 3 个月的所有需求，再加上： 一个可以探索的环境 适当的语言刺激 每天需要提供多种玩具给孩子玩
7 ～ 12 个月	记得简单的事情 认知自己，了解身体主要部位，记得熟悉声音 听到叫自己名字时有反应，理解常用语 会说句子开头一个有意义的词 探索、敲打、摇晃物体 找到被藏起来的东西，将物体放入容器中 独坐 会爬，可以扶站、扶走 看到陌生人时显得害羞或者不安	出生～ 6 个月的所有需求，再加上： 开始辅食添加 讲故事 一个安全的供孩子探索的环境
1 ～ 2 岁	模仿大人的动作 会讲话，理解别人的话语和想法 喜欢听故事，拿玩具做游戏 走路稳，可以上台阶，会跑 喜欢独立，但更喜欢与熟人在一起 知道物品的主人 与别的小朋友建立友谊 解决问题的能力 对自己做的事情有自豪感 喜欢帮别人做些事 开始玩“过家家”的游戏	除了 1 岁前的所有需求，还包括： 支持孩子新动作、语言和思考能力的发展 培养独立性 帮助孩子调节自己的行为 培养孩子懂得照顾自己 给孩子创造玩耍和探索的空间 与其他孩子一起玩 每天听 / 讲故事 必要的话，保健还应该包括驱虫治疗

续表

年龄段	发育特点	需求
2～3岁	喜欢学习新技能 学习语言很快 总在忙碌、不闲着 可以控制手和手指的活动 很容易失败 行动上更加独立，但仍需依靠大人 在熟悉的场所自由活动	除了以上所有内容，还包括： 做决定 参加有趣的活动 唱喜欢的歌曲 猜简单的谜语
任何年龄段出现生长发育偏离的孩子	孩子对刺激和关心没有反应	看护人应该知道何时去寻求帮助，如何给孩子创造一个充满关心和爱的环境 看护人在额外时间里，可以与孩子玩耍、交谈，拥抱孩子 鼓励孩子与别的小朋友一起玩耍

年龄段的儿童发育变化，我们从中不仅可以掌握0～3岁婴幼儿的发育特点，而且还可以了解这个阶段儿童的发展需求，以便为儿童健康成长提供最有效的支持。从该表中我们可以看到，生命初期每个月儿童生长发育的变化都非常惊人，可以说一天一个样。

1.2.3 儿童早期发展需要玩耍与交流

1.2.3.1 玩耍——满足儿童早期发展发育和学习需求

玩耍是儿童的工作，并且对于儿童来说玩耍是很重要的学习和交流方式，因为它与儿童的学习、生长和发育相联系，早期玩耍是终身学习的基础，它在儿童认知发展过程中发挥关键作用，使儿童通过玩耍探索和了解世界[50]。玩耍将会影响到儿童的社会能力、智力、语言能力和创造性的发展[51,52]。尤其是善于社交活动的儿童一般能够取得较好的学习成绩。玩耍渗透到儿童日常生活的每个环节。全世界的儿童或是单独玩耍，或是群体性活动，以此来认识和探索他们所在的环境。玩耍保持了文化的真实性，因为玩耍的内容综合了民间故事、庆典、特殊节日和其他的传统等。比如照顾小孩、看病、购物和做饭等游戏都是普遍存在的而不是像其他游戏那样是文化所特有的。不管它的实际内容如何，玩耍对于儿童的学习来说都是至关重要的。玩耍的过程是重要的和综合的学习经历。

儿童的玩耍行为对很多相关领域的发展有重要作用。大脑的发展是基因与环境综合作用的结果，而且早期的刺激和经历奠定了大脑未来学习能力发展的基础。

在幼儿时期，特别是从出生至三岁这一年龄段，由于大脑神经突触和神经细胞之间的联系快速增加，成为塑造脑的关键时期。在安全依恋成人的背景下，给幼儿丰富的、刺激性的和生理的活动，这些活动，即玩耍，可以使他们的大脑发育得更好，以便为将来的学习做准备。婴幼儿时期是大脑神经突触发展的最佳时期，因此日常安排儿童与不同的玩具玩耍，对于开发儿童的智力和学习能力自然是必要的和有价值的。

儿童的玩耍涉及探究、语言、认知和社会技能的发展。玩耍是一种普遍的各种学科相互作用的过程。在多元智能理论中，Gardner（1983/1993）[53] 认为人类发展有 7 种不同的智能。这些智能分别是：语言的、音乐的、逻辑数学的、空间的、身体运动知觉的、个性的和社会的智能。他指出，每种智能是先天的大脑结构与后天文化影响及通过有意识地教育来发展某一专门智能相结合而产生的。根据 Gardner 的被普遍承认和接受的理论，玩耍是形成 7 种不同智能的最佳方法。儿童在玩耍中学习到新的词汇、文法和维持对话交流的能力。他们还通过唱歌、打拍子，以及摆弄乐器学习到音乐能力。当他们玩木块，数数、对比，以及建造他们的建筑物时学习到数理逻辑能力。而视觉空间的技能是通过美术活动、视觉匹配和制作视觉符号时形成的。身体运动智能的发展是通过攀登、赛跑、抓球和一系列运动游戏形成的。个性是通过一系列主题游戏，使儿童意识到他们的情感、思想、喜好不同，在这一过程中形成的。社会技能的发展是在儿童玩耍、按照社会角色分工、学会站在他人的立场上观察世界，并且用语言来进行协商和解决问题的过程中形成的。

（1）0 ～ 3 岁儿童的玩耍类型　儿童在玩耍过程中，通过 5 种感觉运动来探知这个世界。新生儿在其父母或看护人的触摸中与其建立了信赖关系，并且茁壮成长。他们是生活在“每个瞬间”的。他们从一些简单的，诸如吸吮手指的条件反射发展到一些更加协调和有组织的反射，诸如踢动挂在婴儿床上面的物件。在视觉上，婴儿学会追踪物体，并且喜欢和镜子内自己的影像玩耍。渐渐地，他们能够控制他们自己的头和身体其他部位的运动，并且能够翻身、踢、爬行。手尤其是手指也在发展，因此能够抓一些物体。这时新生儿便开始用手和嘴来探知世界。当婴儿学会爬行之后，他就能够移动了，渐渐地便能够扶着东西站立并开始学会走路。这个阶段婴儿的玩耍是身体的、感官的和探知性的。这时儿童获得声音的经验并开始牙牙学语，还会与父母和看护人“咕咕”讲话。

幼儿会对音乐有反应并经常喜欢唱歌和跳舞。他们此时在锻炼生长技能，需要能引起他们好奇心和注意力的安全和干净的玩具。所有的玩耍活动都需要成人在场，并要对幼儿的行为做出积极反应。

随着幼儿的成长，他们会喜欢和有反应的物体玩耍，比如可以挤压的海绵。

他们开始收集东西，将盒子装满，再将它们全部倾倒出来。一些装扮和象征性的游戏在这时开始萌芽。幼儿开始注意到其他的幼儿，虽然此时仍是各玩各的游戏，彼此之间互不干涉，但是此时幼儿会模仿其他幼儿的游戏行为。幼儿的注意力跨度很小，而且在分享上仍然存在困难。他们给物体命名，并且喜欢玩比如“你看到什么啦”的命名游戏。如果有蜡笔或颜料，他们会胡乱画一些东西，锻炼他们的手指和手的技能。他们喜欢戳洞，然后将他们的手指伸入盒子或泥土上面的小洞里去。

在幼儿时期，想象性的游戏刚刚起步，因此明智的选择应该是提供一些小道具。例如，洋娃娃、用来装扮的衣服和一些家庭器具类玩具等。水和沙子对幼儿来说是诱人的感官道具，最好在户外玩耍。

当幼儿 2 岁时，他们的运动技能和口头语言能力得到进一步提高，这使得他们在装扮游戏中的行为更加有意义和有目的性了。儿童时期维持注意力集中的时间仍然很短，但是他们的坚持性和耐久性有所提高，还能够面对挫折和延迟满足。有时当他们出去探知世界时，他们需要一些安慰的东西，比如安全带或是家里比较熟悉的玩具等。在这一阶段，幼儿开始发展友谊，学会进入游戏活动中去表达自己品格且倾听他人，运动技能得到进一步发展，开始学会跳跃、旋转、攀登和模仿。他们喜欢和其他小伙伴在一起，但此时幼儿之间仍然不能进行有效的相互交流。

（2）适合 0 ～ 3 岁组儿童玩耍的材料或活动　对于 0 ～ 3 岁组的儿童，每个儿童都应该有他们自己的玩具。原因就是要培养儿童对材料的主人翁的感觉，这在有压力和混乱的情绪中是十分重要的，可以帮助儿童感知到某些东西是完完全全属于他的并且他还享有对玩具的控制权和赠与权。

建议的玩具材料是以自我为导向的，不需要任何指导就能玩的玩具。这些玩具能够促进感官上的刺激，带来情感上的舒适感，并且也会极大地增进幼儿与看护人之间的交流，这可以增强儿童的安全感，减少儿童的压力，使儿童做出积极的反应。总的来说，建议 0 ～ 3 岁儿童玩耍的基本材料如下：

一个实心玩具。实心的玩具除了有感官上的刺激外，还可以通过布置舒适的场景来帮助儿童克服恐惧感。儿童会将柔软的玩具看作是舒服的，因此同时还要允许他将害怕和决心表达出来。

一本图画书。图画书提供了视觉上的刺激，能够促进想象力的发展和增加儿童与成人之间的交流，还可以表达感情和思想。

一组中号的、彩色的和轻的木块或塑料块（15 ～ 30 片）。这个玩具培养儿童的创造性和想象力，发展儿童的思维、创造力和良好的手动技能，并能增进社会交流。大堆的物体是极大的乐趣来源，也是幼儿学习的主要动因和方式，还可以影响他们的生长环境。

1.2.3.2 支持成人与婴幼儿之间的交流

世界儿童发展规划（International Child Development Program, ICDP）为了促进婴幼儿社会心理的更好发展，编写了一系列增强母子交流的指导手册，后来被世界卫生组织采用，并从中总结出母子间良好交流的八大准则，这些准则不受地区风俗的限制，在世界范围内广泛应用，促进0～3岁儿童获得最佳的发展。下面以指导家长的方式来简要介绍这八大准则。

（1）向孩子显示出你非常爱他/她　父母与孩子相处时，应保持积极、热心的情绪，不能应付，即使孩子不能理解你在说什么，他仍然可以觉察到爱和拒绝、快乐和悲伤的情感表达。看护人非常有必要向孩子表明你喜欢他/她，用爱来保护他，经常爱抚他，表达自己的喜悦心情。孩子将以自己的方式回报你，表达自己的快乐和欣赏。

（2）与孩子进行对话　通过情感表达、手势和声音与孩子“对话”，进行情感交流。从小孩出生后不久，家长就可以通过眼神、微笑、手势和愉快的情感表达，与婴儿进行感情交流。当看护人表扬孩子所作事情的时候，孩子会用快乐的声音来“回应”。看护人通常可以通过模仿婴儿的表达方式来与他进行交流，通常婴儿会做出重复回应，这样“对话”就开始了。这种早期的情感“对话”对于日后母子关系和孩子语言的发展都是十分有益的。

（3）听从孩子的引导　在与孩子交流时，看护人要注意观察孩子的需求和肢体语言，尽可能地去适应和跟随孩子的脚步。如果孩子想玩某一玩具或者物品，你就让他玩这个玩具，如果孩子想在睡觉的时间玩耍，你可以让他玩一小会儿，然后再把他重新抱到床上。这样孩子就会感受到看护人非常关心他。当然，在这样做的同时，也要注意调节孩子的行为。在一定的界限内，让孩子能够自由地去做他想做的事情，而不是总被别人来安排做什么事情，这对于儿童的早期发展十分重要，这一条准则与最后一条准则有一些共同之处，因为任何一次良好的对话都需要倾听孩子的心声并随他的想法来做。

（4）对孩子设法去做好的事情应给予表扬和肯定　让一个孩子建立自信心和找到动力的重要一点，就是看护人要让孩子感觉到自己的价值和被人赏识。对他尽可能去做好的事情给予表扬和肯定，同时也可以有效地避免他做错事。看护人可以采取这种方式指导和推动孩子的行动。

（5）孩子与你讲话时要专心听　培养孩子将注意力专注于一件事情并分享他的体验。婴儿和小孩子需要成人帮助来集中注意力，看护人可以拿孩子感兴趣的东西来吸引他的注意力，同时还可以分享与孩子一起玩耍的快乐。看护人可以给孩子看身边的物品并告诉他这是什么东西。

一次典型的交流应该是：

“看看这是什么？”

“这是……”

（6）引导孩子认识世界　通过语言和情感表达，帮助孩子认识身边的世界。通过命名和描述看护人和孩子身边的事情、物品、动物等，孩子开始对这件事情有了初步认识。为了让孩子认识周围的世界，看护人需要通过语言或者情感表达来帮助孩子。例如：

“看这里！”

“这是什么呀？”

“这是一个茶杯。”

“茶杯是红色的（或者是大的）。”

“这是你外公用的茶杯。”

（7）帮助孩子开拓视野　要尝试多种方式帮助孩子开拓视野，丰富眼界。随着孩子长大，会发现他的视野变得更宽了。他可以开始去探究很多问题，这段时间是看护人帮助孩子弄清楚容易与过去经历相混淆的一些东西的关键时期。看护人也可以通过讲故事或者详尽的描述来开拓孩子的视野。

（8）帮助孩子进行行为调节　让孩子懂得规则、限制和评价。孩子需要大人的帮助来发展自我控制的能力、自我选择和计划的能力。看护人需要指导孩子：给建议，帮助他做一步步的计划，并解释为什么有些事情可以做，而有些事情不可以做。不要总是不断地阻止孩子，不要总说“不”，应该告诉孩子可供选择的办法，这将有助于避免暴力。例如：

“你可以这样做……，或者你也可以去……”

“这件事情是允许的，因为……；这件事情不可以做，因为……”

“你知道当你做这件事情的时候……你的朋友会觉得……你并不想伤害他的感情，对吗？”

“如果你这样做，小明会怎么想？”

可以通过下列方式开始交谈：

“你想做什么？”

“你将怎么做这件事呢？”

1.3　儿童营养不良的风险因素

为早期儿童提供适当的养育是保证儿童获得最佳人生开端的关键因素之一，

养育不仅是为儿童创造安全的环境，让儿童远离伤害，还是一个交流的过程，父母/看护人与孩子之间的交流，决定了养育的质量并影响儿童以后的发展轨迹[54-57]。值得一提的是，很多因素影响养育的质量，其中包括一些儿童自身的因素。Engle 等（1997）[58] 曾总结了一些可以影响养育质量甚至儿童整体发展的儿童特征，这些特征包括以下几个方面。

1.3.1 儿童的表现形式

儿童的表现形式包括儿童气质、行为和外观的总和。一个吸引人的、活跃的孩子可以获得更多的注意和照料，而一个不积极回应或者不引人注意的孩子，家长对他的注意和照料维持不了太长时间。有身体或者情绪问题的孩子比没有这些问题的孩子更容易出现营养不良，同样地，这也是因为家长对他们的关注少于其他儿童的缘故。

1.3.2 儿童不同发育阶段

在早期阶段，不同年龄段的儿童有不同的发育需求，一岁以下年龄段是决定儿童死亡率的最关键时期，婴儿期的后半阶段（或者是开始添加辅食以后）以及幼儿阶段，儿童出现生长发育偏移的危险性最大。

出生后前 6 个月，如果给孩子纯母乳喂养，出现营养不良和生长偏差的概率很小[59]。在这一阶段，最重要的照顾应围绕乳母和乳房。对这一时期的儿童营养改善投入不仅可以显著降低营养不良的发生风险，而且还将有益于下一代的健康。

婴儿开始接受除母乳外的其他食物时，他们正处在感染和发生营养不良的风险之中[60]。当孩子开始吃辅食时，食物的制备、储存和卫生非常重要。在 6 ～ 18 个月龄阶段，由于这些食物每次只给婴儿很少的量，因此食物的储存、卫生尤为重要。

在出生后第二年的关键阶段，小儿还不能清楚地发信号表达自己对食物的需求（需要或拒绝），或者自己还不能拿到食物。这时促进小儿语言和大运动发育的能力可以提高儿童获取食物的能力。

1.3.3 社会问题

在一定社会环境下，不同的社会价值观也会影响儿童的养育质量。例如，当社会上存在男女不平等的现象时，对男孩和女孩的养育就会有所不同。在有些地域，女孩可以有平等的机会获得食物、卫生保健、教育和关爱；而在另一些地域，女孩可能很少获得这些机会。儿童的出身、单亲、继父母抚养或者婚外生子等情况均会影响养育质量。

出生次序可以影响养育行为，头胎的孩子可能会被祖母抚养，这可能有利于孩子的成长，也可能不利于孩子的成长，主要取决于祖母提供的养育质量。一般说来，那些出生次序靠后的（第五胎或以上）孩子得到家长的关注较少。

也需要重视儿童的养育环境与经济状况的影响[61]，因为过去缺乏照料（如战争、被虐待或灾害），有些儿童需要额外的照顾，另外，当家庭经历经济或者社会压力时，也容易疏于儿童的照顾。

总的来讲，在家长支持儿童早期发展的相互作用过程中，儿童的自身特征是影响相互作用的主要因素，有些儿童特征可以得到养护人更加尽心的照料，从而形成良性循环支持儿童发展。有些儿童特征或者经历会使父母/养育者更难以进行适当的养育。但是，在养育这个环节中，儿童不是唯一的因素，父母或者养育者的特征也十分重要。

当父母/养育者有时间和精力的时候，他们更乐于照顾孩子。当很多情况都出现在一个人身上时（在家或者在外办公、有其他孩子、单亲抚养、缺乏食物安全等），养育者很难进行适当的养育。在一个优秀的养育者所具备的所有品质中，最关键的是能够对儿童行为做出及时的反应。这种反应可以有很多种形式，包括意识到儿童发出的信号并及时做出反应的能力，关爱的方式，支持儿童探索、学习和自立能力的发展，以及保护孩子远离虐待或伤害等。

儿童的养育、养护和早期发展，应在现有的妇幼保健服务组织基础上，加强卫生服务网络的建设，提高卫生服务质量；同时，在初级卫生保健项目的基础上，应整合已有的技术干预途径（母亲安全、儿童保健和计划免疫、贫困地区营养包的发放），使之更为系统、互补和可持续发展。实现千年宣言和“创造一个适宜儿童的世界”提出了新的目标——“让每个儿童拥有最佳的人生开端”。

（戴耀华、王晖、荫士安）

参考文献

[1] 中华人民共和国国家卫生部.中国0—6岁儿童营养发展报告.北京：中华人民共和国国家卫生部，2012.

[2] 赵丽云，丁钢强，赵文华.2015—2017年中国居民营养与健康状况监测报告.北京：人民卫生出版社，2022.

[3] 杨振宇.中国0～5岁儿童营养与健康状况.北京：人民卫生出版社，2020.

[4] 中国儿童中心课题组.脱贫地区婴幼儿照护服务状况调查.早期儿童发展，2022 (1): 63-74.

[5] 国家卫生健康委员会.中国流动人口发展报告.北京：中国人口出版社，2018.

[6] 于冬梅，房红芸，许晓丽，等.中国2013年0～5岁学龄前儿童营养不良状况分析.中国公共卫生，

2019, 35(10): 1339-1344.
[7] de Onis M, Branca F. Childhood stunting: a global perspective. Matern Child Nutr, 2016, 12 Suppl 1(Suppl 1): S12-S26.
[8] Bourke C D, Berkley J A, Prendergast A J. Immune dysfunction as a cause and consequence of malnutrition. trends Immunol, 2016, 37(6): 386-398.
[9] Black R E, Allen L H, Bhutta Z A, et al. Maternal and child undernutrition: global and regional exposures and health consequences. Lancet, 2008, 371(9608): 243-260.
[10] Hoddinott J, Alderman H, Behrman J R, et al. The economic rationale for investing in stunting reduction. Matern Child Nutr, 2013, 9 Suppl 2 (Suppl 2): S69-S82.
[11] Wang Z, Li C, Yang Z, et al. Infant exposure to Chinese famine increased the risk of hypertension in adulthood: results from the China Health and Retirement Longitudinal Study. BMC Public Health, 2016, 16: 435.
[12] Wang N, Wang X, Li Q, et al. The famine exposure in early life and metabolic syndrome in adulthood. Clin Nutr, 2017, 36(1): 253-259.
[13] Li Y, He Y, Qi L, et al. Exposure to the Chinese famine in early life and the risk of hyperglycemia and type 2 diabetes in adulthood. Diabetes, 2010, 59(10): 2400-2406.
[14] Xu H, Li L, Zhang Z, et al. Is natural experiment a cure? Re-examining the long-term health effects of China's 1959—1961 famine. Soc Sci Med, 2016, 148(C): 110-122.
[15] Wang N, Wang X, Han B, et al. Is Exposure to famine in childhood and economic development in adulthood associated with diabetes? J Clin Endocrinol Metab, 2015, 100(12): 4514-4523.
[16] Victora C G, Adair L, Fall C, et al. Maternal and child undernutrition: consequences for adult health and human capital. Lancet, 2008, 371(9609): 340-357.
[17] Wilson H J, Dickinson F, Hoffman D J, et al. Fat free mass explains the relationship between stunting and energy expenditure in urban Mexican Maya children. Ann Hum Biol, 2012, 39(5): 432-439.
[18] Adair L S, Fall C H, Osmond C, et al. Associations of linear growth and relative weight gain during early life with adult health and human capital in countries of low and middle income: findings from five birth cohort studies. Lancet, 2013, 382(9891): 525-534.
[19] 李立明 . 新中国公共卫生六十年的成就与展望 . 中国公共卫生管理，2014, 30(1): 3-4.
[20] Smil V. China's food: availability, requirements, composition, prospects. Food Policy, 1981, 6(2): 67-77.
[21] Yeung D L. Nutrition of infants and young children in China. Nutr Res, 1988, 8: 105-117.
[22] 九市儿童和青少年体格发育调查协作组，中国医学科学院儿科研究所 . 新中国儿童青少年体格发育调查研究 . 中华医学杂志，1977, 57: 720-725.
[23] 葛可佑 . 90 年代中国人群的膳食与营养状况——儿童青少年分册（1992 年全国营养调查）. 北京：人民卫生出版社，1999.
[24] 荫士安，赖建强 . 中国 0 ～ 6 岁儿童营养与健康状况——2002 年中国居民营养与健康状况调查 . 北京：人民卫生出版社，2008.
[25] 国家卫生计生委疾病预防控制局 . 中国居民营养与慢性病状况报告（2015 年）. 北京：人民卫生出版社，2016.
[26] Yu D M, Zhao L Y, Yang Z Y, et al. Comparison of undernutrition prevalence of children under 5 years in China between 2002 and 2013. Biomed Environ Sci, 2016, 29(3): 165-176.
[27] 常素英，富振英，何武，等 . 中国儿童生长发育现状和趋势分析 . 卫生研究，2000, 29(5): 270-275.
[28] Pei L, Ren L, Yan H. A survey of undernutrition in children under three years of age in rural Western

China. BMC Public Health, 2014, 14: 121.
[29] 于冬梅，刘爱冬，于文涛，等 . 2009 年中国贫困地区 5 岁以下儿童营养不良状况及影响因素 . 卫生研究，2011, 40(6): 714-718.
[30] Wu L, Yang Z, Yin S A, et al. The relationship between socioeconomic development and malnutrition in children younger than 5 years in China during the period 1990 to 2010. Asia Pac J Clin Nutr, 2015, 24(4): 665-673.
[31] Ramli, Agho K E, Inder K J, et al. Prevalence and risk factors for stunting and severe stunting among under-fives in North Maluku province of Indonesia. BMC Pediatr, 2009, 9: 64.
[32] Murayama N. Effects of socioeconomic status on nutrition and nutrition policy studies in Asia. J Nutr Sci Vitaminol (Tokyo), 2022, 68(Supplement): S92-S94.
[33] Nobile S, Di Sipio Morgia C, Vento G. Perinatal origins of adult disease and opportunities for health promotion: a narrative review. J Pers Med, 2022, 12(2): 157.
[34] Feng A, Wang L, Chen X, et al. Developmental Origins of Health and Disease (DOHaD): Implications for health and nutritional issues among rural children in China. Biosci Trends, 2015, 9(2): 82-87.
[35] Wong A Y, Chan E W, Chui C S, et al. The phenomenon of micronutrient deficiency among children in China: a systematic review of the literature. Public Health Nutr, 2014, 17(11): 2605-2618.
[36] Murayama N. Effects of socioeconomic status on nutrition in Asia and future nutrition policy studies. J Nutr Sci Vitaminol (Tokyo), 2015, 61(Suppl): S66-S68.
[37] Chen K, Liu C, Liu X, et al. Nutrition, cognition, and social emotion among preschoolers in poor, rural areas of South Central China: status and correlates. Nutrients, 2021, 13(4): 1322.
[38] Li Z H, Li X Y, Sudfeld C R, et al. The effect of the Yingyangbao complementary food supplement on the nutritional status of infants and children: a systematic review and meta-analysis. Nutrients, 2019, 11(10): 2404.
[39] Zhang N, Becares L, Chandola T. Patterns and determinants of double-burden of malnutrition among rural children: evidence from China. PLoS One, 2016, 11(7): e0158119.
[40] 南方 . 积极促进儿童早期发展　用心用情守护儿童权益 . 早期儿童发展，2022, (3): 8-11.
[41] 刘俐，魏思萌，姜忒 . 新生儿营养与儿童早期发展 . 中国儿童保健杂志，2022, 30(8): 879-883.
[42] Saavedra J M, Dattilo A M. Early nutrition and long-term health: mechanisms, consequences, and opportunities. 2th ed. Cambridge: Woodhead Publishing, 2022.
[43] Indrio F, Dargenio V N, Marchese F, et al. The importance of strengthening mother and child health services during the first 1000 days of life: the foundation of optimum health, Growth and Development. J Pediatr, 2022, 245: 254-256.
[44] Barker D J. The origins of the developmental origins theory. J Intern Med, 2007, 261(5): 412-417.
[45] Koletzko B, Godfrey K M, Poston L, et al. Nutrition during pregnancy, lactation and early childhood and its implications for maternal and long-term child health: the early nutrition project recommendations. Ann Nutr Metab, 2019, 74(2): 93-106.
[46] Koletzko B, Brands B, Chourdakis M, et al. The power of programming and the early nutrition project: opportunities for health promotion by nutrition during the first thousand days of life and beyond. Ann Nutr Metab, 2014, 64(3-4): 187-196.
[47] Fall C H. Fetal malnutrition and long-term outcomes. Nestle Nutr Inst Workshop Ser, 2013, 74: 11-25.
[48] Koletzko B, Brands B, Grote V, et al. Long-term health impact of early nutrition: the power of programming. Ann Nutr Metab, 2017, 70(3): 161-169.

[49] 程南华，井迪，袁素娟，等．早期养育质量影响儿童大脑结构和功能发育．早期儿童发展，2022 (3): 12-21.
[50] 吕金云，方艺瑾，樊薇薇，等．早期玩耍是终身学习的基础．早期儿童发展，2022 (1): 9-23.
[51] Vygotsky L S. Play and its role in the mental development of the child. Soviet Psychology, 1967, 5(3): 6-18.
[52] Weisber D S, Zosh J M, Hirsh-Pasek K, et al. Talking it up: play, language development, and the role of adult support. Am J Play, 2013, 6(1): 39-54.
[53] Gardner H E. Multiple intelligences:The Theory In Practice, A Reader. New York: Basic Books, 1993.
[54] 蔡玉群，郭巧珍．0-3 岁婴幼儿照护服务体系建设的挑战与思考．人口与健康，2021 (5): 11-12.
[55] 洪秀敏，朱文婷．全面两孩政策下婴幼儿照护家庭支持体系的构建——基于育儿压力、母职困境与社会支持的调查分析．教育学报，2020, 16(1): 35-42.
[56] 丁亮亮．我国以家庭为中心的0-3 岁婴幼儿照护服务现状与发展趋势．教育导刊（下半月），2021 (1): 75-79.
[57] 李云，张裕民，张越，等．0 ～ 3 岁儿童家长养育的健康素养调查研究．中国妇幼健康研究，2021, 32(11): 1622-1627.
[58] Engle P, Lhotská L, Armstrong H. The care initiative: assessment, analysis and action to improve care for nutrition. New York: UNICEF, 1997: 35.
[59] 荫士安．人乳成分——存在形式、含量、功能、检测方法．2 版．北京：化学工业出版社，2022.
[60] 王杰，黄妍，卢友峰，等．6 月龄内纯母乳喂养与 6 月龄后及时合理添加辅食同等重要．中国妇幼健康研究，2021, 32(12): 1812-1816.
[61] 李晶，党少农，相晓妹．家庭社会经济状况与 3 岁以内儿童生长发育及营养状况的关系．中国儿童保健杂志，2022, 30(1): 80-83, 101.

婴幼儿精准喂养

Practical Feeding for Infants and Young Children

第2章

儿童生长发育的特点

世界各国政府和有关国际组织均非常关注儿童营养与健康状况的改善，大量的政策和实践证明，国家和地区的人力资本开发是彻底反贫、脱贫的重要手段，重视和增进儿童早期发展是人力资本开发的重要突破口。儿童早期发展包含儿童早期的体格生长和动作、语言、认知、社会情感等能力的发育，据研究估计，中低收入国家有高达2.5亿5岁以下儿童没能实现早期发展潜能，其中1700万儿童来自中国[1]。联合国《2030年可持续发展议程》中将发展普惠有质量的学前教育列为重要内容，提出到2030年，所有儿童都能获得优质的幼儿发展、看护和学前教育，使儿童早期生长发育潜能得到最大发挥，将有助于实现这些目标[2]。因此应全面了解儿童的生长发育特点和判定标准，定期监测儿童的生长发育状况，科学合理地对婴幼儿进行养护和看护，及时纠正影响生长发育的问题（营养失衡——不足与过量）[3-6]。

2.1 体格发育的特点

2.1.1 体格生长的总规律

小儿体格生长发育速度受到诸多因素影响，如遗传、种族、性别、营养、生活环境、疾病和体育锻炼等因素[7-9]，尽管会出现个体差异，但是在总的生长速度和各个器官、系统的发育顺序上，都遵循着一定规律，就像计算机的软件程序一样，每个步骤执行的顺序和时间是相对固定的。

2.1.1.1 具有阶段性的连续过程

整个小儿时期生长发育都在不断地进行，即所有的儿童都有与年龄相关的变化发生，但不同时期其特点不尽相同。如身长和体重在生后头半年增长最快，后半年次之，第 2 年后较稳定地增长，到青春期生长速度又加快。再如婴幼儿在直立行走之前，必须要经过抬头、坐、站立等逐步发育的过程。

2.1.1.2 各器官、系统发育不平衡

小儿各系统的发育有一定的年龄特点。神经系统在婴幼儿期发育较快，6 岁左右已达成人的 90%；淋巴系统在婴幼儿时期发育迅速，11 ～ 12 岁时达到顶点，继而退化；心、肝、肾和肌肉的增长速度基本与体重平行；生殖系统发育较晚，青春期才迅速发育（图 2-1）。

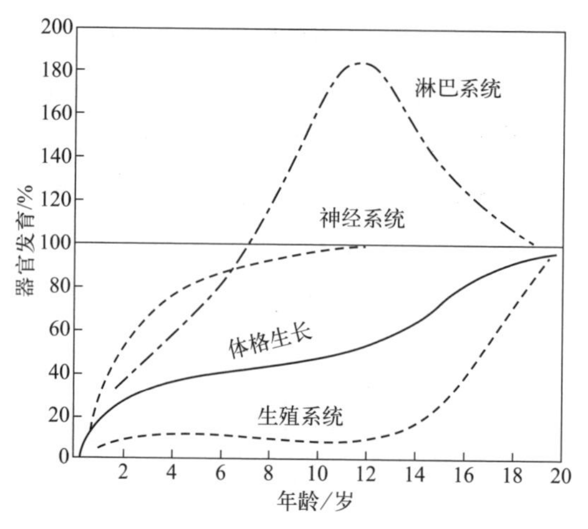

图 2-1　出生后不同系统的发育与年龄的关系

2.1.1.3 身体发育的比例

身体发育是按头尾发展规律顺序进行的，人由小到大，身体的比例一直在变化。在第一次突增期过程中，初生儿的头占身长的1/4，2岁时占1/5，6岁时占1/6，12岁时占1/7，到成人时仅占1/8。也就是说在这个时期，头先发育，以后是躯干、下肢。第二次突增期的过程恰好与第一次相反，下肢先发育，其次是躯干，而头的发育不明显。从出生算起，如以增长值计，头增长一倍，上肢增长三倍，下肢增长四倍。身体各部位发育结束的时期是：足长约在16岁，下肢长约在20岁，手长约在15岁，上肢长约在20岁，躯干长约在21岁。

2.1.1.4 有序的变化过程

从单个受精卵、细胞分裂迁移和相互影响到具有特定的形态和功能，是一个迅速分化和生长的时期。各个组织器官功能的分化，特别是高级神经心理活动的发展，均揭示生长发育是从身体中央向外至末端、由粗到细、由简单到复杂、由低级到高级的有序变化过程。

2.1.1.5 体格生长存在个体差异

在规范生长发育的过程中，每个儿童都以大概相同的时刻表经历着相同的主要发展时期。即大多数儿童都沿着人类发展的标准路线发展。然而由于他/她的基因构成和发展史以及生存环境不同，每个儿童又表现出其独一无二的个体发展模式，在同性别、同年龄的儿童群体中，每个儿童的生长水平、速度、体形特点不完全相同，即使是同卵双生子之间也存在差别。

2.1.2 体格生长的影响因素

影响小儿生长发育的因素包括生物学因素和环境因素。从受精卵开始，这些因素就发生了作用。如有染色体畸形或基因缺陷的精子或卵子，在精卵结合受孕时就决定了此儿童未来可能发生的不幸。在胎儿整个发育期间，母体的疾病或环境不良因素的作用，都可能影响胎儿的正常发育[10-12]。围生期的种种问题，也可使一名健康的胎儿出生后即成一个有问题的新生儿。出生后的成长过程，如出现种种问题，还可能损伤或影响儿童的生长发育。因此，遗传是基础，环境是条件，两者共同的作用决定着小儿生长发育的速度以及最后达到的程度，而良好的营养环境和早期积极的养育照护则有助于其生长发育潜能得到最大发挥[13-15]。

2.1.2.1 遗传

机体内每个细胞都有遗传的指令来帮助受精卵发育。这些遗传指令使小儿具有人类共同的特征。因此，父母双方的遗传基因，决定着儿童的生长潜力、发展趋势和限度，形成个体间的差异。不同种族、父母的身高、体形、性格等对儿童的影响都非常显著。遗传对 5 岁以内儿童的影响并不明显，5 岁以后就逐渐显现出遗传的特征。人的心理活动、性格特征在很大程度上都是由遗传所决定，但是，环境因素对遗传的性格特征可以起加强或暴露、减弱或掩盖的作用。

2.1.2.2 营养

营养是保证小儿生长发育的物质基础。年龄越小受营养状况的影响越大。母体孕期营养不良，常可引起胎儿宫内发育迟缓和生长发育障碍，不仅导致低出生体重儿及早产儿发生率增加，还可使胎儿脑发育不良，甚至可致先天缺陷（如碘、叶酸、锌缺乏等）[16-19]。婴儿长期严重缺乏能量、蛋白质，对智力发育造成不可逆转的损害。长期缺乏营养素，既影响儿童的生长发育，还会导致机体对疾病抵抗力的降低。能量摄入过多，可引起儿童期肥胖症。因此，必须注意儿童的均衡营养，以促进正常生长发育。

2.1.2.3 疾病

急慢性疾病对儿童生长发育有着直接的影响。患病可导致小儿能量代谢和器官功能紊乱，这不仅使体重减轻、发育迟缓，还可以造成语言发育推迟，影响认知能力发育。某些直接作用于骨骼发育的疾病如克汀病、佝偻病、软骨发育不良等，可阻碍骨骼的生长。母体孕期发生的某些感染、产伤所致的神经系统疾病、21- 三体综合征及先天性心脏病等，都可以影响生长发育。内分泌激素对生长发育起调节和平衡作用。如甲状腺功能减退，基础代谢缓慢，可造成体格矮小和智力障碍；脑垂体功能不全，生长激素分泌不足，可引起身材矮小的生长激素缺乏性侏儒症；性激素可促使骨骺融合，影响长骨生长，故青春期开始较早者的身材比较迟者相对要矮小些。

2.1.2.4 物理、化学等因素

孕妇接受药物、X 射线照射、环境毒物污染，均可使胎儿发育受阻，进而影响出生后小儿的生长发育。小儿因疾病应用激素、抗甲状腺药物、细胞毒性药物等也可直接或间接影响生长发育。

2.1.2.5 社会因素

优越的社会制度能为小儿提供生长发育良好的大环境。从总体看，社会经济、

医疗保健、文化教育等方面较好的国家或地区，儿童生长发育的水平较高。新中国成立后，我国儿童的身高和体重比新中国成立前显著增加，但地区、城乡的差别还存在。家庭是小儿接触的最小社会单位。家庭成员的情感联系、父母职业、文化水平、家庭收入及养育条件等均对小儿身心发育及性格形成起至关重要的作用。

2.1.2.6 其他因素

日光、新鲜空气、清洁的水源、体格锻炼、合理的生活制度、良好的卫生习惯及教养均能使儿童生长发育向高水平发展。

2.1.3 体格发育的健康评价

2.1.3.1 常用指标

常用指标为体重、身高（长）、坐高、头围、胸围和上臂围，用于判断营养状况及骨骼发育。儿童体格各项指标的测量，必须应用统一的工具和方法，才能准确地反映其生长情况。儿童保健中常用的体格发育指标、特点及意义，如表 2-1 所示。

表 2-1 儿童体格发育指标、特点及意义

指标	特点	意义
体重	出生后 3 个月体重达出生时 2 倍，1 周岁体重达出生时 3 倍；1 岁以后体重增速减缓	反映近期营养状况和评价生长发育的重要灵敏指标
身高（长）	出生后前半年身长增长最快，1 岁后增长逐渐减慢	反映全身长期营养状况、生长发育水平和速度
坐高	出生时坐高占身长的 66%；4 岁时占身高 60%；6 岁以后小于 60%	反映躯干生长情况，与身高比较，反映下肢与躯干的比例
头围	年龄愈小，头围增长速度愈快，婴儿期是脑发育最快的 1 年	反映脑和颅骨发育程度
囟门	后囟最迟应于生后 6 ～ 8 周闭合；3 ～ 4 个月时，前囟的对边中点连线的长度为 1.5 ～ 2cm，约 1 岁至 1 岁半时完全闭合	闭合状态反映脑和颅骨发育程度和机体的营养状态
胸围	出生时胸围比头围小 1 ～ 2cm，婴儿期增长最快，1 岁末胸围与头围相等；第二年约增加 3cm；3 ～ 12 岁胸围平均每年增加 1cm，到青春期增长又加速	反映胸廓与肺的发育程度

（1）体重　体重是身体各器官、骨骼、肌肉、脂肪等组织及体液重量的总和，体重易于准确测量。尤其在婴儿期，体重对判断生长发育是否良好特别重要。同龄小儿体重的个体差异较大，其波动范围可在 ±10%。2016 ～ 2017 年全国城乡

0～5岁儿童平均体重如表2-2所示。城乡男女婴幼儿早期平均体重相差不大，之后城乡差距逐渐明显，应与这个时期给儿童添加的辅食质量和种类有关[4]。

表2-2　2016～2017年我国城乡0～5岁儿童平均体重[20]（kg）

月龄	男童			女童		
	全国	城市	农村	全国	城市	农村
6	8.9	8.9	8.9	8.2	8.2	8.2
12	10.4	10.5	10.3	9.8	10.0	9.7
23	12.2	12.2	12.2	12.2	12.7	11.9
24～	13.8	14.1	13.6	13.2	13.5	13.0
36～	16.1	16.3	16.0	15.3	15.7	15.1
48～	18.0	18.4	17.8	17.3	17.6	17.1
60～71.9	20.5	21.3	19.9	19.5	20.1	19.0

①婴儿期体重增重规律　根据《中国居民营养与健康状况监测报告（2010—2013）》，2013年我国0～5岁儿童平均出生体重为3292g，男孩、女孩分别为3332g和3244g[4]。出生后最初2～3天由于摄入母乳量少、水分丧失和胎粪及小便的排出，体重可减轻3%～9%，至7～10天可恢复到出生时体重，称为“生理性体重下降”。婴儿期体重的增长速度呈现出生后第一个高峰，在正常喂养的情况下，婴儿满月时一般体重增长0.5～1.5kg, 出生后第2、第3个月前平均增重约为1.25kg和0.9kg, 出生后4～6个月平均月增重0.45～0.75kg，出生后7～12个月平均月增重0.22～0.37kg，全年增重约6.5kg；一般出生后3个月的体重可达出生时的2倍，1周岁体重可达出生时的3倍。可按以下公式粗略估计12个月龄内的婴儿体重：

＜6个月龄婴儿体重＝出生时体重（kg）＋月龄×0.7（kg）

7～12个月龄婴儿体重=6（kg）＋月龄×0.25（kg）

②幼儿期体重增重规律　1岁以后体重增速减缓，一般1～2岁全年体重增重约2～2.5kg，2岁小儿的体重约10～12kg；2～3岁全年体重增重约2kg，3岁小儿的体重约12～14kg。

（2）身高（长）　身高（长）系指从头顶到足底的垂直距离，它可反映全身的长期营养状况、生长发育水平和速度。由于2岁以下小儿站立时测量难以获得准确结果，所以采取仰卧位测量，测得结果为身长。

婴幼儿身高（长）增长规律：婴儿出生时身长约50cm。在出生后前半年增长最快，前3个月每月平均增长3.5cm，3～6个月每月平均增长2.0cm。身长的增长1岁后逐渐减慢，1～2岁内全年身长约增长10～12cm，以后每年递增5～8cm不等。

与出生时身长相比，1 岁时约为出生时的 1.5 倍，4 岁时约为 2 倍。2016 ～ 2017 年我国城乡 0 ～ 5 岁儿童平均身高（长）结果如表 2-3 所示。城乡儿童平均身高（长）的变化趋势与平均体重相似。

表 2-3 2016 ～ 2017 年我国城乡儿童平均身高（长）[20]（cm）

月龄	男孩			女孩		
	全国	城市	农村	全国	城市	农村
6	69.8	69.9	69.7	67.9	68.0	67.8
12	76.3	76.7	75.9	75.6	76.0	75.3
23	85.8	86.2	85.5	85.9	86.8	85.3
24 ～	91.6	92.7	90.8	90.5	91.6	89.7
36 ～	99.9	100.9	99.1	98.5	99.7	97.7
48 ～	106.5	107.5	105.8	105.6	106.7	104.8
60 ～ 71.9	113.1	114.4	112.0	111.9	113.3	110.9

（3）坐高（顶 - 臀长） 坐高是头顶至坐骨结节的长度，可受臀部软组织厚度的影响。3 岁以下小儿取仰卧位量顶 - 臀长，3 岁以上取正坐位。由于下肢随着年龄的增加其生长速度加快，因此坐高占身高的比例也随之下降。

（4）头围 自眉弓上缘经枕骨枕外隆凸最高点绕头 1 周的围度。正常新生儿出生时头围约 34cm，第 1 个月增长最快，平均增长 2.8cm，第 2 个月增长 1.9cm，第 3 个月增长 1.4cm，以后逐渐减慢。4 ～ 6 个月共增长 3.0cm，7 ～ 9 个月共增长 2.0cm，10 ～ 12 个月共增长 1.5cm。出生后第 1 年全年约增长 13cm，第 2 年约增长 2cm，第 3 年约增长 1cm。

（5）囟门 囟门有前囟与后囟（见图 2-2）。新生儿的后囟很小或已闭合，最迟应于出生后 6 ～ 8 周闭合。随着脑及颅骨的发育，到 3 ～ 4 个月时，前囟的对边中点连线的长度为 1.5 ～ 2cm，摸上去有搏动感，正常者约在 1 ～ 1 岁半时完全闭合。前囟闭合过迟，可见于佝偻病、克汀病和脑积水等患儿；前囟闭合过早，可见于小头畸形患儿。前囟饱满隆起，表明颅内压增高，常见于脑膜炎和脑积水

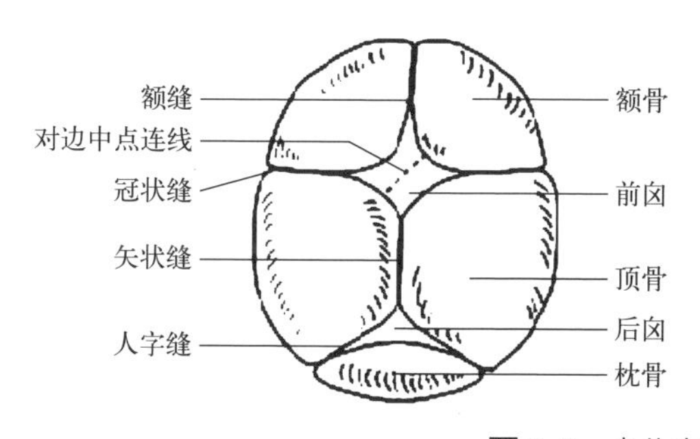

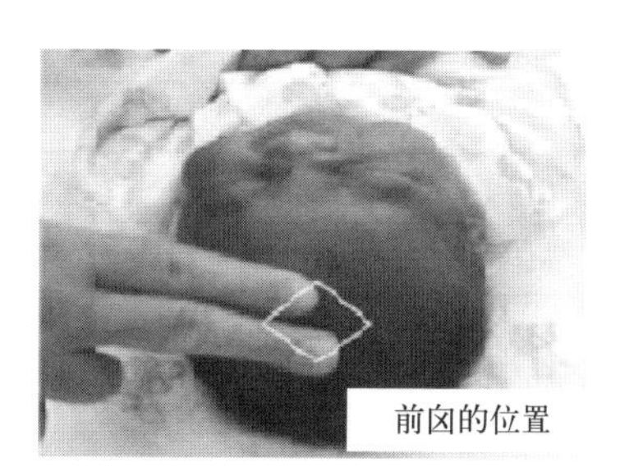

图 2-2 小儿囟门

等患儿；前囟凹陷，可见于脱水、营养不良和极度消瘦的孩子。

（6）胸围　经胸部乳头下缘和两肩胛下角水平绕体 1 周的围度。胸廓在婴儿期呈圆筒形，前后径与左右径相等；2 岁以后其左右径逐渐增大。在胎儿期胸廓相对脑的发育慢，出生时胸围比头围小 1 ～ 2cm，平均为 32cm；在婴儿期增长最快，1 岁末胸围与头围相等，大约为 46cm；第二年约增加 3cm；3 ～ 12 岁胸围平均每年增加 1cm，胸围超过头围的厘米数约等于周岁数减 1；到青春期增长又加速。

2.1.3.2　常用参数

（1）年龄别体重 Z 评分（weight for age Z score, WAZ）　用于评价群体或个体儿童的营养及发育状况，对近期营养状况的变化较敏感。

（2）年龄别身高 Z 评分（height for age Z score, HAZ）　适用于长期营养状况的监测，如果身高增长速度明显落后，反映长期营养不良。

（3）身高 / 身长别体重 Z 评分（weight for height/length Z score, WHZ/WLZ）　即每厘米身高的标准体重。应用这个指标可避免对瘦高和矮胖体形的错误判断，也可用以判断实际年龄不明儿童的营养状况。

（4）体重指数（body mass index, BMI）或体质指数　一种计算身高（长）别体重的指数，年龄别 BMI 可用于判定重度肥胖、肥胖、超重、消瘦、重度消瘦，计算公式：BMI= 体重（kg）/［身高（长）（m）× 身高（长）（m）］。

（5）标准差评价方法　2022 年 9 月 19 日国家卫生健康委员会发布中华人民共和国卫生行业标准 WS/T 423—2022《7 岁以下儿童生长标准》，代替 WS/T 423—2013，根据实际测量结果，基于该标准附录 A 和附录 B 判定 7 岁以下儿童的生长发育和营养状况，参照表 2-4。

表 2-4　营养状况的标准差评价方法

标准差法	评价指标			
	年龄别体重	年龄别身长 / 身高	身长 / 身高别体重	年龄别 BMI
⩾ +3 SD①	—	—	重度肥胖	重度肥胖
+2 SD ⩽ • ＜ +3 SD	—	—	肥胖	肥胖
+1 SD ⩽ • ＜ +2 SD	—	—	超重	超重
−1 SD ⩽ • ＜ +1 SD	—	—	—	—
−2 SD ⩽ • ＜ −1 SD	—	—	—	—
−3 SD ⩽ • ＜ −2 SD	低体重	生长迟缓	消瘦	消瘦
＜ −3 SD	重度低体重	重度生长迟缓	重度消瘦	重度消瘦

① SD 为标准差（standard deviation）。

注：引自 WS/T 423—2022《7 岁以下儿童生长标准》[21]。

2.1.3.3 常用评价方法

（1）单项指标评价

① 均值离差法　按年龄的体重、年龄的身高采用均值离差法评价是我国儿童保健门诊及基层保健人员最常用的体格发育评价法。以 2005 年 9 市城区正常男女童横断面调查所得出的体重值、身高值、计算出的均值（$\bar{x}$）为基准[22]，其标准差（s）为离散值，制定出五等级或六等级评分法（表 2-5）。

表 2-5　均值离差法的等级评分

等级	$\bar{x}-2s$ 以下	$\bar{x}-$（$1s \rightarrow 2s$）	$\bar{x}-1s$	$\bar{x}$	$\bar{x}+1s$	$\bar{x}+$（$1s \rightarrow 2s$）	$\bar{x}+2s$ 以上
六级	下	中下	中低	中	中高	中上	上
五级	下	中下		中		中上	上

注：引自《儿童保健学》（第 3 版）（石淑华、戴耀华）[23]。

② 百分位法（percentile, P）　该方法是近年来国际上常用评价儿童体格发育状况的方法，是以发育资料中某指标（如身高、体重等）的第 50 百分位为基准值，以其余百分位数为离散距，制定成生长发育标准，对个体或集体儿童的发育水平进行评价的一种方法。适用于正态和非正态分布状况，通常是把某一组变量从小到大按顺序排列，并计算出某一百分位的相应数值，以第 3、10、25、50、75、90、97 七个百分位数（P）来划分等级。P_3 代表第 3 百分位数值（相当于离差法的均值减 2 个标准差），P_{97} 代表第 97 百分位数值（相当于离差法的均值加 2 个标准差）。从 P_3 到 P_{97} 包括全部样本的 95%，P_{50} 为中位数。当变量值的分布呈非正态分布时，百分位法比均值离差法更能准确地反映实际情况。即体重或身高小于第 3 百分位为营养不良或发育不良（下等）；位于第 3 ～ 25 百分位为发育中下等；位于第 25（20）～ 75（80）百分位为发育正常；位于第 75（80）～ 97 百分位为发育优良；大于第 97 百分位为发育过剩或肥胖[23]。

③ 小儿生长发育图评价法　生长发育曲线图是联合国儿童基金会为改善世界儿童营养状况、预防营养不良、保护儿童生存倡导的四项适宜技术（GOBT）之一。生长监测（growth monitoring）近年来又发展为 GMP（growth monitoring promotion），即生长监测促进生长。

目前我国使用的生长发育图是根据我国 2005 年 9 个城市男女童体重的横断面调查资料绘制的，上线代表第 97 百分位，下线代表第 10 百分位。使用时只需先在曲线图横坐标上找准月龄的位置，再在纵坐标上找好体重的位置，将两者汇集在曲线图上的位置加以标记，然后将再次测量的点连接成线与标准曲线比较。上线与下线之间均属正常范围。此图不仅能较准确地说明儿童的体格发育水平，更大的优点是将各次的体重连接成线，可以动态地观察小儿体重增长趋势，及时发现体重是否下降、不增或增长不足，以便及早找出原因，进行干预促进生长发育。这种曲线图就是医学上所谓的“纵向观察曲线图”[25]。

（2）Z 评分方法　该方法是利用世界卫生组织 2006 年发布的生长发育标准以及我国发布的卫生行业标准（WS/T 423—2022《7 岁以下儿童生长标准》）[21]，基于身高 / 身长和体重测量结果计算的不同 Z 评分，判定儿童营养缺乏或过剩的程度。目前超过 100 个国家采用了世界卫生组织生长标准，包括美国和英国也选择性地采用该标准。Z 评分方法的优点是方便不同研究、不同国家、不同时间的调查结果进行比较。

2.2　消化系统的特点

消化系统包括消化道和消化腺两大部分。消化道是指从口腔到肛门的管道，可分为口、咽、食道、胃、小肠、大肠和肛门。通常把从口腔到十二指肠的这部分管道称为上消化道。消化腺按体积大小和位置不同可分为大消化腺和小消化腺。大消化腺位于消化管外，如肝和胰。小消化腺位于消化管内黏膜层和黏膜下层，如胃腺和肠腺。婴幼儿正处于生长发育阶段，所需要的总能量相对较成人多，而消化器官的发育尚未完善，如果胃肠道受到某些轻微刺激，容易发生机能失调。

2.2.1　婴幼儿消化系统的解剖特点

2.2.1.1　口腔

新生儿口腔没有牙齿，但是牙胚已经出齐，不能咀嚼，但能吞咽，所以出生时的吞咽功能已经完善。新生儿的黏膜比较薄嫩，血管丰富。唾液腺发育不完善，唾液分泌很少，一般来说，新生儿出生一个星期以后，唾液腺的分泌量能达到一天 50 ～ 80mL，生后 3 ～ 4 个月婴儿唾液分泌开始增加，可达到一天 200 ～ 240mL，成年人一天是 1000 ～ 1500mL。由于唾液腺发育不完善、唾液少，所以口腔黏膜比较干燥，易受损伤，合并细菌感染。婴幼儿口腔容量小，齿槽突发育较差，口腔浅，硬腭穹隆较平，不能及时吞咽所分泌的全部唾液，常出现生理性流涎。当牙齿萌出以后，口腔深度变大，流涎的情况会逐渐好转。婴儿舌短宽而厚，唇肌及咀嚼肌发育良好，且牙床宽大，颊部有坚厚的脂肪垫，这些特点为吸吮动作提供了良好的条件。但先天性裂唇和裂腭的患儿吮吸功能较差。

牙齿发育变化大，婴幼儿出生时乳牙尚未萌出，不能咀嚼食物，4 个月时开始出牙，2岁左右长齐，共20颗。乳牙的生长一般是先从中间的上下各两颗开始萌出，然后是两侧萌出，乳牙萌出的时间及顺序见表2-6。

表2-6 乳牙萌出时间及顺序

牙齿名称	萌出时间	萌出总数 / 颗
下中切牙	4 ～ 10 个月	2
上中切牙	4 ～ 10 个月	2
上侧切牙	4 ～ 14 个月	2
下侧切牙	6 ～ 14 个月	2
第一乳磨牙	10 ～ 17 个月	4
尖牙	16 ～ 24 个月	4
第二乳磨牙	20 ～ 30 个月	4

2.2.1.2 食管和胃

婴儿的食管呈漏斗状，弹力纤维和肌肉发育不全，食管壁黏膜纤柔，腺体比较少。

婴儿的胃部相对处于横位状态，胃容量较小，易发生呕吐。婴幼儿胃呈水平位，当开始会走时，其位置逐渐变为垂直。新生儿胃容量约为30～35mL，3个月时为120mL，1岁时为250mL。胃排空时间随食物种类不同而异，稠厚且含凝乳块的乳汁排空比较慢。水的排空时间为1.5～2h，母乳为2～3h，牛乳为3～4h。早产儿胃排空更慢，因此易发生胃潴留。新生儿胃的幽门括约肌发育良好，是紧的，贲门括约肌发育不好，是松的。新生儿由于自主神经调节差，易引起幽门痉挛。发生痉挛以后，内容物不容易往外排。新生儿胃分泌的各种消化酶和盐酸少，酶活力低，所以消化功能差，容易出现溢奶和呕吐。

2.2.1.3 肠

新生儿肠的长度约为身长的8倍，婴幼儿超过6倍，而成人仅为身长的4倍。肠黏膜细嫩，富有血管及淋巴管，小肠的绒毛发育良好。肠肌层发育差。肠系膜柔软而长，黏膜下组织松弛，肠壁固定差，容易出现吃奶以后腹胀或者腹痛，或者易发生肠套叠、肠扭转或肠梗阻，或者是出现一些肠绞痛等情况。因婴儿肠黏膜薄和嫩，通透性好，但屏障功能差，肠内有些毒素以及消化不全的产物、过敏原等，可以经过肠黏膜进入体内，引起全身性感染和变态反应性疾病。

从肠的发育角度讲，婴儿容易胃-结肠反射。这是因为婴儿大脑皮质功能发育不完善，进食的时候容易表现出边吃边拉，或者一吃完就拉，显得大便次数多，

这就叫胃 - 结肠反射。

2.2.1.4 胰腺

胰脏对新陈代谢发挥重要作用，其既分泌胰岛素又分泌胰液。胰腺的内分泌功能指的是分泌胰岛素，主要参与调控糖代谢；而外分泌功能指的是分泌胰液，其主要成分为胰蛋白酶、胰脂肪酶、胰淀粉酶等。这三种胰腺酶在新生儿和小婴儿体内活性都很低，使新生儿和小婴儿对蛋白质、脂肪的消化吸收功能都不完善，容易发生消化不良。

2.2.1.5 肝

新生儿肝脏占身体比要大于成人，到 10 月龄时为出生时重量的 2 倍，3 岁时则增至 3 倍。肝脏富有血管，结缔组织较少，肝细胞的再生能力强。年龄越小的婴儿，肝脏相对越大。由于肝细胞发育不完善，肝功能不成熟，表现为容易受各种不利因素的影响，如缺氧、感染、药物中毒，都可以使肝细胞发生肿胀、脂肪浸润或者变性坏死，容易纤维增生而发生肿大；由于婴儿的胆汁分泌少，影响脂肪的消化吸收。新生儿的肝脏还有它的特殊性，因为刚出生，肝脏酶系统没有完全发育成熟，可能会出现一些病理现象，如新生儿黄疸、灰婴综合征、酪氨酸血症等。

2.2.2 婴幼儿消化吸收的特点

2.2.2.1 蛋白质的消化吸收

胎儿 34 周时胃主细胞开始分泌胃蛋白酶，出生时活性较低，3 月龄时活性才逐渐增强，到 18 月龄时达到成人水平。出生后一周，胰蛋白酶活性增加，出生一个月时，已达成人水平。出生后数月内，婴儿肠道屏障功能发育不成熟，小肠上皮细胞间存在间隙，渗透性高，有利于母乳中的免疫球蛋白吸收，同时也容易增加牛奶蛋白、鸡蛋蛋白、毒素、微生物以及未完全分解的代谢产物吸收的机会，诱发过敏或肠道感染。因此，对婴儿，尤其是新生儿，应限制蛋白质的摄入量，生后 6 个月内纯母乳喂养可降低发生过敏或感染的风险[24,25]。

2.2.2.2 脂肪的消化吸收

胎儿从 8 ～ 12 周开始分泌胆汁，16 周胰腺分泌胰脂酶。婴儿到 6 月龄时胃酸达到成人水平，6 ～ 9 月龄时婴儿脂肪酶和胆盐水平才达到可消化脂肪的水平。

婴幼儿吸收脂肪的能力随年龄的增长而提高，婴儿 18 个月前对脂肪吸收功能不完善，到 2 岁才达到成人水平。

2.2.2.3 碳水化合物的消化吸收

促进婴幼儿消化和吸收碳水化合物的酶主要有双糖酶和淀粉酶。6 月龄内的婴儿食物中的碳水化合物主要是乳糖和少量葡萄糖及多种低聚糖，其中的乳糖需要经过肠黏膜细胞分泌的双糖酶水解，婴儿的双糖酶发育好，消化乳糖好，胰淀粉酶发育较差，3 月龄后活性逐渐增高，两岁达成人水平。3 月龄后的婴儿口腔内唾液淀粉酶活性逐渐增高，2 岁时达到成人水平，6 个月左右胰腺开始分泌胰淀粉酶，因此 6 个月前婴儿消化淀粉的能力较差，不宜过早添加淀粉类食物（如米粉）。

2.2.3 婴幼儿消化功能的特点

2.2.3.1 新生儿

出生时已具有吸吮和吞咽反射，出生后即可开奶。早产儿、低体重儿，吞咽及吸吮的协调能力差，容易引起呛咳；3 个月时唾液分泌量开始增加，5 个月时明显增多。由于婴儿的口腔底浅，不能及时吞咽分泌出的全部唾液，因此易发生生理性流涎。新生儿及婴幼儿口腔黏膜非常细嫩，血管丰富，唾液分泌少、口腔黏膜干燥易于受伤，清洁口腔时，须谨慎擦洗。

2.2.3.2 胃肠

由于婴儿食管呈漏斗状，黏膜纤弱、腺体缺乏、弹力组织及肌层尚不发达，食管下段贲门括约肌发育不成熟、控制能力差，因此常发生胃食管反流导致的生理性溢乳，大多数在 8 ～ 10 个月时症状消失。

由于婴儿的胃容量有限，因此每日喂食次数较多。胃平滑肌发育尚未完善，在充满液体食物后易使胃扩张。婴儿吸吮时常吸入空气，称为生理性吞气症，常因吃奶时吞咽过多空气而发生溢奶。胃贲门部肌肉较松弛，易使婴幼儿发生呕吐或溢乳。如婴儿常出现胃食管反流，可导致食管炎、哮喘或反复呼吸道感染。

由于婴儿的肠壁较薄，其屏障功能较弱，肠内毒素及消化不全的产物易经肠壁进入血液引起中毒症状。有些新生儿由于先天原因，结肠蠕动功能较差，不能自行排便，可能为先天性巨结肠。此外，患儿肠道内的益生菌也较少，容易造成消化功能紊乱。

2.2.4 肠道细菌的特点

胎儿的肠道基本上是无菌的，出生后数小时，细菌从空气、乳头、用具等经口、鼻、肛门入侵到肠道，主要分布在结肠和直肠。肠道菌群受食物成分影响，母乳喂养的婴儿，母乳中乳糖多、蛋白质少，能促进乳酸杆菌、双歧杆菌等有益菌的生长，肠道菌群以双歧杆菌占绝对优势，抑制大肠杆菌生长，因此不易发生腹泻；人工喂养或混合喂养的婴儿，因乳糖少、蛋白质高，肠道内含大肠杆菌、嗜酸杆菌、双歧杆菌及肠球菌且比例相当高。肠道细菌参与一部分食物的分解，以及合成维生素 K 和某些 B 族维生素。一般胃与十二指肠内几乎无菌，结肠和直肠细菌最多，小肠次之。

2.2.5 婴儿大便的特点

2.2.5.1 胎便

新生儿出生时的大便叫胎便。正常的胎便排出时间是在新生儿出生后 24h 以内。其颜色呈墨绿色或深绿色，黏稠，不臭。胎便的成分主要是胎儿肠道自身脱落下来的上皮细胞、浓缩的消化液，以及分娩过程中吞咽的羊水等。胎便排出以后，如果能够正常吃奶，2 ～ 3 天粪便就能转为正常。

2.2.5.2 母乳喂养儿大便

母乳喂养儿的大便呈黄色或金黄色，均匀、糊状，允许带少量的大便颗粒，也可以略稀，呈绿色，但一定不臭。每天 2 ～ 4 次为正常，如果有的孩子吃母乳次数比较多，可能大便次数要超过 2 ～ 4 次，一天不超过 8 次，也视为正常。母乳喂养儿添加辅食以后，大便次数就会逐渐减少。

2.2.5.3 人工喂养儿大便

人工喂养儿大便呈淡黄色或灰黄色，比较干、稠。酸碱反应呈中性，pH 值在 6 ～ 8。因为牛乳含蛋白质比较多，而且不易消化，大便里有蛋白质分解产物的味道，有臭味。排便次数一天 1 ～ 2 次，有些人工喂养的孩子会出现便秘。

2.2.5.4 混合喂养儿大便

混合喂养儿是母乳加婴儿配方乳粉喂养的小儿。大便与牛乳喂养的婴儿比较相近似，但是要软一些，颜色要黄一些。随着添加辅食中的淀粉类食物增多，大便的量会增加，略呈暗褐色，臭味加重。如果添了各类蔬菜或者水果，以后再添肉蛋鱼类辅食以后，孩子的大便外观逐渐接近成人。

2.2.6　婴幼儿进食感知和进食技能发育的特点

2.2.6.1　婴幼儿进食感知发育

（1）嗅觉　婴儿出生后通过鼻前庭嗅觉熟悉母亲气味，并根据气味寻找乳头吸吮。婴儿有嗅觉记忆，出生时可表现出对不同气味的反应，并逐渐学习识别不同的气味，可通过乳汁的味觉刺激、温度、母亲的声音等方式来强化。

（2）味觉　羊水是胎儿体验味觉的第一介质。婴儿出生后接受母乳喂养，可以获得各种味觉刺激。这些早期味觉经历的变化，对婴儿以后接受食物有特殊作用，比如在断奶期更容易接受新的味道，能更好地实现食物的转变。

2.2.6.2　婴幼儿进食技能发育

（1）觅食反射　胎儿28周出现觅食反射，到4～6个月时消退，它是婴儿出生时就具备的一种最基本的进食动作。

（2）吸吮和吞咽　新生儿具备的吸吮和吞咽功能主要是靠吞咽反射完成。当婴儿能进食固体食物时，提示主动吞咽行为发育成熟。婴儿2个月左右吸吮动作成熟，到4月龄时吸和吞的动作能分开进行，5月龄时吸吮能力增强，到6月龄时能有意识地张嘴接受勺子和食物。

（3）咀嚼　出生后6个月左右是训练婴儿“学习”咀嚼、吞咽的关键期。开始导入固体食物前，应有1～2个月训练婴儿咀嚼和吞咽行为的时期。如果错过咀嚼、吞咽行为的学习关键期，婴儿将表现为不成熟的咀嚼和吞咽行为，例如在吃固体食物的时候常常出现呛、吐出或含在口中不吞等，严重时甚至还会影响到语言发育。

2.3　神经系统、运动、感知觉发育的特点

出生后第一年的生长发育特别迅速，4～6岁时的脑重量已达成人脑重量的85%～90%。3岁时神经细胞的分化基本完成，8岁时接近成人。胎儿的脊髓发育相对较成熟，出生之后就拥有了吸吮、觅食、拥抱等一些先天性的反射。婴儿的神经、心理的发育主要反映在日常的行为中，三岁之后就会出现更高的智能活动[26,27]。

2.3.1 神经系统发育的特点

2.3.1.1 脑发育

小儿的神经系统发育，重要的是脑发育。出生时新生儿脑重量约390g，约占出生体重的8%（成人脑重约1400g，占体重的4%），相当于成人脑重的25%。出生后儿童脑重量随年龄以先快后慢的速度增长，第一年的脑重量增加最快，2.5～3岁时脑重发展到相当于成人脑重的75%, 此后几年发展渐缓，到6～7岁接近成人水平，相当于成人脑重的90%，此后缓慢增长，到20岁时停止增长。

（1）发育特点　根据大脑生理学的研究，儿童大脑重量的增加并不是脑神经细胞的增殖，主要是神经细胞体积的增大、神经细胞结构的复杂化和神经纤维的延长、突触的数量和长度增加以及神经纤维的髓鞘逐渐形成。新生儿的大脑皮质表面较光滑，沟回很浅，构造十分简单，之后神经细胞突触数量和长度增加，细胞体积增大，神经纤维开始向不同方向延伸，越来越多地深入到皮质各层；同时，神经纤维的髓鞘化逐渐完成。髓鞘化是脑内部成熟的重要标志，髓鞘化保证了神经兴奋沿着一定路线迅速传导。出生时，新生儿的脑低级部位（脊髓、脑干）已开始髓鞘化，随后先是与感觉运动有关的部位，再就是与智慧活动直接有关的额叶、顶叶区的髓鞘化，4岁时，已完成神经纤维的髓鞘化，6岁末几乎所有的皮质传导通路都已髓鞘化。

（2）脑细胞的增殖一次完成　脑细胞的增殖有一次完成的特点，如错过了这种机会，脑功能就不会发育成熟。脑细胞DNA含量分析表明，脑的生长加速期在胎儿15～20周左右，而脑细胞的分化则从胎儿30周左右持续到出生后1岁半，从孕中期到出生后2岁的脑称为发育脑。

新生儿大脑皮质兴奋性低，外界的刺激易使其疲劳，兴奋性更低下而进入睡眠状态（每天睡眠18～20h）。随着大脑皮质的发育，小儿睡眠时间逐渐缩短。婴幼儿大脑皮质仍尚未发育成熟，兴奋与抑制过程易扩散，皮质下中枢兴奋性仍高。

（3）脑组织的生化特点　小儿大脑尤其富含蛋白质，而磷脂和脑苷脂的含量相对较少。蛋白质占婴儿脑组织的46%(成人为27%），类脂质在婴儿期为33%(成人为66.5%）。小儿大脑的生化成分在1岁半以后才和成人相同。血脑屏障在小儿愈小时其作用愈不完善，利用酮体在小儿生长时期对脑的代谢发挥重要作用。生长时期脑组织耗氧量大，同样在基础代谢状态下，小儿脑耗氧占总耗氧量的50%，而成人为20%。

营养成分的缺乏无论对成熟脑还是发育脑的影响都很大。生长时期脑对营养不足尤为敏感，不仅会影响大脑的功能，而且也将影响到大脑的重量和形态；宫内营养不良时对神经元的生长影响较大，出生后则对胶质细胞、髓鞘和树突的生长影响较大。

2.3.1.2 脑干

出生时中脑、脑桥、延髓已具备功能，保证胎儿出生时有较好的循环、呼吸等重要生命功能。新生时大脑皮质、锥体系、新纹状体（尾状核、壳核）尚未发育完善，出生后几周内的运动功能由间脑、丘脑、苍白球系统调节，因此运动缓慢，如蠕虫样运动，动作多而肌张力高。以后脑实质逐渐增长成熟，运动转为由大脑皮质中枢调节。

2.3.1.3 小脑

出生时小脑发育较差，出生后 6 个月达生长高峰，以后减慢。2 ～ 3 岁时小脑尚未发育完善，随意运动仍不准确，其运动差，6 岁时小脑发育达成人水平。小脑主要参与维持身体的平衡，运动中保证各肌群间的协调和调节肌张力。

2.3.1.4 脊髓

胚胎期脊髓反射发育较早，出生时形态结构已较完善，重 2 ～ 6g，2 岁时与成人接近，其发育与运动功能平行发育，随年龄而增重延长。胎儿期脊髓达骶管，新生儿期达第 3、第 4 腰椎（故新生儿腰穿针应在第 4、5 腰椎间隙），4 岁时其下端上移到第一腰椎。

出生时脊髓与皮质下中枢作用占优势，脊髓的固有反射尚未得到大脑高级中枢的控制而出现一些特有的非条件反射（先天性反射），如觅食反射（rooting reflex）、吸吮反射（sucking reflex）、吞咽反射（swallowing reflex）、拥抱反射（moro reflex）、握持反射（grasp reflex）、翻正反射（righting reflex）、踏步反射（walking reflex）等。随年龄增长这些反射逐渐消失，如 3 ～ 4 月龄时随额叶的发育，握持反射逐渐消失，代之以有意识的手指精细动作。

新生儿及婴儿肌腱反射较弱，腹壁反射和提睾反射也不易引出，到 1 岁时才稳定。3 ～ 4 个月前小儿肌张力较高，克尼格征、巴宾斯基征阳性在 2 岁以前可视为生理现象。防御性非条件反射如瞬眼、角膜反射都很显著，瞳孔反射、咽反射出生时已存在。

2.3.2 运动发育的特点

2.3.2.1 运动发育的规律

运动的发育与脑的形态及功能的发育密切相关，与神经纤维髓鞘化的时间有关，还与脊髓及肌肉的功能有关。例如，脑中央前回的发育在婴儿期主要发生在肩、颈代表区，出生后第二年则主要在手的代表区，故婴儿抬头、坐等能力的发育先于手与指的细运动的发育。婴儿运动发育的规律有：

① 自上而下为随意运动的规律，自头端向足端发展。

② 从进到退（如先能拉床栏站起，后从立位坐下；先会握，后能主动放下或掷下）。

③ 先泛化后集中，由不协调到协调。如看到胸前的玩具，小婴儿则手舞足蹈，但不能把玩具拿到手，较大的婴儿则能用手取到玩具。

④ 正面的动作先于反面的动作，例如先学会手抓东西，然后才会放下手中的东西；先能从坐位拉住栏杆立起，然后从立位慢慢坐下；先学会向前走，然后才会倒退走等。

2.3.2.2 运动的发育过程

对出生后最初几个月婴儿运动状态的估计，可观察俯卧位时头的抬起、踢足的力量、握持和拥抱反射的对称性；对较大婴儿则观察坐、站、走、握持及将物体从一手传到另一手的动作。

（1）平衡与大运动

① 抬头　颈后肌的发育先于颈前肌，因此首先俯卧位时抬头。新生儿俯卧位时能抬头 1 ～ 2s，3 个月时抬头较稳，4 个月时抬头很稳，并能自由转动。

② 坐　新生儿腰肌无力，3 ～ 4 个月扶坐时腰呈弧形，5 个月靠垫坐能直腰，6 个月仰卧位拉手能坐起，7 个月能独坐片刻，9 个月能独自坐稳。

③ 匍匐和爬　新生儿俯卧位时有反射性匍匐动作，1 个月时，在前庭翻正反射及上肢支撑反射作用下，俯卧位时能撑起身躯，伸出两手试图抓取前面的物体，可能即为匍匐的开始。2 个月能交替踢腿，3 ～ 4 个月能用手支撑上身达数分钟，7 ～ 9 个月能支撑胸腹离床面，8 ～ 9 个月能用上肢往前爬，约周岁时能用手与膝爬，一岁半能爬上台阶。学爬有助于胸、臀的发育，有助于小儿提前接触环境。爬的能力受环境影响极大，故爬不能作为评价小儿运动发育的指标。

④ 站立、行走和跳　新生儿被扶到直立位并向前移动时出现踏步反射。2 ～ 3 个月扶立时髋、膝关节变曲，约 8 个月时背、臀、腿能伸直，搀扶着能站立片刻，9 个月能扶站，11 个月能扶走，13 ～ 15 个月能独走，1 岁半能倒退几步，2 岁步态稳且能并足跳，3 岁时能单足跳过低障碍，4 岁半能跳好。

（2）精细动作

① 捏弄　捏弄的开始需要上肢肌张力的降低，3 个月握持反射消失后能有意识地握物。约 3 ～ 4 个月常在胸前玩手，或捏弄手中物体。5 个月判断距离的能力提高，能伸手取物并反抗被人夺走。6 ～ 7 个月能弯腰伸手取较近处玩具，并在两

手间传递。

② 手肌发育成熟的规律　先手掌尺侧握物，后用桡侧，再用手指；先 4 指对掌心一把抓，后拇指与食指对捏；先握取（不随意），后主动放松（随意）。手的操作能力以神经系统解剖生理发育为基础，与后天训练亦有关。

③ 涂、绘和书写　此时需要手的较精细动作和眼手协调，比其他技能更受环境影响，绘图的发育经过乱涂、线涂、合并和聚集（将 2 个或 3 个以上线图并成平面图）、绘画 4 个阶段。约 12 ～ 15 个月小儿能执蜡笔时，偶然出现乱涂。约 1 岁半稍能控制涂画的速度，涂成曲线。约 3 岁进入画线图阶段。约 4 ～ 5 岁开始进入合并和聚集的阶段。画人像的技能除需要绘线图及合并、聚集的技能外，还需要有观察及分辨自我形象的能力。3 岁以上小儿绘人体的部位数，约为月龄减去 34 之差除以 2.5。

2.3.3　感知觉发育的特点

2.3.3.1　视感知的发育

新生儿的眼睛对光反射敏感，出生时已有眨眼及瞳孔对光反应，眼外肌的协调调节差，3 ～ 4 个月时开始部分调节，12 个月时才完善。同时，出生时为远视，这种状态可以维持到六周岁左右；出生时视网膜的视锥细胞未发育，只有周围视觉，因此，对近距离的视觉不及远距离。

2.3.3.2　听感知的发育

胎儿在妊娠后期，听觉已相当灵敏，可以与母亲互动，这已经被广泛证实。新生儿对刺激的声音反应敏感，刚出生的新生儿就可以分辨声音的高低，2 个月的婴儿可以分辨不同人的声音和同一人不同的语调，6 个月时可以做应答回应，8 个月时可以确定声音的来源，12 个月时可以控制对声音的反应，18 ～ 24 个月可以区别不同高度的声音，具备更加精细的区别能力。

2.3.3.3　嗅觉发育

出生时嗅觉神经中枢和传导神经已基本发育成熟，故新生儿对母乳香味已能有反应。哺乳时，新生儿会因为闻到乳汁的香味而积极寻找乳头，会对乳母的依恋更强烈；1 月龄时对强烈气味有不愉快表示；3 ～ 4 月龄时，能区别好闻和难闻的气味；4 ～ 5 月龄婴儿对食物的任何改变都会非常敏感；7 ～ 8 月龄开始分辨芳香的刺激，对臭、香气味有反应。

2.3.3.4 味觉发育

在胎儿 7 ～ 8 个月时味觉的神经末梢已髓鞘化，故出生时味觉已发育完善，新生儿对不同味道如甜、酸、苦已有不同反应，故切忌在喂母乳之前喂婴儿糖水及甜牛奶，以免引起婴儿拒吸母乳。4 ～ 5 个月龄的婴儿对食物的微小改变已很敏感，故应从 6 月龄开始及时添加辅食，并逐渐增加辅食的品种，使之习惯不同味道的辅食。

2.3.3.5 皮肤感觉的发育

皮肤感觉包括痛觉、触觉、温度觉、深感觉等。新生儿对痛感虽已经存在，但并不敏感，尤其是在躯干、眼、腋下部位，这些部位受疼痛刺激后会出现泛化的现象。新生儿的眼、前额、口周、手掌、足底等部位的触觉已很灵敏，而大腿、前臂、躯干等处则还比较迟钝。新生儿的温度觉也比较敏锐，如能够区别牛奶和饮水温度的过高和过低，对冷的刺激会比热的刺激更能引起明显反应，3 个多月的婴儿已能区分 31.5℃与 35℃的水温。2 ～ 3 岁时已能辨别各种物体的属性，如软、硬、冷、热等。

2.3.3.6 语言的发育

语言为人类特有的高级神经活动，用以表达思维、观念等心理过程，与智能有密切关系。语言发育必须具备正常的发育器官、听觉和大脑语言中枢，与周围人群的语言交往也是促进语言发育必不可少的条件。

语言是表达思想、观念的心理过程，文字、声音、视觉信号、姿势及手势都属语言范畴。言语是语言交往的一种形式，是人类在进化过程中随着脑发育和社会生活的发展而发生发展的。它与智能有直接的联系。智能发育迟缓幼儿的语言缺陷，主要表现为词汇的贫乏和语言结构的不完善。语言发育要经过发音、理解和表达三个阶段。

① 发音　婴儿 1 ～ 2 个月开始发喉音，2 个月发“啊”“咿”“呜”等元音，在最初的偶然性发音后，发音所产生的听觉及喉部本体感觉促使小儿从反复发音中自得其乐，造成所谓循环反应（circular movement），在 6 ～ 8 个月最明显。辅音多在 6 个月时开始出现，以唇音为最先，故大多数婴儿 6 ～ 7 个月自然地发出“爸”“妈”等拼音，或“咿”“啊”的拼音。约 8 个月常合并两个语音，如“爸爸”“妈妈”“爷爷”等。8 ～ 9 个月喜欢学亲人的口势发音。

② 理解　理解语言在发音的阶段已开始。小儿通过条件联系（视觉、触觉、体位感觉等）理解一些家常物品的名称，如“奶瓶”“电灯”等。对他自发的“爸

爸”“妈妈”之类语音，亲人及时地答应及微笑，也使他逐渐理解这些音是代表特定的人物。语音与语义的联系被储存在记忆之中，数量愈来愈多，即成为小儿以后动用的词汇。

③ 表达　表达语言在“理解”之后进一步发展，当语言具有特殊意义时，听觉中枢与发音运动中枢间建立起联系通路，于是小儿学会发出有意义的语言，如原来自发的“爸爸”“妈妈”“阿姨”“爷爷”等音，到 9 ～ 10 个月以后就变为呼唤亲人的第二信号，1 岁半～ 2 岁的小儿词汇开始迅速增加，3 岁时增加更多，到 5 ～ 6 岁速度减慢，其发育过程如表 2-7 所示。

表 2-7　小儿神经发育进程

年龄	粗细动作	语言	适应周围人的能力与行为
新生儿	无规律，不协调动作，紧握拳	能哭叫	铃声使全身活动减少
2 个月	直立位及俯卧位时能抬头	发出和谐的喉音	能微笑，有面部表情，眼随物转动
3 个月	能从仰卧位转为侧卧位，用手摸东西	咿呀发音	头可随看到的物品或听到的声音转动 180°，注意自己的手
4 个月	扶着髋部时能坐，可以在俯卧位时用两手支持抬起胸部，手能握持玩具	笑出声	抓面前的物件，自己弄手玩，见食物表示喜悦，较有意识地哭和笑
5 个月	扶腋下能站得直，两手各握一玩具	能喃喃地发出单调音节	伸手取物，能辨别人声，望镜中人笑
6 个月	能独坐一会儿，用手摇玩具		能认识熟人和陌生人，自拉衣服，自握足玩
7 个月	会翻身，自己能独坐很久，将玩具从一手换入另一手	能发出“爸爸”“妈妈”等复音，但无意识	能听懂自己的名字，自握饼干吃
8 个月	会爬，会自己坐起来、躺下去，会扶着栏杆站起来，会拍手	重复大人所发的简单音节	注意观察大人的行为，开始认识物体，两手会传递玩具
9 个月	能试着独站，会从抽屉中取出玩具	能懂几个较复杂的词语，如再见	看见熟人会把手伸出要人抱，或与人合作游戏
10 ～ 11 个月	能独站片刻，扶椅或推车能走几步，拇指与食指会对捏拿东西	开始用单词，能用一个单词表示多个意思	能模仿成人的动作，招手“再见”，抱奶瓶自食
12 个月	能独走、弯腰拾东西，会将圆圈套在木棍上	能叫出物品名字，如灯、碗，指出自己的手、眼	对人和事物有喜憎之分，穿衣能合作，用杯喝水
15 个月	走得好，能蹲着玩，能叠一块方木	能说出几个词和自己的名字	能表示同意或不同意
18 个月	能爬台阶，有目标地扔皮球	能认识和指出身体各部分	会表示大小便，懂命令，会自己进食

续表

年龄	粗细动作	语言	适应周围人的能力与行为
2岁	能双脚跳，手的动作更准确，会用勺子吃饭	会说2～3字构成的句子	能完成简单的动作，如拾起地上的物品，能表达喜、怒、怕、懂
3岁	能跑，会骑三轮车，会洗手洗脸、脱穿简单衣服	能说短歌谣，数几个数	能认识画上的东西，识别男女，自称"我"，表现自尊心、同情心，怕羞
4岁	能爬梯子，会穿鞋	能唱歌	能画人像，初步思考问题，记忆力强，好发问
5岁	能单腿跳，会系鞋带	开始识字	能分辨颜色，数十个数，知道物品用途及性能
6～7岁	能参加简单劳动，如扫地、擦桌子、剪纸、泥塑、结绳等	能讲故事，开始写字	能数几十个数，可简单加减，喜独立自主，形成性格

注：引自《儿科学》（第9版）[26]。

2.4 认知与行为发育的特点

认知过程建立在感知觉基础上，通过记忆、思维、概括、推理、想象而完成对外界事物本质的把握及其规律的了解[27,28]。

2.4.1 感觉的特点

感觉（sensation）是一定的物质运动作用于感觉器官并经过外界或身体内部的神经通路传入脑的相应部位引起的意识现象，是整个认识过程的起点。感觉包括浅部感觉和深部感觉。

2.4.1.1 浅部感觉

浅部感觉包括视觉、听觉、味觉、嗅觉、温度觉、冷觉、触觉、痛觉等。

2.4.1.2 深部感觉

深部感觉包括运动觉、平衡觉、机体觉。

2.4.2 知觉的特点

知觉（perception）是视觉、听觉、皮肤感觉、运动觉等协同活动的结果，具有整体性、恒常性、选择性和理解性等基本特征。知觉的发展是人脑对直接作用于感觉器官的各种客观事物属性的整体反映，包括空间知觉、时间知觉和运动知觉等。感觉和知觉既有区别，又是紧密联系在一起的心理过程，故统称为感知觉或感知。在婴儿的认知能力中，感知觉发育最早，而且最快。婴儿借助感知能力去认识客观世界，并认识自我。因此，感知觉的发育为婴儿心理发展的完善和个性的形成提供了基础。

2.4.2.1 时间知觉

时间知觉是对客观现象延续性和顺序性的感知。

2.4.2.2 运动知觉

运动知觉即动觉，是个体对自己身体的运动和位置状态的感觉。

2.4.2.3 社会知觉

社会知觉是人对客体的认知和认识过程。社会知觉中有关对他人知觉的内容又称为人际知觉，即个体对他人的感知、理解与评价。包括对他人表情、性格的认知，对人与人之间关系的认知和对行为原因的认知等。

2.4.3 记忆的特点

记忆（memory）是人脑对过去经验的反映，包括识记、保持、再认和再现 4 个基本过程。识记是记忆的开始阶段，是信息的输入和编码。保持是记忆过去的信息在头脑中得以巩固的过程。再现也称回忆，是对已存储的信息进行提取，使之恢复活动。已存储的信息由于某种原因不能被提取，但当被刺激重新出现时却仍能加以确认，这种确认的过程称为再认。

2.4.4 注意的特点

注意（attention）是认知活动对一定对象有选择地集中。注意能使人的感受性提高、知觉清晰、思维敏锐，从而使行动及时、准确，是获得知识和提高工作效率的前提。注意的方向和强度受客观刺激物特点的影响，也受个人知识经验以及个性特征的制约。

2.4.5　思维的特点

思维（thinking）是内在知识活动的历程，在此历程中个人运用储存在长期记忆中的信息，重新予以组织整合，从纵横交错的复杂关系中，获得新的理解与意义。思维是认识过程的高级阶段，反映的是客观事物的本质特征和内在规律性联系。思维过程的发展经过直觉行为思维、具体形象思维及抽象思维三个阶段。

2.4.6　感知觉的发展

2.4.6.1　发育顺序

幼儿通过游戏、与成人交往和观察学习，其各种感知能力更加完善。视觉和听觉的发展越来越占主导地位。幼儿已经具有精确辨别细微物体和远距离物体的能力。形状知觉发展较迅速，3 岁幼儿可以临摹几何图形，5 岁时已能正确认识图形，区别斜线、垂直线和水平线；5 岁的幼儿不仅能区别各种颜色，还有按颜色名称选择颜色的能力；6 岁左右视深度感觉已充分发育，一般不会因视深度判断不正确而撞到东西。

2.4.6.2　空间知觉

空间知觉需要视觉、听觉和运动觉等多种分析器联合活动，因此较为复杂。3 岁儿童仅能辨别上下方位，4 岁能辨别前后方位，5 ～ 6 岁开始能以自身为中心辨别上、下、前、后四个方位，但以自身为中心的左、右方位辨别能力尚不准确。由于左右方位有相对性，准确地识别需经过较长一段时间，因此学前儿童对字符的识别经常左右颠倒。例如分不清“d”与“b”、“p”与“q”、“9”与“6”。以自身为中心判断左右一般要到 5 岁，以别人为中心判断左右一般要到 7 ～ 8 岁时才能完全掌握。

2.4.6.3　时间知觉

幼儿的时间知觉发育得比较晚，对时间的掌握是一个比较缓慢的过程。4 岁幼儿时间概念开始发展，但水平很低，既不准确，也不稳定，常常需要和具体的生活活动相联系，如早晨起床、晚上睡觉。5 岁左右的幼儿则有了较大的发展，基本能区别今天、明天、昨天，并能正确运用早上、晚上的时间概念。5 ～ 6 岁可以区别上午、下午、晚上和前天、后天、大后天。对一年内四个季节和相对时间的概念的认知要到 5 ～ 6 岁才逐渐开始。因为幼儿的抽象思维能力尚未发展，故对更小或更大的时间单位如几点钟、几分钟或几个月、几年就较难把握。

2.4.7 情绪与行为的发展

2.4.7.1 0 ~ 1 岁婴儿情绪行为发展

婴儿出生时首先是依靠非条件反射，它是一种本能活动；同时，很快就开始认识世界和别人交往。认识世界主要表现在感觉的发生。

（1）满月后婴儿的情绪发展　婴儿的心理情绪发展很迅速，几乎是一月一变。

① 视觉和听觉迅速发展，表现在视觉、听觉的集中上。

② 手眼动作逐渐协调。

③ 开始认生，5 ～ 6 个月的婴儿开始认生。认生是婴儿认识能力发展过程中的重要变化，一方面反映了婴儿感知和记忆能力的发展，另一方面也表现了婴儿情绪和人际关系发展上的重大变化，出现了对亲人的依恋和对熟悉程度不同的人的不同态度。

（2）半岁到周岁的情绪行为发展　主要表现为随着坐、爬、站、走动作的迅速发展，手的动作开始形成，语言开始萌芽，依恋关系日益发展。

2.4.7.2 13 ~ 24 个月幼儿情绪行为发展

这个年龄段是幼儿分离焦虑和陌生人焦虑的敏感时期，这个时期幼儿对陌生人的态度可以反映出他们是否有依恋安全感。其特点是：学会直立行走，但还不十分自如；较熟练地运用双手做事和使用工具；语言和表象思维的发展；独立性开始出现；好奇心、探索性开始出现。

2.4.7.3 2 ~ 3 岁幼儿情绪行为发展

2 ～ 3 岁的幼儿，具备了人类的一切心理特点，并得到了较全面的发展。表现为：独立自如行走；熟练地使用工具；用语言交流，表象思维获得进一步发展；有了自我意识，任性出现。

2.4.8 婴幼儿的情绪表现与引导

2.4.8.1 婴儿的哭

婴儿出生后，最明显的情绪表现就是哭。哭最初是生理性的，以后逐渐带有社会性。新生儿的哭主要是生理性的，幼儿的哭主要表现为社会性情绪化的。

（1）0 ～ 1 岁婴儿的啼哭模式

① 饥饿的啼哭　有节奏的，其频率通常是 250 ～ 450Hz。这是婴儿的基本哭

声。出生第一个月时，有一半啼哭是由于饥饿或干渴引起的。到第六个月，这一类啼哭就下降为30%。

② 发怒的啼哭　这类啼哭的声音往往有点失真。这是因为婴儿发怒时用力吸气，迫使大量空气从声带通过，使声带振动而引起哭声。刚生下来的婴儿，因为被包裹得太紧使活动受到限制，也会发出这样的啼哭。

③ 疼痛性啼哭　事先没有呜咽也没有缓慢的哭泣，而是突然高声大哭。先是拉直了嗓门连哭数秒，接着是平静地呼气，再吸气，然后再呼气。由此引起一连串的哭声。疼痛性啼哭的哭声突然而激烈，声音很响，不停地号叫，极度不安，脸上有痛苦的表情。

④ 恐惧和惊吓的啼哭　这种啼哭，婴儿初生时就开始有了。其特点是突然发作，强烈而刺耳，伴有间歇时间较短的嚎叫，让人一听就知道是婴儿被吓着了，需要赶紧采取措施加以解决。

⑤ 不称心的啼哭　这种啼哭是在无声中开始的，起始两三声是缓慢而拖长的，持续不断，悲悲切切。这时家长需要在行动上给予婴儿关心。

⑥ 招引别人的哭　婴儿仅第3周开始出现这种啼哭。这种哭先是长时间的哼哼唧唧，哭声低沉单调，断断续续。如果没有别人去理他，他就会大哭起来，在听到这种声音时，家长应该意识到自己已经忽略婴儿了，他在叫人了。

（2）2～3岁幼儿的啼哭　2～3岁的幼儿经常啼哭，会影响身心发展。这时的啼哭多与生活经验不足，生活能力低下，或遇到力不从心的事情有关。家长需要注意的是尽量减少孩子哭的次数、缩短每次哭的时间、降低伤心程度。对这个年龄阶段幼儿的哭家长需要重视，因为它往往是不良情绪的反映。家长要尽量做到哭前积极预防、哭时正确对待、哭后加强教育。

2.4.8.2　婴幼儿的笑

笑是婴儿出生时就具有的一种能力，是婴儿的第一个社会性行为，也是与成人交往、沟通的基本手段。婴儿的笑会给父母带来无比的欢乐，通过笑，增进了婴幼儿与父母的情感，使父母感到骄傲自豪。笑可以促进交往，有助于活泼开朗、友善性格的发展。笑是情绪愉快的表现。儿童的笑比哭发生得晚。

（1）笑的发展　笑的发展经历了以下3个阶段。

第一阶段（0～5周），自发性的笑：婴儿出生时就可以开始有笑的反应。婴儿出生2～12h中，面部即有像微笑的运动。但最初的笑是自发性的，或称内源性的笑，这是一种生理表现，而不是交往的表情手段。

第二阶段（5周～3.5个月），无选择性的社会性微笑：这时人的声音和面孔特别容易引起婴儿的微笑。但还不能区分不同的人，无论是抚养者还是陌生人，或无论是生气的面孔还是笑的面孔，婴儿均会报以微笑。

第三阶段（3.5 个月之后），有选择的社会性微笑：从 3.5 个月尤其是 4 个月开始，随着婴儿处理刺激内容能力的增加，开始对不同的人有不同的微笑，出现有选择性的微笑。对熟悉的人会无拘无束地笑，对陌生人则带有警惕性注意，这是一种真正意义上的社会性微笑。

（2）婴儿笑的意义　笑是一种积极健康的情绪表现，它对婴儿的身心发育起着重要的促进作用。

从生理健康层面来说，笑是一种锻炼身体的好方法，它对促进全身各系统、各器官的均衡发展大有好处。婴儿笑的时候面部表情肌运动，胸肌、腹肌参与共振，这对心脏、肺脏、肝脏、胃肠等诸多器官起到锻炼与按摩作用。有调查表明，婴儿大笑时，其呼吸换气值可达到静止状态的 3 ～ 4 倍，因此爱笑的孩子一般体格比较强健。

从心理健康层面来说，爱笑的婴儿长大后多性格开朗，有乐观稳定的情绪，这将有利于人际交往能力的发展，使其更乐于探索，并学习到更多知识，也有利于婴儿智力发展。

婴儿早期的笑不仅与其智力发展有关，同时也与婴儿的性格发展密切相关。美国特拉华大学的科学家认为，出生后最初几天乃至几个月里很少见到笑容的婴儿长大后很可能性格孤僻羞怯。

笑不仅对婴儿自身的发展大有益处，同时对于身边的人来说，也能带来积极健康的影响。研究发现，婴儿的微笑能够刺激母亲大脑的多巴胺分泌，让母亲体验到幸福感。但在有些母亲身上，自然的多巴胺分泌功能可能存在问题，这或许有助于解释为何有些母亲和孩子从来都不亲密，难以感受到孩子微笑带来的幸福。

（3）如何能让婴儿笑　如何适宜地让婴儿笑，主要包括三个方面：时机、强度和方法。

① 首先是时机　并不是任何时候都适合逗婴儿发笑，在婴儿进食、吸吮、沐浴、睡前都不适合逗婴儿发笑。进食时逗笑容易导致婴儿将食物误入气管引发呛咳甚至窒息；洗浴时逗笑容易使婴儿将水吸入气管，带来危险；晚上睡前逗笑可能诱发婴儿失眠或者夜哭。

② 逗笑要注意强度　婴儿过分大笑可能会产生以下伤害：一是使胸腹腔内压增高，有碍胸腹内器官活动，有时会引发婴儿腹痛；二是容易造成暂时性缺氧；三是可能引起痴笑、口吃等不良习惯；四是可能引起下颌关节脱臼；五是过分大笑可能导致大脑长时间兴奋、睡眠不良，有碍大脑正常发育。因此，成人在逗婴儿笑时，一定要注意把握好分寸。

③ 如何逗婴儿笑　家长要多与婴儿接触，多向婴儿微笑，或给以新奇的玩具、图片等激发婴儿的天真快乐反应，使其发笑。

2.4.8.3　婴幼儿的恐惧

（1）恐惧的几个阶段

① 本能的恐惧　这是孩子一出生就有的一种本能的、反射性的情绪反应。当新生儿的姿势突然改变或者听到大的声音时，会立即外展双臂，手指分开，上肢屈曲、内收做出拥抱状，并伴有啼哭。这就是因为新生儿体位突然改变而引发的一种原始的、本能的恐惧情绪。

② 与知觉和经验相联系的恐惧　这种恐惧约在出生后 4 个月时出现。例如，孩子去医院接种疫苗，经历了被注射器扎的不愉快的体验，造成孩子只要一看见注射器就产生恐惧而大哭，进而发展到一看见穿白大衣的人或者医院就产生恐惧的情绪。这时，婴儿借助经验，视觉逐渐在恐惧中产生了主要作用。

③ 怕生　“怕生”是孩子社会性发展到一定程度的体现。它是孩子感知、辨别和记忆能力、情绪和人际关系获得发展的体现，“怕生”是孩子成长的必经阶段。3 月龄左右，孩子会很自然地显露出外向性，见到陌生人不会害羞。5 个月的时候，随着孩子自我认识和活动范围的扩大，孩子的识别能力不断增强，已能区别父母和其他人。6 个月的孩子已开始有了依恋、害怕、认生、厌恶、爱好等情绪，对熟人表现出明显的好感，并且能够根据家庭成员的亲近程度表现出不同的反应。出于自我保护的目的，这个阶段的孩子对妈妈最为依恋。从 7 月龄开始，孩子表现出“怕生”或者“羞怯”，见到陌生人时会表现出紧张，他会将身体紧紧地靠在父母身上，将脸紧紧地贴在父母的肩上，这会持续几个月的时间，这是儿童社会性发展中的固有阶段。8 ～ 12 个月“怕生”达到高峰，以后逐渐减弱。1 岁多的孩子已经开始有了独立意识，对什么都好奇，再加上活动范围的扩大，就使得他们有了要离开父母的怀抱去探索周围环境的欲望。但是，这个年龄段的孩子对父母和亲人仍然非常依恋，一旦遇到他从未见到过的人和物体，就可能表现出胆怯。因此，这一时期的孩子是独立性和依恋性并存。即便到了 2 ～ 3 岁，孩子仍然会对陌生人和陌生情景感到恐惧，这是孩子发展的共性。此外，由于遗传因素的差异，以及孩子出生以后所处的家庭教养环境的千差万别，因此每个孩子“怕生”的程度也存在很大的差异。“怕生”对孩子来说是一种非常正常的现象，但是如果父母不注意正确引导而任其自然发展，那么将来就有可能影响孩子的社会化进程。因此，孩子与陌生人的交流需要父母和主要照看者多给一些鼓励。

④ 预测性恐惧　1 岁半～ 2 岁的孩子，随着他想象、预测和推理能力的发展，或者受到文化和认知的影响，开始对黑暗、动物、鬼怪和想象中的怪物等产生恐

惧。3 岁以后，对陌生的恐惧逐渐下降，而想象与认知引起的害怕则随着年龄的增加而增加。对于婴幼儿来说，母亲或家人的离去，安全感消失也会引起恐惧。

（2）恐惧的原因　恐惧情绪是人类的一种基本情绪，婴幼儿在生长发育过程中都会表现出以上各个阶段对不同事物的恐惧情绪。但是，面对同一种陌生、新异的事物，有的孩子表现出强烈的恐惧，有的孩子却会冷静地对待。其原因除了与先天气质有关，更主要的是与后天的习得性有关。

① 天然因素　凡是强大的、新异的、变化大的事件都可能引起恐惧，如大的声音、从高处降落、突然挨近、疼痛、孤独等，都是引起恐惧的天然因素。像对黑暗、动物、陌生人、陌生环境等的恐惧都是天然因素派生出来的。

② 文化 - 认知的影响　随着孩子想象力的发展，孩子的头脑中会出现想象中的妖魔鬼怪、幽灵、死亡等，从而引起恐惧。看到书籍或影视中恐怖的画面、大人讲的恐怖故事或者由于宗教信仰而产生的对神灵的敬畏等，也会使孩子产生恐惧。

③ 家长因素——过度保护　当 7 ～ 8 个月的孩子遇到陌生而不能肯定的情境时，他们往往从亲人的面孔上寻找表情和动作的信息，然后决定他们的行动。如果家长表现出微笑、肯定和鼓励的面部表情，他们就会勇敢面对。如果亲人为了限制孩子的活动而表现出紧张、恐惧、威吓的面部表情和举止时，孩子就会紧张焦虑、畏缩不前。过度受保护的孩子会失去体验害怕和抵抗恐惧的机会，限制了认知能力的发展，容易形成胆小怯懦的个性。 家长简单粗暴的教育会加重孩子对恐惧情境的想象和认知，导致孩子自身增加更多的恐惧体验，并将恐惧不断放大和强化。当孩子出现胆小的迹象时，家长利用恐惧、威吓的手段促使孩子服从自己的命令，这不但对孩子克服胆小的行为没有帮助，而且当孩子的情绪结构中含有过多的恐惧成分时，孩子就会形成回避新异事物的习得性行为；这种孩子多安于现实环境，墨守成规，性格保守内向、胆小怯懦。由于父母在日常生活中有意无意地把自己的胆怯表现出来，因此潜移默化中，孩子也变得害怕、胆怯和畏缩，因为与这样的父母在一起缺乏安全感，久而久之，孩子也会对父母产生不信任感。

2.4.8.4　幼儿的反抗行为

2 ～ 3 岁是人生的第一个反抗期。研究表明，反抗行为（或称逆反心理）具有积极和消极的双重性。

（1）积极性表现　①反抗性是独立性、自主性的表现，反映了婴幼儿的自我意识及好胜心，表现出勇敢、求异、创新意识等积极的心理品质。②反抗心理强的婴幼儿，在不顺心的情况下，在愤怒、压抑的时候，敢于发泄，不让不愉快的心情长期留在心中，防止了畏缩、怯懦等消极心理品质的形成。

（2）消极性表现　这可影响婴幼儿身心健康的发展。婴幼儿反抗性是婴幼儿走向独立的起点，我们不仅仅要看到婴幼儿反抗带来的麻烦，更要看到反抗正是婴幼儿成长的标志，因此对待婴幼儿对反抗的反应，关键在于弄清产生反抗的原因，并采取科学的教育方法。

（3）反抗行为产生的原因　①父母脾气暴躁，动辄打骂孩子，体罚，甚至把孩子拒之门外，这样必然造成了孩子的反抗情绪。②父母过分娇惯孩子，一切以孩子为中心，百依百顺，本来孩子可以独立完成的事情，却要唠唠叨叨，甚至包办代替，也造成孩子的反抗情绪。③父母不顾孩子的年龄特点及实际能力，对孩子提出过高的要求和目标，孩子难以达到，造成孩子的反抗情绪。

2.4.8.5　有目的地培养婴幼儿的积极情绪

成人要以愉快、喜悦的情绪感染婴幼儿；要细心了解婴幼儿的需求，并给予恰当的满足；要给儿童“情绪准备”的时间；要经常引导婴幼儿去完成力所能及的任务，使其体验“成功”的愉快情绪；要引导婴幼儿不要将爱集中在一两个人身上，以避免在分离时产生痛苦的情绪；要注意防止婴幼儿产生恐惧、愤怒、紧张等消极情绪；对已经出现情绪紧张的婴幼儿，成人要及时加以抚慰或将他们的注意力引到其他方面。

（吴康敏）

参考文献

[1] Black M M, Walker S P, Fernald L C H, et al. Early childhood development coming of age: science through the life course. Lancet, 2017, 389(10064): 77-90.

[2] 中国发展研究基金会 . 中国儿童发展报告 2017. 北京：中国发展出版社，2017.

[3] Llorca-Colomer F, Murillo-Llorente M T, Legidos-Garcia M E, et al. Differences in classification standards for the prevalence of overweight and obesity in children. A systematic review and Meta-analysis. Clin Epidemiol, 2022, 14: 1031-1052.

[4] 杨振宇 . 中国 0 ～ 5 岁儿童营养与健康状况 . 北京：人民卫生出版社，2020.

[5] 中华人民共和国卫生部妇幼保健与社区卫生司，首都儿科研究所，九市儿童体格发育调查研究协作组 . 2005 年中国九市 7 岁以下儿童体格发育调查研究 . 北京：人民卫生出版社，2008.

[6] World Health Organization. WHO child growth standards: Length/height-for-age. weight-for-age, weight-for-length, weight-for-height and body mass index-for-age: Methods and development. Geneva: World Health Organization, 2006.

[7] 刘艳，王圆媛，程雁，等 . 江苏省儿童生长发育状况及其影响因素——基于 0 ～ 6 岁儿童家庭的横断面研究 . 中国当代儿科杂志，2022, 24(6): 693-698.

[8] 王付曼，姚屹，杨琦 . 中国七个城市学龄前儿童消瘦、超重和肥胖状况的队列研究 . 中华疾病控制杂志，2019, 23(5): 522-526.

[9] 成豆豆，王玉香，王梦婕，等 . 影响儿童体格生长发育因素的研究进展 . 全科护理，2020, 18(16): 1945-1946.

[10] Rudge M V C, Alves F C B, Hallur R L S, et al. Consequences of the exposome to gestational diabetes mellitus. Biochim Biophys Acta Gen Subj, 2022, 1867(2): 130282.
[11] Moyo G, Stickley Z, Little T, et al. Effects of nutritional and social factors on favorable fetal growth conditions using structural equation modeling. Nutrients, 2022, 14(21): 4642.
[12] Basak S, Das R K, Banerjee A, et al. Maternal obesity and gut microbiota are associated with fetal brain development. Nutrients, 2022, 14(21): 4515.
[13] Britto P R, Lye S J, Proulx K, et al. Nurturing care: promoting early childhood development. Lancet, 2017, 389(10064): 91-102.
[14] Daelmans B, Darmstadt G L, Lombardi J, et al. Early childhood development: the foundation of sustainable development. Lancet, 2017, 389(10064): 9-11.
[15] Richter L M, Daelmans B, Lombardi J, et al. Investing in the foundation of sustainable development: pathways to scale up for early childhood development. Lancet, 2017, 389(10064): 103-118.
[16] Dunlap B, Shelke K, Salem S A, et al. Folic acid and human reproduction-ten important issues for clinicians. J Exp Clin Assist Reprod, 2011, 8: 2.
[17] McCormick B J J, Richard S A, Caulfield L E, et al. Early life child micronutrient status, maternal reasoning, and a nurturing household environment have persistent influences on child cognitive development at age 5 years: results from MAL-ED. J Nutr, 2019, 149(8): 1460-1469.
[18] Zou R, El Marroun H, Cecil C, et al. Maternal folate levels during pregnancy and offspring brain development in late childhood. Clin Nutr, 2021, 40(5): 3391-3400.
[19] Snart C J P, Threapleton D E, Keeble C, et al. Maternal iodine status, intrauterine growth, birth outcomes and congenital anomalies in a UK birth cohort. BMC Med, 2020, 18(1): 132.
[20] 赵丽云，丁刚强，赵文华 . 2014—2017 年中国居民营养与健康状况检测报告 . 北京：人民卫生出版社，2022.
[21] 中华人民共和国国家卫生健康委员会 . 7 岁以下儿童生长标准：WS/T 423—2022. 北京：中国标准出版社，2022.
[22] 中华人民共和国卫生部妇幼保健与社区卫生司，首都儿科研究所，九市儿童体格发育调查研究协作组 . 中国儿童生长标准与生长曲线 . 上海：第二军医大学出版社，2009.
[23] 石淑华，戴耀华 . 儿童体格生长发育 . 北京：人民卫生出版社，2014.
[24] 屈芳，Weschler L B, Sundell J, 等 . 纯母乳喂养对北京学龄前儿童哮喘和过敏性疾病患病率的影响 . 科学通报，2013, 58(25): 2513-2526.
[25] Mathias J G, Zhang H M, Soto-Ramirez N, et al. The association of infant feeding patterns with food allergy symptoms and food allergy in early childhood. Int Breastfeed J, 2019, 14: 43.
[26] 王卫平 . 儿科学 . 9 版 . 北京：人民卫生出版社，2018.
[27] Crotly J E, Martin-Herz S P, Scharf R J. Cognitive development. Pediatr Rev, 2023, 44(2): 58-67.
[28] 林崇德，李奇维，董奇 . 认知、知觉和语言 . 上海：华东师范大学出版社，2015.

婴幼儿精准喂养

Practical Feeding for Infants and Young Children

第3章

儿童消化吸收的特点

人体需要能量和多种营养素，微量的和宏量的营养素用于维持生长、新陈代谢等生命过程，所有这些营养成分几乎全部来自日常食用的食物，除此之外，维生素D主要来自皮肤中存在的7-脱氢胆固醇经日光中紫外线B波段照射合成，个别其他维生素由肠道微生物合成。食物中含有多种人体必需营养素，这些营养素只有被人体消化吸收后，才能发挥其营养和其他生物学作用。不管是奶类或豆类食物、精米白面，还是鲜肉嫩菜，只有经过人的口腔、胃和肠的消化，使其分解成最简单的成分，例如蛋白质被分解成氨基酸和多肽，脂肪被分解成脂肪酸和甘油，碳水化合物被分解成单糖、双糖等，然后这些物质再被吸收到肠壁血液中，这个过程就叫食物的消化吸收。人体对不同的食物消化吸收的能力不同，吸收成分多少也不一样，即使相同的食物在不同条件下的吸收率也不同。对于婴幼儿来说，其整体上胃肠道的消化吸收功能尚处在发育成熟过程中，对不同食物的消化吸收能力逐渐增强；同时也容易发生消化吸收功能紊乱，影响食物营养成分的吸收，而且易发生食物不耐受或食物过敏等问题。

3.1 胃肠道的发育特点

胃肠道起源于球形受精卵分裂的内胚层，在妊娠20周时，胎儿肠道的组织学发育可达到与新生儿相似程度，而分泌和吸收过程发育在胎龄26周前仅部分完成，甚至足月新生儿的胃和胰腺尚不能分泌出完善消化液[1]。消化系统发育是经历了先解剖范畴的发育成熟，再功能成熟，并遵循由遗传和种族特异性决定的个体器官发育顺序。

3.1.1 肠道发育的程序性

3.1.1.1 神经－激素的调节机制

神经-激素和/或体液因子在肠道发生过程中起重要作用，若切除肾上腺、垂体或甲状腺则可延缓消化道发育，在肠道发育关键期若给予糖皮质类固醇或甲状腺素则可诱导肠道内酶活性。而胆囊收缩素、促胃液素、促胰液素、胰岛素、胰岛素样生长因子和上皮生长因子等胃肠激素，均是调节肽，在胃肠道发育中有着重要的调控机能。如在出生后，胆囊收缩素、促胃液素、促胰液素的含量显著增加，对胃肠道的发育有着重要的营养作用。由此可以看出，在不同的发育时期，调控胃肠道发育的神经-激素和/或体液因子的变化，均是适应功能发育的需要[2]。

3.1.1.2 环境影响

虽然母乳喂养和人工喂养都刺激胃肠道生长，但在神经-体液方面，母乳喂养婴儿的胃肠激素分泌反应较高，尤其是肠高血糖素，可促进出生后消化道的发育[3]。

母乳对婴儿的健康生长发育具有不可替代的作用，其含有许多重要的免疫活性成分，帮助新生儿和小婴儿在生命最脆弱期增加抗感染的能力。母乳的各种免疫成分通过吸吮进入婴儿体内，特别是初乳（分娩后7日内的乳汁），含有丰富的免疫球蛋白（如sIgA）、巨噬细胞及其他免疫活性细胞，而乳铁蛋白含量最多，对新生儿生长发育和抗感染能力十分重要[4]。母乳中的免疫活性细胞，85%～90%为巨噬细胞，10%～15%为淋巴细胞，免疫活性细胞进入婴儿体内后，可释放多种细胞因子而发挥免疫调节作用。母乳中的免疫球蛋白，在婴儿消化道内不会被分解或消化，可在肠道发挥作用。如母乳中丰富的分泌型免疫球蛋白A（secretary immunoglobulin A, sIgA），可黏附于肠黏膜上皮细胞表面，阻止病原体吸附于肠道表面，保护消化道，可抵抗多种病毒、细菌（麻疹病毒、腺病毒除外）。sIgA是一种亲水性的糖蛋白，易凝集病原体而排出体外，减少病原体吸附到肠黏膜，同时还具有调理素作用，可调动巨噬细胞杀死病原体，减少溶菌内毒素对小肠的刺激。母乳中的 sIgA，在婴儿小肠可以通过吞饮方式被吸收，增加婴儿其他系统的免疫力，如呼吸系统等。母乳中的乳铁蛋白是婴儿重要的非特异性防御因子，具有杀菌、抗病毒、抗炎症和调理细胞因子等作用。母乳中的溶菌酶，可使婴儿体内革兰氏阳性细菌细胞壁破坏，增强抗体的杀菌效能。母乳中的双歧因子可促婴儿肠道乳酸杆菌生长，抑制大肠杆菌、痢疾杆菌、酵母菌等生长。母乳中的补体、乳过氧化酶等成分参与婴儿体内免疫反应。母乳所特有的低聚糖可阻止细菌黏附于肠黏膜，有益于婴儿肠道乳酸杆菌生长。母乳中含有的大量免疫活性细胞和其他生物活性成分（如多种激素、酶、丰富的微生物等），是任何婴儿配方食品（奶粉）所不及的。

3.1.2 消化酶的逐渐成熟

婴儿消化功能的成熟也同样遵循发育不平衡规律和经历逐渐成熟的过程[5]。

3.1.2.1 蛋白质的消化吸收

蛋白质主要以氨基酸的形式在小肠被吸收，胎儿早期，所有小肠绒毛细胞胞浆内和刷状缘都能检测到小肠二肽酶和三肽酶的活性，胎儿中期其活性已达成人水平；胎儿肠道内所有氨基酸、二肽、三肽的主动转运系统已建立完善。出生后24h，胃即具有泌酸功能，并有小肠碱性酶，婴幼儿胰腺含有足够数量的内含大量消化酶的酶原粒，因此，婴幼儿可消化和吸收摄入蛋白质的80%[6]。出生后几个月小肠上皮细胞渗透性高，肠道对大分子蛋白质的吸收能力较成人强，有利于母乳中免疫球蛋白的吸收，但同时也增加异体蛋白（如牛奶蛋白、鸡蛋蛋白）、毒素、微生物以及未完全分解的代谢产物的吸收机会，导致过敏或肠道感染，是婴儿湿疹和腹泻高发的原因之一。因此，对婴儿，特别是新生儿，对于食物蛋白质的种类应有一定限制，避免过早添加特定的具有免疫原性的食物。

3.1.2.2 脂肪的消化吸收

胎儿 2 ～ 3 个月开始分泌胆汁，但出生时胆汁缺乏、胃酸低。新生儿胃脂肪酶发育较好；胰脂酶分泌极少，甚至无法测定，2 岁后达成人水平。母乳的脂肪酶可补偿胰脂酶的不足，故新生儿消化脂肪较好，33 ～ 34 周的早产儿脂肪吸收率在65% ～ 75%；足月儿为 90%；出生后 6 个月婴儿则达 95% 以上。

3.1.2.3 碳水化合物的消化吸收

母乳喂养的 0 ～ 6 个月婴儿，碳水化合物主要是乳糖；在婴儿配方食品中也主要是乳糖，其次为蔗糖和少量淀粉（预糊化处理）。肠双糖酶发育好，能很好地消化乳糖，即使早产儿也能接受。足月时肠乳糖酶活性达高峰，生后维持较高活性，断乳后活性逐渐下降。许多人在 4 岁后乳糖酶活性消失，是乳糖酶基因表达选择性关闭的结果。

刚出生的新生儿几乎测不到唾液淀粉酶和胰淀粉酶的分泌，至出生后 3 个月时仍分泌量少，活性低，唾液淀粉酶容易在胃中被灭活。出生 3 个月后唾液淀粉酶活性逐渐增高，9 ～ 12 个月达成人水平，而胰淀粉酶则在出生后 4 ～ 6 个月开始分泌，6 ～ 9 个月逐渐增高，2 岁时达成人水平 [7]。婴儿出生后几个月消化淀粉的能力较差，故不宜过早（出生后 6 个月之前）添加淀粉类食物，如米粉。

3.1.3 与进食有关的消化道发育

3.1.3.1 觅食反射

觅食反射（rooting reflex）是婴儿出生即已具有的一种最基本的进食动作，是婴儿为获得食物出现的求生需求，指的是新生儿依靠其朦胧视觉、面颊及口腔周围的触觉和鼻的嗅觉去寻找乳头和做张口动作。当 3 ～ 4 个月之后，已学会用哭等行为表现来表达需求，因此，觅食反射逐渐消失。

3.1.3.2 吸吮、吞咽发育（sucking & swallowing）

婴儿口腔小、舌短而宽、无牙，颊脂肪垫、颊肌与唇肌发育好，是婴儿吸吮基础 [8]。在胎儿期 11 周时即能吞咽，28 周时通过吸 - 吞反射，口腔可有少量羊水摄入，34 ～ 35 周时出现稳定的吸吮和吞咽动作。新生儿主要靠吞咽反射完成吞咽和吸吮，而足月儿吸吮与呼吸、吞咽及胃排空力逐渐协调。生后 2 月龄时婴儿吸吮动作更为成熟；4 月龄时吸、吞动作分开，可随意吸、吞。有效吞咽时，呈现舌体下降，舌的前部逐渐开始活动，可判别食物所在的部位，出现有意识咬的动作。舌上的食物可咬和吸，舌后部的食物则会吞咽。婴儿进食固体食物时，舌体顶着上腭，挤压食物到咽部，当食物团块到达咽后壁时，声门关闭，产生吞咽反射，食物团块进入食道、胃。6 月龄时可有意识张嘴接受用勺喂食，用吸吮动作从杯中饮奶，但此时将食物运到咽部的能力还很不成熟。食物的口腔刺激、味觉、乳头感觉、饥饿感均可刺激吸吮的发育。

3.1.3.3 挤压反射

出生至 3 ～ 4 个月，当进食固体食物时呈现舌体抬高、舌向前吐出的挤压反射（sbitingout）。婴儿对固体食物的抵抗是一种保护性反射，其生理意义是防止吞入固体食物到气管。

3.1.3.4 咀嚼

咀嚼（chewing）是有节奏地咬、滚动、磨的口腔协调运动，是婴儿食物转换的必需技能，一般在挤压反射消退后逐渐发育。出生后 7 ～ 9 个月时可出现有节奏的咀嚼运动，而协调的咀嚼大约在 12 个月时建立，并在幼儿期逐渐完善。咀嚼发育代表小儿消化功能发育成熟，其发展有赖于后天学习和训练。咀嚼行为学习的敏感期在 4 ～ 6 个月，因此 6 月龄开始及时添加泥糊状辅食可适宜刺激促进咀嚼功能的发育。有意训练 7 个月左右婴儿咬嚼指状食物，9 个月开始学习用勺子喂食，1 岁学习用杯喝奶，均有利于儿童口腔功能发育成熟。

3.1.3.5 胃排空

新生儿期胃容量为 30 ～ 60mL，3 个月时为 100 ～ 150mL，1 岁时为 250 ～ 300mL。胃排空时间与食物组成有关，例如，水的排空时间约为 0.5 ～ 1h、母乳约为 2 ～ 3h、牛乳约为 3 ～ 4h、混合食物约为 4 ～ 5h。能量密度是影响胃排空的主要因素，能量密度越高，则胃排空越慢，脂肪、蛋白质可延长胃排空时间，此外温度、年龄、全身状况亦可影响排空时间 [4]。胃排空时间是决定喂养间隔时间的依据，一般情况下，安排婴儿一日六餐有利于婴儿消化。婴儿进餐频繁（超过 7 ～ 8 次 / 日），或延迟停止夜间进食，使胃排空不足，影响婴儿食欲 [9]。

3.1.3.6 溢乳

15% 的婴儿常有溢乳表现，因刚出生时胃处于水平位置，韧带松弛，易折叠，同时贲门括约肌松弛，闭锁功能差，而幽门括约肌发育好，使 6 个月内的小婴儿常常出现胃食道反流（gastro esophageal reflex, GER）。另外，喂养时方法不当，如奶头过大、婴儿吞入气体过多也可导致溢乳。

3.1.4 肠道菌群与消化功能发育

胎儿肠道是无菌的，出生后与外界环境接触，细菌从口咽和肛门部进入胃肠道，最后在结肠定居和繁殖、排出，逐渐形成一个复杂的生态系统。每克肠内容物中活菌数约为 1012 个集落形成单位，其中双歧杆菌属（*Bifidobacterium*）等厌氧菌占 90% ～ 99%，肠杆菌科、肠球菌属等兼性厌氧菌占 1% ～ 10%。双歧杆菌属于乳酸菌，是肠道中最重要的益生菌之一，在出生后 2h 出现，4 ～ 7 天达高峰，为新生儿的优势菌，到 1 岁左右断奶时双歧杆菌逐渐增多，保持优势并稳定下来。双歧杆菌等益生菌主要参与体内多种维生素的合成[2]；分泌溶菌酶、酪蛋白磷酸酶和多糖水解酶等，促进人体肠道微生物对蛋白质的消化、吸收[10]。在特殊情况下，还有固氮作用；在肠内发酵后产生乳酸和醋酸，降低肠道的 pH，有利于钙、铁及维生素 D 的吸收，调节肠道正常蠕动；激活肠道免疫系统，有免疫佐剂的作用。

肠道菌群受食物成分影响，单纯母乳喂养儿以双歧杆菌占绝对优势，而替代喂养和混合喂养儿中，肠内的大肠杆菌（colibacillus）、嗜酸杆菌、双歧杆菌及肠球菌所占比例则几乎相等。

3.1.5 婴幼儿粪便的变化

新生儿最初 3 日内排出的粪便由脱落的肠上皮细胞、浓缩的消化液、咽下的羊水所构成，称为胎便（meconium），黏稠，呈橄榄绿色，无臭，2 ～ 3 日后即转变为普通的婴儿粪便。母乳喂养儿的粪便呈金黄色，稠度均匀，偶或稀薄而微带绿色，有酸味不臭，pH 4.7 ～ 5.1，每日排便平均 4 ～ 6 次，增加辅食后，大便次数即减少。婴儿配方食品（奶粉）或牛奶喂养儿的粪便色淡黄，较干且量多，微有腐臭味，每日排便 2 ～ 4 次，易发生便秘。混合喂养儿的粪便则呈黄色、较软，介于牛奶与母乳喂养之间，每日 2 ～ 4 次不等。添加淀粉类食物后可使大便增多，添加水果、蔬菜等辅食后，大便外观与成人粪便相似。每昼夜排便次数因人而异，多少不等，随年龄增加而逐渐变为 1 ～ 2 次。

3.1.6 肠道屏障系统的发育

肠道屏障由物理屏障、化学屏障、微生物屏障和免疫屏障组成，不同屏障相互结合共同抵抗肠腔内有害物质进入体内，进而发挥消化吸收和维持机体内部环境稳定。肠道屏障系统由肠黏膜上皮细胞、上皮细胞分泌液、肠黏膜免疫系统和肠道菌群组成。肠碱性磷酸酶在肠道屏障功能完整性方面发挥重要作用[11]，早产儿肠碱性磷酸酶活性低于足月儿，表明早产儿肠组织屏障功能更为低下；Wnt 信号有利于肠细胞再生，对比婴儿（0.9 岁）和成人（43 岁）肠组织 Wnt-β-catenin 信号通路上因子的表达，发现婴儿肠隐窝组织中细胞再生活跃程度高于成人，提示婴儿肠黏膜组织细胞正快速更新[12]。肠上皮细胞分泌的黏液（mucus）中含有大量的糖蛋白 mucin。糖蛋白 mucin 有利于新生儿肠道有益菌定植，建立占位优势形成生物屏障；反过来肠道菌群又会影响肠上皮细胞，影响 mucin 的分泌量及结构。对比仔猪与成年猪小肠黏液，发现仔猪黏液黏度低、糖蛋白结构异质化程度高而导致通透性高，提示低龄儿童肠黏液的组成与成人有较大差异。肠道共生菌影响儿童宿主免疫系统发育和成熟，在儿童生长发育过程中，肠道共生菌受孕期、母体菌群、分娩方式、膳食等因素影响 [13]。因此，掌握儿童肠道共生菌发育规律对于利用干预手段建立健康肠道菌群有重要意义。

3.2 营养成分需要量的特点

3.2.1 能量代谢的特点

能量代谢（energy metabolism）是食物在体内经过消化、吸收，分解、合成产生能量，释放、储存、利用的过程，而儿童的总需要量则是基础代谢、生长所需、食物热效应、运动和排泄消耗等五部分能量的总和，其中生长所需的能量具有儿童期需要量相对较高的代谢特点 [14]。

儿童能量代谢中基础代谢占 50%，排泄消耗占 10%，生长和运动所需能量占 32% ～ 35%，食物热效应占 7% ～ 8%。儿童能量的需要与年龄和不同的状态有关，若以单位体重计，6 月龄内的婴儿，其单位体重能量的需要是成人的 3 倍，这与婴儿肠道吸收功能不成熟和较高的代谢率有关。

3.2.1.1 基础代谢

基础代谢率（basal metabolic rate, BMR）是维持人体重要器官功能所需的最低能量（主要由脑、肝脏、心脏和肾脏的能量消耗构成）代谢率。新生儿期，大脑耗能所占基础代谢的比例高达 70%，婴儿期则为 60% ～ 65%。足月婴儿的 BMR，每天在 43 ～ 60kcal/kg 的范围内。根据体重标准化后，婴儿的基础代谢率是成人时（成人每天为 25 ～ 30kcal/kg）的 2 ～ 3 倍。

3.2.1.2 食物的热效应

食物的热效应（thermic effect of food, TEF）是指人体摄取食物后数小时（约 6 ～ 8h）所引起额外的能量消耗，用于食物消化、吸收、转运、代谢利用和储存，称为食物热效应或食物的特殊动力作用（specific dynamic action, SDA）。食物的热效应与食物成分有关，蛋白质的热效应最高，因蛋白质分解的 57% 氨基酸，在肝脏内合成尿素而消耗能量，氨基酸产生高能磷酸键少，体内能量消耗持续约 10 ～ 12h。蛋白质在消化、吸收过程中所需的能量，相当于摄入蛋白质产能的 25%。脂肪的热效应为 2% ～ 4%，具体取决于脂肪酸是被氧化还是储存。碳水化合物转化为葡萄糖和糖原，消耗 7% 的能量。婴儿的食物以奶为主，含蛋白质较多，食物热效应占总能量的 7% ～ 8%，年长儿的膳食为混合食物，其食物热效应为 5%。

3.2.1.3 活动所需能量

儿童活动（physical activity）所需能量与体格大小、活动强弱、活动时间、活动类型有关。非常安静、正常活动及活动量大的婴儿，体力活动耗能分别比基础代谢增加 15%、25% 及 40%。1 月龄婴儿体力活动耗能的估计值为总能量消耗的 20%，3 ～ 4 月龄为 20% ～ 25%，伴随儿童的生长发育，体力活动耗能在每日能量消耗中所占的比例逐渐增加。当能量摄入不足时，儿童表现为活动减少。

3.2.1.4 生长发育所需能量

该部分是组织生长所消耗的能量，为儿童所特有，与儿童生长的速度呈正比，即随年龄增长而逐渐减少，如 4 月龄时，能量摄入的 30% 用于生长，1 岁时为 5%，3 岁时为 2%。

3.2.1.5 排泄损失

在正常情况下，未能被消化吸收食物的损失能量约占总能量的 10%（8 ～ 11kcal），腹泻时剧增。

上述五项能量的总和为儿童能量的需要量。一般认为基础代谢占能量的 50%，排泄消耗占能量的 10%，生长和运动所需能量占 32% ～ 35%，食物热效应占 7% ～ 8%。中国营养学会推荐婴儿每天单位体重能量平均需要量约为 95kcal/kg。婴儿单位体重能量需要与生长速度、活动量有关，1 ～ 4 月龄婴儿生长速度快，3 ～ 4 月龄体重较出生体重增加 1 倍；4 ～ 6 月龄生长速度减慢，运动发育仅可抬头与坐，婴儿的日平均总能量增加，但日单位体重能量需要略有下降，可出现“吃奶量”下降现象；8 ～ 9 月龄后随运动发育和运动量的增加，每日单位体重能量需要增加。

3.2.2 营养素的需求

营养素的供给应满足儿童生长发育的需要和生理活动的需要，其膳食安排应注意平衡膳食与合理营养。良好的营养是儿童健康的基础，若营养缺乏可降低儿童的免疫功能，是发生疾病的危险因素 [15]。

3.2.2.1 碳水化合物

碳水化合物是机体能量的主要来源。6月龄内婴儿，其碳水化合物主要来源于乳糖、蔗糖和少量淀粉类食物，而年长儿则主要来源于谷类食物。摄入过多的碳水化合物食物不利于儿童生长，特别是影响儿童肌肉发育，若摄入过少可致儿童体重发育不达标。

3.2.2.2 脂类

脂类是机体的第二供能营养素，是脂肪、胆固醇、磷脂的总称，亦是机体中重要的组织成分之一。动物性食物、各种油脂类食物是脂肪的来源，对婴幼儿来说，不需限制脂肪的来源。在婴儿食物中，脂类的来源应以动物性食物为主，脂肪所提供的能量比例较高（35%～50%）。随年龄增长，脂肪占总能量比例下降，年长儿则为25%～30%。机体可将多余的能量以脂肪的形式储存起来（表现为超重或肥胖），将会增加成年期发生肥胖的风险。对于正常儿童，体内可由必需脂肪酸合成DHA（二十二碳六烯酸）和AA（花生四烯酸），但早产儿缺乏此能力或合成能力不能满足机体需要。

3.2.2.3 蛋白质

蛋白质是构成人体组织、细胞的基本物质。食物中的蛋白质主要用于机体的生长发育和组织修复。生长发育愈迅速，所需蛋白质量则相对愈多。新生儿期的蛋白质需要量最高，以后随年龄增长逐步下降，蛋白质的摄入应占总能量的8%～15%，而动物蛋白、大豆蛋白的生物利用率高，属于优质蛋白质，应占总蛋白质来源的50%以上。

3.2.2.4 矿物质

包括常量元素和微量元素。每日膳食需要量在100mg以上的称为常量元素，其中含量＞5g的有钙、磷、镁、钠、氯、钾、硫等；体内的微量元素含量极低，均小于0.01%，需通过食物摄入。必需微量元素，有碘、锌、硒、铜、钼、铬、钴、铁等；可能必需元素，有锰、硅、硼、矾、镍等；潜在毒性元素，有氟、铅、镉、汞、砷、铝、锂、锡等，但在低剂量时，可能具有某些功能。不同的微量元素，在体内分布不同，代谢途径、调节功能也不同。其检测方法复杂，不宜简单地通过检测血清的元素水平来反映体内微量元素状况，但儿童期易于发生铁、碘、锌缺乏，铅过量或中毒等。

3.2.2.5 维生素

根据维生素的溶解性可分为脂溶性维生素（如维生素A、维生素D、维生素E、维生素K）和水溶性维生素（如B族维生素、维生素C）。若蛋白质摄入适量，发生维生素缺乏的风险较低。儿童期容易发生维生素A、维生素D、维生素K缺乏。脂溶性维生素排泄缓慢，缺乏时，有关症状出现较迟，若过量则易致中毒。若水溶性维生素多余时，可迅速经尿中排泄，不易发生中毒，若缺乏时，则迅速出现症状，应每日供给。

3.2.2.6 其他膳食成分

包括膳食纤维（dietary fiber, DF）和水。膳食纤维主要来自植物，如谷类、新鲜蔬菜、水果。膳食纤维具有吸收结肠水分、软化大便、增加大便体积、促进肠蠕动等功能。过多纤维素摄入可干扰机体矿物质的吸收，如铁、锌、镁和钙。

水的需要量，对儿童来说，与能量的摄入、食物种类、肾功能成熟度、年龄等因素有关。婴儿可从乳汁和其他食物中获取充足的水量。为减少胃肠负担，应避免额外给婴儿过多的水或果汁。婴儿每日6～7次小便即提示水的摄入基本充足。

3.2.3 营养供给的影响因素

3.2.3.1 遗传因素

儿童体格发育受到父母遗传因素的影响，家族、种族的遗传信息会影响孩子的身材高矮、面部特征、皮肤颜色、性成熟早晚等。男女性别也造成生长发育的差异，随年龄增加，儿童的身高和体重增长平稳，男孩的身高和体重在各年龄段都稍高于女孩，而各月龄组男童身长、体重也均大于女童。

3.2.3.2 环境因素

（1）社会环境　1975年以来，中国儿童的体格生长发育得到显著改善，但营养状况的区域不平等与区域间经济发展的差异，使农村贫困地区的体重不足和发育迟缓仍然很常见。至2015年，5岁以下儿童的发育迟缓、低体重的发生率从12.21%、4.44%降至0.97%、0.59%，而城市地区的儿童增长速度快于农村儿童。在低收入和中等收入国家中，早年家庭财富与儿童身体发育之间的短期和长期关系研究表明，早年生活中的家庭财富对儿童身体发育至关重要，经济条件匮乏会严重影响儿童发育。由此可见，经济条件和生活水平是影响儿童体格发育的重要因素[16]。

（2）家庭环境　主要包括母亲照料、家庭氛围、与孩子沟通频率等。母乳喂养与儿童体格发育关系密切，母亲产前保健次数、早期母乳喂养与儿童生长发育之间存在正相关关系。对于农村的留守儿童，母亲不在家对儿童的生长发育会产生较大的负面影响[17]。单亲照顾的各年龄段的男孩儿和低年龄段的女孩儿的生长发育状况较差，也与家庭气氛、家长与孩子的沟通频率有关。母亲抑郁症是儿童生长发育不良的危险因素，在怀孕早期母亲抑郁可能通过改变胎盘功能、遗传变化和压力反应影响胎儿生长以及出生后的发育轨迹。在婴儿期和儿童期可以通过改变母子互动减少由于感情、反应、心理社会刺激不良等对儿童体格生长发育产生的负面影响。因此，母亲照顾对孩子的体格发育健康意义重大。

3.2.3.3 照顾者认知水平

家庭在儿童体格发育中扮演重要的角色，照顾者的知识水平会对儿童体格发育产生重要影响。营养不足是造成 5 岁以下儿童死亡的重要原因。家庭主要照顾者的文化程度、育儿知识水平对儿童体格发育影响较大，照顾者文化程度越高，越容易获取丰富的营养知识，儿童发育也更健全，因此，家庭照顾者需要大力提高育儿知识及技能。

3.2.3.4 儿童喂养方式

不良的进食习惯与儿童体格发育较差相关，如不规律进餐、进餐时间过长、偏食、挑食等。规律进食、正确的辅食添加时间是儿童体格发育的促进因素，加饮料喂养、偏食、挑食、吃零食是儿童发育的阻碍因素。若儿童时期缺乏母乳喂养、未及时添加乳制品、淀粉类食物摄取过多等会影响儿童的吸收功能，容易造成营养不良，影响儿童发育。儿童在成长时期，没有形成成熟的进食习惯，这方面家长对孩子的进食方式培养十分重要。要确保孩子平衡膳食，尽可能杜绝食用煎、炸、快餐类食品等，鼓励孩子加强体育锻炼，以促进其健康的体格发育。

为了改善和维持儿童成长的良好条件，首先必须提高家长认知水平，尤其要加强对母亲和家庭照顾者的教育，促使其增强育儿知识，帮助儿童在发育关键时期获取最全面的营养[18]。要鼓励早期母乳喂养，使婴儿获取足够的营养物质，增强抵抗力；增加辅食时间要合理且规律，注意保持营养均衡，帮助孩子从小养成健康的进食习惯。家庭中要尽可能避免进食缺乏营养的“垃圾食品”，杜绝食夜宵、进餐过快、进餐不规律、进餐过饱的不良习惯。与此同时，国家要尽可能全面进行早期综合教育及保健服务，以提升我国儿童保健的整体水平。

3.2.4 营养素的代谢特点

每日膳食的组成应当含有谷类、薯类、干豆类食物，动物性食品，大豆及其制品，蔬菜、水果类食物和纯热能食物这五大类物质，才能保证所需的营养素和能量。应注意不宜食用过多纯热能食物，如糖和很多含糖饮料等除了能量很高，并无其他营养成分，食用过多会影响其他营养素的摄入量。而长期食用过多油脂会增高血中胆固醇的浓度，成年时易发生动脉粥样硬化、高血压、冠心病等心血管疾病。通过平衡膳食与合理营养，逐渐达到食物多样化，使每日能量和营养素的摄入量能达到平均需要量（能量）、推荐摄入量或适宜摄入量，即可满足生理需要量。另外，这几类食物均应按照需要摄取，尽可能符合本国“每日膳食中营养素供给量”的标准；按照此标准膳食，能够使摄食者在热能和营养素上达到生理需要量，使各种营养素之间建立起一种生理上的平衡。

3.2.4.1 营养素之间的平衡

正常生理条件下，营养素在体内的代谢既相互配合又相互制约。所以各种营养素之间应有适当的比例，才能协同作用，发挥最大的营养效能[19]。

（1）产热营养素之间的平衡　这三大产能营养素之间，表现最突出的是糖类和脂肪对蛋白质的节约作用，由于糖类和脂类的存在可减少蛋白质单纯作为能量消耗，更有利于发挥蛋白质的特有生理功能，如改善氮平衡，增加体内氮的储备量。只有在蛋白质满足最低需要量时，增加糖类和脂肪才能对蛋白质发挥有效的节约作用，也只有当能量达到最低需要量时，增加蛋白质的供给，效果才好。因此，三者在膳食总能量的供给中，碳水化合物约占 50%，脂肪为 30% ～ 35%，蛋白质占 12% ～ 14% 较好。

（2）蛋白质中氨基酸之间的平衡　人体对 22 种氨基酸均需要，而其中 9 种必需氨基酸是食物蛋白质的关键成分。膳食中必需氨基酸的比例只有在膳食总氮量达到最低生理需要量以上时才有意义。为了使膳食中总氮量充分满足机体需要，不能单纯供给必需氨基酸，还必须有非必需氨基酸。不同食物蛋白质中氨基酸的含量和比例不同，其营养价值不一。若将不同食物适当混合食用，使它们之间相对不足的氨基酸互相补充，可提高蛋白质的营养价值。如豆腐和面筋以适当比例混合进食，可提高蛋白质的利用率。因为面筋蛋白缺乏赖氨酸，蛋氨酸却较多；而大豆蛋白赖氨酸较多，可蛋氨酸不足，二者混合则互相补充。

此外，还需注意各种维生素之间的平衡，饱和脂肪酸和不饱和脂肪酸之间的平衡，可消化的糖类与食物纤维之间的平衡，无机盐中钙与磷的平衡，动物性食物与植物性食物之间的平衡，等等。总之，要达到膳食平衡，某种营养素偏多或偏少都不合理。

3.2.4.2 影响消化吸收的因素

在认识食品的营养价值时，不仅要注意其中所含营养素的种类、数量及其相互平衡关系，还要考虑各营养素的消化与吸收问题。因为营养素只有被充分消化吸收后，才能被人体利用，才具有营养价值。

（1）动物性蛋白消化率高于植物性蛋白　植物体中的蛋白质被植物纤维包围，难以与消化酶充分接触，消化酶对某些植物蛋白质分子结构选择性较低，生大豆等植物中含抗胰蛋白酶等因素，妨碍植物蛋白质的消化。可以通过加工烹饪等处理提高植物蛋白的消化率。如将大豆制成豆腐、豆浆、腐乳等豆制品。加工处理可以软化、破坏或去除植物纤维，破坏抗胰蛋白酶因子，使蛋白质变性，或使某些蛋白质分子结构发生变化，有利于消化酶对其作用。

（2）脂肪的消化吸收　一般植物油比动物脂肪易消化吸收，因为植物油含不饱和脂肪酸较多、熔点低、酶解速度快。食物中含钙量过高，影响脂肪，特别是高熔点脂肪的吸收。因为钙易与高熔点脂肪中饱和脂肪酸形成难以吸收的钙盐（皂化）。其他因素也影响脂肪吸收，如 1 岁以内婴儿对脂肪吸收较慢，胆病患者不易消化吸收脂肪，脂肪乳化程度不够也不利于吸收，等等。

（3）糖类的消化吸收　双糖、多糖等必须转变为单糖才能被吸收利用，在各种单糖中，葡萄糖吸收最快。因此用单糖特别是葡萄糖补充能量比淀粉等效果更快。有些多糖，如纤维素、果胶等食物纤维虽然不能被人体消化吸收，不属于传统的营养素但却具有特殊的营养意义：能促进肠道蠕动，利于粪便排出；可影响胆固醇代谢，维持血中胆固醇正常值，防止动脉硬化等心血管疾病；可预防糖尿病、高血压等病症；可改善肠内菌群，预防结肠癌。所以说食物纤维对人体健康很有益，日常膳食中要注意增加富含食物纤维的食品（如蔬菜、水果、薯类、豆类等），膳食不要过于精细。

某些糖类在营养上有其独特作用，如蜂蜜和许多水果中含有果糖，果糖的代谢可不受胰岛素制约，但大量食用也可产生副作用。食品工业中制得的一些糖的衍生物，如山梨糖醇、木糖醇、麦芽糖醇等，其代谢均不受胰岛素控制，麦芽糖醇为非能源物质，不升高血糖，也不增加胆固醇和脂肪含量。木糖醇和麦芽糖醇不被微生物发酵，有防龋作用。

在糖类消化的不耐受症中，主要是由于体内缺乏水解某种糖类的酶。例如，乳糖酶的活性随年龄增长而衰退，乳糖不耐受症的临床表现为胃肠胀气、腹部肿胀、腹泻或酸性粪便等。

（4）维生素及矿物质的吸收　膳食中的维生素 D、蛋白质以及乳糖均可促进钙的吸收，而食物纤维、植酸、草酸以及脂肪过多都会抑制钙的吸收。若食物中钙与磷不平衡，也会影响钙的吸收。合理的钙磷比为 2∶1 ～ 1∶1 之间。面粉经发酵可破坏植酸，从而提高钙、铁、锌等元素的吸收，日光有利于促进维生素 D 的吸收。维生素 E 能促进维生素 A 在肝内储存；维生素 C 能帮助铁的吸收；在膳食中缺乏多种 B 族维生素，若单给大量硫胺素时，可加剧尼克酸的缺乏。

3.2.5 营养素的免疫增强特点

营养素与机体免疫密切相关，营养素摄取不足、某些营养素丢失都会导致机体免疫力下降。很多营养素具有增强免疫的作用，也有人将这类营养素称为免疫营养素。

3.2.5.1 优质蛋白质

蛋白质是参与构成机体免疫系统的物质基础，不仅是胸腺、脾脏等免疫器官的重要组成成分，也是血液中抗体、补体等的主要构成要素，其质的优劣和量的多少与免疫功能强弱密不可分。研究发现优质蛋白质中的谷氨酰胺（glutamine, Gln）是淋巴细胞增殖的关键营养素，在细胞因子、巨噬细胞和中性粒细胞的产生过程中起着至关重要的作用，对于抗病毒感染不可缺少。

优质蛋白质是指来源于肉、蛋、奶及大豆的蛋白质，其氨基酸组成与机体需要相近，吸收率较高，摄入充足，可保证机体免疫系统在病毒入侵时发挥作用，维持免疫细胞的功能。新型冠状病毒肺炎重型、危重型病例诊疗方案（试行第2版）中也要求强化蛋白质供给，达到目标需要量每日1.5～2.0g/kg，当蛋白质摄入不足时，建议增加相应年龄段配方食品或辅食营养品的摄入量，以保证机体的高代谢需要及免疫系统的正常运行。另外，部分氨基酸也与机体免疫功能密切相关，参与细胞免疫和抗体的合成。

精氨酸（arginine, Arg）是一种条件必需氨基酸，广泛参与机体多种细胞的代谢活动，包括免疫调控、蛋白质代谢、肠道免疫、创伤愈合等，它是机体多种组织和细胞重要生物信使一氧化氮的前体物质，通过一氧化氮合酶（nitric oxide synthase, NOS）催化合成一氧化氮，发挥免疫调控作用。Arg还可改善肠黏膜的屏障功能，降低肠源性感染的发生率。但Arg的临床应用目前还存在争议，Arg并不改善危重症患者的临床结局，反而会增高患者病死率。其原因是大量一氧化氮合成后除了激活机体免疫细胞，还诱导产生大量炎症介质和自由基，从而加重炎症反应和组织损伤，因此，2016年《美国肠外肠内营养学会成人重症营养支持指南》中不建议内科重症患者常规应用含Arg的营养制剂，仅限外科危重症患者术后使用，目的在于促进术后创面愈合[20]。

Gln在机体内含量非常丰富，主要储存于骨骼肌和肝脏中，是内源性谷胱甘肽的前体，应激状态下可转变为谷氨酸，进而合成抗氧化的谷胱甘肽，发挥抗炎和抗氧化作用。Gln对细胞免疫及维持肠黏膜屏障完整性作用显著，是肠黏膜上皮细胞代谢的重要底物，可减轻肠道炎症、降低肠源性感染的发生风险。Gln可减少烧伤和创伤性危重症患者的并发症和死亡率，这与Gln减少体液大量丢失有关。其他氨基酸对机体免疫也有一定的影响，如异亮氨酸和缬氨酸缺乏会造成胸腺和外周淋巴组织功能损伤；色氨酸有助于抗体合成及发挥作用；苯丙氨酸和酪氨酸可增强免疫细胞对肿瘤的免疫应答。

3.2.5.2 ω-3 多不饱和脂肪酸

ω-3 多不饱和脂肪酸（ω-3 PUFA），如二十碳五烯酸（eicosapentaenoic acid, EPA）和二十二碳六烯酸（docosahexaenic acid, DHA）是其主要活性成分，主要存在于深海鱼油中。ω-3 PUFA 有较好的抗炎、调节免疫作用，具有减轻炎症反应、调节机体免疫、改善患者预后等多种功能，其机制主要为通过抑制机体前列腺素和白三烯生成而减少促炎因子产生，抑制炎症反应；还能够抑制白细胞介素 -1β（interleukin-1β, IL-1β）、IL-2、IL-6 和肿瘤坏死因子 -α（tumor necrosis factor-α, TNF-α）等炎症因子的合成，减少单核细胞和淋巴细胞黏附，促进 T 淋巴细胞增殖，发挥调节和增强免疫作用。2018 年欧洲肠外肠内营养学会推荐可给予接受肠外营养患者富含 EPA/DHA 的肠外脂质乳剂[21]，但不推荐常规给予凝血功能障碍者。

3.2.5.3 维生素和矿物质

维生素 A 从多个方面影响免疫功能：①影响抗体生成，即维生素 A 缺乏会导致患儿抗体水平低下，免疫力下降。因维生素 A 缺乏时，Ⅱ型 T 淋巴细胞分泌 IL-4 和 IL-5 受限，B 淋巴细胞获得的刺激信号不强，从而影响抗体生成。另外维生素 A 也可直接参与抗体生成。②调节肠道菌群，减轻炎症反应，如使用维生素 A 和视黄酸后，体内炎症因子水平均显著降低，且拟杆菌丰度明显升高。③增强自然杀伤细胞活性，减轻由类固醇激素引起的免疫抑制[22]。

维生素 B_6 参与机体核酸和蛋白质合成及细胞增殖，其缺乏时免疫器官及免疫系统均会受到影响。研究表明，维生素 B_6 缺乏时，胸腺和脾脏发育不良，淋巴结萎缩，外周血淋巴细胞数均较少。维生素 B_6 缺乏会延缓生长发育，抑制淋巴细胞增殖，并干扰其分化。

维生素 C 对胸腺、脾脏、淋巴结等免疫器官的发育及作用均有显著影响，也可通过提高体内抗氧化剂水平增强免疫功能。维生素 C 增强单核吞噬细胞的杀菌作用，且与血清 IgG、IgM 水平呈正相关。维生素 C 可预防呼吸道感染，常规每日摄入＞ 200mg 维生素 C 人群的感冒患病率显著低于未摄入人群，且患病天数较短，病情较轻。

锌缺乏会影响机体免疫器官发育，导致细胞免疫和体液免疫功能异常。另外还会影响自然杀伤细胞和单核吞噬细胞的功能，以及抗体依赖性细胞介导的细胞毒作用及胸腺素的合成和活性。缺锌患儿主要表现为胸腺萎缩，淋巴细胞减少，对病原微生物防御能力降低，伤口愈合缓慢等。硒是机体必需的微量元素之一，可提高血液中免疫球蛋白水平，增强机体对外来抗原产生抗体的能力，研究表明，其机制是通过影响细胞表面二硫键来调节免疫应答。

3.2.6 膳食营养与健康效应评价

膳食消费结构不断变化，不合理饮食结构导致的营养健康问题十分突出，大量营养素摄入不足与过剩并存，微量元素缺乏导致的隐性饥饿问题越来越突出[23]。高收入国家的人群高能量摄入也增加肥胖、心血管疾病、癌症等患病率，全球由膳食营养导致的健康问题广受关注。

3.2.6.1 膳食营养评价方法

（1）单一食物营养素摄入状况评价　宏量营养物质（糖类、脂类、蛋白质等）、维生素类（维生素 A 和类胡萝卜素、B 族维生素、维生素 C 等）、矿质元素（钙、镁、锌、铁等）是人体必需的营养物质。通过膳食摄入量和各类食物营养成分计算营养素摄入量，并参考膳食营养素推荐摄入量或适宜摄入量等针对日常推荐的食物组及人体必需营养素的指标进行评价[24]。单一营养素评价方法简单直观，可对健康人群的营养素摄入量进行定量评估，但无法定量综合评价营养素及定性评价总膳食的质量。

（2）多个食物营养素摄入状况评价　为更全面评价居民膳食营养素摄入的多样性，采用综合营养素评价法进行居民营养摄入质量状况的综合评价。综合营养素评价方法主要包括膳食营养质量评价、饮食健康性评价、营养丰富性评价及营养平衡性评价等[25]。

3.2.6.2 膳食营养摄入状况

（1）单一营养素评价　在中国，宏量营养素供应较为充足（2015 ～ 2017 年能量摄入量为人均 8401kJ/d，蛋白质为人均 60.4g/d），宏量营养素摄入量符合膳食推荐摄入量并保持相对较稳定。而微量营养素供应依旧存在不足（2015 年成年人维生素 A 摄入量为人均 683μg/d，维生素 C 摄入量为人均 81.13mg/d，钙摄入量仅为人均 345.03mg/d，明显低于膳食营养素推荐量）。在营养不足和营养过剩的双重挑战中，农村居民能量及碳水化合物摄入状况较好，而城市居民的维生素和矿物质摄入状况较好，维生素 A、钙、硒等营养素的摄入量随着城市化程度的提高而增加[26]。东部、中部、西部地区宏量营养素及主要维生素、矿物质摄入量依次略有下降，主要和我国谷物、肉类食物消费充足，果蔬消费有待提升、奶制品消费不足的膳食结构有关。

（2）综合营养素评价　我国的研究结果表明，当前的膳食营养水平处于全球中上水平且得分逐年趋于优化；脂肪和钠的过量摄入及微量营养素（尤其是维生素A及钙）摄入的不足是制约我国综合营养素评分的关键因素，主要原因在于肉类等高钠高脂食物消费增加，豆及奶制品、深色蔬菜、薯类的消费不足。维生素A含量丰富的豆及奶制品、深色蔬菜、薯类、水果类也是我国健康饮食指数（HEI）评分中的制约因素。尽管食物种类逐年变得丰富而合理，但依旧存在中等程度的谷类、盐和油摄入过量，以及中等程度的奶及坚果等的摄入不足[27]。

3.2.6.3 膳食营养的健康效应

（1）食物类别对人体健康的影响　就食物对人体健康的正效应而言，摄入加工程度最小的全谷物及足量坚果、水果、蔬菜、豆类、鱼类等对人体健康具有正效应，主要因为全谷物及果蔬含有丰富的维生素、矿物质、纤维素及抗氧化成分，可促进消化，具有清除人体自由基作用，豆类、坚果、鱼类含有丰富的蛋白质，对人体生长发育、增强体质、预防心脑血管疾病有极好的功效。研究表明，就食物对人体健康的负效应而言，摄入过量含糖饮料、未加工红肉和加工红肉等与疾病风险增加相关[28]。含糖饮料及红肉属于高钠高能食物，加工红肉中的反式脂肪酸及亚硝酸盐含量偏高，高能量及高反式脂肪酸的摄入与肥胖、高血脂、高胆固醇密切相关，高钠的摄入与高血压相关，高含量的亚硝酸盐也是致癌物。

（2）提升营养、改善健康的措施　中国近年谷物和蔬菜的消费量有所减少，肉类等包装食品的消费量增加且成为更容易获得的各类营养的来源，但导致营养素不平衡问题，膳食钠摄入量过高、全谷物摄入量过低和水果摄入量过低是前三位膳食风险因素，它们导致的非传染性疾病如心血管病、肥胖症日益严重，男性由饮食导致的健康负效应更大。

改变膳食模式：随着膳食不合理导致的人体营养与健康效应问题越来越突出，不同区域因地制宜的膳食结构调整对人体营养健康状况的改善具有重要意义。为了实现健康可持续的饮食，2019年提出可持续健康的饮食模式，提倡各国因地制宜地遵循健康膳食参考模式，参考健康饮食摄入范围。因此，基于多营养目标协同、文化习惯、经济、资源等考虑，不同国家需针对性调整目前居民饮食结构。中等收入国家也应减少加工红肉及糖、饮料等高钠、高能量食品消费，尤其应增加蛋、奶、水产品及坚果的消费[29]。

3.3 胃肠道的敏感性

婴儿的发育不断成熟，由依赖纯乳类食物过渡到进食多种食物的能力逐渐增强。如消化系统的消化酶逐渐成熟、口腔吞咽咀嚼发育、乳牙开始萌出等，而动作、行为的发育可使婴儿表达各种需求。婴儿期顺利的食物转换有利于提升儿童期对食物的接受能力，是幼儿、学龄前儿童营养保证的基础。婴儿食物转换需要较长时间（6 月龄～ 2 岁），若食物转换不当，易发生营养不良。

婴儿的进食能力是儿童的基本生存能力之一，需要得到抚养人或家长的训练。因此，在儿童餐具、制作的食物质地以及与儿童相关的其他各种情况，均需要考虑符合儿童的发育水平。用勺、杯进食可帮助口腔动作协调，学习吞咽，而食物的质地，从泥（茸）状或糊状过渡到碎末状，可帮助 7 ～ 9 月龄后的婴儿学习咀嚼，同时增加食物的能量密度。允许婴儿手抓食物，既可增加儿童进食的兴趣，又可训练儿童眼手口动作协调能力和培养其独立能力。若幼儿仍使用奶瓶，食物以粥、汤或细碎状为主，则 2 岁后仍需要成人协助进食（喂），将导致儿童口腔功能（如吞咽与咀嚼功能）的发育明显延迟，并将影响营养素摄入量和语言发育、社会独立能力的发展。

与成年人相比，儿童的免疫力普遍较差，对于外来物质或某些食物过敏原通常耐受能力较低，因此，儿童摄入某些外来食物之后，其身体容易出现一些不良反应。同时，由于食物是通过消化道途径进入身体和被吸收，因此通常以消化道的症状尤为突出。在给婴儿导入新食物的过程中，如何指导家长避免或减少食物不良反应（过敏或食物不耐受）的发生，是儿科医生面临的问题之一。儿童对外来有害物质的敏感性高，容易发生食物不良反应（child adverse reaction of food），即由食物成分或食品添加剂引起的一切不良反应。食物不良反应可分为毒性反应和非毒性反应两类。任何人只要摄入足够量的被细菌污染和化学物质污染的食物均会发生毒性反应。非毒性反应则涉及个体的遗传易感性，包括食物过敏（food allergy, FA）和食物不耐受（food intolerance, FI），两者在同一个机体上可有重叠交叉。

3.3.1 “反营养物质”的影响

人们每天吃入的食物中，除蛋白质、脂肪、碳水化合物等有用的营养素被人体消化吸收之外，还有一些与人体营养需要无关的非营养物质，也同时被人体吸收，并对人体健康产生不同程度的毒副作用，现代营养学将这类物质称为“反营养物质”。

3.3.1.1 反营养物质的来源

反营养物质的来源可分为两大类，一类来源于动植物食品中固有的高分子物质和低分子物质；另一类来源于食品加工与储藏过程中的产物。来源于动植物食品结构中固有的高分子物质及低分子物质有：①植物性食品中存在的蛋白酶及其抑制物等，如硫胺素酶、脂氧化酶及红细胞凝集素和变应原性物质等，均属于高分子非营养素物质。它们被食入人体后，对人体产生不同程度的毒性作用。②动物性食品中的鳝鱼血清蛋白、鲤鱼的硫胺素酶、鱼籽蛋白中的抗生物素蛋白等，也属此类高分子物质。此外，贝类体内含有的石房蛤毒素以及河豚毒素，则属于低分子物质，对人体的毒性更为强烈。

3.3.1.2 毒性物质产物

食品加工与储藏过程中的毒性物质产物如下所述。

（1）微生物性产物　如酿酒、奶酪制造在生物发酵和熟化过程中产生的多胺类物质。正常情况下，人体内的氧化酶可以将这些多胺类物质分解成单胺，解除其毒性作用，一旦人体内的氧化酶成分受到抑制（如服用兴奋剂药物），多胺类物质随着酒、奶酪等食品进入人体内，并大量蓄积，就会引起人体一系列的生理功能障碍、心血管功能失调、血压升高等异常状态。在加工储藏过程中因微生物的霉败作用产生的黄曲霉毒素、赭曲霉毒素、棒曲霉素等低分子物质，以及肉毒杆菌、魏氏梭菌、葡萄球菌等分泌出来的高分子毒性蛋白物质等反营养物质，被食入人体后轻者使人头痛、恶心、呕吐、腹泻、高烧、抽风，重者引起肝脏、肾、脾、脑等重要实质器官变性及坏死，造成终生残废乃至死亡。还有由仓储昆虫，如谷象虫等产生的酶类也属此类物质。

（2）非生物性来源　由加热、烟熏、油炸、酸碱处理、辐射、溶液提取等加工过程产生的大量多胺、亚硝胺、苯并 [*a*] 芘、镭、铅等物质，以及酸加工过程从容器材料中溶出来的氯化锌、硫酸锌等，对人体均有强毒性作用。

（3）非营养物质　与食品中潜在的非营养物质“食品添加剂”不同，食品添加剂是为改善食品品质和色、香、味，以及为防腐、保鲜和加工工艺的需要而人为加入食品中的成分。反营养物质则是指来自天然食品中固有的成分或者天然食品经过加工处理后产生的毒性物质。反营养物质是人类饮食生活的一大危害，那种认为吃了无任何污染、未经人为加工处理的天然野生食品就能无损于健康和长寿的观点，并不完全正确。大多数野生植物中包括最受人们欢迎的蕨菜、蒲公英等野菜在内，都含有一种吡咯烷生物碱物质以及皂苷成分，它们均属于反营养物质，吃起来苦涩味的程度不同，经小动物实验证明有致癌作用。不过不必担心，只要食用前除掉野菜中的涩味就没问题了。

3.3.2 营养素的保护功能

肠道除消化、吸收、分泌功能外，还具有重要的屏障功能。在饥饿和营养不良、创伤、严重感染等情况下可损伤肠道黏膜的结构和功能，导致肠屏障功能障碍，肠道细菌移位，严重者可导致多器官发生功能障碍[29]。

3.3.2.1 肠屏障功能的组成

（1）机械屏障　肠黏膜上皮是肠屏障中最重要的部分，它具有吸收及屏障功能。肠黏膜中的杯状细胞分泌的黏液可形成一层保护性黏液胶，以阻止细菌的穿透。组织灌注不良或较长时间肠内无营养底物，可导致肠黏膜细胞萎缩，肠细胞间紧密连接部分离、增宽与损伤，将成为细菌与内毒素从细胞旁路进入体内的通路。

（2）生物屏障　肠道细菌有需氧菌、厌氧菌及兼性菌三种，它们共同寄居在肠腔内或定植于肠黏膜表面，形成相对平衡的微生态系统。这种微生态平衡构成了肠道的生物屏障。在正常情况下，肠黏膜表面生长着大量的厌氧菌，它们能够抵御和排斥外源性致病菌的入侵，并产生短链脂肪酸为肠黏膜细胞提供营养成分，激活肠道免疫系统，对维持肠屏障功能起着重要作用。

（3）化学屏障　肠黏膜上皮细胞分泌的黏液、消化液和肠道寄生菌产生的抑菌物质构成肠黏膜的化学屏障。长期禁食和营养不良状态下，胃酸、胆汁、溶菌酶、黏多糖和蛋白分解酶等物质减少，化学杀菌作用减弱，可促进外籍菌的过度繁殖。胆酸可降解内毒素分子，防止其经肠吸收，胆盐缺乏可引发内毒素血症。

（4）免疫屏障　肠道是人体内最大的免疫器官。人体内分泌免疫球蛋白的细胞 70% ～ 90% 分布在肠道，并且全身约 90% 的循环免疫球蛋白直接作用于肠腔抗原性物质。肠黏膜表面主要的体液免疫成分是 sIgA，sIgA 与细菌上的特异性抗原结合，形成抗原抗体复合物并刺激肠道黏液的分泌，加速黏液在黏膜表面的移动，对肠黏膜起保护作用[30]。

3.3.2.2 影响肠屏障功能的因素

在饥饿和营养不良、创伤、严重感染等应激状态下，肠屏障功能将发生一系列病理、生理变化，肠黏膜细胞萎缩、肠壁变薄、肠绒毛短而稀疏，肠黏膜通透性增大。测定尿乳果糖（lactulose）/ 甘露醇比值大小可准确反映肠通透性改变。甘露醇的分子量小，主要通过小肠上皮细胞膜上水溶性微孔而吸收；而乳果糖分子量大，不能穿过细胞紧密连接的肠黏膜屏障，当肠黏膜受损时，大分子乳果糖则可通过细胞膜旁途径被大量吸收，尿中乳果糖 / 甘露醇比值增大。

（1）饥饿和营养不良　饥饿和营养不良引起肠上皮细胞 DNA 含量减少，蛋白质合成及细胞增生降低，黏膜萎缩，减弱了肠黏膜屏障功能；同时肠黏膜分泌减少，失去了黏液的附着屏障；蛋白质与能量不足降低机体蛋白质水平，引起淋巴细胞减少、免疫球蛋白水平下降，巨噬细胞功能不良，甚至影响肠道和全身的免疫功能。

（2）感染　在严重感染、脓毒血症时，由于细菌内毒素的直接作用及炎症介质和细胞因子的介导，肠黏膜和黏膜下水肿，肠绒毛顶部细胞坏死，肠通透性增加，破坏肠屏障功能。

（3）损伤　创伤、烧伤、辐射等应激情况下，内脏血流减少，肠系膜血管低灌注导致胃肠黏膜缺血缺氧，黏膜上皮细胞凋亡，黏膜修复能力降低，肠道屏障功能受损，通透性增高，容易发生致病菌的感染。

3.3.2.3　引起肠屏障损伤的机制

肠屏障功能损伤的机制尚未完全清楚。目前有肠黏膜缺血 - 再灌注损伤机制、一氧化氮机制、内毒素机制几种假说。

（1）肠黏膜缺血 - 再灌注损伤机制　应激和低血容量性休克等情况下，肠系膜的小血管收缩使肠壁缺血、缺氧，肠黏膜最易受损伤。肠黏膜上皮细胞含有丰富的黄嘌呤脱氢酶，肠缺血期间，细胞内大量 ATP 分解成次黄嘌呤，促使黄嘌呤脱氢酶向氧化酶转化。组织再灌注后，氧输送和利用增加，次黄嘌呤在黄嘌呤氧化酶作用下生成黄嘌呤，释放活性氧自由基，造成组织细胞过氧化或氧应激损伤。

（2）一氧化氮机制　目前认为一氧化氮（NO）作为生物体内重要的气体信使不仅对维持细胞的生理功能是必需的，而且在炎症等病理过程中也发挥重要作用。肠道内有许多细胞可产生 NO，NO 可调节生理状况下的肠屏障功能，并能下调急性病理、生理下的肠上皮通透性。NO 对肠屏障的保护机制包括维持血流、抑制血小板与白细胞黏附、调节肥大细胞反应、清除超氧化物等反应性氧代谢产物。然而，NO 的过度生成对肠屏障的完整性有害。NO 生成的持续增加可引起亚硝基过氧化物的过度堆积，导致线粒体功能受损，DNA 断裂，细胞凋亡，进而又使肠上皮出现短时裸区而引起肠屏障功能减退，发生细菌移位。

（3）内毒素机制　内毒素是革兰氏阴性菌细胞壁的脂多糖（LPS）成分。正常情况下，内毒素少量间歇地由肠道吸收，经门静脉进入肝脏后被库普弗细胞清除。当机体受到严重损伤或接受长期的肠外营养时，肠黏膜可发生通透性增高，导致细菌和内毒素移位。当门静脉血内毒素浓度增高时，刺激肝脏库普弗细胞释放一系列细胞因子，如肿瘤坏死因子（TNF）、IL-1、IL-6 等引起全身多脏器损害。

3.3.2.4　营养因素对肠屏障功能的保护作用

近年来，随着对肠屏障功能在应激和危重病时重要性认识的不断加深，在肠屏障功能维护上作了较多探索，并取得了可喜成绩。目前的资料表明，氨基酸、维生素、膳食纤维、合理的食物营养支持途径、生态营养等，对正常肠黏膜的生长及损伤后的再生、修复发挥着重要作用。

（1）氨基酸　谷氨酰胺（Gln）和精氨酸均具有对肠屏障功能的保护作用。

① Gln：Gln 是肠道主要能量来源，Gln 氧化可产生大量的 ATP，ATP 是一种高效能量物质，尤其是在应激状态下 Gln 被认为是肠黏膜等快速生长和细胞分化的条件性必需氨基酸，对维持和改善肠黏膜的结构与功能具有重要意义。临床实践证明，肠外途径提供 Gln 均可有效防止肠黏膜萎缩，小肠黏膜的厚度、重量、DNA 含量和绒毛高度都有明显增加。Gln 具有保护肠道黏膜的作用已经被很多实验证实。此外，Gln 还有重要的免疫调节作用，增强肠道淋巴组织（GALT）功能，改善肠道免疫功能，减少肠道细菌及内毒素的移位，降低危重病人肠源性感染的发生率。

② 精氨酸：精氨酸能促进肠黏膜上皮细胞分化和更新、维持肠黏膜屏障的完整。精氨酸在一氧化氮合酶（NOS）的作用下，可以代谢生成 NO，NO 具有扩张血管、抑制血小板黏附、参与杀菌等多种生物学功能。精氨酸可增加肠组织局部 NO 合成，从而扩张微血管，改善局部血液灌流，进而减轻肠组织的脂质过氧化损伤。此外，肠内补充精氨酸可刺激肠黏膜下淋巴组织小结（peyer pethches）内淋巴细胞的增生及肠道 IgA 分泌，在应激状态下可有效地保护肠道免疫屏障免受损害。

（2）维生素　大量的维生素 C 对肠黏膜的破坏有明显的治疗作用。氧自由基损伤是引起胃肠黏膜屏障破坏的重要病理因素，维生素 C 对氧自由基有明显的清除作用，能抑制肠道内细菌移位，降低肠黏膜通透性，抑制肠道内毒素的吸收。

（3）生态营养　随着对肠道微生态结构与功能研究的不断加深，肠道内微生物在对肠黏膜细胞提供营养中扮演着重要角色。乳酸杆菌、双歧杆菌等肠道微生物对人体的有益作用是生物拮抗作用，减少致病菌的过度生长，同时提高肠道细菌的酵解以改善肠道内环境，激活免疫系统，最终起到维护肠道生态系统及功能的营养作用[31]。

（4）膳食纤维　膳食纤维（DF）是不能被人体肠道消化酶类消化的多糖（含木质素），分为可溶性和不可溶性两类。膳食纤维是人类消化过程中所需要的一类重要的食物营养成分，膳食纤维在维持小肠蠕动和肠黏膜结构以及功能方面起重要作用。添加膳食纤维的肠内营养制剂对肠黏膜有营养和保护作用，膳食纤维发酵产生的短链脂肪酸（SCFA），可刺激肠黏膜上皮细胞生长，有助于维护肠黏膜结构的完整，降低肠道通透性并显著增加小肠的长度和质量及绒毛的高度。某些纤维素能够促进肠蠕动，抑制肠道细菌的生长，调节肠道菌群的生态平衡，刺激肠道黏液分泌，从而防止细菌的附着和移位。膳食纤维还有增加肠道免疫细胞数量及功能的作用。

（5）肠内营养　肠道内食物是重要的刺激肠黏膜生长的因素。肠内营养有助于维持肠黏膜细胞的结构完整和肠道固有菌群的生长，保持黏膜的机械屏障和生物屏障；促进肠道细菌分泌 IgA，保持黏膜的免疫屏障；刺激消化液和胃肠道激素的分泌，促进胆囊收缩、胃肠蠕动，增加内脏血流，使代谢更符合生理过程。

3.3.3 肠道菌群的影响

肠道屏障既是外环境中肠道菌群与机体内环境相互作用的门户，又将消化道与机体内环境分隔开，防止微生物及其产物、食物抗原及有害大分子物质穿过肠黏膜，进入机体其他组织、器官、血液循环，使机体内环境保持相对稳定。作为一个开放的生态系统，肠道的外环境非常复杂，除了非特异性隔离及清除肠道共生菌和条件性致病菌以外，肠道黏膜屏障还依靠严格的识别和免疫机制来调节肠道菌群结构，对于共生菌及食物抗原，肠道黏膜免疫处于免疫耐受或低反应的免疫监视状态，对于如变形杆菌、艰难梭菌等病原菌，肠道黏膜免疫启动免疫清除和免疫防御，从而维持肠道环境的稳态[32]。

3.3.3.1 肠道菌群在机械屏障中的作用

肠道的机械屏障主要由肠［黏膜］上皮细胞（intestinal epithelial cell, IEC）、黏膜表面的黏液与细胞间的紧密连接所构成。肠黏膜上皮细胞包括四种细胞类型：具有吸收功能的肠上皮细胞、产生黏液糖蛋白的杯状细胞、分泌激素的内分泌细胞、分泌生长因子和抗菌肽的潘氏（Paneth）细胞。紧密连接蛋白主要包括四种跨膜蛋白，即咬合蛋白（occludin）、封闭蛋白（claudin）、连接黏附分子［junctional adhesion molecules（JAMs）］和紧密连接蛋白（tricellulin），以及一种胞浆黏附蛋白 ZO-1[33]。

上皮细胞约 4 ～ 5 天更新一次以维持其消化、吸收和抵御外源性微生物入侵的功能。短链脂肪酸是结肠菌群酵解难消化碳水化合物后的代谢产物，短链脂肪酸被结肠上皮细胞吸收后可作为细胞的能量底物，并且其对维持 IEC 的正常功能也具有重要作用，其中尤以丁酸的作用更突出，在较低的浓度（2mmol/L）范围内丁酸可促进 IEC 的增殖和分化，而高浓度的丁酸（8mmol/L）则会产生细胞毒性，诱导 IEC 凋亡。

黏液屏障是由杯状细胞分泌高度糖基化的 MUC-2 黏液糖蛋白构成的巨大网状聚合体，根据其功能分为两层，外层可黏附细菌，有利于包裹细菌，与黏膜表面的 sIgA 形成抗体黏膜屏障，通过肠蠕动促进致病菌排出；内层与小肠黏膜上皮细胞连接紧密，具有阻止致病菌通过的作用。益生菌分泌的一系列黏附成分如脂多糖、多糖 A、脂磷壁酸和肽聚糖等能刺激肠道上皮细胞增生与更替，促进杯状细胞分泌黏蛋白。

紧密连接蛋白的表达受到多种细胞因子与信号通路的调控。肠道细菌对于紧密连接蛋白的调节作用以及通过细胞旁途径侵入肠道黏膜也主要是通过炎症细胞因子实现的。其中接受肠道菌群调节最为明显的细胞因子包括 IL-6、TNF-α、IL-1β、IL-17、IL-22、IFN-γ 等。claudin 家族含有 24 个家族成员，其中 claudin-1、claudin-3、claudin-5 可维持细胞间紧密连接和肠道屏障功能，claudin-2 相反可促进阳离子通道的形成，增加肠道屏障通透性，在炎症性肠病的患者中发现 claudin-1、claudin-3、claudin-5 表达减少伴随 claudin-2 表达增加。claudin-2 的表达受到细胞因子 IL-6 的调控，IL-6 结合 IL-6Rα 通过 IL-6Rα 偶联信号转导蛋白 gp130 激活下游 MEK/ERK、PI3K/Akt 信号通路，启动 Cdx 启动子依赖性 claudin-2 的表达。IL-6 可通过 JNK 信号转导通路激活 AP-1，AP-1 既是 JNK 的直接底物也是 claudin-2 的转录因子，IL-6 通过调节 claudin-2 基因的转录促进 claudin-2 的表达从而导致肠道屏障功能障碍。

3.3.3.2 肠道菌群与化学屏障

化学屏障即由消化道上皮细胞分泌的有一定杀菌和溶菌作用的消化液、消化酶等构成。胃内高浓度的胃酸和胃蛋白酶能杀灭进入胃内的细菌，阻止细菌进一步移行至肠道内，肠道内由于缺乏胃酸形成的酸性环境，主要依靠结肠菌群酵解难消化性多糖产生的短链脂肪酸抑制病原菌定植生长。胆汁中的胆盐可溶解细菌细胞壁，使菌膜通透性增加、崩解，甚至导致细胞死亡，从而抑制肠腔内病原菌的繁殖和生长。然而胆汁酸与肠道菌群的关系并不是单向被动的，肠道菌群也可影响胆汁酸的转化和代谢，十二指肠与空肠的肠道菌群组成主要是乳酸菌属、链球菌属、葡萄球菌属和韦荣球菌属，回肠的肠道菌群主要包括肠球菌属、拟杆菌属、梭菌属及乳酸菌，这些细菌共同通过产生胆盐水解酶促进胆汁酸从甘氨酸或牛磺酸中解离。另外肠道细菌还参与游离胆汁酸可逆性 α、β 立体异构及羟基基团的氧化从而改变胆酸池的组成，胆酸池组成的改变与多种疾病相关，包括艰难梭菌感染、炎症性肠病和肠道肿瘤。以艰难梭菌感染为例，胆酸及牛磺胆酸能够促进艰难梭菌孢子的生长和定植，而脱氧胆酸可抑制此过程。

潘氏细胞是位于肠道上皮黏膜隐窝的一类上皮细胞，分泌抗菌肽参与形成化学屏障及免疫固有屏障。抗菌肽具有广谱的抗菌功能，它有一个疏水区域与脂质结合，一个带正电荷的亲水区域与带负电荷的残基结合，它的两亲特性使其能与电负性的细菌脂质膜产生孔隙导致细胞裂解。抗菌肽的分泌受到严格调控，需要依靠病原分子模式通过激活 Toll 样受体（TLRs）和核苷酸结合寡聚域（Nod）分子诱导潘氏细胞释放，在 Nod2 缺失小鼠肠道内几乎没有抗菌肽的存在，并且肠道菌群也发生大幅改变。

3.3.3.3 肠道菌群与生物屏障

生物屏障即能够抵抗外来菌株的、有定植力的肠内正常寄生菌群及其分泌物。一般认为共生菌群主要通过以下途径发挥其生物屏障的作用：抢先占领定植位点、营养竞争、产生有机酸及短链脂肪酸降低肠腔 pH 值、产生细菌素、诱导适度的炎症反应。细菌表面结构决定其定植力，鼠李糖乳杆菌（lactobacillus rhamnosus GG, LGG）属于乳杆菌属，是人体肠道内正常菌群之一，因其肠道黏着率高、定植能力强而成为人类研究最广泛的益生菌之一，在 LGG 的菌毛中发现含有人类黏液结合蛋白，与其竞争定植位点的作用相关。细菌的表面层蛋白或 S 层蛋白（surface layer protein, SLP）是一种细胞外膜蛋白结构，广泛存在于细菌及真菌表面，具有使细菌黏附和聚集、调节 T 细胞免疫及抗原变异等功能，乳杆菌通过表面的 S 层蛋白黏附于肠道上皮细胞表面，竞争性抑制病原菌定植肠道。

3.3.3.4 肠道菌群与免疫屏障

肠道黏膜是人体最大的免疫器官，肠道黏膜免疫可分为固有免疫及获得性免疫。固有免疫应答作为黏膜免疫的第一道屏障在非特异性杀菌或抑菌中发挥重要作用，主要由黏膜固有层中的非特异性免疫细胞包括巨噬细胞、树突状细胞及其效应分子构成，另外肠道上皮细胞中的潘氏细胞分泌多种抗菌肽也参与组成肠道黏膜固有免疫。获得性免疫主要包括肠道淋巴组织（gut-associated lymphoid tissue, GALT）与其效应分子 sIgA。GALT 包括派尔集合淋巴结（Peyer patch）、孤立淋巴滤泡、肠系膜淋巴结以及分散于肠道黏膜层或固有层的免疫细胞，包括 Treg 细胞、$CD4^{+}$T 淋巴细胞和 B 细胞。GALT 包含了人体 70% 的免疫细胞，是免疫应答的活化和诱导部位，弥散免疫细胞是黏膜免疫的效应部位，sIgA 能够中和肠道内病原体及其产物，阻止其侵入上皮细胞。

新生儿外周血中几乎检测不到分泌 IgA 的 B 细胞，在 0 ～ 6 个月的新生儿中，肠道内脆弱拟杆菌和双歧杆菌定植的时间越早，外周血中分泌 IgA 的 B 细胞越早出现，肠道免疫促进整个机体免疫系统的构建。在肠道的免疫系统中，有多重细胞和细胞因子参与免疫应答，在黏膜免疫的起始阶段，有两种肠黏膜上皮细胞参与抗原的识别：M 细胞覆盖在派尔集合淋巴结表面，它是大分子颗粒抗原进入上皮下淋巴组织的主要途径，肠道病原菌、共生菌、食物抗原以胞吞小泡的形式进入 M 细胞并直接转运至上皮下圆顶区，圆顶区内有以 B 细胞为主的生发中心滤泡即派尔集合淋巴结和以 T 细胞、巨噬细胞和树突状细胞为主的滤泡间区，巨噬细胞和树突状细胞识别病原相关分子模式和致病菌特异性毒力因子后将抗原提呈给

T、B淋巴细胞，被抗原激活的B细胞和T细胞从诱导场所通过引流淋巴管进入肠系膜淋巴结，随着血流归巢至效应部位，诱发特异性免疫产生细胞免疫和体液免疫应答。另一种能够识别细菌抗原的是正常的IEC，IEC表达两种病原体模式识别受体包括Toll样受体（Toll-like receptors, TLRs）和核苷酸结合寡聚域（nucleotide-binding oligomerizetion domain molecules, Nod）分子，通过TLR与Nod识别细菌成分如脂多糖，激活胞内级联效应，通过典型的MyD88依赖或非依赖途径发挥免疫监视作用，激活转录因子NF-κB（nuclear factor κB），从而激活受NF-κB控制的前炎症基因的表达。模式识别受体信号通路可以调节体内肠道菌群平衡、上皮细胞增殖及病原菌侵入时的炎症反应。持续刺激细胞内模式识别受体Nod2可诱导金属硫蛋白表达，促进细胞自噬及细菌清除。

除了肠道细菌可以通过抗原成分激活固有免疫和特异性免疫之外，细菌的代谢产物也参与其中。结肠内细菌酵解难消化碳水化合物产生短链脂肪酸，其中以丁酸为代表。肠腔内短链脂肪酸的水平与调节性T细胞（Treg细胞）的数量呈正相关，Treg细胞是一类抑制性T细胞亚群，发挥免疫负向调节作用，避免过强的炎症反应损伤组织，在Treg细胞极化条件下用丁酸处理幼稚T淋巴细胞可促进*Foxp3*基因保守非编码区域组蛋白H3乙酰化，是丁酸调节Treg细胞分化的潜在机制之一。

（古桂雄）

参考文献

[1] 古桂雄，戴耀华. 儿童保健学. 北京：清华大学出版社，2011.

[2] 徐晓飞，陈慧萍，杨继国. 儿童消化系统发育生理研究进展. 中国儿童保健杂志，2019, 27(11): 1196-1200.

[3] Michaelsen K F, Greer F R. Protein needs early in life and long-term health. Am J Clin Nutr, 2014, 99(S-3): 718 -722.

[4] Lee N H. Iron deficiency in children with a focus on inflammatory condition. Clin Exp Pediatr, 2024, 67(6):283-293.

[5] 王临虹. 中华医学百科全书：妇幼保健学. 北京：中国协和医科大学出版社，2018.

[6] Bourlieu C, Olivia Ménard, Bouzerzour K, et al. Specificity of infant digestive conditions: some clues for developing relevant in vitro models. Crit Rev Food Sci Nutr, 2014, 54(11): 1427-1457.

[7] Dudhwala Z M, Drew P A, Howarth G S, et al. Active β-catenin signaling in the small intestine of humans during infancy. Dig Dis Sci, 2019, 64(1): 76-83.

[8] Qureshi M A, Vice F L, Taciak V L, et al.Changes in rhythmic suckle feeding patterns in term infants in the first month of life. Dev Med Child Neurol, 2002, 44(1): 34-39.

[9] Perrella S L, Hepworth A R, Gridneva Z, et al. Gastric emptying of different meal volumes of identical composition in preterm infants: a time series analysis. Pediatr Res, 2018, 83(4): 778-783.

[10] Kolho K L, Savilahti E. Ethnic differences in intestinal disaccharidase values in children in Finland.J Pediatr Gastrienterol Nutr, 2000, 30(3): 283-287.

[11] Yang Y, Rader E, Peters-Carr M, et al. Ontogeny of alkaline phosphatase activity in infant intestines and

breast milk. BMC Pediatr, 2019, 19(1): 2.

[12] Bunesova V, Lacroix C, Schwab C. Mucincross-feeding of infant Bifidobacteria and Eubacterium hallii. Microb Ecol, 2018, 75(1): 228-238.

[13] Lenfestey M W, Neu J. Gastrointestinal development: implications for management of preterm and term infants. Gastroenterol Clin North Am, 2018, 47(4): 773-791.

[14] 赵正言 . 儿科疾病诊断标准解读 . 北京：人民卫生出版社，2018.

[15] 王建军，王新梅 . 营养素的功能、代谢以及与健康的关系 . 新疆农业大学学报，2000, 23(2): 94-98.

[16] 钱序，陶芳标 . 妇幼卫生概论 . 北京：人民卫生出版社，2014.

[17] Nguyen H T, Eriksson B, Petzold M, et al.Factors associated with physical growth of children during the first two years of life in rural and urban areas of Vietnam. BMC Pediatr, 2013, 13: 149.

[18] Bhopal S, Roy R, Verma D, et al. Impact of adversity on early childhood growth & development in rural India:findings from the early life stress sub-study of the SPRING cluster randomised controlled trial(SPRING-ELS). PLoS One, 2019, 14(1): e0209122.

[19] 申昆玲，黄国英 . 儿科学 . 北京：人民卫生出版社，2016.

[20] McClave S A, Martindale R G, Vanek V W, et al. Guidelines for the provision and assessment of nutrition support therapy in the adult critically ill patient: Society of Critical Care Medicine (SCCM) and American Society for Parenteral and Enteral Nutrition (ASPEN). JPEN J Parenter Enteral Nutr, 2009, 33(3): 277-316.

[21] Singer P, Blaser A R, Berger M M, et al. ESPEN guideline on clinical nutrition in the intensive care unit. Clin Nutr, 2019, 38(1): 48-79.

[22] Xiao S, Li Q P, Hu K, et al. Vitamin A and retinoic acid exhibit protective effects on necrotizing enterocolitis by regulating intestinal flora and enhancing the intestinal epithelial barrier. Arch Med Res, 2018, 49(1): 1-9.

[23] 张奕，冯适，王孝忠，等 . 膳食营养与健康效应评价研究进展 . 食品科学，2022, 43(11): 311-319.

[24] Schmidhuber J, Sur P, Fay K, et al. The global nutrient database: availability of macronutrients and micronutrients in 195 countries from 1980 to 2013. The Lancet Planetary Health, 2018, 2(8): 353-368.

[25] Kim S, Haines P S, Maria S, et al. The diet quality index international (DQI-I) provides an effective tool for cross-national comparison of diet quality asillustrated by China and the United States. J Nutr, 2003, 133: 3476-3484.

[26] Reedy J, Cudhea F, Shi P, et al. Global intakes of total protein and subtypes; findings from the 2015 global dietary database. Current Developments in Nutrition, 2019, 3(1): 810-811.

[27] Bell W, Lividini K, Masters W A. Global dietary convergence from 1970 to 2010, despite inequality in agriculture, leaves undernutrition concentrated in a few countries. Nature Food, 2021, 2(3): 156-165.

[28] Aune D, Keum N N, Giovannucci E, et al. Whole grain consumption and risk of cardiovascular disease, cancer, and all cause and cause specific mortality: systematic review and dose-response meta-analysis of prospective studies. British Medical Journal, 2016, 353: 7-16.

[29] 于晓明，金宏，糜漫天 . 肠屏障功能的损伤与营养素防护 . 解放军预防医学杂志，2006, 24(1): 68-70.

[30] MacFie J, McNaught C. Glutamine and gut barrier function.J Nutr, 2002, 18(5): 433.

[31] Luyer M D, Buurman W A, Hadfoune M, et al. Strain-specific effects of probiotics on gut barrier integrity following hemorrhagic shock.Infect Immun, 2005, 73(6): 3686.

[32] 张常华，吴菁 . 肠道菌群在肠道屏障功能维护中的作用和机制 . 消化肿瘤杂志（电子版），2017, 9(3): 162-167.

[33] de Santis S, Cavalcanti E, Mastronardi M, et al. Nutritional keys for intestinal barrier modulation. Front Immunol, 2015, 6: 612.

婴幼儿精准喂养

Practical Feeding for Infants and Young Children

第 4 章

营养不良对婴幼儿的近期影响

营养是生命的物质基础，营养状况的优劣决定了人的身体素质，并将影响一生的健康和疾病发生、发展轨迹，特别是生命最初 1000 天的营养尤为重要。合理的营养是能够使儿童正常生长发育潜能得以充分发挥的基础，营养素缺乏将导致生长发育障碍（如生长迟缓、消瘦、低体重）和营养缺乏病（如缺铁和缺铁性贫血、维生素 A 缺乏与反复呼吸道和 / 或消化道感染、肺炎与腹泻、维生素 D 和钙缺乏与佝偻病、锌缺乏与异食癖和生长发育迟缓等）。

世界卫生组织关于辅食喂养指导原则建议，对于 6 月龄或以上的婴儿，无论是否继续母乳喂养，都应及时合理地为他们提供辅助食品（简称“辅食”）[1,2]。辅食添加及时与否以及质量将直接影响婴儿的健康状况和生长发育。在生命的最初几年，婴幼儿的膳食安排应该在食物味道和质地方面逐渐多样化和复杂化 [4,5]，这些变化与婴儿的生理和神经系统发育的成熟密切相关。6 月龄之后辅食添加不合理（质量与数量），将显著增加婴儿 6 月龄以后发生营养不良和微量营养素缺乏（如缺铁性贫血）的风险 [2-5]。在贫困地区和交通不便的山区以及受自然灾害影响地区，食物供给匮乏，对婴幼儿营养状况的影响尤为突出，所提供的食品营养质量难以满足其营养需求，短期内急性营养不良、缺铁性贫血和维生素 A 缺乏的发病率显著增加，成为需要优先考虑解决的严峻的公共卫生问题 [6-10]。

4.1 营养不良对妊娠期胎儿的影响

孕期的膳食与营养对胎儿健康发育有重要影响。在胎儿发育的早期，母体营养状况差或营养不良，会影响胎儿的发育进程，导致不可逆转的变化和生长发育迟缓，还可能会对生后的子代产生短期和较持久的影响，如罹患非传染性疾病和其他慢性病（如肥胖）的风险增加。研究结果表明，新生儿的健康状况方面与母亲存在复杂的代际遗传，而且这种遗传还会影响到新生儿的后代。

4.1.1 胎儿死亡率升高

孕期，特别是孕早期，如果出现锌、铁、碘、维生素 C、维生素 D、维生素 E 缺乏可致流产、早产率升高；维生素 K、维生素 B_1 缺乏可致胎死宫内率升高；营养素缺乏导致孕期并发症可使胎儿缺氧、早产、死亡的发生率均升高，而且新生儿的死亡率亦升高。

4.1.2 胎儿宫内生长受限

胎儿宫内生长发育状况受遗传、环境、营养等诸多因素影响。婴儿的出生体重与母亲孕前体重、妊娠期体重增长呈正相关。当宫内营养不足时，作为机体的一种保护性机制，胎儿将有限的营养分配给大脑等重要器官，以牺牲体细胞的增长为代价，导致胎儿体重下降，发生早产、低出生体重儿的风险增加 [11]。例如，一项根据 1959 ～ 1961 年中国历史上最严重饥荒时期出生的 2268 例新生儿的资料分析结果显示，足月低出生体重儿为 9.1%，相比较 1964 ～ 1965 年经济好转后的 1815 例新生儿中足月低体重儿为 3.6%，两者发生率的差异显著。美国哈佛大学的研究显示，孕妇营养低下、一般、良好、甚佳时新生儿体重分别为 2693g、3232g、3515g、3685g，说明孕妇营养不良直接影响胎儿的生长发育 [12]。

4.1.3 胎儿脑发育受损

孕初期（前三个月）是胎儿宫内脑发育的关键期，其中前八周是胎儿中枢神经系统发育的最主要阶段。大脑皮质神经元的分化从胎儿第 5 个月开始，6 个月胎龄至生后 6 ～ 10 个月期间是神经细胞的激增阶段。蛋白质是使脑细胞数量增加、体积增大的物质基础，脑细胞核和胞浆的组成也需要蛋白质，必需不饱和脂肪酸是合成髓鞘的要素。碳水化合物提供脑代谢所需能量、促进生长发育、协助脂肪氧化及蛋白质代谢。微量营养素，如矿物质（钙、磷、铁、锌、铬、铜、碘）和维生素（维生素 B_{12}、叶酸等），不仅与脑发育有关，还与脑功能有关。妊娠期的营养优劣将影响胎儿脑细胞的数目和体积，影响程度取决于营养不良发生的时机、严重程度和持续时间。人脑细胞增殖与增大的关键时期发生在妊娠 10 周至生后 1 年内。在这个时间段内，脑细胞对营养不良非常敏感，各种有害因素的影响容易导致胎儿中枢神经系统发育异常，如此时出现严重蛋白质、能量供给不足可导致胎儿脑细胞发育和髓鞘形成障碍，出生时精神和智力异常、反应迟钝；严重碘缺乏与侏儒症以及叶酸和锌缺乏与神经管畸形等都密切相关。

4.2 营养素缺乏对出生结局的影响

胎儿生长发育迅速，对营养成分的需求增加明显。如果供给不足，将会影响胎儿的发育，导致不良出生结局。例如，蛋白质摄入不足可使胎儿大脑重量轻、脑部蛋白质含量低；缺乏长链不饱和脂肪酸、磷脂可使脑和神经系统发育迟缓；维生素 D 缺乏可致胎儿佝偻病、牙釉质发育不良；叶酸和锌缺乏增加发生神经管畸形的风险（无脑儿、脊柱裂）等。下面以铁、维生素 A、维生素 D 和硒为例，说明孕期营养缺乏对出生结局的影响。

4.2.1 铁和维生素 A 缺乏导致贫血

孕期缺铁性贫血是孕期妇女最常见的贫血类型，其对母婴不良妊娠结局的影响已被广泛证实[13,14]，孕期发生贫血，血液中输送的营养物质和氧含量下降，引起胎儿缺血缺氧、生长发育迟缓、早产、低出生体重、剖宫产等，还会增加产后出血、产褥感染等的发生率，严重时可导致孕产妇、围生儿死亡。有调查结果显示，孕期妇女贫血是其子代 6 ～ 12 月龄婴儿患缺铁性贫血的主要危险因素（$OR > 1$，$P < 0.05$）[15]。

临床上维生素 A 缺乏常伴随缺铁性贫血出现。维生素 A 缺乏时会影响铁的活性，导致组织中铁的储备减少，说明两者在体内的代谢过程相互影响[16]。毛宝宏等[17]分析了 8469 例单胎孕妇膳食铁和维生素 A 摄入量与分娩低出生体重儿的关系，其中低出生体重儿有 531 例，分娩低出生体重儿的孕妇孕期膳食维生素 A 和铁日均摄入量在孕早期、孕中期和孕晚期均显著低于分娩正常体重儿的孕妇摄入量。

4.2.2 维生素D缺乏导致生长发育不良

在人一生中维生素D都发挥着非常重要的作用，然而几乎在全球各种族人群中均有维生素D缺乏发生率增高的报道，尤其是孕母、婴幼儿等是维生素D缺乏的高危人群。维生素D缺乏必然会对机体带来一些严重的不良影响，特别是孕期母体缺乏维生素D，除了导致新生儿体内维生素D储备不足［脐血25(OH)D，即25羟维生素D水平低下］[18]，还可能导致对新生儿的一系列近期及远期影响。近期影响包括早产、低出生体重、生长受限、先天性佝偻病等，远期并发症包括神经发育不良、骨质疏松等；同时还可能导致孕妇发生一系列并发症，如妊娠期胰岛素抵抗和糖尿病、子痫前期等[18-20]。因此，给孕母补充充足的维生素D可降低发生妊娠诱导的胰岛素抵抗风险和其后代患I型糖尿病的风险[18]。

4.2.3 硒缺乏导致妊娠不良

硒是人体必需的微量元素，作为谷胱甘肽过氧化物酶的必需组成成分，参与甲状腺激素的合成和代谢，对甲状腺功能和甲状腺自身免疫状态发挥重要调节作用[21]。越来越多的研究结果提示，孕妇硒营养状态与妊娠结局密切相关，包括围生儿结局及孕母严重并发症的发生情况等[22-27]。回顾性研究结果提示，硒在维持妊娠中发挥重要作用，孕期缺硒可能与复发性流产有关，尤其是妊娠早期缺硒（低血硒水平）易导致流产或复发性流产[22,23,28]；采用母牛和母羊补硒试验结果显示，硒有助于维持妊娠成功[29,30]。也有研究结果显示，低硒状态可导致机体抗氧化功能下降、细胞膜和DNA损伤、血浆抗凝血酶Ⅲ活性降低，而且还与导致不良妊娠结局相关的促炎基因的表达等有关[31,32]。

Rayman等[24]分析的早产孕妇其孕第12周血清硒水平显著低于足月分娩者，提示妊娠早期低硒状态（低血清硒）与发生早产的风险有关；早产儿的血清硒水平与胎龄和出生体重呈正相关[33]，血清硒含量低于第10百分位，孕妇分娩的新生儿出生体重显著低于正常对照组（降低约260～270g）[34]。我国的一项队列研究结果也显示，母体硒水平与新生儿出生体重呈正相关，硒缺乏显著升高低出生体重儿（LBW）及小于胎龄儿的发生风险[35,36]。

4.3 营养不良对生存和能力的影响

孕期营养不良对后代的影响，除了前面提及的影响外，营养不良还会增加5岁以下幼儿死亡率、影响幼儿学习认知和做功能力、影响骨骼和牙齿发育以及降低对感染性疾病的抵抗力等。幼儿严重急性营养不良与肠黏膜的严重变化有关，饥饿和严重营养不良会导致肠道萎缩和胃酸缺乏[37]。

4.3.1 蛋白质缺乏增加死亡率

自然灾害导致的饥荒，常常表现为食物短缺、食物不安全、卫生条件差等，婴幼儿严重营养不良（包括严重急性营养不良和中度急性营养不良）的患病率会显著增加，而且食物短缺导致的饥饿是感染性疾病和消化系统疾病导致死亡率增加的主要原因[38]。在中国2008年5月12日汶川地震后，四川省北川和李县0～5岁儿童的低体重率分别为15.6%和9.1%，生长迟缓率分别为26.0%和24.2%，表明当地存在急性营养不良[8]；汶川地震11个月后，四川、陕西、甘肃等地受地震影响地区2～5岁儿童的生长迟缓率高达13.6%，这可能与蛋白质和能量营养不良密切相关[39]。2003年印度西部拉贾斯坦邦的一个受旱灾影响的沙漠地区，报告的0～5岁儿童的生长迟缓和低体重率分别高达53%和60%[40]。严重营养不良，将增加儿童死亡率。例如，在荷兰饥荒（1944～1945年）期间，估计营养不良导致的荷兰西部死亡人数为20000～30000人[41]；在中国1959～1961年“三年困难时期”，由于严重蛋白质-能量营养不良导致儿童和成年人死亡率显著升高[42]。2001～2002年，由于干旱和广泛的作物歉收导致的南部非洲“区域性粮食供给危机”，使某些地区急性营养不良和死亡率显著增加[43]。

4.3.2 铁缺乏影响学习认知能力

已有充分证据说明，儿童早期发生缺铁和缺铁性贫血（iron-deficiency and anemia, IDA），将严重影响儿童的学习认知和做功能力。较大婴儿和幼儿是铁缺乏症和缺铁性贫血的易感人群[44]。如果无法为其提供富含铁或补充铁的食物或营养素强化辅食，这些弱势群体更容易患营养性缺铁性贫血[45]，在自然灾害（如饥荒）期间这种影响更为明显。例如，在受汶川地震影响的地区，儿童的铁缺乏和缺铁性贫血患病率相当高，超过50%[8,39,46]。儿童患贫血不仅增加患传染性疾病的易感性[46]，而且患这类疾病的死亡风险将显著增加[47]。在汶川地震4个月后，四川省北川县和李县6～23月龄婴幼儿的贫血率显著增加（49.6%和78.8%），6～11月龄组儿童的贫血率最高[8]。在汶川地震11个月后，四川、陕西、甘肃等受地震影响地区0～24月龄婴幼儿贫血率平均为47.5%[39]。也有调查结果显示，长期生活在非洲难民营的儿童，贫血率高达60%，而且铁缺乏率还要高得多，4个难民营的铁缺乏率范围为 23% ～ 75%[48]。

4.3.3 维生素 A 缺乏增加感染性疾病发生率

儿童患维生素 A 缺乏症（甚至边缘性缺乏）也会降低抵抗感染性疾病（如呼吸道和胃肠道感染性疾病）的能力。据报道，在大多数发展中国家，通常情况下儿童维生素 A 缺乏和边缘性缺乏率较高 [49-51]。由此可以预测，在自然灾害（饥荒）期间由于供给的食物单一或数量十分有限，婴幼儿非常易患维生素 A 缺乏症。例如，汶川大地震 11 个月后，四川、陕西、甘肃受影响地区 24 ～ 60 月龄儿童维生素 A 缺乏患病率明显升高（15.4%），缺乏率显著高于全国平均水平 [7]。国外的调查结果显示，长期居住在难民营的儿童中维生素 A 缺乏率高达 20.5% ～ 61.7%[48]。维生素 A 缺乏的儿童易患反复呼吸道感染（如肺炎）和消化道感染（如腹泻）。

4.3.4 维生素 D 缺乏影响骨骼和牙齿发育

维生素 D 和钙缺乏与儿童发生的多种不良反应有关，如生长迟缓和佝偻病等，这些将会对儿童的正常生长以及骨骼和牙齿发育产生长期不良影响。通常血清 $25(OH)D_3$ 的水平用于评价维生素 D 营养状况，即维生素 D 严重缺乏为＜ 12nmol/L，维生素 D 缺乏为 12 ～ 48nmol/L，维生素 D 边缘性缺乏为 48 ～ 78nmol/L。汶川地震 11 个月后，四川、陕西、甘肃等受灾地区儿童严重缺乏率、缺乏率和边缘性缺乏率分别为 1.5%、61.8% 和 28.6%，三者之和超过 90%[7]。说明这些地区的儿童维生素 D 缺乏率很高或营养状况较差，使生活在这些地区的儿童患佝偻病的风险增加 [52,53]。

4.3.5 其他不良影响

在贫困地区或自然灾害（饥荒）之后，救助提供的食物非常有限且种类单一，动物性食物、新鲜水果蔬菜所占比例较低，致使这些地区的儿童容易发生锌、维生素 B_2、维生素 B_{12}、维生素 C 和铁缺乏，这种情况将会影响儿童的食欲和味觉，出现异食癖、口角炎、舌炎等临床症状以及生长发育迟缓、低体重和营养性贫血等营养缺乏病 [8,9,46]。例如，在 2000 年和 2003 年期间，尽管阿富汗急性营养不良发生率相对较低（3% ～ 12%），但是爆发了坏血病 [54]。根据汶川地震一年后灾区的调查结果，24 ～ 60 月龄儿童维生素 B_{12} 边缘性缺乏和缺乏率分别为 8.6% 和 10.6%，锌缺乏率（包括边缘性缺乏和缺乏）为 65.5%[7]。饥荒等自然灾害导致的持续多种微量营养素缺乏将会对 5 岁以下儿童的学习认知能力和行为发育产生短期以及长期不良影响。从孕早期开始至生后第二年，婴幼儿大脑发育处于关键时期，对营养缺乏非常敏感。在这个阶段经历营养不良将会产生终身的不良后果，而且之后的营养补充也难以逆转。

儿童是国家的未来，也是社会可持续发展的重要人才储备。生命最初 1000 天（胎儿和生后最初 2 年）的营养与健康状况对儿童的体格生长、精神系统及智力发育潜能的发挥均有重要影响。在此期间发生营养不良可能会对儿童早期及未来的健康情况造成难以弥补的影响。因此，应积极预防儿童营养不良，为儿童最大发育潜能提供最佳的生长环境。

（董彩霞，王然，荫士安）

参考文献

[1] Global strategy for infant and young child feeding. Geneva: World Health Organization, 2003.

[2] Campoy C, Campos D, Cerdo T, et al. Complementary Feeding in Developed Countries: The 3 Ws (When, What, and Why?). Ann Nutr Metab, 2018, 73 (Suppl 1): S27-S36.

[3] Vadiveloo M, Tovar A, Ostbye T, et al. Associations between timing and quality of solid food introduction with infant weight-for-length z-scores at 12 months: Findings from the Nurture cohort. Appetite, 2019, 141: 104299.

[4] 周丽，李春玉，金锦珍，等 . 发展中国家婴幼儿辅食添加营养干预效果的 Meta 分析 . 现代预防医学，2018, 45(20): 3694-3698.

[5] 栾超，于冬梅，赵丽云，等 . 婴幼儿辅食添加、辅食质量评价及影响因素 . 卫生研究，2018, 47(6): 1022-1027.

[6] 赵丽云，于冬梅，黄建，等 . 汶川大地震 3 个月后灾区特殊人群的营养状况 . 中华预防医学杂志，2010, 44(8): 701-705.

[7] Dong C, Ge P, Ren X, et al. The micronutrient status of children aged 24-60 months living in rural disaster areas one year after the Wenchuan Earthquake. PLoS One, 2014, 9(2): e88444.

[8] 王丽娟，霍军生，孙静，等 . 汶川大地震后 3 个月四川省北川和理县 6 ～ 23 月龄婴幼儿的营养状况 . 中华预防医学杂志，2010, 44(8): 696-700.

[9] Dong C, Ge P, Ren X, et al. Prospective study on the effectiveness of complementary food supplements on improving status of elder infants and young children in the areas affected by Wenchuan earthquake. PLoS One, 2013, 8(9): e72711.

[10] Eriksson A. Special report: silent disasters. Nurs Health Sci, 2007, 9(4): 243-245.

[11] Li N, Wang W, Wu G, et al. Nutritional support for low birth weight infants: insights from animal studies. Br J Nutr, 2017, 117(10): 1390-1402.

[12] 李光辉，黄醒华 . 孕产妇营养对子代的近远期影响 . 中国实用妇科与产科杂志，2007, 23(4): 256-259.

[13] Haider B A, Bhutta Z A. Multiple-micronutrient supplementation for women during pregnancy. Cochrane Database Syst Rev, 2017, 4(4): CD004905.

[14] Iqbal S, Ekmekcioglu C. Maternal and neonatal outcomes related to iron supplementation or iron status: a summary of meta-analyses. J Matern Fetal Neonatal Med, 2019, 32(9): 1528-1540.

[15] 陈承娣，林媛媛，章依文．母亲孕期铁营养状况对 6 ～ 12 月龄婴儿缺铁性贫血的影响．教育生物学杂志，2021, 9(6): 496-500.

[16] da Cunha M S B, Campos Hankins N A, Arruda S F. Effect of vitamin A supplementation on iron status in humans: A systematic review and meta-analysis. Crit Rev Food Sci Nutr, 2019, 59(11): 1767-1781.

[17] 毛宝宏，王燕侠，李静，等．孕期膳食铁及维生素 A 摄入水平对低出生体质量儿的影响研究．中国预防医学杂志，2020, 21(8): 884-890.

[18] 康婷，赵蕴华，火少烨．孕晚期补充维生素 D 对孕母和新生儿糖代谢的影响．中国实验诊断学，2016, 20(8): 1362-1364.

[19] 刘科莹，潘建平，彭燕．孕期维生素D干预对新生儿维生素D营养水平的影响．中国妇幼健康研究，2019, 30(6): 708-713.

[20] 王晨，高劲松，禹松林，等．新生儿维生素D水平与孕母维生素D水平的关系．中国当代儿科杂志，2016, 18(1): 20-23.

[21] Rayman M P. Selenium and human health. Lancet, 2012, 379(9822): 1256-1268.

[22] Barrington J W, Taylor M, Smith S, et al. Selenium and recurrent miscarriage. J Obstet Gynaecol, 1997, 17(2): 199-200.

[23] Abdulah R, Noerjasin H, Septiani L, et al. Reduced serum selenium concentration in miscarriage incidence of Indonesian subjects. Biol Trace Elem Res, 2013, 154(1): 1-6.

[24] Rayman M P, Wijnen H, Vader H, et al. Maternal selenium status during early gestation and risk for preterm birth. CMAJ, 2011, 183(5): 549-555.

[25] Tara F, Rayman M P, Boskabadi H, et al. Selenium supplementation and premature (pre-labour) rupture of membranes: a randomised double-blind placebo-controlled trial. J Obstet Gynaecol, 2010, 30(1): 30-34.

[26] Mariath A B, Bergamaschi D P, Rondo P H, et al. The possible role of selenium status in adverse pregnancy outcomes. Br J Nutr, 2011, 105(10): 1418-1428.

[27] 张梦甜，夏昶，齐玲，等．孕妇硒营养状态及其与妊娠结局的关系．武汉轻工大学学报，2020, 39(1): 72-76.

[28] Kumar K S, Kumar A, Prakash S, et al. Role of red cell selenium in recurrent pregnancy loss. J Obstet Gynaecol, 2002, 22(2): 181-183.

[29] Zachara B A, Dobrzynski W, Trafikowska U, et al. Blood selenium and glutathione peroxidases in miscarriage. BJOG, 2001, 108(3): 244-247.

[30] Kamada H, Nonaka I, Takenouchi N, et al. Effects of selenium supplementation on plasma progesterone concentrations in pregnant heifers. Anim Sci J, 2014, 85(3): 241-246.

[31] Barrington J W, Lindsay P, James D, et al. Selenium deficiency and miscarriage: a possible link? Br J Obstet Gynaecol, 1996, 103(2): 130-132.

[32] Aursnes I, Smith P, Arnesen H, et al. Correlation between plasma levels of selenium and antithrombin-Ⅲ. Eur J Haematol, 1988, 40(1): 7-11.

[33] Gupta A, Kumar M, Tripathi S, et al. Selenium levels in hospitalized preterm very low birth weight neonates in North India. Indian Journal of Child Health, 2019, 6(1): 35-38.

[34] Bogden J, Kemp F, Chen X, et al. Low-normal serum selenium early in human pregnancy predicts lower birth weight. Nutr Res, 2006, 26(10): 497-502.

[35] Zhang X, Feng Y J, Li J, et al. Maternal selenium deficiency during gestation is positively associated with the risks for LBW and SGA newborns in a Chinese population. Eur J Clin Nutr, 2021, 75(5): 768-774.

[36] Guo X, Zhou L, Xu J, et al. Prenatal Maternal Low Selenium, High Thyrotropin, and Low Birth Weights.

Biol Trace Elem Res, 2021, 199(1): 18-25.
[37] Kelly P. Starvation and Its Effects on the Gut. Adv Nutr, 2021, 12(3): 897-903.
[38] Lumey L H, Van Poppel F W. The Dutch famine of 1944-45: mortality and morbidity in past and present generations. Soc Hist Med, 1994, 7(2): 229-246.
[39] 赵显峰，荫士安，赵丽云，等 . 汶川大地震一年后灾区农村 60 月龄以下儿童的营养状况 . 中华预防医学杂志，2010, 44(8): 691-695.
[40] Singh M B, Fotedar R, Lakshminarayana J, et al. Studies on the nutritional status of children aged 0-5 years in a drought-affected desert area of western Rajasthan, India. Public Health Nutr, 2006, 9(8): 961-967.
[41] Stein Z, Susser M. The Dutch famine, 1944-1945, and the reproductive process. I. Effects on six indices at birth. Pediatr Res, 1975, 9(2): 70-76.
[42] Smil V. China's great famine: 40 years later. BMJ, 1999, 319(7225): 1619-1621.
[43] Renzaho A M. Mortality rates, prevalence of malnutrition, and prevalence of lost pregnancies among the drought-ravaged population of Tete Province, Mozambique. Prehosp Disaster Med, 2007, 22(1): 26-34.
[44] 中国营养学会 . 中国居民膳食营养素参考摄入量（2023 版）. 北京：人民卫生出版社，2023.
[45] Rim H, Kim S, Sim B, et al. Effect of iron fortification of nursery complementary food on iron status of infants in the Dprkorea. Asia Pac J Clin Nutr, 2008, 17(2): 264-269.
[46] Cacoub P, Choukroun G, Cohen-Solal A, et al. Iron deficiency screening is a key issue in chronic inflammatory disease: A call to action. J Intern Med, 2022, 292(4): 542-556.
[47] Walker C L F, Rudan I, Liu L, et al. Global burden of childhood pneumonia and diarrhoea. Lancet, 2013, 381(9875): 1405-1416.
[48] Seal A J, Creeke P I, Mirghani Z, et al. Iron and vitamin A deficiency in long-term African refugees. J Nutr, 2005, 135(4): 808-813.
[49] Akhtar S, Ahmed A, Randhawa M A, et al. Prevalence of vitamin A deficiency in South Asia: causes, outcomes, and possible remedies. J Health Popul Nutr, 2013, 31(4): 413-423.
[50] 赵丽云，丁刚强，赵文华 . 2014—2017 年中国居民营养与健康状况检测报告 . 北京：人民卫生出版社，2022.
[51] Sherwin J C, Reacher M H, Dean W H, et al. Epidemiology of vitamin A deficiency and xerophthalmia in at-risk populations. Trans R Soc Trop Med Hyg, 2012, 106(4): 205-214.
[52] Zhu Z, Zhan J, Shao J, et al. High prevalence of vitamin D deficiency among children aged 1 month to 16 years in Hangzhou, China. BMC Public Health, 2012, 12:126.
[53] Gordon C M, Feldman H A, Sinclair L, et al. Prevalence of vitamin D deficiency among healthy infants and toddlers. Arch Pediatr Adolesc Med, 2008, 162(6): 505-512.
[54] Young H, Borrel A, Holland D, et al. Public nutrition in complex emergencies. Lancet, 2004, 364(9448): 1899-1909.

婴幼儿精准喂养

Practical Feeding for Infants and Young Children

第 5 章

营养不良对婴幼儿的远期影响

生命最初 1000 天已被公认为是营养改善和人体最佳生长发育潜能得以充分发挥的重要“机遇窗口期”，不仅具有明显的短期影响（近期影响，如降低不良妊娠结局），而且还具有远期效应，包括对认知发育与学习能力、做功能力、成年时期营养相关慢性疾病（如超重与肥胖、高血压、血脂异常和糖尿病等）易感性的影响。

5.1 营养不良对认知发育与学习能力的影响

5.1.1 极早早产儿的认知发展

胎龄小于32周分娩的新生儿称为极早早产儿。近年来，胎龄＜30周/极低或超低出生体重早产儿的存活率显著提高，其远期发病率与出生胎龄和体重呈负相关。

5.1.1.1 体格生长

极低出生体重儿在婴儿期和儿童早期的身长、体重均低于正常出生体重儿，在儿童中期和青春期虽出现追赶性生长，但身长、体重仍较低。超低出生体重儿的身高Z评分接近父母的身高Z评分中值，然而平均体重Z评分高于父母，说明其体重指数相对较高，成年时罹患心血管疾病和Ⅱ型糖尿病的风险更大。

5.1.1.2 呼吸系统

极低出生体重儿有支气管、肺发育不良，体重＜1500g者，胎龄越小，发病率越高。随着存活率的增加，到成年时肺发育不良存活者占到0.3%～0.4%[1]。在极低出生体重儿中，大约22%患有肺发育不良，平均18.9岁时，肺功能各项参数显示通气功能下降。

5.1.1.3 血压

极低出生体重儿，在18岁时收缩压高于同期出生的正常体重儿，在20岁时，尤其是女性，收缩压高于正常出生体重儿。

5.1.1.4 早期神经发育

早期神经发育损害包括脑瘫、发育落后或智力低下、视觉和听力缺陷。几乎25%的极早早产儿有潜在的神经发育问题，而足月儿仅约4%。在存活的极早早产儿中，随出生胎龄的减小，脑瘫发生率显著增加。极早早产儿即使无脑瘫引起的运动障碍，虽然智力发育正常，但发生感觉统合失调的危险明显升高。

5.1.1.5 视听感官发育

（1）视觉　虽然极早早产儿失明率呈明显下降，但失明或严重视觉损害的发生率和胎龄呈负相关，胎龄 26 ～ 27 周者占 1% ～ 2%，胎龄＜ 25 周者可占 4% ～ 8%。需要配镜矫正视力者也与胎龄相关。在胎龄＜ 26 周的 6 岁儿童中，24% 需配镜，而正常足月儿则为 4%。4% ～ 5% 的超低出生体重儿，10 岁时可发生晚发性视网膜脱离。

（2）听觉　听力方面的问题会影响语言功能和学习能力，7% 超低出生体重儿存活者至学龄期有严重听力损害。在 6 岁时，6% 胎龄＜ 26 周存活的早产儿，需要佩戴助听器，4% 有轻度耳聋。在 14 岁时，5% 的超低出生体重儿需佩戴助听器。除耳聋外，极低出生体重儿发生中枢听力问题的风险增高，在噪声环境中听觉困难，短期听觉记忆差。

5.1.1.6　行为和心理问题

极早早产儿在儿童期发生多动症、情感问题、焦虑、内向、社会适应性差的风险较高，在青春期至成年早期易出现焦虑和沮丧。十几岁的超低出生体重儿的父母认为孩子有多动症，而孩子则认为自己和同龄儿无区别。早产儿情感问题发生率随胎龄增加而减少，而极低出生体重儿更不愿意离开父母与伙伴共同居住。

5.1.1.7　学习障碍和高级认知功能

极早早产儿的智商（IQ）平均比正常对照组低 2/3 个标准差，更多存在注意力缺陷或多动症。虽然认知和学习障碍存在于所有早产儿，但极早早产儿出现障碍的概率更高，甚至一直持续到高中阶段。例如，不同出生体重的比较结果显示，出生体重＜ 750g、750 ～ 1000g 以及正常出生体重的儿童中，经历过学习障碍的比例分别为 72%、53% 和 13%，甚至在儿童期无神经损害，且智商正常者的学习障碍也很明显，以男孩发生率更高。在存活的极早早产儿中，其他认知领域，如注意力、视觉、文科学习能力（阅读、拼写、算术）均存在较多问题，而存活极早早产儿认知功能不足，一直持续到青春晚期至成年早期。总之，早产儿智力低下发生率随胎龄增加而减少。

5.1.1.8　成年早期的其他预后

极早早产儿成年早期的受教育程度、就业、独立生活率稍低，胎龄越小，完成高等教育的越少，结婚、离婚、生育和犯罪意向的则更少，但胎龄和失业率无关。

5.1.1.9　其他健康问题

超低出生体重儿再住院和其他健康问题更多，在生后 1 ～ 2 年至少再住院 1 次超过50%，多数由于下呼吸道感染等呼吸系统疾病，再住院率是正常儿童的2～3倍。在10～12岁，胎龄＜26周者比正常出生体重儿需要更多的内科诊疗。成年后，虽然超低出生体重儿急性病的发生率与正常出生体重儿无明显差异，但慢性病者较多。超小胎龄早产儿在儿童期和青春期的日常活动和自理能力受限，此状况可持续到成年[2]。

5.1.2 小于胎龄儿的认知发展

在胎儿生长过程中，不利因素的影响较为强烈和持久。这不但使胎儿宫内生长受限，而且影响到其出生后的生长，相当一部分婴儿出生后不能进入正常的生长轨道，体格发育明显落后于足月健康新生儿。小于胎龄儿生后可出现追赶生长，且多在生后2年内完成，其中大多在生后6个月内达到同龄儿童正常水平。约87%小于胎龄儿生后第1个月开始出现追赶生长，约13%的患儿追赶生长不明显，到2岁时其身高仍低于健康同龄儿的2个标准差。而早产小于胎龄儿要到4岁时身高才能达到正常标准。小于胎龄儿0～16岁时智力发育及体格发育均明显落后于相比较的足月新生儿，甚至适龄早产儿。小于胎龄儿儿童期出现学习困难、语言障碍和中度神经及行为缺陷的比例也显著高于适于胎龄儿（AGA）。小于胎龄儿组脑瘫发生率比AGA高。足月小于胎龄儿听力丧失的发生率显著增高，甚至高于早产儿。小于胎龄儿也是成年期发生代谢综合征的高危人群。

小于胎龄儿1岁时除慢性严重营养不良，几乎各类营养不良检出率均明显高于健康足月儿，2岁时仅生长迟缓检出率明显高于足月正常儿，提示小于胎龄儿中，重度营养不良至2岁时可自然缓解，生长迟缓要至3岁才能自然缓解。因此，对小于胎龄儿早期的营养不良不要过分关注和矫治，以免矫枉过正。大部分未追赶生长的小于胎龄儿应用重组人生长激素治疗3～6年后可回归至正常生长曲线范围。若小于胎龄儿2岁以后身高仍在同龄儿第3百分位以下，应考虑进行重组人生长激素治疗。接受重组人生长激素治疗的小于胎龄儿成年后身高可达正常范围。重组人生长激素治疗小于胎龄儿的机制是提高胰岛素样生长因子1水平，而胰岛素样生长因子1水平可促进骨生长及细胞分裂增殖，从而增进身高生长。但对于生长激素不敏感综合征或生长激素抵抗综合征的小于胎龄儿，以及外源性生长激素治疗无效的小于胎龄儿，则对重组人生长激素治疗无反应，唯一有效的治疗措施便是使用重组人胰岛素样生长因子替代治疗。对于缺乏追赶生长的小于胎龄儿，生长激素治疗可增加其身高，对严重生长迟缓的2～4岁小于胎龄儿（身高标准差的离差，即Z积分＜−2.5），生长激素早期干预剂量必须长期监测。与AGA相比，矮身材小于胎龄儿进行长期生长激素治疗，对青春期启动和发育年龄无影响。

小于胎龄儿 2 岁内的生长发育监测至关重要，其 1 岁内的保健重点应是促进追赶生长，最大限度地发挥其生长潜力，但也要关注体重过度增长问题。小于胎龄儿的追赶生长如果持续到 1 岁之后，这种追赶生长仅是脂肪组织的增加，使日后超重风险明显增加。1 岁后小于胎龄儿的重点应是防止体重追赶生长过程中的过度增长，减少超重和肥胖的发生，降低其患代谢综合征的危险。小于胎龄儿生后体格发育至正常水平需要一个漫长的过程，应遵循小于胎龄儿本身的体格发育规律。

生长发育受限胎儿出生后将存在一系列的远期并发症，其中神经系统的后遗症对个人日后的生存质量影响最为深远。胎儿生长发育受限作为胎盘功能不全所引起的并发症，将增加神经发育延迟的发病风险。脐动脉多普勒血流阻力的显著升高引起胎儿心血管及生物物理功能的恶化，以及随后发生的早产是早发性胎儿生长发育受限的特征。在迟发性胎儿生长发育受限中，通常只存在单独的大脑多普勒改变，且进展恶化程度较轻，而脐动脉血流则无明显变化或变化较小，但存在不可预计的足月后死胎风险。在所有类型的胎儿生长受限（FGR）中，营养缺乏引起的胎头发育落后均是预测神经系统发育落后的最有力指标。末端血流阻力及心血管功能的恶化、早产、颅内出血将增加精神运动发育延迟和脑瘫的风险。在迟发性胎儿生长发育受限中，脑血流局部的再分配与行为区域的异常有关。无论对于何种类型的 FGR，目前尚无产前检查能够对神经发育不良的发生风险进行准确和独立的分析预测。

5.1.3 微量营养素缺乏影响认知发展

5.1.3.1 碘缺乏

胎儿期碘缺乏与认知发育有直接的关系，可通过公共卫生的干预方法来避免和减少碘缺乏造成的认知缺陷的危害，这是目前最有效的智力迟缓预防方法之一。碘缺乏往往发生在碘元素贫瘠的地区，WHO 1993 的报告指出，估计 1.6 亿人或 30% 碘缺乏地区的人口具有碘缺乏风险。碘盐、碘油注射或口服碘制剂可有效地预防先天性甲状腺功能减退[3]。

胎儿期发生碘缺乏，会造成低甲状腺素血症及不可逆转的神经损伤和认知障碍，如出生后表现为呆小症。神经型呆小症包括智力低下、出现原始反射、视觉障碍、面部表情僵化、身材矮小、身体两侧麻痹等，还伴有严重的生长迟缓、干皮症、心脏电生理障碍等。

在严重地方性甲状腺肿地区，胎儿期碘缺乏对胎儿运动神经元的发育有不良影响。孕前及孕早期给予碘缺乏的母亲补充碘，能改善其后代的运动及认知功能。生活在碘缺乏地区的儿童有明显的认知功能低下，轻度甲状腺功能低下儿童，其拼读能力低于正常组儿童。纵向随访表明，孕早期母亲补充碘制剂的儿童，其心理测量分数明显高于孕晚期或者出生 2 岁后补充者。

5.1.3.2 铁缺乏

铁缺乏是全世界最常见的营养缺乏性疾病之一，世界卫生组织估计全球有 20 亿人群患有贫血，50 亿人患有铁缺乏。如果铁缺乏发生在生长发育的快速增长时期，如 6 ～ 24 月龄的婴幼儿期、青春期和孕期，则造成的危害更严重。

铁在血红蛋白的合成、保障脑组织的氧化、神经系统能量产生、神经物质传导及髓鞘磷脂的合成中发挥了重要作用。铁缺乏则携氧能力降低，脐带血铁浓度较低的胎儿在母体内具有铁缺乏的危险，其儿童期的智商也较低。

生命早期贫血儿童，即使在贫血已经治愈的情况下，贫血儿童的学业成绩仍然低于未贫血儿童，10 岁时有更多的学习问题，具有铁缺乏状态的儿童与不缺乏者相比，数学测试分数较低。贫血儿童的铁剂补充有利于视觉功能的发育、婴儿情绪的控制及行为的矫治。

贫血及铁缺乏对认知功能的影响是一个复杂的过程，其机制与视听觉的形成、髓鞘的功能、神经递质尤其是多巴胺的上调或下调及对 γ- 氨基丁酸（γ-aminobutyric acid, GABA）代谢的影响等有关。多巴胺的数量多少对注意力、知觉、记忆及大运动的控制均有明显影响。

5.1.3.3 锌缺乏

二价锌离子分布于人体的所有组织、器官、体液及分泌物中。锌的生理功能主要是催化、结构组成和功能调节，其机制主要是通过参与酶的活性中心，组成生物膜，构成遗传物质 DNA、RNA 的成分，及参与大多数激素受体的结合物而发挥作用。

低锌摄入目前仍然是主要的公共卫生问题，而锌的检测手段，如血浆锌及发锌的检测结果难以表示锌缺乏的功能损害状态。因此，锌缺乏人群的补充试验结果可作为评估锌缺乏后果的重要手段。

母亲微量营养素摄入与婴儿技能发育有关。母孕期锌强化摄入组的子代在婴幼儿期的活动及大运动发育明显增强，锌补充的婴儿其行为反应更活跃，神经心理测试尤其是推理能力明显提高。锌缺乏可导致儿童早期运动发育的损害，但锌缺乏与认知功能发育间的关系仍未确定。

5.1.3.4 砷毒害

为了探讨产前及幼儿期饮水砷暴露对儿童 10 年内的认知功能的影响，在队列研究中，使用韦氏儿童智力量表（WISC- Ⅳ）对 10 岁儿童进行认知能力评估，同时采用电感耦合等离子体质谱法测定母亲孕早期尿砷及红细胞砷、儿童 5 岁及 10 岁时期的尿砷和 10 岁时的发砷含量。结果表明，孕早期的孕妇尿砷与儿童发育总分数呈负向关联，其中言语理解、知觉推理和加工速度等指数模型结果与上述结果相似。在包括所有时间点的模型分析中，母亲孕早期与 10 岁儿童的尿砷暴露与儿童认知功能存在关联，提示在孕早期和幼儿期，即使低水平的尿砷暴露（50μg/L）也与儿童的认知能力存在负相关。

5.1.3.5 维生素 B_{12} 缺乏

（1）维生素 B_{12} 对人体的生理作用　维生素 B_{12} 缺乏后可导致神经系统的损害，其机制是通过阻抑甲基化反应引起神经系统斑状、弥漫性脱髓鞘，由外周逐步累及中心的脊髓和大脑，造成神经的变性，出现抑郁、记忆力下降、四肢震颤等症状。研究表明，超过 2/3 的学龄期儿童存在维生素 B_{12} 缺乏，导致退化性神经系统疾病的发生。

（2）维生素 B_{12} 缺乏与儿童认知功能关系　具有维生素 B_{12} 吸收障碍的恶性贫血病人或者素食者作为母亲，此母亲的子代，其运动发育和语言发育均落后于正常组。12 岁时的甲基苯二酸水平明显高于对照组，而堆搭积木、拼图及计数等功能明显低于正常组。即使在测试时，维生素 B_{12} 的摄入水平符合推荐量水平，早期造成的损害依然存在。

在学龄期时，维生素 B_{12} 缺乏的儿童在神经心理测试中，知觉、记忆及推理能区的反应时间明显延迟[4]；伴有更多的学业问题，如学习成绩较差，老师评分更低；伴有更多的注意力问题和不良行为等[5]。

5.2 营养不良对运动能力的影响

儿童在成长过程中，运动能力的发展起着至关重要的作用，在不同的生长阶段和不同的年龄、性别等方面，其运动能力的发展特征也有所不同[6]。

儿童的运动能力亦是处于动态的发展，在发育过程中的每一阶段都有特定的发育水平。一个阶段水平的欠缺，会导致后面阶段的延误，甚至终身延误[7]。人的运动能力的发育差异同样可归因于先天和后天两种因素，人种间的差异、性别间的差异以及个人间的差异可影响人的运动水平，但是，后天的学习经历也是很重要的因素。

制定合理的营养策略，可保证儿童在运动能力发展过程中良好地利用能源物质。不同年龄阶段的儿童运动能力不同，给不同年龄阶段的儿童提供适宜的能量，是机体获得代谢平衡的保障。因此，在重视运动能力发展关键期，更要关注儿童的个体差异性，制定与之相适应的营养改善策略，发掘儿童的运动潜力，使其健康成长[8]。

5.2.1 营养补充对运动能力的影响

运动能力是个体参加体育运动或竞赛所具备的能力，是体质、机能、技能、智力和心理等多种能力的综合。要使机体的物质和能量代谢在更高水平上达到新的平衡，对营养物质的需要则提出更高的要求。因此合理营养既是运动能力的物质基础，又是获得良好运动能力的促进因素。在机体的新陈代谢更加活跃时，若仅仅通过摄入一般膳食来补偿，会造成营养素缺乏而降低运动能力。此时导致能量不足的原因有运动量过大、补充食物的数量或质量不足、偏食或因连续紧张状态而引起神经性厌食，或摄取食物行为紊乱及食欲下降等。其结果导致体重的非正常下降、抵抗力下降、便秘、贫血、乏力等，最终引起运动能力下降，甚至产生疾病。

儿童运动的营养研究范围包括：①一日所消耗的能量及摄入的能量多少为宜；②为了在活动时可最高限度地发挥人体各部位的功能，必须摄入多少营养素最合适；③为了补足因运动而消耗掉的人体构成物质，尽快恢复体力，应摄入多少营养素为妥。运动后的恢复主要牵涉到三个方面，即补充训练课中所消耗的能量物质、清除积累的代谢产物和修复损伤组织。儿童活动后的最佳膳食指导原则，首先要控制能量的摄入，选择合理的膳食，以始终维持相对稳定的理想体重（活动项目不同，个体理想体重不同），多食主食、蔬菜、水果、豆制品，少食油脂、肉类、油炸食品和高盐食品。

5.2.2 碳水化合物对运动能力的影响

在力量型、长时间的大强度活动后，除了应注意优质蛋白质的补充，以利于组织的修复与重建，还应摄入富含复合糖的膳食可加快肌糖原的合成速率。碳水化合物是人体活动的主要能源物质之一，运动能力的发展与肌糖原和肝糖原的储量以及血糖的水平有关。碳水化合物的补充对机体运动能力的保持及增强具有十分重要的意义。碳水化合物是可进入血脑屏障的唯一供能物质，故血糖必须维持在一定水平才有利于保证脑及神经功能的营养需求。低血糖即可首先引发神经反应，如头晕、眼花、心率加快等。肌糖原是运动中重要的直接能源，当肌糖原下降较多时，易造成肌力以及耐力水平下降，尤其对于大强度的运动影响更为明显。

自由摄入复杂碳水化合物（淀粉和多糖）达到占膳食总能量的 55% ～ 60%；适量摄入蛋白质（12% ～ 15%）；控制脂肪的摄入量（25% ～ 30%），特别是要控制饱和脂肪酸的摄入。通过摄入水果、蔬菜得到足够的膳食纤维。活动的前、中、后喝一定量的水和补充一定量糖，以便更好地把营养物质输送到运动肌肉，维持整个运动过程中的体液平衡，并且保证充足的血糖和肌糖原、肝糖原为运动提供足够的能源。

5.2.3 脂肪对运动能力的影响

脂肪有很多种不同的类型，其中，某些类型的脂肪对体形和身体健康具有非常大的影响，“健康”的脂肪，例如来自鱼类和坚果的脂肪对身体很有益，富含健康脂肪的常见食品有杏仁、亚麻籽、橄榄油、鲑鱼、核桃等。相反，反式脂肪酸以及氢化油对身体则是有害的。富含有害脂肪的常见食品有油炸食品、烘焙制品、快餐食品等。

并不是所有的脂肪都有害，机体应确保摄入健康的脂肪，远离有害的脂肪，只要不过量摄入来自肉类和奶制品的饱和脂肪酸，则不会危害身体健康。若完全远离这类脂肪，也会带来很多负面影响，例如，不利于身体内激素的自然分泌等。

5.2.4 蛋白质对运动能力的影响

5.2.4.1 乳清蛋白

乳清蛋白较容易被人体吸收，并能快速输送到组织内部，有利于肌纤维的合成，对于运动后肌肉组织的损伤修复也有十分重要的促进作用，有利于快速恢复和提高运动能力。乳清蛋白可显著促进机体内谷胱甘肽的合成，表明乳清蛋白有助于缓解运动疲劳，降低运动损伤对人体的影响。乳清蛋白中还含有大量的乳钙，是生物可利用钙的最佳来源，通过抑制骨骼重吸收过程，帮助人体骨骼形成，有利于因运动损伤造成的骨质疾病的恢复。

5.2.4.2 支链氨基酸

支链氨基酸在骨骼肌中可氧化供能，帮助机体肌肉组织形成；支链氨基酸亦是糖异生作用的前体物质，有利于促进糖异生作用。在体内支链氨基酸浓度降低的情况下，色氨酸在脑中会生成 5- 羟色胺，引起中枢神经的疲劳。补充支链氨基酸和碳水化合物后，支链氨基酸可抑制 5- 羟色胺受体密度的升高，表明支链氨基酸可延缓疲劳；机体的谷氨酰胺和淋巴细胞浓度均有显著提高，表明支链氨基酸可有效促进机体的免疫应答，提高机体免疫力。

5.2.4.3 谷氨酰胺

谷氨酰胺在人体中发挥着保护骨骼肌和维持免疫系统功能的作用，促进糖异生过程生成更多的葡萄糖，显著降低 I 型肌纤维消耗肌糖原的速度，有利于提高运动的耐力水平，延缓产生运动疲劳感。谷氨酰胺可通过降低皮质醇激素的水平，减少体内蛋白质和氨基酸的分解。由于淋巴细胞和单核细胞的能量供应和生成核肽需要谷氨酰胺，运动后肌肉损伤会引起机体内谷氨酰胺水平的下降，导致免疫功能下降，此时补充谷氨酰胺，可有效阻止免疫功能的下降，减少免疫抑制时间，提高细胞的免疫功能，减少过度活动而引起机体感染等情况。谷氨酰胺可抑制过度活动导致瘦体重的减少，对于力量型活动的儿童来说，可明显促进瘦体重的增长。

5.2.4.4 肉碱

肉碱属于类维生素类物质，是人体内蛋氨酸和赖氨酸代谢后产生的物质。L- 肉碱是机体中细胞供能的重要载体，机体内酮体的生成、酰基的去除、糖酵解和糖异生过程和脂肪的生成都与 L- 肉碱的作用息息相关。人体过量运动后，体内 L- 肉碱含量较正常水平下降约 20%，补充 L- 肉碱可以有效抑制葡萄糖的分解，减少肌糖原的耗损和乳酸的生成，延缓运动疲劳的产生。

5.2.5 能量对运动能力的影响

合理调整儿童活动后的营养素摄入量，补充运动中所消耗能量，不仅是儿童的健康和运动能力的保证，也是活动后恢复的重要手段。对于能量，不仅要关注食品中的能量总量是多少，更重要的是确保能量的平衡，即每天摄入的与消耗的能量之间的平衡。若每天摄入的能量多于消耗的，并且能保证摄入食物的质量和相关运动，肌肉块就会增长；反之，若每天摄入的能量少于消耗的能量，则有利于减少体脂。

补充碳水化合物对运动能力的维持起着重要作用，在科学补充碳水化合物中，平衡膳食是至关重要的基础，即在满足总能量的前提下，主要营养素要齐全，三大供能营养素的比例要适当。进餐时间要考虑儿童的生理特点及个人习惯，不可暴饮暴食，不宜盲目过多补充。

5.2.6 微量营养素对运动能力的影响

合理的营养补充是保证运动能力提高和身体健康的基本条件。长期剧烈活动可导致体内某些微量营养素低下的状况，往往可通过平衡膳食得到改善。在必要情况下，可补充多种（复合）微量营养素，如维生素和矿物质。维生素和矿物质是帮助人体进行正常生理活动和代谢过程的必需物质，也是儿童中使用最多的营养补充剂。

5.2.6.1 维生素

（1）维生素 D　维生素 D 是参与人体组成的重要物质，不仅有助于骨骼的生长和维护，而且还有助于电解质代谢调控、蛋白质合成、基因表达和免疫功能增强，在提高运动能力方面起重要作用[9,10]。例如，婴幼儿的维生素 D 缺乏性佝偻病，其特征性临床表现是肌无力和肌张力低下，在年龄较大的儿童可表现为近端肌肉萎缩，严重影响儿童的运动能力发育。

（2）维生素 E　维生素 E 在机体内主要以抗氧化剂的形式发挥作用，可降低机体脂质过氧化（LPO）作用。长时间大强度运动引发机体内源性自由基增加，对机体产生损伤，并影响运动能力，而维生素 E 的主要生理功能是清除体内自由基、保护生物膜和促进疲劳的消除，对提高运动能力和体能的恢复都有一定积极作用[11]。运动多的儿童应适当增加维生素 E 摄入量，以提高运动能力和加快体能恢复。若每天补充 5mg 维生素 E，运动时其身体能力和耐力将提高 51.5%。富含维生素 E 的食物有果蔬、坚果、瘦肉、乳类、蛋类、压榨植物油；果蔬中包括猕猴桃、菠菜、卷心菜、菜花、羽衣甘蓝、莴苣、甘薯、山药，坚果包括杏仁、榛子和胡桃；红花、大豆、棉籽、小麦胚芽、鱼肝油都含有一定量的维生素 E。

（3）维生素 C　对于运动者来说，补充维生素 C 也有类似维生素 E 的作用。运动后机体会产生大量的自由基，运动后补充维生素复合片，其中包含维生素 C 和维生素 E，会显著降低机体内的脂质过氧化水平。此外，在灵敏性和技巧性要求更高的项目中，补充维生素 C 之后其运动水平的提高程度更大。

（4）叶酸　此维生素能够帮助降低血液中同型半胱氨酸的含量，因此在活动前，尤其是高强度活动前，需要补充适量的叶酸，可避免大量运动造成的血液中同型半胱氨酸含量的迅速上升，保护儿童身体健康。

5.2.6.2 矿物质

在长期缺乏某些微量元素又未通过膳食得到改善的情况下，亦可通过补充微量元素制剂来改善体内缺乏状况。营养补充剂需要在日常的膳食之外，根据参与运动的项目和特点，适当进行补充。

（1）铁 铁是参与血红蛋白形成的重要物质，帮助运送氧气。当机体中血红蛋白的浓度下降时，机体更容易出现疲劳感。在同等运动强度中，补充铁可降低血液中的乳酸含量，提升最大摄氧量，肌肉的运动能力也得到一定程度的提升。

（2）锌 锌和蛋白质一起参与机体的重要生命活动。锌对于骨骼肌正常功能和抗疲劳能力具有重要作用，锌缺乏时，骨骼肌的肌肉生长减慢，肌肉 DNA 浓度降低。对于经常运动的儿童来说，发生缺锌的概率更高（甚至高达 25%），主要原因是膳食摄入不足和汗液中锌的丢失。锌可促进红细胞中氧气的利用和二氧化碳的及时排出，有利于提高运动能力。

（3）镁 体内大约一半的镁储存在骨骼中，其余的主要分布在肌肉、心脏、肝脏和一些软组织中。镁对于很多细胞发挥正常的功能是十分重要的。若机体出现一定程度的镁缺乏，可降低免疫功能，因此在进行高负荷的运动时，需要在运动前适当补充镁，以保护机体正常的免疫功能。血清镁浓度低下时，室外训练活动可引起肌肉痉挛，若通过一段时间的口服镁，则可解决运动中的肌肉痉挛。

（4）铬 铬的生物学功能主要表现为与胰岛素密切相关。当体内铬缺乏时，胰岛素的作用受到影响，可引起高血糖的症状，而通过补充铬可以使这种症状消失。耐力训练增加对铬的需求，补充铬可促进肌肉生长和脂肪消耗。

5.2.7 肠道微生态对运动能力的影响

5.2.7.1 肠道菌群定植稳态影响机体肌肉生长和代谢

骨骼肌是机体重要的组织器官，负责机体的运动和平衡，保护内脏器官，同时还是重要的能量储存和消耗器官[12]。肠道微生物的组成与多样性有助于维持肌肉的正常生长和代谢能力，以不同的方法改变肠道菌群会直接影响肌肉的生长和功能。肌肉的强化可影响到肠道菌群的组成和代谢强度。适量的运动和锻炼能够明显增强宿主的肠道健康，维持肠道菌群的多样化，增强代谢活力。肠道菌的定植和状态与肌肉的生长和功能存在密切联系，肠道菌的改变和波动会带来宿主生理与代谢的整体变化，往往会涉及肌肉组织的变化，包括肌肉生长、纤维转化和代谢调控等不同方面[13]。

5.2.7.2 肠道菌代谢物影响肌肉生长和肌细胞发育

进入消化道的营养物质经肠道菌分解和代谢产生的代谢物和次级代谢物，是肠道菌发挥不同生理调控功能的主要作用媒介，如短链脂肪酸（short-chain fatty acids, SCFAs）、多不饱和脂肪酸、次级胆汁酸、生物胺、5- 羟色胺、吲哚丙酸等。碳水化合物在大肠经微生物发酵后产生大量的乙酸、丙酸、丁酸、戊酸等短链脂肪酸及其盐类化合物。此外，短链脂肪酸可作为效应分子，经由神经、免疫和循环系统影响大脑、肝脏、肌肉等不同器官的代谢和功能[14]。

丁酸钠作为一种组氨酸去乙酰化酶抑制剂，不仅能提高骨骼肌细胞中的乙酰化水平，还可抑制肌细胞生成素、肌肉特异性环指蛋白 -1 和肌萎缩蛋白 Fbox-1 的表达，还能降低泛素 - 蛋白酶体活性，减少神经损伤后的氧化应激，缓解神经压迫导致的肌肉损伤。除此之外，丙酸等其他短链脂肪酸也可通过影响糖代谢参与机体的能量代谢，进而影响肌肉的生长发育。高脂膳食、应激、药物等刺激引起肠道通透性增强，导致脂多糖（革兰氏阴性菌的主要菌体成分）等代谢物大量进入血液循环，引起包括肌肉组织在内的多个组织器官炎症反应和胰岛素信号途径的损伤[15]。

5.2.7.3 肠道菌群影响肌纤维类型转化

机体的肌肉由不同类型的肌纤维组成，一般根据其代谢特点可分为两大类：氧化型纤维（Ⅰ型纤维，慢肌纤维）和酵解型纤维（Ⅱ型纤维，快肌纤维）。随着外部和内部环境因子（运动、营养、药物等）的变化，肌纤维类型的比例会发生变化，进而导致肌肉的功能和代谢类型的转变，这与肠道菌的定植和变化有关，通过各类激素和细胞因子引起肌肉组织对能量的利用效率不同[16]。一些细菌代谢产物也能够直接影响和调控肌纤维类型的转化，补充丁酸盐可有效促进骨骼肌中氧化型纤维的生长，此外，次级胆汁酸和细菌代谢产物也都能影响肌纤维类型的决定和转化[17]。

5.2.7.4 益生菌有益于维持机体的肌肉生长

不同微生物对于肌肉的影响效果具有特异性，一些益生菌，如乳酸菌能够增强机体的肌肉生长和功能。益生菌（主要是乳酸菌）与机体的肌肉发育和功能关系密切，增加特定的有益菌或者细菌代谢物不但有利于正常情况下的肌肉生长，对于改善疾病导致的肌肉萎缩和肌肉功能障碍也会有帮助。直接给机体补充接种单一或复合有益菌（如乳酸菌）是使机体生长切实可行的措施，有益于肌肉的生长和功能。以低聚糖为主的益生元能够改变肠道环境，促进益生菌的生长，定向改变宿主表型，低聚果糖可通过胰高血糖素样肽 -2 依赖机制调节肠道菌群以及远端器官生长 [18]。

5.2.7.5 微生物 – 肌肉轴的作用途径

肠道菌群与肌肉组织之间存在紧密的联系和交流，可定义为“肠道微生物 - 肌肉轴（gut microbiota-muscle axis）”。肠道微生物通过影响和调控机体的营养吸收、物质代谢、信号转导、激素和炎症因子分泌等不同方面作用于肌肉生长和代谢的调控。肠道菌群维持肠道结构完整和肠道健康，参与并介导肠道内的营养成分吸收与代谢（如氨基酸合成等）[19]。肠道中存在的胆汁酸、5- 羟色胺和肠道菌群等成分，经由神经和循环途径影响大脑和外周组织器官的机能，控制能量的储存与消耗。肠道菌及其代谢产物还能作用到肝脏、胰腺等分泌器官，影响胰岛素、胰高血糖素、瘦素等激素的分泌 [20]，这些激素是肌肉生长和发育过程中的重要调节因素。肠道菌群紊乱和有害菌的入侵会导致炎症因子增加，引起肌肉等组织、器官的病变和功能失调。因此，任何影响和改变肠道微生物的因素都会直接或间接地反应到肌肉的生长、发育、代谢和转化方面。

5.3 营养不良对超重与肥胖的影响

儿童肥胖的发生受遗传、环境和社会文化因素共同影响，而生命早期营养、膳食因素、身体活动是关键的个体因素。生命早期暴露的诸多因素将影响后代超重与肥胖的易感性，如母亲孕前和孕期增重、代谢和内分泌状况，新生儿出生后早期的生长发育，以及养育环境和行为等，均影响胎儿和婴幼儿的生理功能，包括机体组织结构和功能上的变化，导致增加儿童期甚至成年期发生肥胖等相关慢性疾病的风险。

5.3.1 营养与肥胖的机制

生命早期是细胞分裂和增殖最旺盛的重要时期，是各组织以及器官开始发育和成熟的关键时期。此时，若营养过剩或营养不良均可影响机体代谢程序，此变化往往可伴随终身，增加成年期发生肥胖的风险。

5.3.1.1 胎儿起源学说

20 世纪 80 年代提出成人疾病的胎儿起源学说，若胎儿宫内发育阶段受到母体营养不良的影响，机体优先保障重要器官（如大脑）的营养供应，其他器官也会发生生理和代谢性的程序性变化，以利于短期生存。但在个体出生后，却会增加成年期代谢疾病的患病风险，如肥胖、糖尿病和心血管疾病等。人的整个生长发育过程中，各种环境因素均可能对以后生命阶段的疾病产生影响。

5.3.1.2 节俭基因和节俭表型假说

在人类不断进化过程中，机体对饥饿导致的不良营养环境做出适应性改变，表现为节俭基因的产生。节俭基因会增强人类有效利用食物并储存能量的能力，帮助机体抵抗恶劣的饥饿环境，保证生存和繁衍。当节俭基因暴露于食物富足、营养丰盛的现代生活环境时，其过度表达或不适当表达则会导致体内脂肪过多积聚，引发肥胖。

5.3.1.3 表观遗传学

遗传因素是导致肥胖发生和发展的重要原因，表观遗传修饰是基因表达与各种环境因素相互作用的结果。对于双胞胎和被收养儿童的研究表明，遗传因素占肥胖发生风险的 25% ～ 50%，但在全基因组关联研究中，却表明肥胖相关基因变异仅占肥胖遗传风险变异的小部分[21]，表明风险等位基因、表观遗传因子和发育因素之间存在相互作用影响。许多遗传因素导致的肥胖风险增加，与机体对导致肥胖的环境因素易感性提高有关。

表观遗传标记的稳定传递、围生期的父母机体的营养状况（尤其是母体）与肥胖风险之间存在因果关系。在细胞核 DNA 碱基序列不变的情况下，基因的表达受到环境因素的影响而发生遗传性改变。在细胞和分子水平的研究中，生命早期营养不良的环境因素可通过改变肥胖相关基因的表达引起肥胖的发生、发展。除 RNA、DNA 甲基化外，与肥胖相关的表观遗传修饰还包括组蛋白尾部特异性位点的乙酰化、磷酸化、甲基化。产前发育期间经历过营养不良的母代所育的子代，可表现出寿命缩短、肥胖、高血压、糖尿病以及下丘脑 - 垂体 - 肾上腺轴的改变。

5.3.1.4 器官发育学说

生命早期是肠道发育的重要时期，早期营养参与肠道微生物群的形成过程。生命早期营养失衡会造成肠道微生物群改变，进而引起肥胖、糖脂代谢疾病发生风险增加[22]。此外，肥胖，尤其是中心型肥胖的发生与胰岛素抵抗存在明显关联。宫内营养不良环境可在一定程度上改变机体下丘脑 - 垂体 - 肾上腺皮质轴功能，造成糖皮质激素、胰岛素、瘦素等的异常分泌，出生后的过度喂养、追赶生长，可导致脂肪堆积，最终导致肥胖发生[23]。

5.3.2 肥胖发生的重要阶段

胎儿期、婴幼儿期和青春期是儿童肥胖发生、发展的重要关键时期，即孕前、孕早期、孕中期及围生期母儿营养，婴幼儿3岁前的均衡营养，控制过度的脂肪细胞增长，是控制青春期和成年期肥胖的基本措施。在儿童早期发展中，关注发育的关键期和敏感期的状况，直接关系到重要器官的发育，以此为切入点，可以起到事半功倍的效果。

在生命开始的阶段，孕前异常体重指数的妇女，与新生儿出生体重密切相关，尤其是孕前超重、肥胖妇女。孕前超重、肥胖者的风险分别是孕前体重指数正常孕妇的3.071倍和5.113倍，分娩巨大儿风险分别为2.477倍和4.939倍[24]。孕期是一特殊而又重要的时期，关联两代人的生存环境，营养是最为重要的环境因素之一，对母儿具有深远意义。随着生活物质来源的便利，营养过剩的孕妇有逐渐增多的趋势，导致巨大儿的发生率增加较快，国外发生率为15.1%，国内发生率约为7.0%。此外，围生期暴露于不利环境，可改变内分泌和神经通路，从而影响婴幼儿生长模式[25]。

在哺乳期，母乳喂养和婴儿早期辅食添加是人类哺育下一代最理想的喂养模式。6个月内母乳喂养婴儿出现过度的体重增加，与母乳中的高蛋白含量、高水平胰岛素生长因子和某些激素等有关，但在6个月内过度母乳喂养行为中的夜间喂哺频次多、持续时间长、间隔时间短等，均是导致婴儿肥胖的有关因素[26]。6个月以上的婴幼儿，辅食提供生长发育期间的必需营养物质，但在超重婴幼儿中，体重指数的快速增加与养育人不合理的喂养态度和行为有关，这些均会影响婴幼儿的饮食习惯和心理行为的发展。

5.3.3 生物钟破坏对肥胖的影响

5.3.3.1 生物钟与内分泌因子

生物钟作用于内分泌器官，调节多种激素（如糖皮质激素、胰岛素、褪黑素等）及脂源性细胞因子的节律性和应激释放。其产生、分泌和峰度以及靶器官对这些信号的敏感性均受到严格的时间依赖性调控，这些内分泌因子相互协同或拮抗发挥不同的代谢作用，对维持机体内环境稳态至关重要[27]。

5.3.3.2 生物钟破坏与肥胖代谢紊乱

（1）能量代谢稳态失衡　食物是生物节律重要的授时因子之一，中央时钟和外周振荡器的不同步可由不合理的进食时间引起。高脂饮食可诱发昼夜摄食节律的破坏，伴随着肝脏和脂肪组织的时钟基因表达节律的衰减，以及循环代谢因子的节律改变，其可通过胰岛素抵抗干扰外周生物钟功能，导致胰岛素水平的昼夜节律消除并表现为高胰岛素血症，伴随着时钟和脂肪生成基因的昼夜节律表达被破坏[28]。

光照后出现代谢改变、体重增加、胰岛素敏感性降低、脂肪与瘦体重的比例增高，因此，儿童及青少年可因夜间学习、睡前屏幕时间延长等增加夜间的蓝光暴露，从而影响生物钟系统。

睡眠也在机体能量代谢平衡中发挥重要作用，能量摄入增加是睡眠受限后体重增加的主要机制。睡眠持续时间不足、不合理的睡眠节律模式可增加儿童发生肥胖的风险，而睡眠及作息时间也可改变进食节律而导致肥胖。

（2）脂肪节律破坏　脂肪的生成和分解受到生物钟的严格调控，人体脂肪生成和储存主要在白天进行，而甘油和游离脂肪酸的释放主要限于夜间。褪黑素可通过脂肪细胞中的受体及交感神经系统对白色脂肪组织发挥作用，大脑到白色脂肪组织的神经通路正起源于视交叉上核[29]，表明脂肪细胞的生成及分解受到节律性褪黑素的影响并以昼夜节律的方式同步其代谢和功能。

脂肪因子的节律改变导致脂肪积累及肥胖，如瘦素本身不能调节体重增加，但进食时间不当可与瘦素节律相互作用共同导致肥胖。肥胖儿童中脂联素水平降低并随着体重的减轻及运动而增加[30]，高脂饮食会导致脂联素信号通路组分的昼夜表达节律被破坏，其节律在肥胖人群中减弱，而减重可以恢复脂联素分泌的稳态调控、升高血浆脂联素水平。

5.3.3.3　调整生物节律与肥胖干预

内分泌因子分泌模式的紊乱与肥胖及代谢紊乱密切相关，调整生物节律是肥胖的预防和治疗的重要措施，为肥胖干预提供新思路。夜间进食综合征、婴儿夜间喂养过多与早期肥胖及超重风险有关[31]。儿童及青少年比成年人更容易受到睡眠不足的影响，形成睡眠节律模式越早的学龄前儿童饮食模式越健康、静息活动时间更短，且改变活动量过少和屏幕时间过长的生活习惯有利于体重指数、脂肪含量等指标的降低，因此，在儿童早期建立规律的作息时间可增强代谢调节，形成更健康的睡眠和饮食习惯，对减少儿童肥胖有重要意义。

5.3.4　孕前超重对儿童肥胖的影响

孕前体重指数是孕期体重控制结局的重要预测因子，随着孕前体重指数的增加，孕期体重控制超标比例呈上升趋势，这显著增加了发生不良妊娠结局的风险，如妊娠高血压疾病、糖尿病、剖宫产风险、新生儿出生体重超标及巨大儿的发生，孕前超重的妇女孕期发生子痫前期及妊娠期糖尿病的风险分别是体重指数正常孕妇的7.4倍及2.0倍，孕前超重及肥胖孕妇剖宫产的风险分别是体重正常孕妇的1.9倍及3.4倍，而分娩巨大儿的风险分别是正常孕妇的3.5倍及4.9倍。

孕前体重指数影响孕期体重控制及并发症的发生，与其饮食、运动等习惯有关。孕前超重或肥胖孕妇的不良生活习惯可沿袭至孕期，尤其是孕早期尚未产检接受孕期体重管理指导时，从而影响孕期体重控制。此外，可通过影响孕期并发症的发生影响孕期体重控制，如水钠潴留、母体系统性炎症反应、异常氧压力和内皮细胞功能等都会导致多器官功能损伤。

5.3.5 母乳喂养对婴儿肥胖的影响

5.3.5.1 母乳成分变化与肥胖

出生体重正常的婴儿，纯母乳喂养，6个月内出现肥胖的情况，提示母乳喂养的婴儿也可出现过度的体重增加。母乳中的蛋白质含量，生长因子、脂肪因子和某些激素水平，以及母乳中的寡糖等均与婴儿的肥胖发生风险有关[32]。

（1）蛋白质含量和生长因子水平　摄入的乳汁高蛋白量与体重增加有关，即纯母乳喂养的婴儿，体重增加过度与单位时间摄入母乳中蛋白质的量相关[33]，摄入的母乳中高蛋白质含量可增加血浆中胰岛素水平和胰岛素样生长因子-1水平，加强对糖代谢及脂代谢的调节。

（2）脂肪因子和激素水平　母乳喂养婴儿体重增长速度与母乳中的激素含量有关[34]，激素含量与母乳喂养中与脂肪因子相关的代谢紊乱有关联，如包括瘦素、脂联素、抵抗素、饥饿激素、肥胖抑制素和皮质醇等在内的脂肪因子和激素，参与食物摄入量和能量平衡的调节。瘦素和抑制素可使食欲减退。脂联素可增加胰岛素敏感性，增加脂肪酸代谢。在过多体重增加中，母乳中的饥饿激素在产后1个月和2个月时明显升高，母乳中的瘦素水平在2个月和3个月时也升高，表明母乳中的饥饿激素和瘦素含量增高与婴儿期肥胖有关。母乳中的高水平脂联素与婴幼儿期增重呈正相关，并可增加后期发生肥胖的风险。母乳中的皮质醇具有调节糖储存和代谢的功能，婴儿期母乳中，较高的皮质醇水平增加儿童肥胖风险，此外，母乳中成分的变化通过改变肠道菌群而导致了肥胖发生风险的增加[35]。

（3）母乳寡糖　又称母乳低聚糖。母乳寡糖自身对肠道微生物及代谢的作用，参与了婴儿体重增长的发展机制，母乳寡糖具体组成和多样性是导致婴儿肥胖的因素。此外，母乳寡糖可影响婴儿神经发育，从而控制婴儿的进食行为。

（4）氨基酸和脂肪酸　肥胖母亲的母乳中，支链氨基酸、酪氨酸和丙氨酸浓度明显增高，是导致婴儿发生肥胖的风险之一[36]。婴儿期的脂肪沉积与母乳中*n*-6

脂肪酸和 *n*-3 脂肪酸的比例呈正相关，4 个月内婴儿的脂肪沉积与母乳中花生四烯酸和二十二碳六烯酸的比例增高有关，同时与母亲饮食脂肪酸的摄入量有关。通过改变母亲脂肪酸的摄入可影响婴儿的脂肪沉积，母乳中花生四烯酸和二十二碳六烯酸的比例可预测婴儿的体脂含量和比例。

5.3.5.2 喂养行为问题

目前母乳喂养婴儿早期超重的现象相当严重，此现象并不是母乳本身造成的，而是与母乳喂养行为密切相关，导致婴儿体重的增长。喂养方式不合理、夜间喂养次数多、每次喂养持续时间长、喂养间隔时间短等都是完全母乳喂养婴儿在生命早期发生超重的危险因素。

（1）喂养方式问题　吸出的母乳采用奶瓶喂养，称为奶瓶母乳喂养，此喂养对婴儿体重增长的影响也不容忽视，并可影响婴儿将来的进食模式和饱腹感的产生，可导致婴儿自我调节能力差。奶瓶母乳喂养方式可影响婴儿味觉偏好，影响婴儿后期的食物选择[37]。

（2）昼夜喂养节律　主要发生在夜间的婴儿喂养与婴儿早期超重、患肥胖症的风险有一定的关联，在夜间喂养的婴儿，比白天喂养的婴儿更易发生超重、肥胖，机理与睡眠质量有关。婴幼儿能量消耗的时间分配与早期体重状况有关，因睡眠减少降低了人体胰岛素的敏感性，睡眠不足可改变摄食行为，导致能量失衡和肥胖的发生。

（3）其他喂养行为　在完全母乳喂养的婴儿中，每次喂养持续时间≥ 20min，喂养间隔≤ 3h 是 3 ～ 4 月龄时婴儿超重的危险因素。

5.3.6 断奶后高蛋白膳食对肥胖的影响

当体内的甘油三酯过量时，甘油三酯会沉积在内脏或周围组织导致脂代谢紊乱等代谢综合征，高蛋白膳食干预可改善机体的体重、内脏脂肪、甘油三酯等指标。断奶后高蛋白膳食可降低机体的体重和体脂含量，可降低成年期肥胖的发生率，同时，说明生命早期营养干预对肥胖的防治意义重大。

5.3.7 维生素 D 缺乏增加儿童肥胖风险

5.3.7.1 维生素 D 与肥胖的相关性

（1）儿童维生素 D 不足　在调查 6 ～ 18 岁儿童和青少年的体重和血清 25(OH)D

水平中，维生素 D 缺乏 [25(OH)D ＜ 50nmol/L] 在严重肥胖、肥胖、超重、正常体重的少年儿童中的发生率分别为 49%、34%、29% 和 21%，说明维生素 D 缺乏在肥胖和超重少年儿童中高发。在横断面研究中，表明低维生素 D 水平可使肥胖发生的风险增加 2 ～ 3 倍 [38]。在肥胖与维生素 D 状态之间的因果关系研究中，表明较高的体重指数可引起 25(OH)D 缺乏，而 25(OH)D 缺乏增加体重指数的可能性较小。

此外，维生素 D 缺乏与肥胖相关的代谢性疾病关系密切，低维生素 D 水平可增加发生代谢综合征的风险，尤其是高血压和胰岛素抵抗。25(OH)D 与甘油三酯及总胆固醇呈显著负相关，低维生素 D 水平与空腹血糖受损密切相关，且维生素 D 缺乏是血脂异常的危险因素之一 [39]。维生素 D 补充可改善胰岛素抵抗，但不能改善肥胖程度 [40]。

（2）孕期维生素 D 不足　在孕期 25(OH)D ＜ 37.5nmol/L 的孕妇中，新生儿出生体重相对较高，且分娩巨大儿的风险显著增加。孕期维生素 D 缺乏可增加子代出生及出生后早期超重风险，但孕期维生素 D 缺乏对子代远期健康的影响还有待进一步研究。

5.3.7.2　维生素 D 缺乏与肥胖相关的机制

（1）维生素 D 缺乏对脂肪细胞分化与凋亡的影响　孕期维生素 D 缺乏组的子鼠体重显著高于对照组子鼠，孕期维生素 D 缺乏组子鼠来源的脂肪前体细胞的增殖率和脂滴数显著增加。25(OH)D 可通过激活细胞内钙离子信号（钙蛋白酶和半胱氨酸蛋白酶蛋白 -12）诱发小鼠脂肪细胞凋亡，高维生素 D 饮食可通过诱导脂肪组织凋亡降低高脂诱导肥胖小鼠的脂肪量 [41]。

（2）维生素 D 缺乏对内分泌的影响　维生素 D 缺乏可引起甲状旁腺素水平增加，甲状旁腺素可促进脂肪细胞 Ca^{2+} 内流，激活脂肪酸合酶，从而抑制脂肪分解，最终导致体重增加。

（3）维生素 D 缺乏对脂源性因子的影响　维生素 D 在机体瘦素的合成过程中必不可少，其缺乏可导致机体瘦素水平下降。此外，25(OH)D 还可抑制脂肪组织分泌 TNF-α、IL-6 等脂源性因子。

（4）维生素 D 缺乏对食欲的影响　维生素 D 缺乏可通过降低瘦素水平引起食欲增加，从而导致肥胖。维生素 D 补充可使胰岛中酪酪肽表达上调，从而降低摄食量。肥胖可影响血清 25(OH)D 水平，脂溶性维生素 D 可被肥胖者庞大的体脂所吸收，从而导致生物利用度下降 [42]。另外，肝脏脂肪变性也会影响 25(OH)D 在肝脏的合成，且肥胖人群的生活方式可使其更少接受阳光暴露，使得体内维生素 D 合成减少，进一步降低血清维生素 D 水平。

5.3.8 肥胖儿童的家庭干预方法

肥胖给儿童的身心发展造成许多不良的影响，再加之成人肥胖治疗的效果不理想，人们便把研究的焦点集中在儿童肥胖的预防和治疗上。对肥胖的治疗，国际上曾采用饥饿疗法、手术疗法、药物疗法等，但这些方法不仅不能维持长期减体重，而且对于正在长身体的儿童来说是不适用的[43]。近十多年来，众多研究集中在把饥饿疗法、行为矫正和运动疗法相结合用于治疗肥胖，提出了综合的减肥措施，并应用于实践[44-47]。儿童由于有生长发育这一特点，肥胖儿童的治疗只能采用这种综合的减肥措施。在此基础上发展起来的以家庭为基础的综合干预方案，将减肥纳入到肥胖儿童的日常生活之中，除对能量摄入进行调整、对活动进行指导外，特别关注对肥胖儿童与肥胖的发生发展密切相关的饮食、活动行为和生活方式的改变，只有采取这种措施，才能从根本上杜绝产生肥胖的危险因素，彻底控制肥胖。

5.3.8.1 调整能量摄入

调整能量摄入，其目的在于满足儿童生长发育需要的能量摄入的同时，尽量减少多余能量的摄入，以达到减肥的效果。为此，每个家庭需要将食物按能量含量的高低分成“红灯、黄灯、绿灯”食品，并提供给肥胖儿童。红灯代表停止，黄灯代表小心接近，绿灯代表可通行。红灯食品包括高脂肪、营养成分少、单纯的碳水化合物的高能量食品，如肥肉、巧克力、炸土豆片等，这些食品要少吃或不吃；黄灯食品是指以提供基本营养为主的食品；绿灯食品是指平均每个单位能量低的食品，如水果蔬菜，这些食品不限食或可多食。需要注意的是许多食品通过一定的处理，如烧烤、油炸等，会变成红灯食品。每个家庭应以肥胖儿童和家庭的喜好为基础，按照交通灯式饮食方案来进行治疗；对于年龄较大且肥胖程度较重的肥胖儿童要严格执行交通灯式饮食方案，除此之外还要对每日摄入的能量进行严格计算和控制，有选择地进食，用最低的能量花费来提供最丰富的营养。

5.3.8.2 增加肥胖儿童的活动

体育锻炼能够增加能量消耗，以使肥胖儿童减轻体重，提高体质。能对减少脂肪起作用的运动将是全身脂肪从一个地方移到另一个地方的运动，如跑步、骑车、跳绳、游泳、走路等。每天至少要运动 20 ～ 30min，运动强度要适中。已有实验证明，增加活动对维持长期的体重控制是非常必要的。家长要与孩子一起共同制订锻炼计划，这个计划包括每天的运动项目（可提供多个供孩子选择）、运动时间、所消耗的能量及能挣到的活动分，孩子可根据这个计划表，因地制宜地选择合适的项目，当他完成这个项目时，就能挣到相应的活动分，当活动分达到一定的标准后（标准可自定），就要给予奖励（最好的奖励是父母参与孩子的锻炼），以促进这个锻炼计划的实施。

5.3.8.3 行为矫正措施

不良的饮食行为和锻炼行为与肥胖的发生有密切关系。纠正进食和运动方面不良行为的行为矫正措施，能够长期减少食物摄入和增加运动消耗，以达到减肥的目的。幼儿行为的可塑性大，在行为定型之前，矫正不良行为，给予足够的健康行为刺激，使之形成健康的行为定型，这将使他受益终生。

具体的矫正技术如下。

（1）激发动机　矫正要想取得成功，必须激发儿童参与矫正计划的强烈动机。动机可以是心理上的，如感到能力不足、穿不了时髦衣服；或者是身体上的，如走点路就气喘吁吁等。家长有责任向孩子讲清养成良好饮食和锻炼行为的道理和肥胖对于健康的危害。

（2）自我监视　父母可以给儿童建立一个特殊的生活习惯记录本，记录肥胖儿一段时间内每天的饮食和锻炼行为，要求在行为完成后立即记录（可由家长协助完成），并将每天的体重也记录下来。此记录不仅可作为下一步治疗的依据，同时也可作为良性的刺激物，增加肥胖儿和家长的信心。

（3）正强化　当孩子改变了一个不良的行为并学习了新的行为（如原来不爱活动变成每天都要活动一段时间）且保持这个变化时，家长要经常采取表扬和许诺这两种正强化手段。表扬是支持行为改变强有力的正向途径，在进行表扬时，要让孩子知道为什么表扬他；还要注意适度表扬，不宜为了少许的更改而大加赞扬，而较大的改变却给予少许的表扬，这样的表扬不仅不能起到正强化作用，反而还会引起相反的效果。许诺也是强化行为改变的一个强有力的手段，如当帮助孩子制定好了活动计划以后，孩子可根据活动计划选择所从事的活动项目，父母要同意他们的选择，并给予一定的许诺。这种许诺不包括食物和礼物甚至金钱，最好是同孩子一起运动。这不仅能改善父母和孩子之间的关系，而且有益于孩子保持住改变了的行为。

（4）刺激控制　为了调整孩子的饮食摄入，建议尽量不要把红灯食品引入家庭，即使引入也不要把食品放在孩子看得见的地方，切忌把家庭变成强调饮食风格的家庭等。在调整活动方面尽量减少引起不活动行为的刺激，如应把电视机移到不显眼的位置，而把运动器械和运动衣放在很易拿到的地方，要限制儿童接近游戏机或计算机等，增加运动的机会，降低不运动的可能性。

（5）行为楷模　儿童模仿能力较强，可塑性大，有好奇心和求知欲。父母的行为是儿童行为的楷模，因而建议父母不要在孩子面前做他们不想让孩子模仿的事情，同时应该示范想让孩子重复去做的事情。父母要学会借助家庭和亲朋好友之间的相互作用来促进对肥胖儿童制定计划的实施和完成。

此外，建议父母不要过分限制孩子的饮食，因为这样会使孩子过分依赖外部因素去调整食物摄入，减少孩子本能调整食物摄入的能力，更有甚者会造成孩子的逆反心理，对儿童造成不良影响。同时建议父母不要用食品作为奖赏，如在孩子有了一个好的行为之后，带孩子大吃一顿；不要用食品来调整孩子的情绪，如给他们吃巧克力或冰激凌等让他们感觉好；不要用电视机或游戏机来照料孩子等。特别要注意的是，在重大节日期间，父母和孩子要有效处理聚会和聚餐。要给孩子创造条件，帮助孩子控制好饮食等。

以家庭为基础的综合干预方案强调借助家庭的力量，充分调动儿童本身的内在潜能，形成良好、定型的饮食行为和锻炼行为，以达到长期改善他们的相对体重的目的；强调父母和孩子的相互作用，尤其强调父母行为对儿童行为形成的影响，从而避免了仅从儿童行为问题入手的局限性，真正把儿童置放于家庭这个系统中来考虑，体现了一定的系统性；强调把治疗置于更广阔的背景上，用多维视角综合考虑种种影响肥胖的因素，运用生物 - 心理 - 社会的新医学模式，进行多方面的综合治疗，体现了“大健康”教育观。

5.4 生命早期营养对成年期慢性病易感性的影响

5.4.1 生命早期营养对表观遗传机制的影响

生命早期在分子和细胞水平发生的事件可导致婴儿终身表型改变，其分子机制是染色质的表观遗传修饰，改变基因的表达和随后的表型。表观遗传改变是指在没有细胞核 DNA 序列改变的情况下，基因功能的可逆、可遗传性改变。基因组含有两种遗传信息：一种是 DNA 序列所提供的遗传信息；另一种是表观遗传信息，比如 DNA 甲基化、组蛋白共价修饰、非编码 RNA 及基因组印记等。表观遗传调节包括：胞嘧啶 DNA 甲基化、组蛋白修饰、基因组印记、非编码 RNA 调控、染色质重塑等。生命早期机体细胞正处于 DNA 快速合成、分化、增殖过程中，易受到各种因素的影响发生改变，这些改变往往伴随人的一生甚至传递给后代，进而对健康产生有益或者有害的影响。

5.4.1.1 早期营养与表观遗传

多种营养素均可对基因表达实时调控而影响机体生理、病理过程，并通过对基因的表观修饰而改变机体的遗传特性，将其传递给后代。这些营养素作为蛋白质的结构成分、酶的辅助因子或甲基供体，参与基因表达、DNA 合成、DNA 氧化损伤的预防以及维持 DNA 甲基化的稳定等。母体遗传给后代的 DNA 从胚胎期即开始受到突变的威胁，例如点突变、碱基修饰、染色体改变、RNA 干扰和基因沉默等。上述 DNA 改变除来自机体内部自然发生外，大多由外界环境因素引发。

某些特殊的微量营养素缺乏可导致基因损伤，不仅引起宫内胎儿发育异常，还可增加出生后患恶性肿瘤的风险。例如：维生素 C 摄入不足增加精子 DNA 的损伤，母亲孕期叶酸缺乏可引起胎儿神经管发育缺陷和增加儿童白血病的发病风险。成年期严重的健康问题起源于生命早期，比如在孕期补充叶酸、胆碱、维生素 B_{12}、锌等甲基供体，可增加子代 *agouti* 基因甲基化水平，使 AGOUTI 蛋白表达减少，同时预防成年期肥胖的发生[48]。孕期蛋白质营养不良可导致子代瘦素、肝脏糖皮质激素受体和过氧化物酶体、增殖因子活化受体的基因启动子甲基化和基因表达改变，进而引起能量代谢异常和代谢综合征的发生。而在新生儿期补充瘦素或孕期补充叶酸则可以逆转基因甲基化和表达的异常，从而预防肥胖等代谢综合征的发生。对生命早期一些不良营养因素及时干预和补救，可减少成年期慢性疾病的发生。在围孕期中，母亲饮食中叶酸含量与其 17 周胎儿胰岛素样生长因子（IGF-2）基因甲基化区域的分化有关，表明胎儿母亲的 *igf*-2 基因改变了甲基化模式。

虽然营养素不改变蛋白质的 DNA 序列，但是通过对 DNA 的修饰可改变基因的表达和表型。膳食营养成分作用于基因的方式，除了参与 DNA 损伤修复、稳定甲基化修饰，还可对基因转录进行实时调节，必需营养素和食物营养成分如维生素、矿物质及宏量营养素均为重要的基因表达调节者，参与机体代谢、细胞增殖与分化等生理过程以及疾病的发生发展。

5.4.1.2　表观遗传的发生机制

（1）DNA 甲基化　DNA 甲基化是指甲基化酶（methylase）从叶酸和维生素 B_{12} 等基本营养成分中取得甲基后，转移到 DNA 序列中的碱基上，使之甲基化。*agouti* 等位基因在早期发育过程中可因表观遗传修饰的不同而在基因型完全一致的个体上表现为不同表型。在人类 DNA 碱基共价修饰中占重要地位的是胞嘧啶甲基化，其次为腺嘌呤甲基化和鸟嘌呤甲基化。一般情况下，DNA 胞嘧啶甲基化常在 CpG 岛处高发，但胞嘧啶在很多非 CpG 处也经常被甲基化。孕中晚期 50% 低蛋白饮食时，子代大脑血管紧张素转化酶 1（ACE-1）、血管紧张素Ⅱ（AT2）蛋白表达降低，且伴随 ACE-1 启动子 CpG 低甲基化。启动子区域的胞嘧啶甲基化通过阻止特异转录因子的结合或者促使核染色质重塑来抑制基因表达，比如组蛋白修饰酶或其他基因表达抑制子。DNA 甲基化主要通过 DNA 甲基转移酶实现，一般认为在哺乳动物中 DNA 甲基转移酶主要有 4 种，分为两个家族：Dnmt1 和 Dnmt3；还有一个 Dnmt2，主要为 tRNA 的甲基转移酶，该酶有微弱的 DNA 甲基转移酶活性。Dnmt1 家族在 DNA 复制和修复中使其甲基化；而 Dnmt3 家族使去甲基化的 CpG 位点重新甲基化，即从头甲基化（de novo methylation）。

（2）组蛋白修饰　组蛋白包括 H1、H2A、H2B、H3 和 H4，H2A、H2B、H3 和 H4 组蛋白各两个分子形成一个八聚体，真核生物中的 DNA 缠绕在此八聚体上形成核小体，组蛋白 H1 把每个核小体连接到一起。在 5 种组蛋白中，H1 的 N 端富含疏水氨基酸，C 端富含碱性氨基酸，H2A、H2B、H3 和 H4 都是 N 端富含碱性氨基酸（如精氨酸、赖氨酸），C 端富含疏水氨基酸（如缬氨酸、异亮氨酸）。在组蛋白中带有折叠基序的 C 端结构域与组蛋白分子间发生相互作用，并与 DNA 的缠绕有关；而 N 端可同其他调节蛋白和 DNA 作用，且富含赖氨酸，具有高度精细的可变区。组蛋白 N 端尾部的 15 ～ 38 个氨基酸残基是翻译后修饰，包括乙酰化与去乙酰化、磷酸化与去磷酸化、甲基化与去甲基化、泛素化与去泛素化、ADP 核糖基化等。

（3）染色质重塑　染色质是细胞核中由 DNA、组蛋白、非组蛋白组合而成的一种物质。其基本组成单元是核小体，由 147bp 的 DNA 缠绕在组蛋白八聚体上构成。每个组蛋白包括两分子的 H2A、H2B、H3 和 H4，染色质核小体的这种结构能使 DNA 在细胞核中有组织的折叠。复杂的重塑可确保 DNA 很容易进入转录机制。近年研究表明，染色质是高度动态的，其丝状结构经常由于各种复合体的修饰而改变，染色质结构影响着 DNA 复制、重组、修复以及转录控制等诸多方面[49]。真核生物正是通过一系列转录调节因子对染色质修饰的精确控制来感应各种细胞和环境刺激，从而使生物体表现出正确的发育。

（4）非编码 RNA　几乎所有的基因被转录成 RNA，只有 1.2% 左右 RNA 翻译成蛋白质。这种现象是因为大量的非编码 RNA 在基因表达中起着重要的作用，包括参与转录、转录后基因沉默、X 染色体失活、基因印迹、生殖细胞繁殖等，这些均包含表观遗传过程。

5.4.2　膳食营养均衡对遗传物质的修饰作用

营养素参与的三大基本代谢，在体内提供能量、保证物质合成代谢和分解代谢顺利进行的同时，还直接和间接参与表观遗传的化学修饰过程。这些 DNA 和组蛋白种类各异的共价修饰，精致而周密地参与了发育遗传调控过程。人们对膳食中营养素的理解，挑战“单纯化提供能量和物质合成”的传统概念，人们越来越清晰地认识到，宏量和微量营养素不仅满足人体生理活动和体力活动对能量的需要，还可作为基因组的“操作系统”材料，参与发育的编程和遗传物质的修饰，成为表观遗传的基础化学修饰信息的机体来源和体内传送体[50]。

因此，DNA 和种类繁多的组蛋白的共价修饰，来源于体内的糖类、脂类及蛋白质三大生化代谢池，与膳食密切相关。细胞内蛋白质分解代谢中 *S*- 腺苷甲硫氨酸（SAM）可调节组蛋白及 DNA 甲基化修饰，SAM 中的甲基为活性甲基，是体内最重要的甲基化直接供体。该反应产生另一种代谢产物 *S*- 腺苷同型半胱氨酸（SAH），是所有甲基转移酶的有效抑制剂。糖类分解代谢过程中 ATP 柠檬酸合成酶和丙酮酸脱氢酶复合体（PDC）催化柠檬酸盐和丙酮酸产生乙酰辅酶 A，脂类分解代谢过程中脂肪酸 β- 氧化和糖酵解后产生的丙酮酸氧化脱羧均可产生乙酰辅酶 A。乙酰辅酶 A 的细胞内丰度可影响细胞中组蛋白各位点的乙酰化水平，从而影响到下游大量基因组的表达。而三羧酸循环（TCA）中的酶，如 α- 酮戊二酸脱氢酶（α-KGDH）和延胡索酸酶，可催化宏量营养素代谢产生相应的代谢物以调节染色质修饰酶或直接修饰组蛋白和转录调节因子，从而发挥调节染色质结构和基因表达的作用[51]。

同时，微量营养素对表观遗传的修饰调控及基因表达也发挥着重要作用，其中，维生素作为一类重要的有机体营养素，有重要的生物学作用，可作为体内代谢酶的辅酶或者辅基，直接或间接地影响染色质修饰及染色质功能。例如，叶酸作为一碳单位转移酶的辅酶，直接或间接地提供甲基，从而影响 DNA 和组蛋白的甲基化修饰，改变基因的表达[52]。

维生素 A 在体内的中间代谢产物维甲酸（RA）可通过影响表观遗传修饰发挥促细胞分化作用，RA 与维甲酸受体复合物结合后可引起核小体组蛋白的 N 端尾部发生共价修饰，形成活性转录复合物，从而启动一系列的下游生物学效应，包括细胞的生长、神经系统的发育等。$1,25(OH)_2D_3$ 通过抑制 DNA 甲基化转移酶 Dnmt3A 和 Dnmt3B 的表达，进而导致 PDCD5 和 TIMP2 基因表达水平升高，发挥抑制细胞增殖的作用。膳食摄入的失衡，可通过改变体内的代谢内环境，而造成基因组的表观修饰异常[53]。

随着营养投入的迅速加大，儿童体质和体格发育的水平得到很好的提高，同时，很好地诠释了合理膳食营养支持下的儿童体内生化代谢环境与基因组交互作用的修饰关系。以 24 月龄以下婴幼儿的营养保障和 3 岁以上儿童早期教育为重点，营养保障以社区孕妇孕期营养补充，干预 20 个月后，社区 18 ～ 24 月龄婴幼儿的生长迟缓率和低体重率分别下降了 70% 和 20%，贫血率降低 41%，而“发育商”中的精细动作和适应能力均明显提高[54]。

5.4.3 孕前及孕期营养对母婴远期健康的影响

孕期的营养和生活方式会对母婴健康产生直接的影响，而孕前的健康状况常容易被忽视，育龄期夫妇孕前数月甚至数年的营养和生活方式就可能对母婴健康产生了持久的影响。从生物学、个体和公共卫生 3 个角度对备孕期的时间范畴进行了重新定义，指出仅靠孕前数月或孕期才开始关注营养和健康状况是远远不够的，应从计划怀孕前数年就开始改善营养状况，从备孕期开始保证合理膳食和均衡营养，并将平衡膳食营养和健康的生活方式贯穿生命全周期。

孕前（父）母亲的膳食营养状况会对母婴健康以及未来心血管、代谢、免疫及神经系统等慢性非传染性疾病的发生风险产生重要影响。

营养过剩是指能量摄入量过多，通常会引起超重甚至肥胖。在许多国家，高达 50% 的女性在怀孕时存在超重和肥胖问题 [55]，引发许多母婴不良结局，同时还会使子代儿童期肥胖和远期慢性非传染性疾病等的发生风险显著增加。除育龄期女性外，育龄期男性的营养健康状况同样也会对子代健康产生重要影响。育龄期男性体重指数（body mass index, BMI）的升高会导致精子活力降低、精子异常增加、精子活性氧水平升高以及血清睾酮含量降低等，继而通过影响精子的质量和数量以及生育能力使子代成年心血管疾病、代谢性疾病、免疫疾病以及神经系统疾病的风险显著增加。孕前 BMI 下降 10% 会使子痫前期、妊娠期糖尿病、早产、巨大儿和死胎的风险显著降低 [56]。通过饮食和运动干预可以使母亲孕期体重增长减少 0.7kg，并且可以使剖宫产率下降 9%。因此，通过合理膳食和均衡营养控制育龄期夫妇的孕前体重和 BMI，并保证孕期体重增长在适宜范围，对于促进母婴健康、降低子代成年慢性非传染性疾病的发生风险具有重要意义。

营养不良多是由于食物摄入不足或比例不均衡、营养素需求量或损失量增加、对营养吸收利用不佳等。营养不良会导致子代早期生长发育受限、低出生体重或患消耗性疾病等，继而对感染等有害因素抵抗力下降，同时也会增加子代远期慢性非传染性疾病的发生风险。孕期的高代谢需求使孕妇成为微量营养素缺乏的高危人群，营养缺乏症（包括铁、维生素 A、碘、锌和钙）普遍存在，全球大约有 1900 万妊娠期女性缺乏维生素 A，上亿女性碘摄入量不足。在以大量摄入红肉、精制谷物、糖和高脂肪乳制品为特点的高收入国家中，同样存在营养素缺乏（包括镁、碘、钙和维生素 D 等）的问题。有相当一部分育龄期女性没有为妊娠做好充足的营养准备，碘、铁、叶酸等营养素的摄入量甚至未能达到一般人群营养素推荐摄入量 [57]。上述微量营养素对于降低神经管畸形、子痫前期、流产、低出生体重等的发生风险以及促进婴幼儿脑和神经系统的发育具有重要的作用。第一胎出生后，如果对于营养不良的女性每天在正常饮食的基础上补充 800kcal 能量和 40g 蛋白质，与每天仅补充 80kcal 能量的女性相比，第二胎新生儿的出生体重显著增加。在第一胎新生儿出生后对女性进行 5 ～ 7 个月的营养素补充剂干预，第二胎新生儿的出生体重显著增加。孕前和孕期每天给予孕妇富含微量营养素的食品，可降低高危孕妇发生妊娠期糖尿病的风险 [58]。然而，强化食品作为一种替代方法已经发挥了重要的作用，如碘强化盐的使用能够有效预防胎儿不可逆转的神经损伤。可见，对于微量营养素缺乏的高危孕妇，通过服用营养素补充剂或强化食品等切实可行的干预措施改善其营养状况、满足对微量营养素的需求对于子代的健康生长发育至关重要。

5.4.4 生命早期饥荒对成年期代谢综合征的影响

5.4.4.1 饥荒暴露与代谢综合征

生命早期饥荒暴露与成年后患代谢综合征的风险增加有关，生命早期暴露于饥荒，成年后发生代谢综合征的是非暴露组的 2.94 倍，在女性、农村居民中关联更强 [59]。在 2002 年中国居民营养与健康状况调查数据中，对出生于 1954 ～ 1964 年的农村人口进行研究，结果显示在受严重饥荒影响的地区，与未暴露的受试者相比，胎儿期（OR=3.13）和儿童早期（OR=2.85）暴露于饥荒者成年后患代谢综合征的风险更高；在具有西方饮食习惯或成年后超重的受试者中关联更强。生命早期饥荒暴露与成年代谢综合征（OR=2.79）的风险增加有关。

生命早期暴露于饥荒与成年期代谢综合征发生风险之间的关联存在性别差异，胎儿期、儿童期饥荒暴露与女性成年后代谢综合征的发生风险增加显著相关。在 2011 年中国健康与养老追踪调查的数据中，表明婴儿期饥荒暴露（OR=1.83）与成年后患代谢综合征的风险之间存在显著关联，进一步按饥荒严重程度、性别、体重指数和中心性肥胖进行分层分析后，表明在暴露于严重饥荒地区、女性、体重指数＜ 24.0 和非中心性肥胖者中，饥荒暴露与成年后患代谢综合征之间的关联更强。饥荒造成的机体早期营养不良与成年后患代谢综合征有关，且对代谢综合征影响严重程度从大到小依次为血脂紊乱、体重指数超标、血压超标和血糖超标，进一步根据性别分层表明，男性比女性受影响严重程度更显著。儿童中期和儿童晚期暴露于饥荒者其成年后发生代谢综合征的风险更高，进一步分层分析，在男性、农村和严重饥荒地区中的关联更强 [60]。

但是也有研究显示，生命早期暴露于饥荒与成年期代谢综合征发生风险之间无关联，此与各研究选取的人群不一致有关。由于饥荒期出生和饥荒后出生的人群之间存在年龄差异，进而可影响饥荒暴露与代谢综合征及其组分之间的关联性研究结果，同时，也由于饥荒持续的时间和严重程度存在较大的不同。此外，饥荒暴露对代谢综合征的影响在性别层面的研究结果不同，其原因与在不同地区“重男轻女”思想和男性为主要劳动力的家庭结构影响下，物质会优先供给男孩，导致处于弱势地位的女性暴露于营养条件更为恶劣的环境；同时研究表明男性胎儿对不利环境条件更敏感，存活的机会较低，饥荒暴露期的男性出生比例下降，幸存下来的男性更为健康。生命早期饥荒暴露对男性的影响高于女性的原因，男性和女性在性激素方面也存在明显差异，女性雌激素水平明显高于男性，雌激素可降低肥胖的患病率，进而降低女性患代谢综合征的风险[61]。此外，各研究所选取的人群不一致也可造成结果的差异。

5.4.4.2 生命早期饥荒与成年期代谢综合征的风险

利用饥荒暴露形成的自然实验环境来考察生命早期营养缺乏对成年后疾病发生风险的研究结果表明，在饥荒严重地区饥荒期出生组代谢综合征（MS）患病率显著高于非暴露组。采用单差法分析饥荒暴露与 MS 患病风险的关联，结果亦表明，饥荒暴露组 MS 患病率明显高于非暴露组。饥荒前出生组、饥荒期出生组以及非暴露组 MS 患病率分别为 16.00%、16.47% 和 14.86%，与研究的人群年龄增长有关。在研究 MS 各组分异常与饥荒暴露的关联中，认为分析方法的不同是导致众多研究者结论不一致的原因之一，单差分析忽略了年龄分布不均的内在混杂作用而存在严重的偏倚风险。

5.4.4.3 饥荒暴露与代谢综合征的组分

（1）超重肥胖　0 ～ 9 岁暴露于严重饥荒的女性成年后超重风险比未暴露组高 25%，生命早期饥荒暴露与成年后超重、肥胖的风险增加有关。

但也有研究表明，饥荒和成年期超重及肥胖发生风险的关联不一致，如胎儿/婴儿、儿童期和青春期饥荒暴露者，在成年后发生肥胖的风险均高于未暴露者，但饥荒暴露与超重之间没有明显的关联。

腹型肥胖是代谢疾病的一个公认的危险因素，独立于体重指数存在。生命早期饥荒暴露者更有可能发生腹型肥胖（比值比 OR=1.362），胎儿饥荒暴露（2002 年 OR=1.31，2012 年 OR=1.09）和婴儿饥荒暴露（2002 年 OR=1.28）会增加成年后腹型肥胖的风险。进一步对性别、体育锻炼、居住地区和受教育程度进行分层分析后，表明生命早期暴露于饥荒对女性、体育锻炼较少者、生活在城市地区和高中及以上文化水平者影响更为严重。

（2）高血压　产前暴露于饥荒与成年后患高血压的风险增加有关，妊娠早期暴露于饥荒在面对压力时血压升高幅度更大，生命早期暴露于饥荒会增加成年期高血压的发生风险。在受饥荒影响严重的地区，胎儿发育期间暴露于饥荒者，其收缩压平均高于非暴露组 2.2mmHg，同时高血压的患病风险是未暴露组的 1.88 倍；在具有西方饮食模式或成年时超重的个体中关联更强。婴儿期饥荒暴露（OR=2.12）增加成年后患高血压的风险，进一步根据 BMI 和经济状况分层分析，表明在体重指数≥ 24 或高收入研究对象中关联更强。与非暴露组相比，胎儿期饥荒暴露（OR=1.24）、儿童早期饥荒暴露（OR=1.44）、儿童中期饥荒暴露（OR=1.67）和儿童晚期饥荒暴露（OR=2.11），成年后高血压患病率增加。

生命早期暴露于饥荒与高血压发生风险之间的关联存在性别差异，在女性中，胎儿 / 婴儿暴露于饥荒的平均收缩压比未暴露人群高 4.24mmHg，同时高血压病的患病风险是未暴露组的 2.16 倍。胎儿期饥荒暴露（OR=1.249）和儿童早期饥荒暴露（OR=1.360）均为高血压的危险因素；该研究进一步对城乡和男女进行分层分析表明，这种关联在农村地区和女性中更强。在回顾性队列研究中，饥荒暴露组患高血压（收缩压 OR=2.915，舒张压 OR=4.568）的风险高于非暴露组；根据性别、地区分层分析后表明在城市男性中关联更强，其与 30 岁之前的膳食习惯有关。

（3）糖尿病　饥荒严重程度与成年后Ⅱ型糖尿病风险增加存在剂量 - 反应关系，在中度饥荒暴露的人中，变量“年龄”调整后的Ⅱ型糖尿病危险比值比（OR）为 1.36；在严重饥荒暴露的人中，年龄调整后的Ⅱ型糖尿病的 OR=1.64。在极端饥荒地区出生的人患Ⅱ型糖尿病的 OR=1.47，在严重饥荒地区出生的人患Ⅱ型糖尿病的 OR=1.26，在没有饥荒地区出生的人患Ⅱ型糖尿病的 OR 值则没有增加。胎儿期（OR=3.92）暴露于严重饥荒会增加成年后患高血糖的风险；在具有西方饮食模式或成年后经济地位较高的受试者中关联更强。胎儿期饥荒暴露（OR=1.53）和儿童期饥荒暴露（OR=1.82）与成年后糖尿病发生风险增高有关。产前饥荒暴露组成年后高血糖（OR=1.93）和糖尿病（OR=1.75）发病风险均增加。

生命早期暴露于饥荒与糖尿病发生风险之间的关联存在性别差异。在女性中表明与未暴露组相比，儿童中期饥荒暴露（OR=1.55）和儿童晚期饥荒暴露（OR=1.40）成年后患Ⅱ型糖尿病的风险更高。生命早期饥荒暴露与成人Ⅱ型糖尿病（OR=1.25）的风险增加有关，尤其在女性中较为显著。生命早期饥荒暴露对成年后患Ⅱ型糖尿病及高血糖症的影响具有显著的性别差异，女性胎儿期（OR=1.34）、童年早期（OR=1.48）、童年中期（OR=1.38）和童年晚期（OR=1.57）经历饥荒，在成年后发生高血糖症的风险更高。而男性童年早期（OR=0.65）和童年晚期（OR=0.74）经历饥荒，在成年后却有较低的Ⅱ型糖尿病患病风险。生命早期经历饥荒增加了成年后糖尿病患病风险（OR=1.218）和糖耐量异常检出风险（OR=1.142）；进一步根据性别分层分析表明，男性饥荒组糖尿病患病风险（OR=1.163）和糖耐量异常检出风险升高（OR=1.213）。

（4）血脂异常　生命早期饥荒暴露与成年期血脂异常的发生风险有关，产前饥荒暴露会升高 58 岁女性的总胆固醇和甘油三酯水平。一项中国的研究表明，生命早期暴露于饥荒与成年期血脂异常的风险增加有关，与未暴露组相比，胎儿/婴儿期（OR=1.34）、儿童期（OR=1.44）和青春期（OR=1.41）经历过饥荒者血脂异常风险更高。

研究也表明风险关联存在性别特异性。与未暴露的受试者相比，胎儿期饥荒暴露（OR=1.58）和婴儿期饥荒暴露（OR=1.52）的血脂异常风险增加；进一步按性别分层分析，表明在胎儿期饥荒暴露（OR=1.80）、婴儿期饥荒暴露（OR=1.75）和学龄前期饥荒暴露（OR=1.63）的女性在成年后血脂异常的风险增加，男性则没有观察到类似的关联。

5.4.5 生命早期营养不良对成年期心血管功能的影响

5.4.5.1 宫内营养不良影响成年期心血管功能

在中国，早产儿发生率约为 8.1%，其中极低出生体重儿发生率为 0.7%，超低出生体重儿发生率为 0.2%，这些患儿大多数在宫内受到不利环境的影响，未能达到其潜在所应有的生长速率。目前大多数流行病学调查将出生体重作为评价胎儿宫内发育的观察指标，其研究对象主要为低出生体重儿或小于胎龄儿。不同国家在不同人群都开展了低出生体重儿与远期血压之间的回顾性研究和队列研究，研究表明，出生体重和头围等体格指标与远期收缩压呈负相关。同时，低出生体重儿会影响到成年早期内皮依赖血流介导的舒张功能，内皮功能损伤会导致成年期动脉粥样硬化。

孕期不同阶段营养不良对胎儿和胎盘产生的影响各有不同。孕早期主要影响胚胎和滋养层，中期对胎盘的影响更大，晚期则主要影响胎儿生长。将极早产和足月产的小于胎龄儿分别与相对应的适于胎龄儿比较，表明足月产的小于胎龄儿经皮给予乙酰胆碱刺激后的皮肤最大血流灌注量明显低于适于胎龄儿，但在极早产的小于胎龄儿和适于胎龄儿中并不支持这样的结果，提示血管内皮功能受损与怀孕后期胎儿环境的关系更为密切。然而，早产儿在成年后心血管疾病的发病风险并不会降低，早产儿或超低出生体重儿也会有成年期血压出现一定程度升高的现象。将出生体重作为评估胎儿生长的指标存在一定的不足，虽然母亲孕期营养不良是婴儿出生体重下降的常见原因，但其他如宫内感染、孕期过度饮酒、孕期吸烟等因素也会导致婴儿出生体重下降。胎儿在孕早期经历不良环境后导致的生长落后，可在怀孕后期追赶至正常水平，这种宫内追赶的婴儿出生体重正常，但同样证实与成年期慢性疾病的易感性有关。

宫内营养限制模型常见有孕期蛋白质限制模型和总能量限制模型。整个孕期限制 50% 蛋白质的母鼠，其后代出生体重明显低于对照组，在 4 ～ 8 周时通过尾动脉测压表明收缩压升高，并在 6 个月时表明左心室缺血再灌注功能受损。同样，总能量限制模型的子代也表现为生长受限，出生体重下降。根据能量限制的程度不同，所影响的靶器官改变也有所差异。给予孕期母鼠 30% 的进食量（相对于对照组）后，表明仔鼠出生体重明显降低，出生后的体重增长无法追赶上对照组。成年后同样通过尾动脉测压表明，宫内生长迟缓者收缩压增高，并且没有性别差异。

子宫胎盘功能障碍动物模型，通过在妊娠末期结扎子宫动脉，人工减少胎盘供血，诱导胎盘功能障碍，引起子代宫内生长受限。由子宫动脉结扎诱导的宫内生长迟缓大鼠在成年期经动脉插管测得的平均动脉压明显高于对照组，并且雄性子代血压升高的趋势更为明显。宫内生长迟缓子代血压升高的现象与肾单位的减少有关，这验证了高血压肾性起源的假设。

5.4.5.2　出生后早期营养环境影响成年期心血管功能

早产儿出生时各器官尚未发育成熟，生活能力较弱，大部分会出现不同程度的营养缺乏，表现为早产儿宫外生长迟缓。宫外生长迟缓患儿在青春期的身高和体重指数明显低于正常值，但其收缩压和舒张压都明显升高，并伴随血糖升高和高密度脂蛋白降低，提示早产儿宫外生长迟缓对成年期心血管功能有潜在不良影响。

不论是宫内生长迟缓患儿还是宫外生长迟缓患儿，在儿童期和青春期都会出现一定程度的追赶生长。出生时体格（身长、体重、BMI）较小的儿童，在儿童期会出现一段快速增长期，部分可在 7 岁时追赶至正常水平，但是儿童期体重指数增长的速度与成年期高血压、冠状动脉粥样硬化心脏病发病率呈正相关[62]。小于胎龄儿在出生后分别采用标准饮食配方和营养素加强配方，后者在 6 ～ 8 岁时舒张压和平均压都高于前者。

出生后早期营养干预的时间窗口主要在哺乳期，可通过交换喂养、调整哺乳期喂养量等方法调整子代哺乳期体格的增长速率。

（1）交换喂养　孕期限制进食量的母亲哺乳期即使恢复正常进食，其泌乳量仍会受到影响。孕后期子宫动脉结扎的母鼠，由于血孕酮浓度明显下降，也会影响之后的母乳成分和泌乳量，同时母乳中甲状旁腺激素相关蛋白和钙离子浓度也明显降低。为避免此干扰因素，可通过交叉喂养将宫内生长迟缓子代交由正常母亲喂养以获得充足的营养供给。子代在出生后早期身长和体重会出现明显的追赶趋势。相反，如将正常新生子代交由限食母鼠喂养可构建哺乳期生长受限模型。研究表明，出生前和（或）出生后限食的绵羊模型中，胎儿期和哺乳期营养限制都会导致成年期血压升高。在子宫动脉结扎大鼠模型也有类似现象，胎儿期和哺乳期营养限制均会影响成年期血管僵硬度和张力。

（2）调整哺乳期喂养量　哺乳期减少母鼠喂养仔鼠数目，可明显增加仔鼠在哺乳期的进食量。此方法可与交叉喂养相结合，明显加快宫内生长迟缓子代在哺乳期的体重增长速度，往往在子代离乳时体重便追赶上对照组。蛋白限制诱导的宫内生长迟缓模型在哺乳期减少喂养只数后，出现明显的追赶生长，其成年后的血压和心率明显高于正常组。通过哺乳期喂养只数翻倍的方法还能构建出生后早期营养限制模型，出生后早期营养限制的大鼠在成年后出现肺动脉压力升高和肺动脉平滑肌增厚等病理现象[63]。

5.4.6　胎儿生长受限对远期健康的影响

胎儿生长受限严重危害胎儿宫内生长发育，易造成胎儿窘迫、新生儿窒息等不良围产儿结局的发生，使围产儿患病和死亡的风险显著增加，是导致围产儿死亡的第二原因，仅次于早产；同时还会影响成年期多种慢性非传染性疾病的发生、发展，对围产儿和远期健康均构成严重威胁[64]。遗传因素、母亲因素、胎儿因素和胎盘脐带因素等都会导致胎儿生长受限的发生，包括孕期宫内营养不良、子宫胎盘灌注不良、妊娠合并症及并发症（妊娠期高血压疾病、妊娠期糖尿病、肾脏疾病、自身免疫性疾病、贫血、甲状腺功能亢进等）、胎儿染色体异常、胎儿基因异常、胎盘及脐带异常（前置胎盘、脐带扭转等）、羊水异常、宫内感染等[65]。

5.4.6.1　胎儿生长受限对围产儿结局的影响

胎儿长期处于不良宫内环境和慢性缺氧状态，影响宫内正常生长发育，易导致胎儿窘迫、新生儿窒息、神经系统疾病（颅内出血、脑室周围白质损伤、缺氧缺血性脑病）、新生儿代谢异常（新生儿低血糖）、循环系统疾病（红细胞增多症、弥散性血管内凝血）、消化系统疾病（消化道出血、坏死性小肠结肠炎）、呼吸系统疾病（胎粪吸入、呼吸窘迫综合征、呼吸暂停、支气管肺发育不良、持续性肺动脉高压、肺出血）、早产儿视网膜病变、先天性心脏病、先天性畸形等围产儿不良结局的发生风险显著增加，围产期死亡率显著升高[66]。

胎儿生长受限的活产新生儿中，呼吸窘迫综合征（34%）、败血症（30%）和早产儿视网膜病变（13%）最为常见；在神经发育评估的儿童中，58 例（12%）存在认知障碍和（或）脑瘫。胎儿生长受限是导致胎儿神经系统发育异常的高危因素，特别是胎儿生长受限早产儿，其神经系统和智力发育相对落后，认知功能障碍风险增加。如果胎儿在神经系统发育的关键时期受到宫内不良环境的影响，会阻碍神经元的增殖和神经轴突的延伸，导致胎儿的脑细胞数量、体积和细胞之间的连接受到严重影响。生长受限胎儿的脑细胞对缺氧的耐受性降低，细胞凋亡增加，脑细胞数量、体积以及脑容积减少，脑组织的正常结构也会发生改变，从而影响胎儿神经系统的正常发育。

此外，胎儿生长受限患儿易出现新生儿低血糖的现象，由于胎儿生长受限患儿常伴有糖原储备减少、糖异生减少、儿茶酚胺和胰高血糖素水平降低、胰岛素敏感性增加等，故胎儿生长受限新生儿低血糖的发生率相应增加。宫内长期慢性缺氧还会刺激骨髓导致胎儿生长受限患儿促红细胞生成素水平升高，红细胞代偿性合成增加，进而易发生红细胞增多症。同时，胎盘功能不全和慢性缺氧还会导致血小板、中性粒细胞、白细胞的减少，由于免疫功能的下降，胎儿生长受限新生儿的感染风险也显著增加。

肾脏的早期发育同样受宫内环境的影响，胎儿生长受限胎儿肾脏生长速度降低、肾单位和肾小球数量减少、肾脏体积减少、肾脏结构发育和功能异常，同时还存在肾脏血流异常、肾脏细胞凋亡增加等现象，增加了出生后肾脏疾病的发生风险。此外，宫内长期缺氧环境还会导致肾小管的损伤。胎儿生长受限的新生儿尿液中，中性粒细胞明胶酶相关脂质运载蛋白水平和中性粒细胞明胶酶相关脂质运载蛋白与肌酐的比值显著高于对照组，提示胎儿生长受限的新生儿存在肾小管损伤。胎儿肾脏血管化指数是胎儿出生后肾脏功能的重要指标[67]，采用定量三维多普勒超声对胎儿生长受限胎儿研究，表明胎儿生长受限胎儿的肾脏血管化指数、血流指数和血管化血流指数均显著小于对照组。

宫内慢性缺血、缺氧会导致胎儿生长受限胎儿支气管肺生长发育受限，增加胎儿生长受限围产儿肺部疾病的发生风险，包括支气管肺发育不良、新生儿窒息、呼吸窘迫综合征等。胎儿生长受限患儿慢性肺部疾病的发生率、死亡率以及对呼吸支持的需要显著高于正常新生儿。

不良宫内环境也会影响心脏和血管的发育，胎儿通过心血管重塑以适应不良的宫内环境，导致心肌和血管壁结构异常、动脉血管壁增厚、心肌细胞重构、心脏形态学改变、心脏功能受损等[68]。胎儿心血管重塑导致的改变在出生后持续存在，胎儿生长受限新生儿的最大主动脉壁厚度以及腹主动脉内膜中层厚度显著高于正常组。出生第 2 天和第 5 天多普勒超声心动图监测结果显示，胎儿生长受限新生儿与正常组相比，表现出室间隔肥厚、左心室扩张等心脏形态学的改变。

5.4.6.2 胎儿生长受限对远期健康的影响

胎儿生长受限不仅会对围产儿结局产生诸多不良影响，而且还会导致成年期罹患代谢性疾病（肥胖、Ⅱ型糖尿病、代谢综合征）、心血管疾病（高血压、动脉粥样硬化、缺血性心脏病、冠心病）、泌尿系统疾病（肾脏疾病）、呼吸系统疾病（慢性阻塞性肺病）、神经系统疾病等的风险显著增加。

（1）代谢性疾病　胎儿生长受限患儿青春期和成年期发生肥胖、胰岛素抵抗、Ⅱ型糖尿病等的风险显著增加，其原因主要是胎儿生长受限胎儿宫内环境不良和营养供给不足时，为了生存和适应有限的营养供给，胎儿在生理和代谢方面均发生一系列适应性改变，如生长发育减缓、代谢率降低、胰岛素分泌减少等，这些适应性变化会持续存在并长期影响机体的功能和代谢。出生后，一旦环境好转、营养状况相对充足，新生儿的追赶生长会造成脂肪堆积、胰岛素抵抗等，进而导致许多慢性非传染性疾病发生，尤其是对于那些出生体重较小而出生后快速追赶生长、体重增长过快的胎儿生长受限患儿，其远期代谢性疾病的发生风险更高。出生时体重和身长较小的新生儿在 0 ～ 2 岁期间出现追赶性增长，其 5 岁时的体重、身高和体重指数均显著高于对照组。胎儿生长受限患儿出生后表现为追赶性增长，其腰围、胰岛素水平、胰岛素抵抗均显著高于正常组，且脂联素水平显著降低。

（2）心血管疾病　胎儿生长受限除了导致胎儿心血管重塑，其影响在出生后还持续存在，会使儿童及成年期的心脏形态和动脉内膜中层厚度等发生改变，进而导致远期心血管疾病的发生和死亡风险增加。胎儿生长受限儿童的心脏形态较正常对照有所改变，表现为球形心脏、心房扩张、心肌壁增厚，且动脉内膜中层厚度增加，提示胎儿生长受限诱导心脏和血管发生原发性改变，是远期高血压和心血管疾病易感性增加的重要原因 [69]。

（3）神经系统疾病　胎儿生长受限对神经系统和智力发育的影响持续存在，会导致远期语言障碍、注意力不集中、认知障碍、学习障碍、记忆能力差、运动能力差、社会适应能力低下、智力发育落后甚至脑瘫等一系列后遗症。胎儿生长受限学龄期儿童的认知评分显著低于正常组，两组的行为能力评分也有显著性差异，但两组的 IQ 评分和注意力缺陷 / 多动障碍未见差异，提示胎儿生长受限与学龄期儿童的认知障碍相关 [70]。胎儿生长受限早产儿的神经发育随访研究表明，5 岁时 IQ 异常率和运动障碍发生率较高。队列研究显示，胎儿生长受限儿童 5 岁和 9 岁时的智商水平显著低于正常组，此外，15 岁时的丘脑和小脑白质容积也显著降低。在 28 周前出生的新生儿的队列中，胎儿生长受限越严重，10 岁时的认知、学习和行为能力越差，且胎儿生长受限患儿更易出现社交障碍、孤独症、恐惧症、强迫症和社会适应能力下降等症状 [71]。

5.4.7　喂养方式对成年期健康的影响

成年期许多疾病的易患倾向是基因、宫内环境和出生后生活方式等共同作用的结果。需要注意营造良好的宫内生长环境，注重出生后早期的营养，改变不良生活方式来减少各种高危因素，从而降低成年期相关疾病的发生。

婴幼儿期的生长迟缓或生长过快（包括体重和身高）均与成年期慢性病的发生有关，不论出生体重与身长如何，如果婴儿早期生长缓慢，则成年后冠心病的患病风险增加，如果宫内发育迟缓而婴幼儿或儿童期生长过快，即所谓的“追赶生长”，成年后的高血压和脑卒中等的发生可能性则增加。

5.4.7.1 母乳喂养与婴儿期发育

母乳是婴儿最佳的天然食物，能为婴儿的生长提供能量及必需的营养物质，其中的生长因子及免疫因子不仅能够促使新生儿胃肠生长及成熟，还能提供免疫防护作用，同时，可显著降低一些婴幼儿急、慢性疾病的发病率。

（1）体格生长　母乳喂养的婴儿通常表现出不同于配方乳粉喂养婴儿的生长模式。母乳喂养婴儿的体重增加较慢，身长增加也可受到影响。母乳喂养婴儿 12 月龄时的身高低于配方乳喂养婴儿，但是这差距并不持续存在，在儿童期和成年期的身高会高于人工喂养婴儿。在 7 ～ 8 岁时，纯母乳喂养儿童的血清 IGF-1 水平最高，部分母乳喂养其次，人工喂养最低。研究认为，IGF 轴是在婴儿期已程序化的，母乳喂养婴儿在婴儿期的 IGF-1 水平较低，可导致垂体重新设置，因其低反馈，导致 IGF-1 水平较高，从而使随后的儿童期生长速率加快。此外，12 月龄的母乳喂养婴儿的体脂含量一般少于配方乳粉喂养婴儿。

（2）认知发育　母乳喂养对后期认知功能具有一定的促进作用，尤其是对早产儿认知发育的影响更大，并与母乳喂养时间呈显著的量效关系，且这种作用不受测试年龄的影响。在出生队列研究中，表明母乳喂养时间超过 12 ～ 18 个月和母乳喂养少于 6 个月相比，到 8.5 岁时，母乳喂养时间长的正常出生体重儿童 IQ 值高出 1.6 分，而比早产儿童的 IQ 值高出 9.8 分。母乳喂养对认知发育的促进作用，其机制与母乳中 *n*-3 脂肪酸和 *n*-6 脂肪酸的最佳比值，以及长链多不饱和脂肪酸和 DHA 含量有关。母乳喂养对早产儿认知发育的显著促进作用，同样与母乳中含有大量长链不饱和脂肪酸有关，尤其是 *n*-3 脂肪酸（DHA），因为在早产儿的体内，长链不饱和脂肪酸和 DHA 水平是比较低的。

5.4.7.2 母乳喂养与成年期疾病

（1）肥胖　母乳喂养对成年期肥胖的发生有保护作用，婴儿期曾母乳喂养的肥胖比值比是 0.78，两者之间存在量效反应关系。母乳喂养持续时间与肥胖发生率呈显著的剂量 - 反应性负相关，母乳喂养 2 个月的儿童在成年期肥胖发生率为 3.8%，3 ～ 5 个月的为 2.3%，6 ～ 12 个月的为 1.7%，大于 12 个月的为 0.8%。对潜在的混杂因素进行调整后，母乳喂养对肥胖的发生仍具有显著的预防作用。母乳喂养能使肥胖发生风险显著降低，比值比为0.87，要比控制其他3个主要混杂因素，即父母亲肥胖、母亲吸烟和经济状况的研究所获的比值比（0.93）要小。

（2）Ⅰ型糖尿病　此病是一自动免疫性疾病，在有遗传特质的个体中因环境因素而诱发。而母乳喂养对胰腺β细胞受损有保护作用，母乳喂养能降低41%的Ⅰ型糖尿病的风险[72]。而使用婴幼儿配方食品（奶粉）喂养却可增加Ⅰ型糖尿病的患病风险，从未接受母乳喂养的儿童，在减缓其体重增长后，可使其Ⅰ型糖尿病的风险率降低40%。

（3）心血管疾病　母乳喂养和心血管疾病的高危因素相关，母乳喂养婴儿成年期的收缩压要比人工喂养婴儿低1.1～1.4mmHg，且与年龄无关。在成年期，母乳喂养组的收缩压较低，但差别仅为1.1mmHg。在早产儿的纵向随访研究中，证实母乳喂养对青春期的血压和脂类系谱构成有益。

通过B超检测血管中层内膜厚度，在65岁时的动脉粥样硬化程度，母乳喂养组要比人工喂养组低。在控制血压、胆固醇和胰岛素抵抗这些混杂因子后，并不影响这个结果，提示此结果并非由这些混杂因子所致。但是，未表明母乳喂养时间长短和血管中层、内层的厚度存在量效关系。母乳喂养与颈动脉内膜中层厚度（IMT）、分支IMT、颈动脉和股动脉脂斑的减少相关[73]，而母乳喂养与动脉粥样硬化的相关性独立于其他生命早期因素（例如出生体重、儿童期营养）和社会经济状况，也独立于成年期社会经济地位、吸烟和饮酒等因素，可见，母乳喂养与致动脉粥样硬化的胆固醇代谢和动脉粥样硬化相关。

（4）免疫相关疾病　有关母乳喂养对哮喘和其他过敏性疾病的影响，尚无定论。但对有过敏家族史，家族中患过敏性疾病的成员越多，母乳喂养对该婴儿的保护率越好，若父母亲双方都有过敏性家族史，母乳喂养则能降低其发生率。此外，母乳喂养还可降低儿童白血病和其他儿童期肿瘤的风险率，对所有肿瘤都具有相似的保护效应。

5.4.7.3　过渡期辅食添加与成年期健康

一般在婴儿6月龄时开始添加辅食，因为这个时期母乳已经不能满足婴儿对蛋白质、铁和锌的需要，同时维生素A、维生素B_6以及钙等营养素也会出现不足。故在这个特殊时期的任何食物添加行为都会对婴幼儿的营养状况、体格发育及神经生理发展产生广泛而深远的影响。

过早添加辅食可影响婴儿的摄乳量，增加婴儿患感染性疾病的概率，而过早添加低营养密度的辅食，如菜汁、果汁，可导致婴儿摄取其他高营养密度的食物（母乳）减少，总能量及营养素摄入不足，影响生长发育[74]。但动物性食物（如蛋类、鱼、肝、畜禽肉等）的添加对婴儿的生长发育有益，所以，对于较大婴儿而言，喂养推荐应重视动物性食物的添加，重视辅食的多样化。此外，婴儿早期过度喂养导致的营养过剩及生长速度过快，与成年期患胰岛素抵抗和Ⅱ型糖尿病等代谢综合征有关，对成年期的健康会产生深远影响。

5.4.7.4 儿童期生长与成年期健康

儿童期的肥胖不仅可以延续到成年，而且还会导致成年后心血管病、糖尿病、癌症等多种疾病发生的风险增加。6～7岁后的体重指数与青少年晚期和成年期体重指数之间呈正相关，而出生及婴儿期体重指数与青少年晚期和成年期体重指数之间无关，提示肥胖发生越晚，延续到成年的概率就越大。6～7岁开始肥胖者持续到成年的概率为50%，青春期肥胖者则有70%～80%发展为成年肥胖[75]。

儿童期钙摄入不足可增加骨质疏松、高血压及肥胖的发生风险。成骨细胞和破骨细胞参与的骨形成和骨吸收贯穿生命全过程，通常30岁时二者达到了平衡，即骨骼钙储存及骨量达到了高峰，40岁时骨吸收开始强于骨形成，骨钙丢失速度加快。因此，生命早期特别是儿童青少年期（骨量增加最快的时期）钙的缺乏，势必会造成骨量高峰时期的骨量不足，从而增加以后发生骨质疏松的风险。

5.4.7.5 儿童期膳食营养与成年期健康

在儿童期各类食物和营养素摄入水平与成年期疾病相关性的研究中，儿童期蔬菜摄入量与卒中危险呈负相关，鱼的摄入量与卒中危险呈正相关。儿童期水果消费可对成年期癌症危险有远期保护性作用，蔬菜摄入量与癌症危险没有显著的相关性。但是，尚未表明任何食物的摄入量和膳食构成比与冠心病的死亡率有关，也未表明儿童期抗氧化剂摄入对全死因死亡率或者冠心病死亡率的保护性作用。

此外，儿童期能量摄入量与成年期癌症危险成正相关，而且与非吸烟相关癌症（所有吸烟相关癌症以外的恶性肿瘤，主要是结肠直肠癌、乳腺癌和卵巢癌）的相关性较吸烟相关癌症更强。一些癌症发生率的不良发展趋势可能与生命早期起源密切相关，可见儿童期平衡膳食的重要性。

（古桂雄）

参考文献

[1] 王晨，王丹华．小早产儿的远期预后．中国新生儿科杂志，2009, 24(5): 318-319.

[2] 祝捷，马军．小于胎龄儿的研究现况．中国新生儿科杂志，2012, 27(1): 68-70.

[3] 彭咏梅．碘、铁、锌及维生素 B_{12} 与儿童的认知发展．中国儿童保健杂志，2012, 20(2): 97-99.

[4] Alonso S, Dominguez-Salas P, Grace D. The role of livestock products for nutrition in the first 1, 000 days of life. Anim Front, 2019, 9(4): 24-31.

[5] Dimaggio D M, Cox A, Porto A F. Updates in infant nutrition. Pediatr Rev, 2017, 38(10): 449-462.

[6] 张伊田，唐臻睿，王燕，等．抗运动性疲劳营养补剂的研制．食品科技，2012, 37(2): 133-136.
[7] 戴耀华．婴幼儿运动发展指南．北京：中国协和医科大学出版社，2017.
[8] 朱宗涵，曹彬．儿童早期运动发展与促进．北京：人民卫生出版社，2021.
[9] Dirks-Naylor A J, Lennon-Edwards S. The effects of vitamin D on skeletal muscle function and cellular signaling. J Steroid Biochem Mol Biol, 2011, 125(3): 159-168.
[10] Ceglia L, Harris S S. Vitamin D and its role in skeletal muscle.Calcif Tissue Int, 2013, 92(2): 151-162.
[11] McDonald R S. The role of zinc in growth and cell proliferation. J Nutr, 2000, 130(5S): 1500-1508.
[12] Grosicki G J, Fielding R A, Lustgarten M S. Gut microbiota contribute to age-related changes in skeletal muscle size, composition, and function: biological basis for a gut-muscle axis. Calcified Tissue International, 2018, 102(4): 433-442.
[13] Codella R, Luzi L, Terruzzi I. Exercise has the guts: How physical activity may positively modulate gut microbiota in chronic and immune-based diseases. Dig Liver Dis, 2018, 50(4): 331-341.
[14] Kuwahara A. Contributions of colonic short-chain Fatty Acid receptors in energy homeostasis. Front Endocrinol (Lausanne), 2014, 5: 144.
[15] Pedersen B K, Febbraio M A. Muscles, exercise and obesity: skeletal muscle as a secretory organ. Nat Rev Endocrinol, 2012, 8(8): 457-465.
[16] Mariño E, Richards J L, Mcleod K H, et al. Gut microbial metabolites limit the frequency of autoimmune T cells and protect against type 1 diabetes. Nat Immunol, 2017, 18(5): 552-562.
[17] Opdebeeck B, Maudsley T, Azmi A, et al. Indoxyl sulfate and pcresyl sulfate promote vascular calcification and associate with glucose intolerance. J Am Soc Nephrol, 2019, 30(5): 751-766.
[18] Guo S H, Al-Sadi R, Said H M, et al. Lipopo-lysaccharide causes an increase in intestinal tight junction permeability in vitro and in vivo by inducing enterocyte membrane expression and localization of TLR-4 and CD14. Am J Pathol, 2013, 182(2): 375-387.
[19] Yamashiro Y. Gut microbiota in health and disease. Ann Nutr Metab, 2017, 71(3/4): 242-246.
[20] Patterson E, Ryan P M, Cryan J F, et al. Gut microbiota, obesity and diabetes. Postgrad Med J, 2016, 92(1087): 286-300.
[21] Blüher M. Obesity: Global epidemiology and pathogenesis. Nat Rev Endocrinol, 2019, 15(5): 288-298.
[22] Soderborg T K, Clark S E, Mulligan C E, et al. The gut microbiota in infants of obese mothers increases inflammation and susceptibility to NAFLD. Nat Commun, 2018, 9(1): 4462.
[23] Yan H, Zheng P, Yu B, et al. Postnatal high-fat diet enhances ectopic fat deposition in pigs with intrauterine growth retardation. Eur J Nutr, 2017, 56(2): 483-490.
[24] 蒋湘，卞政，袁玲，等．孕前超重及肥胖对孕期体质量控制及妊娠结局的影响．国际妇产科学杂志，2019, 46(3): 304-306.
[25] 李廷玉．围生儿生长发育的影响因素与保健．中国儿童保健杂志，2019, 27(6): 581-582.
[26] 郭锡熔．VD 缺乏与儿童肥胖．中国儿童保健杂志，2018, 26(12): 1281-1284.
[27] 郁珽，李晓南．生物钟与肥胖．中国儿童保健杂志，2018, 26(12): 1327-1331.
[28] Honma K, Hikosaka M, Mochizuki K, et al. Loss of circadian rhythm of circulating insulin concentration induced by high-fat diet intake is associated with disrupted rhythmic expression of circadian clock genes in the liver. Metabolism, 2016, 65(4): 482-491.
[29] Vriend J, Reiter R J. Melatonin feedback on clock genes: a theory involving the proteasome. J Pineal Res, 2015, 58(1): 1-11.
[30] Jamurtas A Z, Stavropoulos-Kalinoglou A, Koutsias S, et al. Adiponectin, resistin, and visfatin in

childhood obesity and exercise. Pediatr Exerc Sci, 2015, 27(4): 454-462.
[31] Cheng T, Loy S, Toh J, et al. Predominantly nighttime feeding and weight outcomes in infants. Am J Clin Nutr, 2016, 104(2): 380-388.
[32] 滕晓雨，杨召川，衣明纪．母乳喂养婴儿肥胖的危险因素及预后研究进展．中国儿童保健杂志，2018, 26(2): 171-173.
[33] Perrella S L, Geddes D T. A case report of a breastfed infant's excessive weight gains over 14 months. J Hum Lact, 2016, 32(2): 364-368.
[34] Çatlı G, Dündar N O, Dündar B N. Adipokines in breast milk: an update. J Clin Res Pediatr Endocrinol, 2014, 6(4): 192-201.
[35] Lemas D J, Young B E, Baker P R, et al. Alterations in human milk leptin and insulin are associated with early changes in the infant intestinal microbiome. Am J Clin Nutr, 2016, 103(5): 1291-1300.
[36] de Luca A, Hankard R, Alexandre-Gouabau M C, et al. Higher concentrations of branched-chain amino acids in breast milk of obese mothers. Nutrition, 2016, 32 (11-12): 1295-1298.
[37] Brown A, Raynor P, Lee M. Maternal control of child-feeding during breast and formula feeding in the first 6 months post-partum. J Hum Nutr Diet, 2011, 24 (2): 177-186.
[38] Moore C E, Liu Y. Low serum 25-hydroxyvitamin D concentrations are associated with total adiposity of children in the united states: National health and examination survey 2005 to 2006. Nutr Res, 2016, 36:72-79.
[39] Erol M, Gayret Ö B, Hamilcikan S, et al. Vitamin D deficiency and insulin resistance as risk factors for dyslipidemia in obese children. Arch Argent Pediatr, 2017, 115(2): 133-139.
[40] Ekbom K, Marcus C. Vitamin D deficiency is associated with prediabetes in obese swedish children. Acta Paediatr, 2016, 105(10): 1192-1197.
[41] Sergeev I N, Song Q. High vitamin D and calcium intakes reduce diet-induced obesity in mice by increasing adipose tissue apoptosis. Mol Nutr Food Res, 2014, 58(6): 1342-1348.
[42] Pourshahidi L K. Vitamin D and obesity: current perspectives and future directions. Proc Nutr Soc, 2015, 74(2): 115 -124.
[43] Okorokov P L, Vasyukova O V, Bezlepkina O B. Modern strategies for the treatment of childhood obesity. Probl Endokrinol (Mosk), 2022, 68(6): 131-136.
[44] González-Domínguez A, Domínguez-Riscart J, Millán-Martínez M, et al. Exploring the association between circulating trace elements, metabolic risk factors, and the adherence to a Mediterranean diet among children and adolescents with obesity. Front Public Health, 2023, 10:1016819. doi: 10.3389/fpubh.2022.1016819.
[45] Kocaadam-Bozkurt B, Sözlü S, Macit-Çelebi M S. Exploring the understanding of how parenting influences the children's nutritional status, physical activity, and BMI. Front Nutr, 2023, 9:1096182. doi: 10.3389/fnut.2022.1096182.
[46] Carrello J, Hayes A, Baur L A, et al. Potential cost-effectiveness of e-health interventions for treating overweight and obesity in Australian adolescents. Pediatr Obes, 2023, 18(4):e13003. doi: 10.1111/ijpo.13003.
[47] Gago C, Aftosmes-Tobio A, Beckerman-Hsu J P, et al. Evaluation of a cluster-randomized controlled trial: Communities for Healthy Living, family-centered obesity prevention program for Head Start parents and children. Int J Behav Nutr Phys Act, 2023, 20(1): 4. doi: 10.1186/s12966-022-01400-2.
[48] Feng S, Jacobsen S E, Reik W. Epigenetic reprogramming in plant and animal development. Science, 2010, 330(6004): 622-627.

[49] Shi L, Oberdoerffer P. Chromatin dynamics in DNA doublestrand break repair. Biochim Biophys Acta, 2012, 1819(7): 811-819.
[50] Zhang B J, Zheng H, Huang B, et al. Allelic reprogramming of the histone modification H3K4me3 in early mammalian development. Nature, 2016, 537(7621): 553-557.
[51] Brown K K, Spinelli J B, Asara J M, et al. Adaptive reprogramming of de novo pyrimidine synthesis is a metabolic vulnerability in triple-negative breast cancer. Cancer Discov, 2017, 7(4): 391-399.
[52] Xie Q, Li C, Song X, et al. Folate deficiency facilitates recruitment of upstream binding factor to hot spots of DNA double-strand breaks of rRNA genes and promotes its transcription. Nucleic Acids Res, 2017, 45 (5): 2472-2489.
[53] Xue J H, Chen G D, Hao F, et al. A vitamin-C-derived DNA modification catalysed by an algal TET homologue. Nature, 2019, 569 (7757): 581-585.
[54] 张霆 . 营养膳食与生命早期发育的表观遗传的认识进展 . 中国儿童保健杂志，2019, 27(7): 697-700.
[55] Poston L, Caleyachetty R, Cnattingius S, et al. Preconceptional and maternal obesity: epidemiology and health consequences. Lancet Diabetes Endocrinol, 2016, 4(12): 1025-1036.
[56] Schummers L, Hutcheon J A, Bodnar L M, et al. Risk of adverse pregnancy outcomes by prepregnancy body mass index:a populationbased study to inform pregnancy weight loss counseling. Obstet Gynecol, 2015, 125(1): 133-143.
[57] Stephenson J, Heslehurst N, Hall J, et al. Before the beginning: nutrition and lifestyle in the preconception period and its importance for future health. Lancet, 2018, 391(10132): 1830-1841.
[58] Potdar R D, Sahariah S A, Gandhi M, et al. Improving women's diet quality preconceptionally and during gestation:effects on birth weight and prevalence of low birth weight-a randomized controlled efficacy trial in India (Mumbai Maternal Nutrition Project). Am J Clin Nutr, 2014, 100(5): 1257-1268.
[59] Arage G, Belachew T, Hassen H, et al. Effects of prenatal exposure to the 1983-1985 Ethiopian great famine on the metabolic syndrome in adults: a historical cohort study. Br J Nutr, 2020, 124(10): 1052-1060.
[60] Peng Y, Hai M, Li P, et al. Association of exposure to Chinese famine in early life with the risk of metabolic syndrome in adulthood. Ann Nutr Metab, 2020, 76(2): 140-146.
[61] Dearden L, Bouret S G, Ozanne S E. Sex and gender differences in developmental programming of metabolism. Mol Metab, 2018, 15:8-19.
[62] Barker D J, Osmond C, Forson T J, et al. Trajectories of growth among children who have coronary events as adults. N Engl J Med, 2005, 353(17): 1802-1809.
[63] Zhang L, Tang L, Wei J, et al. Extrauterine growth restriction on pulmonary vascular endothelial dysfunction in adult male rats: the role of epigenetic mechanisms. J Hypertens, 2014, 32(11): 2188-2198.
[64] ACOG. Practice bulletin No.204: fetal growth restriction. Obstet Gynecol, 2019, 133(2): e97-e109.
[65] 中华医学会围产医学分会胎儿医学学组，中华医学会妇产科学分会产科学组 . 胎儿生长受限专家共识 (2019 版). 中华围产医学杂志，2019, 22(6): 361-380.
[66] Pels A, Beune I M, van Wassenaer-Leemhuis A G, et al. Early-onset fetal growth restriction: a systematic review on mortality and morbidity. Acta Obstet Gynecol Scand, 2020, 99(2): 153-166.
[67] Tsai P Y, Chang C. Assessment of the blood flow in kidneys of growth-restricted fetuses using quantitative three-dimensional power Doppler ultrasound. Taiwan J Obstet Gynecol, 2018, 57(5): 665-667.
[68] Cohen E, Wong F Y, Horne R S, et al. Intrauterine growth restriction:impact on cardiovascular development and function throughout infancy. Pediatr Res, 2016, 79(6): 821-830.
[69] Crispi F, Crovetto F, Gratacos E, et al. Intrauterine growth restriction and later cardiovascular function.

Early Hum Dev, 2018, 126: 23-27.

[70] Pels A, Knaven O C, Wijnbergwilliams B J, et al. Neurodevelopmental outcomes at five years after early-onset fetal growth restriction:analyses in a Dutch subgroup participating in a European management trial. Eur J Obstet Gynecol Reprod Biol, 2019, 234: 63-70.

[71] Korzeniewski S J, Allred E N, Joseph R M, et al. Neurodevelopment at age 10 years of children born ＜ 28 weeks with fetal growth restriction. Pediatrics, 2017, 140(5): e20170697.

[72] Kwan M L, Buffler P A, Abrams B, et al. Breastfeeding and the risk of childhood leukaemia, a meta-analysis. Public Health Rep, 2004, 119(6): 521-535.

[73] Martin R M, Gunnell D, Pemberton J, et al. Cohort profile: the Boyd Orr cohort-an historical cohort study based on the 65 year follow-up of the Carnegie Survey of Diet andHealth. Int J Epidemiol, 2005, 34(4): 742-749.

[74] WHO. Complementary feeding of young children in developing countries. WHO, 2008.

[75] 齐可民 . 生命早期营养状况对生命后期健康的影响 . 实用儿科临床杂志，2008, 23(23): 1867-1869.

第6章

婴幼儿的喂养状况

婴幼儿期处于快速生长发育阶段，体格形态、神经系统及骨骼等组织器官发育迅速，新陈代谢旺盛，对营养素的需要相对高于其他人群，面临由完全液态食物（母乳或婴儿配方食品）喂养逐渐过渡到家庭膳食（固体食物），同时还存在咀嚼功能差和消化吸收功能尚未发育成熟问题，供需矛盾较为突出，容易发生营养缺乏，尤其是微量营养素缺乏。因此，充分了解这个阶段儿童的膳食情况、存在的突出营养问题，可及时进行针对性干预，为其生长发育潜能充分发挥创造良好的环境。

6.1 母乳喂养状况

母乳是婴幼儿最理想的食物，对儿童，甚至母亲具有积极的近远期健康效益。母乳喂养一方面可预防儿童发生疾病，促进认知发育，增加母子感情；另一方面也有利于减少母亲产后出血，降低母亲患抑郁症的风险，促进母亲体质的恢复和减轻体重；而且母乳喂养相比人工喂养更加经济方便，可降低家庭经济负担和避免意外喂养伤害[1-5]。

《婴幼儿喂养全球战略》建议，生命最初6个月应该对婴儿进行纯母乳喂养，从6月龄开始给婴儿添加营养充足的辅食，同时继续母乳喂养至2岁或更长时间。根据世界卫生组织的定义，纯母乳喂养是指在婴儿出生后的最初6个月只给婴儿喂母乳，不添加任何额外的食物或液体（包括水），但可以服用某些维生素或矿物质补充剂和药物滴剂或糖浆。在纯母乳喂养的基础上，同时还少量添加了水或液体、药物、维生素和矿物质补充剂以及口服补液盐，但不添加其他食物或液体，则称为基本母乳喂养。《中国儿童发展纲要（2021—2030年）》（简称《纲要》）提到，要实施母乳喂养促进行动，到2025年全国6个月内婴儿纯母乳喂养率达到50%以上。

6.1.1 开奶时间的重要性

分娩后给新生儿第一次哺喂母乳称为开奶，是目前公认的成功促进母乳喂养的重要措施之一。按照《婴幼儿喂养与营养指南》推荐，开奶时间越早越好，健康母亲分娩1h内应进行开奶。《2018年全国第六次卫生服务统计调查报告》中有45.0%的新生儿出生后1h内开奶，城市高于农村，东部城区最高，达51.6%。24h后开奶的占30.1%，农村高于城市，中部农村最高，达39.5%（表6-1）。

表6-1　我国5岁以下儿童开奶时间构成（%）

开奶时间/h	城市				农村				合计
	小计	东部	中部	西部	小计	东部	中部	西部	
＜0.5	33.1	35.0	31.6	32.1	24.2	20.0	22.3	28.7	28.7
0.5～1	15.5	16.6	14.9	14.7	17.2	17.5	13.4	19.8	16.3
1～24	24.3	25.1	24.7	22.9	25.4	28.4	24.8	23.8	24.9
＞24	27.1	23.3	28.8	30.3	33.2	34.1	39.5	27.7	30.1

注：引自2018年全国第六次卫生服务统计调查报告[6]。

6.1.2 中国6月龄内婴儿的母乳喂养率

从全国范围来看，不同的调查研究中获得的母乳喂养状况数据结果有所不同，随着社会经济发展和人们对母乳喂养认识的提高，近年来纯母乳喂养率有所上升，但总体来说母乳喂养率（曾吃过母乳）还有待进一步提高。例如，《2015—2017年中国居民营养与健康状况监测报告》显示（表6-2），6个月内婴儿的纯母乳喂养率为34.1%，城市和农村相同，与2013年相比，6个月以内纯母乳喂养率上升了13.3个百分点，城乡分别上升了15.7个百分点和10.5个百分点[7,8]。

表6-2 2016—2017年我国城乡6月龄内婴儿纯母乳喂养率（%）

性别	全国	城市	农村	东部	中部	西部
男童	32.2	33.1	31.4	31.2	34.9	30.8
女童	36.0	35.1	36.9	38.2	35.3	34.4
合计	34.1	34.1	34.1	34.7	35.1	32.6

注：引自《2015—2017年中国居民营养与健康状况监测报告》[8]。

中国发展研究基金会2019年对全国12个调查点的调查结果显示，6个月内婴儿纯母乳喂养率为29.2%，与《2015—2017年中国居民营养与健康状况监测报告》结果较为接近；母乳喂养基础上，仅额外添加水或果汁等液体的喂养方式占比31.0%，部分母乳喂养占33.5%，人工喂养为6.3%[9]。《2018年全国第六次卫生服务统计调查报告》（简称《统计报告》）的数据显示，调查地区5岁以下儿童母乳喂养率为89.2%，城市与农村较为接近，分别为90.5%和88.0%，母乳喂养平均周期为10.2个月；6个月以内儿童纯母乳喂养率为47.5%，城市（49.3%）高于农村（44.9%），西部城市最高（52.0%），中部农村最低（41.5%）[6]。总体来说，《统计报告》结果高于《2015—2017年中国居民营养与健康状况监测报告》的结果13.4个百分点，略低于《纲要》提出的目标，但高于43%的世界平均水平[10]。

6.1.3 影响母乳喂养的因素

影响母乳喂养的因素有很多，包括分娩方式、母亲身心状况、乳房问题、早开奶情况、婴幼儿健康状况、文化水平、喂养知识储备、喂养意愿、家庭收入水平、家庭支持情况以及奶粉生产厂家的促销宣传等[2]。

6.1.3.1 家庭收入

随着家庭收入水平的提高，纯母乳喂养率呈下降趋势。在《中国居民营养与健康状况监测报告（2010—2013）》中，在家庭年人均收入低于1万元的人群中，6个月以内儿童纯母乳喂养率为23.3%，当收入高于2万元水平时，则降至低于20%。当收入较低时，城市低于农村；当收入较高时，则情况相反，结果详见表6-3[7]。

表6-3 家庭年人均收入与6月龄内婴儿纯母乳喂养率（%）

家庭年人均收入/元	城市	农村	合计
＜10000	18.7	25.6	23.3
10000～19999	19.7	21.3	20.6
＞20000	20.1	15.9	19.0

注：引自《中国居民营养与健康状况监测报告（2010—2013）》[7]。

6.1.3.2 受教育程度

总体上，母亲受教育水平在大学本科及以上的6个月以内婴儿的纯母乳喂养率最高为23.2%，大专或职大的最低为15.9%。分城乡来看，分布有所不同（表6-4）[7]。

表6-4 母亲受教育程度与6月龄内婴儿纯母乳喂养率（%）

母亲受教育程度	城市	农村	合计
小学及以下	16.8	24.3	22.1
初中	19.1	22.3	21.2
高中/中专	20.0	22.1	20.8
大专/职大	15.9	13.5	15.5
大学本科及以上	23.2	23.8	23.2

注：引自《中国居民营养与健康状况监测报告（2010—2013）》[7]。

6.2 辅食添加状况

对于6月龄以上的婴儿，仅靠母乳已无法满足其快速生长发育所需的营养素和能量[11]。世界卫生组织（2003）关于辅食喂养指导原则建议，应及时合理地给6月龄或以上儿童提供额外的高营养食品（辅助食品，以下简称“辅食”），无论他们是否继续母乳喂养[12,13]。辅食添加及时与否将会直接影响婴儿的健康状况和生长发育。在生命的最初几年，婴幼儿的膳食安排应该在食物味道和质地方面逐渐多样化和复杂化[14]，这些变化与婴儿的生理和神经发育的成熟密切相关。6月龄之后辅食添加不合理（质量与数量），将显著增加婴儿6月龄以后发生营养不良和微量营养素缺乏（如缺铁性贫血）的风险[13,15-17]。

因此，辅食必须是富含营养的食物，而且数量充足，才能保障和促进婴幼儿的健康和生长发育。一般情况下，6～23月龄婴幼儿过去24h内食用过4类或更多食物种类，则视为辅食添加种类多样化合格；6～23月龄婴幼儿过去24h内食用固体、半固体或糊状食物（非母乳喂养儿包括牛奶的摄入）的次数满足最低频次（辅食添加的最低频次定义为：6～8月龄母乳喂养儿2次，9～23月龄母乳喂养儿3次，6～23月龄非母乳喂养儿4次），则视为辅食添加频次合格[7]。

6.2.1 我国6～8月龄婴儿辅食添加率

《2015—2017年中国居民营养与健康状况监测报告》结果显示，调查的城乡6～8月龄婴儿中有部分（20%）婴儿仍没有开始添加辅食。与2013年的调查结果相比，城乡6～8月龄婴儿辅食添加率并没有得到改善，整体下降了6.9个百分点（75.4%和82.3%），城市下降最多为8.7个百分点（80.7%和89.4%），农村下降3.3个百分点（70.3%和73.6%）（表6-5）[8]。

表6-5 2016—2017年我国城乡6～8月龄婴儿辅食添加率（%）

性别	全国	城市	农村	东部	中部	西部
男童	75.9	81.5	70.6	82.3	68.1	76.8
女童	74.9	80.0	70.1	80.1	67.6	76.2
合计	75.4	80.7	70.3	81.2	67.8	76.5

注：引自《2015—2017年中国居民营养与健康状况监测报告》[8]。

6.2.2 我国0～5岁儿童开始添加辅食的月龄

根据《中国居民营养与健康状况监测报告（2010—2013）》[7]，我国0～5岁儿童城乡均存在过早和过迟添加辅食的情况，如表6-6所示。

2015～2017年的《监测报告》显示，6～8月龄儿童辅食添加率为75.4%，城市为80.7%，农村为70.3%，城市高于农村，东部、中部和西部地区分别为81.2%、67.8%和76.5%，东部地区最高，中部地区最低。《2018年全国第六次卫生服务统计调查报告》的辅食添加率低于上述《2015—2017年中国居民营养与健康状况监测报告》的结果，6～8个月儿童辅食添加率为60.2%，同样城市（63.6%）高于农村（56.8%），西部农村6～8个月儿童辅食添加率最低，为50.4%[6]。另外，《中国居民营养与健康状况监测报告（2010—2013）》结果显示，全国6～23月龄婴幼儿达到最低膳食多样性、最低进食频次和最低可接受膳食标准的比例分别为

表 6-6　2013 年我国城乡 0 ～ 5 岁儿童开始添加辅食的月龄（$\bar{x} \pm s$）

月龄	城市		农村		合计	
	平均	范围	平均	范围	平均	范围
0 ～ 5	4.1±0.2	0.1 ～ 5.5	3.6±0.4	0.1 ～ 5.5	3.9±0.2	0.1 ～ 5.5
6 ～ 11	5.2±0.1	0.1 ～ 11	3.5±0.2	0.1 ～ 11	5.4±0.1	0.1 ～ 11
12 ～ 23	5.6±0.2	0.1 ～ 17	6.4±0.3	0.1 ～ 19	6.0±0.2	0.1 ～ 19
24 ～ 35	6.0±0.3	0.1 ～ 24	6.8±0.3	0.1 ～ 24	6.5±0.2	0.1 ～ 24
36 ～ 47	6.0±0.3	0.1 ～ 24	6.8±0.3	0.1 ～ 26	6.5±0.2	0.1 ～ 26
48 ～ 59	6.0±0.3	0.2 ～ 25	6.8±0.3	0.1 ～ 36	6.4±0.2	0.1 ～ 36
合计	5.7±0.2	0.1 ～ 25	6.4±0.3	0.1 ～ 36	6.1±0.2	0.1 ～ 36

注：引自许晓丽等[18]，2013 年中国 0 ～ 5 岁儿童辅食添加时间 . 卫生研究，2018。

52.5%、69.8% 和 27.4%，而且城乡间差异明显。

我国 0 ～ 5 岁儿童辅食添加状况存在明显的城乡差异和地区差异，以农村儿童辅食添加问题尤为突出，主要表现在：辅食添加不及时、种类单一、添加的次数和质量均不能满足婴幼儿需要；辅食种类多样化达到推荐比例的儿童，农村仅为 39.8%，城市为 65.5%；给儿童添加辅食次数达到推荐频次的比例，城市、农村分别为 79.1%、60.6%；而辅食添加频次和种类同时达到推荐的比例更低，城市和农村分别为 39.5%、15.7%。全国 6 ～ 23 月龄婴幼儿达到最低膳食多样性、最低进食频次和最低可接受膳食标准的比例分别为 52.5%、69.8% 和 27.4%，而且城乡间差异明显，见表 6-7。

表 6-7　中国不同区域 2013 年 6 ～ 23 月龄婴幼儿辅食添加情况（%）

指标	大城市	中小城市	普通农村	贫困农村
添加率	90.6	90.2	79.2	63.2
种类多样化合格率	68.2	63.4	43.2	33.4
频次合格率	77.7	80.2	67.8	47.6
可接受辅食添加率	42.7	37.0	18.9	9.7

注：引自《中国居民营养与健康状况监测报告（2010—2013）》[7]。

母亲年龄、看护人受教育程度、流动状态（如留守或流动儿童）、食物可及性及家庭经济水平等均不同程度地影响 6 ～ 23 月龄婴幼儿辅食添加状况。24 岁以上、受教育程度较高（本科及以上）、母亲外出打工及收入较高的家庭，儿童辅食添加的合格率较高。

6.2.3 辅食添加存在的问题

全国性调查结果显示，我国儿童营养不良发生率从6月龄开始呈现逐渐升高趋势，其原因与开始添加辅食的时间（过早或过迟）以及添加辅食的量（质量低与数量不足）有关，而且这种现象农村更严重，尤其是贫困地区[19,20]。

如表6-7和表6-8所示，农村儿童辅食添加问题显著，主要表现为辅食添加不及时，种类不够多样化，推荐频次不达标；而且母亲文化程度影响辅食添加的及时性，随着母亲文化程度的提高，及时添加的比例也随之升高。

表6-8　6～8月龄婴儿辅食添加率（%）

母亲文化程度	城市	农村	合计
小学及以下	81.4	73.3	75.9
初中	88.9	72.1	78.0
高中 / 中专	89.5	77.4	85.0
大专 / 职大	91.9	81.1	90.5
本科及以上	93.8	100	94.1

注：引自《中国居民营养与健康状况监测报告（2010—2013）》[7]。

6.3 食物摄入状况

食物摄入种类随着婴幼儿年龄增长而增多。从《中国居民营养与健康状况监测报告（2010—2013）》来看，谷薯类一般是辅食添加初始即选择的食物，9月龄前摄入率已达到60%以上；其次为蛋类；而鱼虾类则摄入得较少，即使是在12～17月龄也未达到半数。总体来看，食物摄入状况存在城乡差异，一周食物摄入率城市儿童优于农村儿童（表6-9）[7]。

表6-9　6月～2岁儿童一周食物摄入状况（%）

月龄	谷薯类	禽畜类	鱼虾类	蛋类	奶类	深色蔬菜	浅色蔬菜	深色水果	豆类
6～8	62.2	29.4	22.2	69.0	56.9	38.8	21.8	33.6	20.2
9～11	86.6	56.1	39.0	83.5	70.1	55.0	30.0	51.6	37.3
12～17	93.2	72.0	46.9	88.1	81.7	65.7	34.2	64.4	52.0
18～23	95.4	80.6	53.6	91.0	85.0	69.5	34.5	70.0	59.4

注：引自《中国居民营养与健康状况监测报告（2010—2013）》[7]。

首都儿科研究所2012年对西部3个农村地区6月～2岁儿童的食物添加状况

进行调查，显示6个月龄时的婴儿有87.5%开始添加谷类和薯类食物，肉和鱼类、蛋类的添加率分别只有21.9%和15.6%，水果和蔬菜的添加率分别为12.5%、21.9%，豆类只有3.1%，虽然随着月龄增大，添加率逐渐增高，但仍然不够理想（表6-10）[21]。

表6-10　6月～2岁儿童过去24h食物添加状况（%）

月龄	辅食添加	谷薯类	肉、鱼类	蛋类	奶类	蔬菜	水果	豆类
6	90.6	87.5	21.9	15.6	31.3	21.9	12.5	3.1
7～8	98.1	98.1	34.6	26.9	28.9	34.6	40.4	11.5
9～11	100.0	95.4	36.4	22.7	50.0	59.1	50.0	9.1
12～24	100.0	96.0	35.8	24.4	56.1	55.3	51.2	17.9

由于《2015—2017年中国居民营养与健康状况监测报告》中没有报告6～23月龄婴幼儿食物摄入量数据，表6-11列出了城乡不同区域3～5岁儿童的食物摄

表6-11　2015年我国城乡3～5岁儿童食物摄入量[g/（人·日）]

食物名称		全国	城市	农村	东部	中部	西部
动物性食品	畜类	40.8	43.1	39.6	41.2	38.9	42.4
	禽类	7.6	10.2	6.3	10.5	6.5	5.2
	动物内脏	1.1	1.1	1.1	1.0	1.4	0.9
	鱼虾类	8.7	11.0	7.5	14.3	7.2	3.4
	蛋类	22.6	25.3	21.2	28.6	7.2	3.4
	奶类	56.1	82.6	41.9	65.2	53.2	47.8
谷薯类食品	米及其制品	136.7	85.2	164.3	132.8	149.8	128.3
	面及其制品	55.4	48.0	59.3	47.4	50.1	70.5
	其他谷类	6.1	6.0	6.2	8.0	5.8	4.1
	糕点	11.3	13.3	10.2	11.8	13.9	8.0
	薯类	17.7	15.5	18.9	12.7	21.0	20.5
豆、蔬菜类	大豆及其制品	4.4	4.6	4.3	3.9	6.8	2.6
	杂豆类	1.7	1.7	1.6	1.6	1.8	1.7
	新鲜蔬菜	97.3	105.4	93.0	102.0	104.0	84.8
	新鲜水果	34.8	44.0	29.9	41.7	32.0	29.2
	坚果	1.6	1.7	1.5	1.6	2.1	1.0
其他	烹调油	25.7	26.0	25.6	23.9	28.4	25.3
	烹调盐	5.6	5.2	5.9	5.1	5.8	6.2
	糖及糖果	2.6	2.0	3.0	2.1	2.4	3.5

注：引自《2015—2017年中国居民营养与健康状况监测报告》[8]。

入量作为参考数据。特别需要关注的是，城乡儿童奶类及其制品的摄入量仍处于较低水平，难以满足钙的需要量，对于那些已经停止母乳或配方食品喂养的婴幼儿可能存在同样问题；城乡儿童动物性食物和谷类食物摄入量差异明显。

与上面的食物摄入量相同，目前没有6～23月龄婴幼儿膳食能量和营养素摄入量数据，表6-12中列出了2015年我国城乡3～5岁儿童能量和营养素的摄入量作为参考数据。能量接近需要量，蛋白质达到推荐摄入量。矿物质中，铁和锌接近或达到推荐摄入量，钾和硒的摄入量接近推荐摄入量的80%，钙摄入量与推荐摄入量差距甚远（< 50%）。维生素中，维生素E已经超过推荐摄入量，而维生素A摄入量不足，尽管目前我们还没有食物维生素D含量的数据库，可以确定膳食维生素D的摄入量还达不到推荐摄入量的10%。维生素B_1、维生素B_2和维生素C的摄入量不足，烟酸摄入量达到推荐摄入量。城乡儿童的油盐摄入量较高。

表6-12 2015年我国城乡3～5岁儿童能量和营养素摄入量

项目		单位	全国	城市	农村	东部	中部	西部
能量		kcal	1263.3	1149.2	1324.6	1253.8	1304.2	1231.7
		kJ	5256.2	4778.7	5512.9	5215.8	5430.2	5122.3
宏量营养素	蛋白质	g	35.6	34.9	36.0	37.7	35.4	33.0
	脂肪	g	48.0	50.2	46.8	47.2	50.8	45.9
	碳水化合物	g	175.3	142.6	193.0	172.5	179.4	174.7
	膳食纤维	g	5.0	5.0	4.9	5.0	5.0	4.9
矿物质	钙	mg	216.7	250.8	198.4	235.2	225.7	183.1
	镁	mg	146.4	137.1	151.4	149.6	149.6	138.7
	钾	mg	854.7	913.1	823.3	894.4	846.0	812.4
	钠	mg	3832.0	3779.1	3860.4	3812.8	3844.7	3843.3
	铁	mg	11.9	11.4	12.2	11.7	12.7	11.4
	锌	mg	6.3	5.7	6.6	6.3	6.4	6.2
	硒	μg	23.1	24.1	22.6	26.3	21.9	20.4
维生素	视黄醇当量	μg	244.8	288.7	221.1	272.5	258.2	194.3
	维生素E	mg	21.1	19.4	22.0	17.3	21.3	25.7
	硫胺素	mg	0.5	0.5	0.5	0.5	0.5	0.5
	核黄素	mg	0.5	0.5	0.5	0.5	0.5	0.4
	烟酸	mg	8.7	7.7	9.2	8.6	8.7	8.7
	抗坏血酸	mg	34.4	37.3	32.8	34.9	34.2	33.8

注：引自《2015—2017年中国居民营养与健康状况监测报告》[8]。

改革开放40多年来，我国儿童营养状况得到了明显改善，然而仍存在膳食结构不合理、多种微量营养素摄入量不足等问题，如钙、铁和锌（尽管膳食调查数据达到或超过推荐摄入量，但是利用率差）、维生素A和维生素D、维生素B_1和维生素B_2等，其中以维生素D和钙缺乏尤为突出，将是今后营养改善和干预工作的重点。

同时，还需要关注的问题是，已知维生素D、维生素K（包括维生素K_1和维生素K_2）、维生素B_6、叶酸、生物素是人体必需营养素，由于目前我国的食物成分数据库/食物成分表中没有这些营养素的数据，因此还不能评价我国人群，特别是婴幼儿和学龄前儿童的这些膳食营养素摄入量，这也是需要亟待解决的问题。

（李涛）

参考文献

[1] Victora C G, Bahl R, Barros A J, et al. Breastfeeding in the 21st century: epidemiology, mechanisms, and lifelong effect. Lancet, 2016, 387(10017): 475-490.

[2] 沈晓桦，夏杰，胡丽，等.纯母乳喂养现状与影响因素研究进展.中国实用护理杂志，2017, 33(3): 223-226.

[3] 常继乐，王宇.中国居民营养与健康状况监测　2010—2013年综合报告.北京：北京大学医学出版社，2016.

[4] Keim S A, Fletcher E N, TePoel M R, et al. Injuries associated with bottles, pacifiers, and sippy cups in the United States, 1991—2010. Pediatrics, 2012, 129(6): 1104-1110.

[5] 赵杰，李红涛.6例食用含三聚氰胺奶粉中毒死亡患儿的法医学分析.法医学杂志，2015, 31(3): 204-205.

[6] 国家卫生健康委统计信息中心.2018年全国第六次卫生服务统计调查报告.北京：人民卫生出版社，2021.

[7] 杨振宇.中国居民营养与健康状况监测报告[2010—2013]之九　中国0～5岁儿童营养与健康状况.北京：人民卫生出版社，2020.

[8] 赵丽云，丁刚强，赵文华.2015—2017年中国居民营养与健康状况监测报告.北京：人民卫生出版社，2022.

[9] 中国发展研究基金会.中国母乳喂养影响因素调查报告.www.cdrf.org.cn/jjh/pdf/mu.pdf, 2019.

[10] UNICEF. From the first hour of life: Making the case for improved infant and young child feeding everywhere. New York: UNICEF, 2016.

[11] 荫士安.人乳成分——存在形式、含量、功能、检测方法.第2版.北京：化学工业出版社，2022.

[12] Organization W H, UNICEF. Global strategy for infant and young child feeding. Geneva, Switzerland: World Health Organization, 2003.

[13] Campoy C, Campos D, Cerdo T, et al. Complementary Feeding in Developed Countries: The 3 Ws (When, What, and Why?). Ann Nutr Metab, 2018, 73 (Suppl 1): S27-S36.

[14] Nicklaus S. The role of food experiences during early childhood in food pleasure learning. Appetite, 2016, 104:3-9.

[15] Vadiveloo M, Tovar A, Ostbye T, et al. Associations between timing and quality of solid food introduction with infant weight-for-length z-scores at 12 months: Findings from the Nurture cohort. Appetite, 2019, 141: 104299.

[16] 栾超，于冬梅，赵丽云，等 . 婴幼儿辅食添加、辅食质量评价及影响因素 . 卫生研究，2018, 47(6): 1022-1027.
[17] 周丽，李春玉，金锦珍，等 . 发展中国家婴幼儿辅食添加营养干预效果的 Meta 分析 . 现代预防医学，2018, 45(20): 3694-3698.
[18] 许晓丽，于冬梅，赵丽云，等 . 2013 年中国 0 ～ 5 岁儿童辅食添加时间 . 卫生研究，2018, 47(5): 695-699.
[19] van Elswyk M E, Murray R D, McNeill S H. Iron-Rich Complementary Foods: Imperative for All Infants. Curr Dev Nutr, 2021, 5(10): nzab117.
[20] Liu J, Huo J, Sun J, et al. Prevalence of complementary feeding indicators and associated factors among 6- to 23-month breastfed infants and young children in poor rural areas of China. Front Public Health, 2021, 9: 691894.
[21] 李涛，戴耀华，朱宗涵 . 我国西部农村地区婴幼儿营养和儿童早期教育状况调查 . 中国妇幼健康研究，2012, 23(6): 697-700.

婴幼儿精准喂养

Practical Feeding for Infants and Young Children

第 7 章

母乳喂养与辅食添加的重要性

婴幼儿喂养，尤其是母乳喂养，是儿童营养的重要基石。为保护和促进母乳喂养，1981 年第 34 届世界卫生大会通过了《国际母乳代用品销售守则》[1]。2022 年世界卫生组织和联合国儿童基金会联合制定了《婴幼儿喂养全球战略》[2]，并明确指出：母乳喂养是为婴儿健康成长和发育提供理想食品的一种无与伦比的方法。同时，自 6 月龄继续母乳喂养的同时开始添加的辅助食品（以下简称“辅食”），与母乳喂养具有同等重要作用，即母乳喂养和添加的辅食并不仅仅是解决喂养儿吃的问题，更重要的是与儿童的身心发育与健康、良好膳食行为的养成密切相关。

7.1 0～6月龄纯母乳喂养的重要性

母乳喂养是一项全球公共卫生建议，在生命最初的6个月对婴儿进行纯母乳喂养，可以实现婴儿的最佳生长发育和健康。之后，为满足其不断发育的营养需要，婴儿应获得安全的营养和食品补充，同时继续母乳喂养至2岁或2岁以上[2]。我国政府为保护、促进母乳喂养出台了许多相关规定。1990年颁发了《母乳代用品销售管理办法》；90年代以来，原卫生部组织开展了“爱婴医院”行动，目前全国已有爱婴医院7000多所。2007年，原卫生部颁发了《婴幼儿喂养策略》[3]。国务院颁布的《中国儿童发展纲要》中，将婴儿母乳喂养率以及适时、合理添加辅食等都列入了目标中。

7.1.1 母乳喂养的益处

母乳喂养对孩子、母亲、家庭及社会均有益处，而且对母子双方还有巨大的健康效应，尤其对婴儿，由于母乳中含有丰富的营养物质、抗感染因子和其他的生物活性成分以及喂哺时母子之间密切的情感交流，对儿童的身心健康与发育非常有益，在婴幼儿的体格和智力发育、降低患感染性疾病（如腹泻、肺炎等）和过敏性疾病的发生概率和死亡风险、预防肥胖症等方面发挥重要有益作用；而对于母体，喂哺过程可加速产后生殖器官复原，通过消耗母体孕期储存的脂肪，预防产后肥胖等[4,5]。

7.1.1.1 对孩子

（1）母乳中含有充足的能量和营养素，为孩子提供适量、合理的蛋白质、脂肪、乳糖、维生素、铁和其他矿物质、酶和水，而且母乳中这些营养素更容易消化吸收。它可以为6月龄以下的孩子提供所需要的全部营养，为6～12个月的孩子提供一半的营养，为12～24个月的孩子提供三分之一的营养。

（2）母乳中含有足够的水分，即使在非常干燥和炎热的气候条件下也可以满足孩子的水分需要。

（3）母乳更卫生，且含有许多抗感染的物质，可以保护儿童免受包括腹泻、肺炎和中耳炎在内的多种感染性疾病的影响。

（4）母乳喂养的孩子不易患糖尿病、心脏病、湿疹、哮喘、类风湿性关节炎和其他过敏性疾病，而且可以预防肥胖。

（5）母乳喂养可增进孩子和母亲之间的情感联系，并给予孩子温暖和关爱。

（6）母乳喂养可增强孩子大脑发育、视觉发育和视力，为学习做准备。母乳喂养的孩子已被证明具有较高的智商（IQ）、语言学习能力和数学 / 计算能力。

7.1.1.2　对母亲

（1）母乳喂养可以减少产后出血和贫血，促进产后尽快康复。

（2）纯母乳喂养具有避孕效果，可以抑制排卵并延缓生育力的恢复。

（3）母乳喂养可以降低乳腺癌和卵巢癌的发病风险。目前全球母乳喂养率提升使得每年因乳腺癌死亡的人数减少 20000，通过进一步提高母乳喂养率，可以再减少 20000 例患者。

（4）母乳喂养的母亲肥胖的较少；母乳喂养有助于母亲恢复正常身材。

7.1.1.3　对家庭

（1）母乳喂养本身是经济的。

（2）母乳喂养可以减少孩子的疾病发生，因此可以减轻家庭的经济负担。

（3）母乳喂养方便，可以随时随地完成。

（4）母乳喂养增进家庭联系。

7.1.1.4　对社会

（1）母乳喂养是环保的。

（2）母乳喂养可降低成年时营养相关慢性病（如代谢综合征）患病风险、提高生存质量，可为国家节省大量医疗费用支出和社会资源。

7.1.2　代乳食品（婴儿配方食品）在婴儿喂养中的问题

通常利用牛奶或羊奶、大豆及其制品作为蛋白质来源，同时添加维生素和矿物质等用物理方法加工制成的婴幼儿配方食品（奶粉）。但是这类产品的脂肪、蛋白质及碳水化合物的质量（组分）的差别无法改变，而且与母乳成分相比仍有较大差别，缺乏母乳中存在的丰富的抗感染因子和生物活性因子等多种成分。婴幼儿配方奶粉生产过程中还可能存在污染的安全问题。动物乳汁在很多营养素的数量和质量方面与母乳相差甚远，基于我们对母乳成分的了解仍局限在成分含量的分析方面，即使是采用现代化的生产工艺，目前仍难以模仿生产出与母乳喂养效果相似的产品。

然而，母亲因疾病等情况不能用母乳喂养婴儿时，利用婴儿配方食品喂养婴儿则是无奈的选择，在没有条件的地方，6 月龄之后的孩子可以饮用煮过的全脂奶。需要指出的是，动物乳汁永远不如母乳，也不具有母乳的抗感染特性。

7.1.3 乳房结构、泌乳机理和婴儿的反射[5,6]

7.1.3.1 乳房结构

乳房包括乳头和乳晕、乳腺组织、支持性的结缔组织和脂肪、血液和淋巴管，以及神经组织（见图 7-1）。

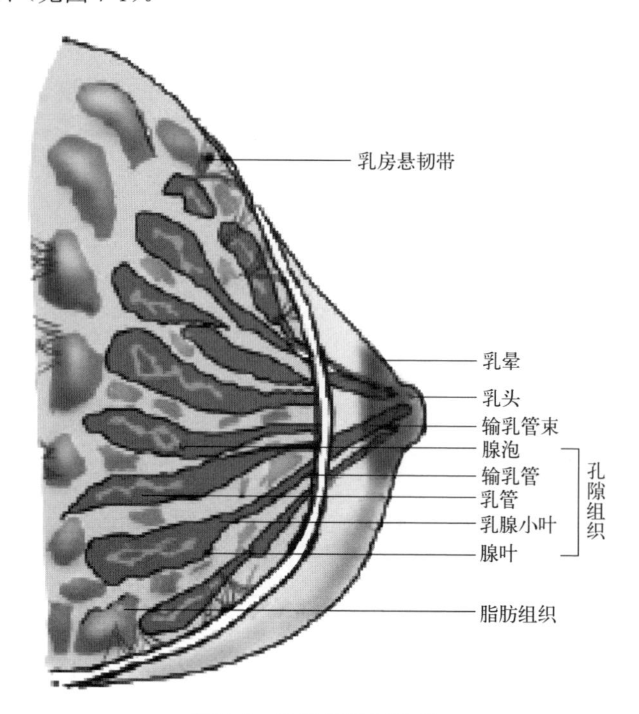

图 7-1 乳房结构示意图

7.1.3.2 泌乳机理

母乳分泌受催乳素（由脑垂体前叶分泌）和催产素（由脑垂体后叶分泌）直接影响，雌激素等一些激素间接参与了乳汁分泌过程。婴儿吸吮乳房，神经冲动从乳头传到大脑（见图 7-2）。

催乳素是腺泡细胞分泌乳汁所必需的激素。孕期血液中催乳素水平显著升高，刺激乳腺组织生长发育，为分娩后乳汁的分泌做准备，此时，妊娠有关的孕激素和雌激素抑制了催乳素的活性，并不会分泌乳汁。分娩后，孕激素和雌激素水平迅速

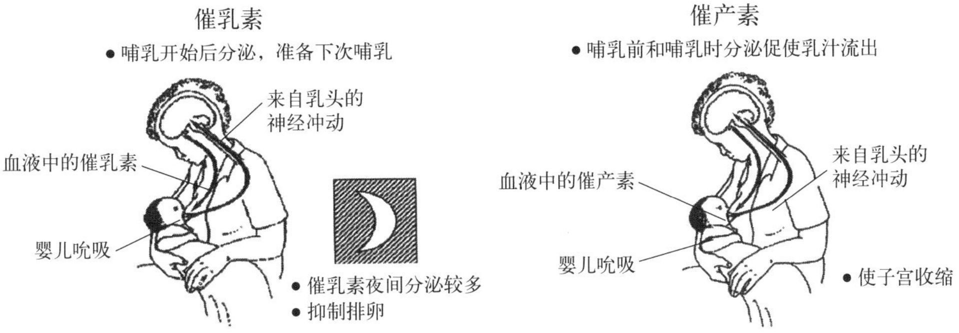

图 7-2　母乳分泌的调节示意

下降，在催乳素的作用下开始分泌乳汁。新生儿吮吸乳房时，血液中的催乳素水平升高，刺激腺泡细胞分泌乳汁。哺乳开始 30min 后，催乳素水平达到高峰，准备为下次哺乳分泌乳汁。最初数周，婴儿吮吸的频次越多对乳头的刺激越多，催乳素分泌也就越多。在建立母乳喂养的过程中，这一效果尤其重要。数周之后，乳汁分泌仍然需要催乳素，但是催乳素水平和乳汁分泌量之间不再密切相关。然而此时如果母亲停止用母乳喂养婴儿，乳汁的分泌也将随吸吮次数的减少而逐渐终止。

夜间催乳素产生多，所以夜间母乳喂养对于促进乳汁分泌尤其重要。催乳素可能会使母亲感到放松和想睡觉，因此夜间哺乳的母亲通常会休息得很好。

婴儿吸吮还促使垂体对促性腺激素释放激素、卵泡刺激激素、促黄体生成激素等的释放，这些激素可抑制排卵和月经周期的恢复。因此，持续哺乳能够帮助推迟再次妊娠。

催产素作用于腺泡周围的肌上皮细胞，使之收缩，使腺泡中存储的乳汁流入导管并充盈导管。催产素反射也被称为“射乳反射”。催产素比催乳素产生迅速，使乳房内储存的乳汁流出，用于本次哺乳，帮助婴儿容易地吃到母乳。不仅在婴儿吸吮时催产素发挥作用，而且母亲想要哺乳的时候催产素也发挥作用。

催产素反射受母亲的想法和感受影响，比如抚摸孩子、闻到孩子的气味，或者看到孩子、听到孩子的啼哭，或者想到孩子可爱的样子时。

催产素使母亲的子宫收缩，能减少产后出血，如：分娩后最初几天，当婴儿吸吮时，子宫收缩可能引起明显的子宫疼痛。催产素还具有重要的心理作用，如：使母亲心情平静、压力减少，还能加强母子之间的感情，促进亲子关系。

7.1.3.3　孩子的反射

孩子的反射是良好地进行母乳喂养的基础。孩子主要有三个反射与进食有关，即觅食反射、吸吮反射和吞咽反射。觅食反射属于新生儿无条件反射，当轻轻触及孩子的口唇或颊部时，他/她会张大嘴并转头寻找乳房，来回伸舌，这就是觅食反射；当乳头触及孩子的腭部时，他/她就开始吸吮，这就是吸吮反射；当孩子嘴里充满乳汁时进行吞咽，这就是吞咽反射。这些反射不需要学习，是天生的。

7.1.4 母乳喂养的方法[5]

7.1.4.1 成功母乳喂养的要素

孩子的反射是良好地进行母乳喂养的基础。为使母乳喂养能顺利进行，需要母亲树立用自己乳汁喂哺婴儿的信心，家人予以充分支持，配合以适当的喂养姿势以及正确的婴儿含接乳房的方式。成功母乳喂养的要素包括如下几个方面。

（1）树立信心，家人支持　母亲应该认识到母乳喂养是一个自然过程，是大自然赐予母亲的伟大权力，健康的母亲产后都具备哺乳能力。绝大多数母亲能够产生足够的乳汁以满足自己婴儿的需求。

乳汁合成量与婴儿的需求量及胃容量均有关，乳汁排空是乳房合成乳汁的信号。催产素反射促进乳汁排出，如果母亲身体不适或者情绪低落，就会抑制催产素反射，乳汁分泌会突然停止。如果母亲能及时得到支持和帮助，感觉（心情）好起来，并且继续哺乳，乳汁分泌也会恢复。

（2）良好的哺乳姿势和含接方式　不当的哺乳姿势和婴儿含接乳头方式可能会导致孩子无法摄入足够母乳，引起乳头疼痛甚至损伤乳房组织。正确的哺乳姿势和孩子含接乳头、吸吮良好的要点为：

① 孩子的头和身体呈一条直线。

② 孩子面向母亲并整个身体靠近母亲。

③ 乳母的一侧手臂支撑孩子的头和颈部。

④ 孩子的脸贴近母亲的乳房。

⑤ 孩子的下巴触及乳房。

⑥ 孩子的嘴张大寻找乳头。

⑦ 孩子含吸住大部分乳晕与乳头。

⑧ 母亲能听到孩子吞咽的声音，并感受到孩子慢而深的吸吮。

⑨ 整个喂哺过程母亲没有感到乳头疼痛。

⑩ 喂养结束时孩子松开乳头，表现有平和满足感。

7.1.4.2 开奶时间、喂养频率及时长

（1）产后最初几天对于成功、持续母乳喂养的重要性　分娩后给新生儿第一

次哺喂母乳称为开奶。开奶时间越早越好，健康母亲产后 1h 即可开奶。最初几日，分泌少量的淡黄色乳汁，称为初乳。母亲每天分泌的初乳量为 45mL 左右，新生儿的胃容量约为 5mL，因此初乳完全能满足新生儿所需的全部营养。大多数母亲会在分娩 2 ～ 3 日后开始分泌更多乳汁。最初数周，吮吸越多母乳分泌就越多，夜间哺喂母乳更能促进乳汁分泌。

（2）母婴同室、按需喂养　母婴同室可以方便母亲随时给孩子哺乳。当孩子有饥饿表现时，母亲应立即哺乳。

婴儿饥饿时可能有如下表现：从睡眠中醒来，转动脑袋，好像是在寻找乳房一样，吮吸其手、嘴唇或舌头，哭闹等。喂奶次数开始时 1 ～ 2h 一次，以后 2 ～ 3h 一次，逐渐延长至 3 ～ 4h 一次，3 个月后夜间睡眠逐渐延长，可以省去一次夜奶，喂哺次数每天应不少于 8 次，6 个月后随着辅食添加，哺乳次数可逐步减少。

（3）根据孩子的情况可在不同时间母乳喂养　每个孩子每次喂奶持续的时间可不同，例如，一些母亲可在 5min 内完成一次喂奶，但有些母亲可能需要 20min 或更长时间。

（4）推荐每次母乳喂养时让孩子先吮吸 / 吸空一侧乳房　每次母乳喂养时让孩子先吸空一侧乳房，然后母亲可观察孩子是否想要吮吸对侧乳房。当母亲下次进行母乳喂养时，便可从另一侧乳房开始。每次轮换开始吮吸乳房有助于母亲的双侧乳房都能继续分泌乳汁。

7.1.4.3　如何判断母乳喂养良好

通常情况下，判断婴儿母乳喂养是否良好，可以参考孩子的大小便情况和生长发育这两个客观指标。

（1）大便　如果婴儿喂养适当，则应在出生后约 3 日内排空胎便，并逐渐转为正常大便，这个过程与乳汁生成Ⅱ期（即乳汁分泌增加期）的开始时间正好吻合。出生 4 日后，大多数婴儿每日排便 3 次或更多次，且排便时间通常与哺乳时间同步。到出生后第 5 日，大便应为浅黄色并有颗粒物。胎便排出延迟表明乳汁生成延迟或无乳汁生成、哺乳管理不佳、乳汁排出不畅，罕见情况下可能有囊性纤维化相关的肠梗阻。

（2）小便　一般出生后第 1 个 24h 中排尿 1 次，之后 24 h 中增加至 2 ～ 3 次，第 3 日和第 4 日为 4 ～ 6 次 / 日，第 5 日及之后为 6 ～ 8 次 / 日。排尿次数减少，尿液呈深黄或橙色，或尿布中有砖红色尿酸盐晶体时，通常表明婴儿的液体摄入量不足，如增加液体摄入量后这种状况仍不能得到改善，应及时就医。

（3）体重　婴儿出生后体重减轻是正常现象（生理性体重减轻），预计下降比例为出生体重的 5% ～ 7%。正常婴儿出生后 5 日左右随着吃奶量的增加会停止体重下降，出生后 1 ～ 2 周龄时体重通常会恢复其出生时的水平。一般在 3 ～ 4 月龄时达到出生体重的 2 倍，1 岁时一个母乳喂养并合理添加辅食的婴儿，体重约是出生体重的 2.5 ～ 3 倍。但是除了看当前的体重值之外，还要连续监测婴儿的体重变化，并将体重值标在生长发育曲线（WHO2006 版）上，绘制婴儿“生长发育曲线”，通过生长变化趋势判定喂养状况是否合理。

（4）识别婴儿饥饿和饱腹信号　及时应答是早期建立良好进食习惯的关键，新生儿饥饿可以出现觅食反射、吸吮动作或双手舞动；婴儿会把手放入嘴里吸吮、烦躁、大声哭吵，母亲应该注意观察婴儿的饥饿信号，若婴儿停止吸吮、张嘴、头转开等往往代表饱腹感，不要再强迫进食。

（5）乳母膳食安排及喂奶期间注意事项

① 增加乳母进食量　当母亲哺乳时，其身体会努力运转以产生乳汁，因此需要额外的能量。哺乳母亲需要比非哺乳母亲吃得更多。人们需要每天摄入一定的能量来维持身体健康，而个体所需的能量取决于其年龄、体重、身高和身体活动程度。

② 增加液体摄入量　哺乳母亲需要确保自己饮入足量的液体，应有主动饮水习惯，每日餐食中应有汤汁或稀粥，如鱼肉汤、蔬菜豆腐汤、小米粥等。如果母亲出现口干或深色尿液，可能需要饮入更多的液体。部分母亲的体会是：哺乳前半小时喝汤或饮水，哺乳时随时喝汤或饮水均会对增加奶量有所帮助。

③ 营养素补充　根据进食习惯，部分母亲需使用多种维生素和 / 或矿物质补充剂。如果乳母的日常膳食能达到食物多样、平衡膳食、合理营养，通常不需要使用矿物质、维生素补充剂。但是，膳食单一，缺少畜肉、鸡肉、鱼肉和奶制品的情况下，建议乳母常规服用多种矿物质、维生素补充剂。如果分娩后发生贫血，需要服用含铁的营养素补充剂。母亲还需要确保自己每日获得充足的钙和维生素 D，也可增加饮奶量，多晒太阳，以保持骨骼强壮。

④ 避免某些食物　哺乳母亲应该避免食用某些含有大量汞的鱼类，汞是一种可通过乳汁进入孩子体内的重金属元素，对孩子的脑部和神经系统以及其他部位可造成不可逆的损伤。含有大量汞的鱼包括：鲨鱼、剑鱼、大鲭鱼 / 青花鱼、方头鱼等。母亲可进食含汞量少的鱼肉和其他海产食品，如虾、淡金枪鱼罐头、鲑鱼、鳕鱼，但一周不要超过 2 次。如果孩子出现湿疹等过敏现象，要回避深海鱼虾类食品。

⑤ 避免使用某些药物　部分药物可影响母亲的乳汁生成量或对喂养儿造成伤害，例如，某些激素类口服避孕药可使乳汁生成减少。乳母因病需要服药时，不可盲目服用，需要在医生指导下确认该药在母亲哺乳时使用安全。如果哺乳期妇女必须服用某些可能影响喂哺儿的药物时，需要考虑中止母乳喂养。

⑥ 避免饮酒　哺乳期妇女饮酒时，乙醇确实可通过母亲的乳汁进入孩子体内。饮入 1 标准杯（相当于含 17g 酒精，啤酒约 340g，11 度红酒约 142g，40 度白酒约 43g）的酒后，母亲的身体需要大约 2 个小时才能将乙醇清除。母亲在饮酒后，应等待 2 个小时后再哺乳。

⑦ 避免吸烟　所有的喂哺新生儿的母亲都应该戒烟，因为父母吸烟的孩子可出现呼吸问题、肺部感染或耳部感染。而且，吸烟可能影响泌乳量，使乳汁生成量降低。同时乳母和婴儿的生活环境应避免被动吸烟。

⑧ 限制含咖啡因的饮料　部分咖啡因可通过乳汁进入孩子体内。如果母亲每日喝咖啡超过 3 杯，孩子可因为咖啡因而出现烦躁或难以入睡。一些比较敏感的孩子对很微量的咖啡因即会出现反应，所以需要谨慎对待。

（6）母乳储存条件和时间　当母亲返回职场或由于某些疾病服用药物等原因需要将乳汁挤出后储存或丢弃。要根据婴儿的月龄和对奶的需求量相应地安排挤奶频率和时长，通常情况下，挤奶次数是随着婴儿月龄的增加而减少的。一般有两种方法挤奶，即手工挤奶和电动或手动吸奶器吸奶。

① 手工挤奶　是用双手拇指和食指放在乳晕后方朝向胸壁按压，然后有节律地朝乳头方向挤压，母亲也可以在婴儿吸吮母乳时采用这一节律性挤压来促进乳汁排出。

注意：使用手工挤奶时要注意手法，不当挤压容易对乳房造成损伤。

② 吸奶器吸奶　建议使用手动或电动吸奶器帮助吸奶，尤其是模拟泌乳过程的电动吸奶器，乳母可根据自己感觉调整吸奶的频率和强度，使吸奶的过程不易造成乳房损伤。

（7）挤出的母乳在不同条件下储存时间不同　①储存条件：室温 25 ～ 27℃下可储存 3h，冷藏室储存 3 日，冷冻室储存不超过 3 个月。②冷藏、冷冻乳样的加热过程：解冻、加热从冷冻室或冷藏室取出的母乳时务必要缓慢，不要用微波炉来解冻或加热母乳，可以通过流动的水或放在冷藏室过夜的方式解冻，再把奶瓶放在装有温水（40℃以下）的容器里加热，给孩子喂母乳前，务必要检查其温度。

（8）乳汁生成不足的原因　妊娠期间乳房发育不良，乳母既往接受过乳房外科手术，比如隆胸术，母亲使用了可能减少乳汁生成的药物（如多巴胺受体激动剂等），母乳喂养不足（喂养频率少、强度差，不能排空乳房），乳母睡眠不良、情绪不好、抑郁、营养缺乏等，这些因素常常会导致母亲乳汁生成不足。

（9）吸奶困难的原因　产后早期喂养习惯不良是母乳摄入不足的最常见原因。这些不良习惯包括：衔乳不当、母婴分离、喂养次数不够以及使用婴儿配方食品（乳粉）。罕见情况有：婴儿口腔运动或神经系统异常也可导致母亲乳房排空不足。

相较于足月儿，晚期早产儿（胎龄 34 ～ 37 周）经常出现喂养困难。因此，需要对他们进行密切监测，以成功建立母乳喂养。

7.2 辅食添加的重要性

7.2.1 辅食添加的概念

母乳喂养婴儿到 6 月龄应开始添加辅食。辅食是指母乳喂养期间给予婴幼儿母乳或婴儿配方食品之外的其他食物，以补充母乳营养的不足。因为这些食物是作为母乳喂养的补充，所以被称为辅食[7]。

辅食必须是富含营养的食物，而且数量充足，才能保障和促进婴幼儿的健康和生长发育。在添加辅食期间，至少在 2 岁以前，母乳喂养仍然是营养素和某些保护因子的重要来源，同时，婴幼儿应逐渐适应家常食物。辅食添加不足是婴幼儿营养不良的重要原因，影响婴幼儿的生长发育，其产生的不良后果是持久的。因此，父母必须重视婴幼儿的辅食添加，包括添加的时间、种类、数量和质量[8]。

7.2.2 辅食添加的益处

7.2.2.1 满足婴幼儿对营养不断增长的需求

随着婴幼儿月龄的增长，到 6 个月后，母乳提供的营养，包括能量、蛋白质、维生素和其他微量营养成分，已不能完全满足婴儿生长发育对营养的需要，因此，婴儿到 6 月龄以后就要逐渐添加非乳类的辅助食品，包括蛋肉类、脂类、蔬菜类和水果类食品。这一时期，应继续母乳喂养，母乳仍是婴幼儿营养的重要来源。

7.2.2.2 帮助婴幼儿实现从哺乳到家常膳食的过渡

适时添加辅食，使婴幼儿能逐渐适应不同的食物，对促进味觉发育，锻炼咀嚼、吞咽和消化功能，培养儿童良好的饮食习惯，避免挑食、偏食等都有重要的意义。同时，随年龄增长，适时添加多样化的食物，能帮助婴幼儿顺利实现从哺乳到家常膳食的过渡。

7.2.2.3 促进婴幼儿心理行为发育

喂养方式的变化，从被动的哺乳逐渐过渡到幼儿自主的进食，也是幼儿心理和行为发育的重要过程，在这一过程中，辅食添加发挥了基础的作用。同时，喂食，帮助孩子自己吃饭，以及与家人同桌吃饭等过程都有利于亲子关系的建立，有利于孩子情感、认知、语言和交流能力的发育。

7.2.2.4 锻炼手、眼、口的协调一致

使用勺、刀叉、筷子等方式进餐，做到手、眼、口的协调一致，将食物送到嘴里的过程，对成人来说看似非常简单，然而，对于婴幼儿开始的时候还是很困难的。辅食添加过程是锻炼婴幼儿动作协调一致性的过程，也是过渡到家庭膳食所必需的过程。

7.2.3 辅食添加的基本原则

以下列出辅食添加的十项基本原则。

① 开始辅食添加的最佳年龄；

② 继续母乳喂养；

③ 积极喂养的方法；

④ 安全地制备和储存食物；

⑤ 合适的食物需要量；

⑥ 合适的食物的浓度；

⑦ 合适的膳食频率和能量密度；

⑧ 合适的营养素含量；

⑨ 使用维生素 - 矿物质补充剂或强化食品；

⑩ 患病时和康复后的合理喂养。

辅食添加的最佳月龄是多少？

开始添加辅食的最佳月龄——所有婴儿 6 月龄时都应该开始添加辅食。

从约 6 个月开始，母乳提供的能量、铁和锌、维生素 A 等营养素已不能完全满足儿童生长发育的需要，因此，对于大多数儿童，6 个月龄时都应开始添加辅食，有利于儿童的健康和生长发育。

儿童满 6 个月时需要开始学习吃稠粥和磨碎的食物，因为这些食物比液体食物能更好地补充能量的不足。

满 6 个月时给儿童喂稠粥和磨碎的食物比较容易，原因如下：
儿童对别人吃东西感兴趣，并且能够自己拿食物
喜欢将一些东西放到嘴里
能更好地控制舌头使食物在口中移动
开始通过上下颌的张合进行咀嚼运动

图 7-3 中方柱代表该年龄儿童需要的总能量。方柱逐渐变高表示随着儿童年龄增长、身体长大、活动增加，需要更多的能量。阴影部分表示由母乳提供的能量。从大约 6 个月开始，母乳提供的能量与所需的总能量相比出现差距，该差距随着孩子长大而逐渐增大。

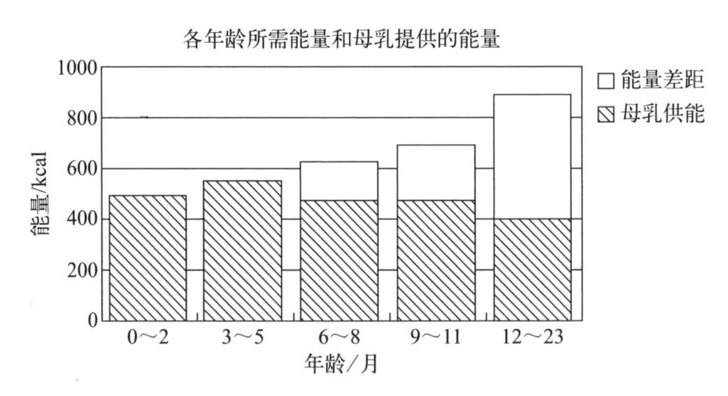

图 7-3　各月龄段婴幼儿所需要能量和母乳提供的能量

此外，这一年龄的儿童消化系统开始逐渐发育成熟，能够开始消化一些食物。大多数婴儿出生后 6 个月前不需要添加辅食。

过早添加辅食的危害	因添加辅食，减少了母乳的摄入 因给予方便喂养的稀粥或汤而导致营养素不足 因母乳中的保护因子减少而增加患病的危险 因辅食不如母乳清洁或难以消化而增加腹泻的危险 因婴儿不能很好地消化和吸收非人体蛋白而增加哮喘和其他过敏性疾病的危险 因母乳喂养次数少而增加母亲再次怀孕的危险
过迟添加辅食的危害	儿童没有得到所需的额外食物来满足其生长发育的需求 儿童生长发育减慢 儿童可能得不到足够的营养素，发生营养不良和营养缺乏，如因缺铁导致贫血

7.2.4　辅食添加的内容

7.2.4.1　开始添加辅食的种类

刚开始时添加的辅食应该是强化铁的米粉和成分单一的菜泥，当婴儿习惯多种口味后，可以开始添加两种或更多的食物种类。

7.2.4.2　最好的辅食

需要认识到开始添加辅食时，母乳仍是孩子第一年最重要的食物。给婴儿添加的最好的辅食应包括：①提供额外的能量、蛋白质、脂肪、维生素和矿物质，补充母乳不足；②给婴儿提供各种质地和口味的辅食，为他们养成对健康食物的喜好做好早期准备；③最初添加的辅食是米粥或铁强化谷物粉、菜泥和土豆泥、水果和蔬菜泥；随孩子年龄增长，逐渐添加高蛋白食物，如鱼、豆腐、其他肉类和蛋黄；④不要在孩子的食物中添加糖、盐或辣椒/酱油等调料，会让孩子日后养成对这些调味品的偏好以及影响对食物本身天然味道的感知。

7.2.5 辅食添加的方法

继续母乳喂养期间，挑选一天中的某时刻，如午饭时间，尝试开始添加一种辅食；每 2 ～ 3 天添加一种新食物；要给孩子时间接受新食物的口味和质地。添加辅食期间，需要注意观察食用后可能发生的过敏反应或食物不耐受症状。

怎样添加辅食？注意提供给孩子食物的质地、浓度和量：①刚开始添加少量的 1 ～ 2 勺米粉和菜泥，与母乳混合；随孩子年龄增长，适应后再渐渐增加量和质地。②注意观察孩子进食，避免可能摄入导致窒息的食物，如黄豆、花生、鱼肉丁等。③按需喂养，不要强迫进食，会导致孩子对食物和进食的负面情绪。进食期间，观察孩子是否吃饱或仍有需要的信号。

当孩子有兴趣和有能力时，鼓励自己进食或提供能用手抓的食物。与婴幼儿进食能力相关的大致月龄时间表如表 7-1 所示。

表 7-1　婴幼儿进食能力相关的大致月龄时间表

年龄	进食技能	添加的食物种类和食物质地
0 ～ 5 个月	吸吮、吞咽	流质：母乳
6 个月	吸吮能力增强、咽反射发育	母乳 菜泥和去渣食品：铁强化婴儿米粉、米糊，每天 1 ～ 2 勺 单一种类的水果和蔬菜泥
7 ～ 9 个月	长牙，开始咬和咀嚼，能从勺中进食，进食时能合上嘴唇	母乳/配方奶（2 段）① 泥状、丁状、利于咀嚼或手抓的食物：猪肉等畜禽肉类（不含内脏）、鱼、蛋黄、肝脏、豆腐、低脂奶酪、软的白面包、面条、麦片、其他谷物、无糖果汁 每天 2 次，每次 2/3 碗
10 ～ 12 个月	咀嚼翻动食物，舔下嘴唇上的食物	母乳/配方奶（2 段） 丁状、块状或手抓食物：放油的鱼、奶酪、全脂原味酸奶、软米饭、稠粥、果蔬干 每天 2 ～ 3 次，每次 3/4 碗
12 个月以上	在嘴中搅动食物 口腔发育	母乳/配方奶（3 段） 家常食物 每天 3 次，每次 1 碗

① 母乳是婴儿的最理想食物，但当母乳不足时，可以给婴儿提供铁强化的配方奶。

注：1 勺≈10mL，1 碗≈250mL。

一些孩子需要更多时间来习惯新食物的各种质地、颜色和口味。很多孩子对于一种新食物，要尝试多次后才能习惯。

7.2.6 应注意的食品卫生问题

给婴幼儿添加辅食时必须注意食品卫生。相比大孩子和成人，小婴儿发生腹泻的危险性更大，结果更严重。通过遵守家中食物安全准则，可以将危险降低。

7.2.6.1 通常引起腹泻的食物

① 不新鲜。

② 被细菌污染。

③ 烹饪不够充分而不能杀死潜在的细菌。

④ 生的食物（不要进食）！

7.2.6.2 要注意的食物

相比其他食物，有些食物更容易引发食物中毒。细菌在潮湿环境中滋生，而高蛋白正是它们生长的良好培养基。下列食物必须安全保存、完全烹饪：熟肉制品、鸡蛋、牛奶和奶制品、海产品、熟米饭和面条。

7.2.7 食物引起腹泻的预防

下面介绍的一些简单的准则可以将食物中毒的危险性降到最低。

7.2.7.1 购买

① 不要购买有凹陷和残缺容器盛装的食物。

② 一定要检查产品的有效期，不要买三无产品。

③ 尽快把食物带回家储存。

7.2.7.2 加工 / 烹调

① 在准备食物前后洗干净手。

② 在生吃或带皮烹饪水果和蔬菜时，将泥土和农药残留洗净。

③ 在准备食物前后洗干净操作台和砧板。

④ 用不同的砧板和器具准备生食和熟食，并且定期更换砧板，生熟分开。

⑤ 冷冻状态的鱼、其他肉制品，建议提前放4℃冰箱过夜解冻，不要在室温和烹饪前解冻，肉类制品要彻底煮熟，烹饪鸡蛋直到蛋黄变硬。

⑥ 每天更换抹布。

⑦ 不要让宠物进入厨房，保证孩子逗玩宠物后要洗手。

7.2.7.3 器具消毒

① 储奶器具（奶瓶、盖子、奶嘴、奶瓶刷） 每次使用时应消毒，直到孩子1岁。

② 其他器具（勺、碗、盘） 婴儿6个月龄之前每次使用时应消毒，之后常规清洗。

③ 完全浸泡和消毒：用深锅煮沸至少10min；在消毒溶液中浸泡2h，然后用开水洗干净；或者使用电蒸汽消毒锅。

7.2.7.4 食物的储存和冷藏

① 保证冰箱冷藏温度在5℃以下，冷冻温度在−15℃以下。

② 将任何容易变质的食物，如肉及肉类制品，放入冰箱保存。

7.2.7.5 剩饭菜

① 可以在1～2天之内食用的放入冰箱，食用前应再次加热。

② 可以放入消毒了的冰块盘中冷冻。

③ 丢掉裂的鸡蛋和过期的食物。

④ 将生食和熟食分开，在冰箱底层放置生食，以避免汁水滴下，污染其他食物；用盖子、锡箔、塑料膜覆盖食物，不要在敞开的容器中储存食物。

7.2.7.6 加热和再加热

① 每餐只用准备足量的食物。

② 不要再加热多于1次，这样细菌容易繁殖，引发食物中毒。

③ 保证食物加热滚烫，搅拌均匀，然后在端上餐桌前放置冷却。

7.2.8 辅食添加的推荐策略[7]

基于婴幼儿的营养素需要量和膳食指南，6～11个月、12个月～2岁和2岁以上儿童的辅食推荐量，如图7-4～图7-6所示。

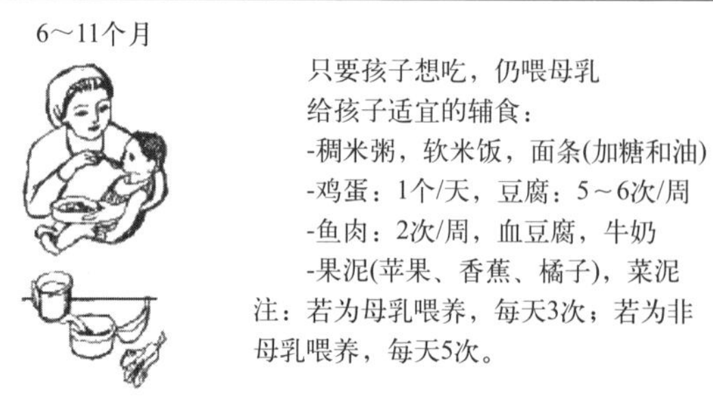

图 7-4　6 ~ 11 个月的推荐

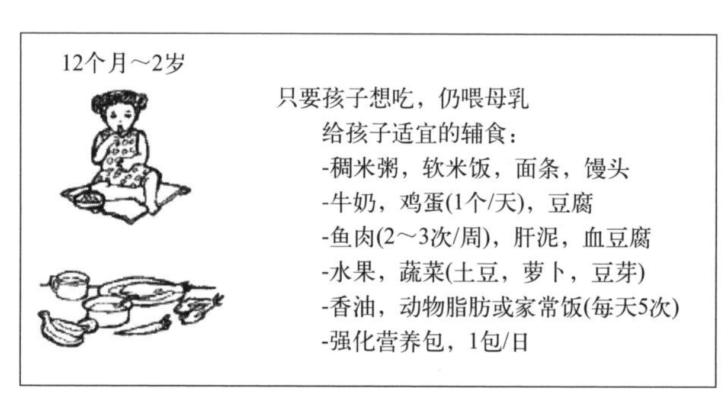

图 7-5　12 个月 ~ 2 岁的推荐

图 7-6　2 岁及 2 岁以上的推荐

7.3　早产儿的喂养策略 [5]

为了更好地实施个性化喂养指导，需要评估早产儿的营养风险。按照胎龄和出生体重，可将其分为高危早产儿、中危早产儿和低危早产儿。高危早产儿：胎龄＜32周，出生体重＜1500g；中危早产儿：32～34周，体重1500～2000g；低危早产儿：＞34周，体重＞2000g。

7.3.1 乳类的喂养

根据早产儿营养风险等级、母乳量的多少，选择不同的喂养方案。母乳充足者，直接哺乳或强化喂养。强化喂养指以母乳强化剂（HMF）强化母乳、用早产儿配方食品和早产儿过渡配方食品进行喂养，主要对象是高危早产儿和中危早产儿。一般中危早产儿强化到矫正月龄3个月，高危早产儿强化到矫正月龄6个月甚至1岁。母乳不足时，推荐采用补授法，也就是先吃妈妈的奶，再用配方奶补齐，同时给予妈妈饮食指导和泌乳支持，这样可以增加母亲的泌乳量，延长泌乳时间。具体如下。

7.3.1.1 低危早产儿

（1）母乳喂养　母乳充足者，出院后应该鼓励妈妈直接哺乳，按需哺乳。妈妈应该饮食均衡，同时给予泌乳支持，尽量满足孩子的需要直到1岁以上；

（2）配方奶喂养　应用普通婴儿配方食品（67kcal/100mL），如生长缓慢[＜25g/（kg·d）]或奶量摄入＜150mL/（kg·d），可适当采用部分早产儿过渡配方食品，直至生长满意。

低危早产儿和足月儿有一定差异，前者可能存在直接哺乳时吸吮力弱、吃奶量不多、睡眠时间长等情况，所以，婴儿早期应按需哺乳，间隔不能大于3h，否则可能发生低血糖、生长缓慢等风险。如果出现生长发育缓慢（每天体重增长＜25g），就可以应用母乳强化剂，一直到生长速度正常。

7.3.1.2 中危早产儿

中危早产儿喂养方式与高危早产儿一样，区别在于强化治疗时间短一些（一般为矫正月龄3个月），因为危险因素要少一些。

7.3.1.3 高危早产儿

（1）母乳喂养　住院期间要足量强化母乳喂养，出院后继续足量强化喂养至胎龄38～40周，然后调整为半量强化喂养。足量强化喂养能量密度是80～85kcal/100mL，半量强化是73kcal/100mL，不同强化剂营养密度不一样，配置方法也不一样，要按照要求进行配置。母乳喂养的早产儿，鼓励出院后妈妈部分直接哺乳、部分挤出来加入强化剂喂养，为将来过渡为完全哺乳做准备。

（2）部分母乳喂养　母乳量＞50%，则足量强化母乳＋早产儿配方食品至胎龄38～40周，之后转换为半量母乳强化＋早产儿过渡配方食品；母乳量＞50%，缺乏母乳强化剂时，则鼓励直接哺乳＋早产儿配方食品（补授法）；母乳量＜50%，缺乏母乳强化剂时，则鼓励直接哺乳＋早产儿过渡配方食品（补授法）。

7.3.2　辅食的添加

（1）辅食添加时间　一般为矫正月龄6个月。胎龄小的早产儿发育成熟较差，辅食添加时间相对延迟。添加半固体食物过早会影响摄入奶量，或导致消化不良；添加过晚会影响多种营养素的吸收或造成进食技能发育不良。

（2）辅食添加顺序　强化铁的谷类食物多为第一种食物，其次为水果泥、根茎泥或瓜果类的蔬菜泥，主要帮助训练婴儿的咀嚼、吞咽技能及刺激味觉发育，可给予少量维生素、矿物质补充剂，7～8月龄后提供泥状、颗粒状的果蔬、肉鱼类及蛋类辅食，直至过渡到正常饮食。为保证主要营养素和高能量密度，7～12月龄婴儿仍应维持乳量（800mL/d左右），幼儿期的乳类摄入量以不影响主食摄入为限（至少500mL/d）。

（3）逐渐适应　婴儿接受一种新食物需要有适应的过程，故每种宜尝试10～15次（5～7d）至婴儿逐渐接受后再尝试另一种新食物。单一食物引入的方法可刺激婴儿味觉的发育，亦可帮助观察婴儿出现的食物不良反应，特别是食物过敏。新食物的量可从开始1勺，逐渐加量，即“由少到多，一种到多种”，至6～7月龄后可代替1～2次乳量。

7.3.3　其他营养素的补充

（1）铁剂补充　早产儿出生后2～4周需开始补充铁剂2mg/（kg·d），酌情补充至矫正12月龄。使用母乳强化剂、强化铁的配方奶及其他富含铁的食物时，酌情减少铁剂的补充剂量。

（2）维生素A、维生素D和钙、磷补充　早产、低出生体重儿出生后即应补充维生素D 800～1000IU/d，3个月后改为400～800IU/d。该补充量包括食物、日光照射、维生素D制剂中的维生素D含量。2010年欧洲儿科胃肠病、肝病和营养学协会（ESPGAN）推荐早产儿维生素A摄入量1332～3330U/（kg·d），出院后可按下限补充。钙推荐摄入量70～120mg/（kg·d），磷35～75mg/（kg·d）。所有矿物质推荐量包括配方奶、母乳强化剂、食物和铁钙磷制剂中的含量。

（3）长链多不饱和脂肪酸　长链多不饱和脂肪酸（LC-PUFA）对早产儿神经

发育有重要作用，尤其是二十二碳六烯酸（DHA）和花生四烯酸（ARA），两者应在早产儿喂养时进行补充。母乳喂养是获得 LC-PUFA 的最佳途径，早产母乳中 DHA 含量高于足月母乳，但受母亲膳食影响较大，建议进行哺乳期营养指导。目前对早产儿的推荐量：DHA 55 ～ 60mg/（kg・d），ARA 35 ～ 45mg/（kg・d），直至胎龄 40 周。

7.4 小于胎龄儿的喂养策略[5]

7.4.1 根据胎龄的喂养策略

小于胎龄儿（SGA）的喂养策略应主要根据胎龄而不是出生体重，既要促进适度生长，尤其线性生长，以保证良好的神经系统结局，同时又要避免过度喂养，以降低远期代谢综合征的风险。早产 SGA 的喂养要考虑到不同胎龄的成熟度来选择其喂养方式，胎龄＜ 34 周 SGA 早产儿属于高危或中危早产儿，出院后也需采用强化母乳或早产儿过渡配方食品喂养至体格生长适度均衡，尽可能使相对相应月龄的各项指标＞ P10th（第 10 百分位数），尤其是头围和身长的增长，以利于远期健康，其成熟度、生长轨迹和营养需求有很大差异。为避免短期过快的体重增长增加后期代谢综合征的风险，不推荐在足月 SGA 出院后常规使用早产儿配方食品或早产儿过渡配方食品促进生长。

7.4.2 母乳的喂养

无论住院期间和出院以后，母乳喂养对 SGA 都非常重要，除了早期改善喂养进程以及减少喂养不耐受、坏死性小肠结肠炎和医院感染之外，也对降低日后糖尿病、肥胖、高血压、高血脂、哮喘和某些肿瘤的发病风险具有重要意义。尽可能母乳喂养至 1 岁以上。同时注意补充铁剂和其他重要的微量营养素。

7.4.3 促进合理的追赶生长

多数 SGA 通过合理适宜的喂养可出现不同程度的追赶生长，在 2 ～ 3 年内达到正常水平。虽然出院后按个体化强化营养方案，部分严重宫内生长受限（＜ P3th）的 SGA 早产儿仍生长缓慢时应仔细分析原因，除外某些遗传因素或内分泌代谢疾病等，应及时转诊治疗。

一般发生在妊娠早期的严重宫内生长受限多与遗传和胚胎发育本身的因素有关，强化营养并不能完全改变生长低下状况。当 SGA 线性生长速率正常，即使未达到同月龄的追赶目标，也不宜延长强化喂养时间。

对于有支气管肺发育不良、胃食管反流、短肠综合征、青紫型先天性心脏病、严重神经系统损伤等疾病状态的早产、小于胎龄儿，常会有很多喂养困难和特殊问题。针对这些医学问题所导致的生长迟缓或营养不良应进行多学科会诊或转诊至专科进行诊治。

总之，早产、小于胎龄儿出院后营养管理的目标是：促进适宜的追赶生长；预防各种营养素的缺乏或过剩；保证神经系统的良好结局；有利于远期健康。

7.5 HIV 母亲的婴儿喂养策略

迄今为止，母婴传播是婴幼儿感染艾滋病的主要途径，病毒可通过怀孕、分娩和母乳喂养等环节传递给婴儿。艾滋病通过母婴传播的概率在发达国家为 14% ～ 25%、在母乳喂养率较高的发展中国家为 13% ～ 42%。HIV 阳性的母亲通过哺乳使婴儿感染的可能性是 5% ～ 20%，感染可发生在母乳喂养的任何时候，新近感染的母亲比既往或怀孕期间感染的母亲将病毒传递给婴儿的可能性大两倍。生后数月纯母乳喂养造成艾滋病母婴传播的危险性低于混合喂养。

对 HIV 阳性母亲的喂养推荐是，当人工喂养可接受、可行、能负担及安全的情况下，应避免 HIV 阳性的母亲进行母乳喂养，政府应为 HIV 阳性母亲提供免费配方乳粉至 6 个月。

（戴耀华）

参考文献

[1] 世界卫生大会 . 国际母乳代用品销售守则　常见问题 . 日内瓦：世界卫生组织，1982.

[2] 世界卫生组织，联合国儿童基金会 . 婴幼儿喂养全球战略 . 日内瓦：世界卫生组织，2003.

[3] 卫生部 . 婴幼儿喂养策略 (2007-8-3). https://www.doc88.com/p-6969875658007.html.

[4]Victora C G, Bahl R, Barros A J, et al. Breastfeeding in the 21st century: epidemiology, mechanisms, and lifelong effect. Lancet, 2016, 387(10017): 475-490.

[5] 中华预防医学会儿童保健分会 . 婴幼儿喂养与营养指南 . 中国妇幼健康研究，doi:10.3969/j.issn. 1673-5293.2019.04.001.

[6] 荫士安 . 人乳成分——存在形式、含量、功能、检测方法 . 北京：化学工业出版社，2021.

[7] 中国营养学会 . 中国居民膳食指南 . 北京：人民卫生出版社，2022.

[8] 石淑华，戴耀华 . 儿童保健学 . 北京：人民卫生出版社，2014.

第 8 章

中国 3 岁以下婴幼儿的照护状况

2018 年 WHO 等国际组织联合发布养育照护促进儿童早期发展框架，将养育照护定义为“一个由照护者创造的环境，旨在确保儿童身体健康，饮食营养，保护他们免受威胁，并通过互动给予情感上的支持和响应，为他们提供早期学习的机会”，明确了“健康、营养、安全、回应性照护和早期学习机会”为核心内容的养育照护策略。我国 2019 年、2020 年、2021 年出生人口分别为 1465 万人、1200 万人、1062 万人，据此推算，我国 3 岁以下婴幼儿约为 3700 万人。如此规模的婴幼儿照护备受关注。根据照护地点不同，这些 3 岁以下婴幼儿照护可以分为家庭内照护和家庭外照护。家庭内照护按照护者的不同可以分为父母直接照护、祖辈隔代照护、育儿嫂入户照护、混合照护等不同照护类型。家庭外照护包括托育机构照护、社区照护和家庭照护点照护，家庭外照护可以区分为全日托、半日托、临时托等不同照护类型。婴幼儿家庭所处地区、经济状况、流动 / 留守状态不同，照护特点亦不同。

根据区域经济发展特征，目前中国婴幼儿的照护还存在明显的城乡差别、发达地区与欠发达地区差别，城市流动儿童与农村留守儿童群体的问题也存在差异，如表 8-1 所示。

表 8-1　中国 3 岁以下婴幼儿的照护特点及主要问题

群体	照护特点	主要问题
城市婴幼儿	照护形式相对多样，父母照护、祖辈照护、育儿月嫂照护、托育机构照护等多种形式并存	家庭对托育服务需求相对较强，普惠托育服务亟待发展以满足需求
农村婴幼儿	照护形式相对单一，以传统的家庭照护为主	家庭缺乏育儿指导，政策保障性和社会公共服务可及性较弱
发达地区婴幼儿	父母和祖辈参与照护方式为主，可利用照护服务资源相对丰富，托育服务发展较为迅速	普惠托育服务有限，托育服务机构管理仍需规范
欠发达地区婴幼儿	传统家庭照护为主，女性承担主要照护责任，对托育认知有限	家庭照护知识和喂养能力缺乏，地区照护指导与服务投入不足
城市流动婴幼儿	家庭照护为主、托育为辅，照护水平相对较低	家庭照护知识不足，普惠托育服务可及性弱
农村留守婴幼儿	隔代照护为主，母乳喂养率低于非留守婴幼儿	照护人文化程度相对较低，照护知识及技能不足，安全意识相对薄弱，缺乏照护指导

8.1　城市与农村婴幼儿的照护状况

随着经济的发展、社会的进步，以及城镇化的逐步推进，中国城乡差异逐渐缩小。婴幼儿照护责任基本上由家庭内部承担，照护者多为家庭中年轻和年长的女性；在 3 岁之前，婴幼儿母亲作为主要照护者的比例逐渐减少，而祖辈和机构照护的比例逐渐上升，二者呈互补趋势。家庭照护的比例（94.87%）远高于机构照护（4.17%）[1]。但受文化习俗、价值观念、客观条件等多因素影响，中国城市和农村婴幼儿照护的差异依然存在。

8.1.1　城市婴幼儿的照护状况

在中国的城市地区，3 岁以下婴幼儿照护形式相对丰富，包括父母亲照护、祖辈参与照护、机构照护、育儿嫂照护等多种方式。从照护方式的构成来看，城市绝大多数以家庭祖辈参与照护为主，其次为托育[2]，部分有条件的城市家庭，聘请专业育儿嫂进入家庭对婴幼儿实施一对一的照护服务，这种照护服务价格相对较高，对家庭住房及经济条件有一定要求。家中祖辈无法参与婴幼儿照料、经济住房条件不允许利用托育服务或育儿嫂服务的家庭，全职母亲往往承担起婴幼儿照料的主要责任。根据2016年5月，国家卫生计生委对3岁以下婴幼儿母亲的调查结果显示：32.9%的全职母亲是因为孩子无人照料而被迫中断就业，平均中断就业时长2年。

中国6个月内的婴儿主要由母亲照料。中国女性劳动参与率为78.2%，城市女性劳动参与率更高。职业女性依法享有产假，2012年4月18日国务院第200次常务会议审议通过《女职工劳动保护特别规定》，确定产假延至98天。2022年7月底，除西藏外，中国30个省（区、市）先后完成《人口与计划生育条例》修订，除江苏产假至少128天，其余省份产假时长均介于158～188天（包括国家规定的产假），部分省市可以协商产假至一年。30个省份的《人口与计划生育条例》中均设有男性陪产假（护理假），介于10～30天之间。产假制度使得职业女性可以照护婴儿至少6个月。

职业女性产假结束重返岗位，八成祖辈深度参与婴幼儿的日间照护。2016年5月，中华人民共和国国家卫生和计划生育委员会（国家卫生计生委）在北京、沈阳、上海、南京、郑州、武汉、广州、深圳、重庆、西安10个城市对10004名3岁以下婴幼儿母亲的调查结果显示：近80%的婴幼儿主要由祖辈参与日间看护[3]。祖辈照料婴幼儿衍生出了老年夫妻两地分居、隔代抚养观念冲突、老年人闲暇福利受损等现象，随着人口老龄化的发展，延迟退休政策的实施，以及老年人对个人晚年生活质量的更高追求，这种祖辈照料资源将逐渐减少。第七次全国人口普查（七普）数据显示家庭户规模是2.62人，比“六普”3.1人有所下降，也提示了家庭抚幼照料功能在逐渐弱化。

托育服务是城市婴幼儿照护的重要补充方式。根据中华人民共和国国家卫生健康委员会（国家卫健委）发布的资料显示：1/3的婴幼儿家庭有比较强烈的托育服务需求[4]。2019年全国人口监测和家庭发展抽样调查显示，中国当前总体入托率为5.6%。作为生育支持的重要措施之一，2021年3月14日国家印发的《中华人民共和国国民经济和社会发展第十四个五年规划和2035年远景目标纲要》明确提出，每千人口拥有3岁以下婴幼儿托位数从2020年的1.8个增加至2025年的4.5个，支持150个城市利用社会力量发展综合托育服务机构和社区托育服务设施，新增示范性普惠托位50万个以上的目标要求，以解决婴幼儿家庭的后顾之忧。随着党中央国务院做出三孩生育政策及配套支持措施的决策，我国托育机构设置标准、管理规范、备案登记办法、保育指导和培训大纲相继出台，托育服务支持政策和标准规范体系不断完善，为托育服务发展构建了积极良好的政策环境。

8.1.2 农村婴幼儿的照护状况

中国农村地区就业相对灵活，3岁以下婴幼儿照护以家庭照护为主，婴幼儿父母亲往往是照护的主体。随着经济的发展，农村女性非农就业比例逐年增多，在婴幼儿父母亲工作之时，家中祖辈往往承担起婴幼儿照护的责任；而父母外出打工的婴幼儿家庭，部分婴幼儿随父母迁居到城市地区成为流动儿童。由于工作时间和经济条件所限，多数婴幼儿未能跟随父母亲外出打工，而是采取由爷爷奶奶代为照看的隔代照护方式，成为留守儿童。我国目前农村地区婴幼儿养育普遍存在养育途径相对单一、缺乏完善的政策保障等问题[5]。

农村地区 3 岁以下婴幼儿照护，特别是隔代照护，对婴幼儿的健康成长影响深远。城市地区婴幼儿照护者的知识储备和认知，相对更丰富全面。很多家庭通过参加早教机构的亲子活动、感觉统合训练（简称感统训练）、婴幼儿早期发展活动等，开发儿童的潜能，培养良好生活习惯，促进婴幼儿全方位发展。这与婴幼儿照护者掌握的相关知识以及可以获得的相关服务有关。

8.2 发达地区与欠发达地区婴幼儿的照护状况

发达地区经济条件和婴幼儿照护资源相对丰富，托育服务发展较为迅速，欠发达地区婴幼儿照护以传统家庭照护模式为主。

8.2.1 发达地区婴幼儿的照护状况

在中国东部沿海地区和中部发达地区，经济水平相对发达，职业女性较多，地方政府贯彻落实国务院办公厅关于促进 3 岁以下婴幼儿照护服务发展的指导意见（国办发 [2019]15 号）相对较早，婴幼儿照护指导、托育服务发展相对较快[6]。

8.2.1.1 发达地区家庭照护指导有待加强

发达地区婴幼儿照护虽然家庭照护方式，特别是祖辈参与照护的方式，依然是婴幼儿照护的主要方式，但托育服务比例近年逐步提升。部分家长对托育服务，尤其是非公办托育机构，信任度不足，对托育服务利用还不是非常充分。因此，即使在发达地区，婴幼儿照护家庭实践指导依然有待加强，尤其是发达地区对流动婴幼儿的照护指导，相对户籍家庭更弱一些。

8.2.1.2 加强托幼管理、发展普惠托育

目前，作为市场服务提供方的各类早教和托育服务机构虽然不少，但是依然存在科学管理不足、价格有待规范以及普惠托位供给有限等问题[7]。

8.2.1.3 科学喂养技能有待提升

发达地区婴幼儿照护的相关信息传递，已经由传统的祖辈口口传授，经历了书籍杂志传播阶段，转为短视频、微信公众号、手机 APP 等新媒体方式，传播更迅捷，但也存在良莠不齐，科学性、系统性缺乏审核、规范的现象。喂养方式和习惯是喂养行为的一部分，不同的喂养方式和习惯对幼儿的发育有一定的影响，不良的习惯和喂养方式有可能会导致幼儿发育受影响。由于照护人的科学照护意识不足，发达地区家庭电子产品应用广泛、零食及含糖饮料的摄入较多，错误喂养姿势、奶瓶喂养大于一年等原因，导致婴幼儿视力下降、龋齿、下颌发育等问题都亟待解决[8,9]。

8.2.2 欠发达地区婴幼儿的照护状况

8.2.2.1 照护的主体以家庭为主

欠发达地区婴幼儿照护以家庭女性为主，脱贫地区超九成 0 ～ 3 岁儿童的主要照料人为女性，母亲作为儿童主要照料人的比例最高。脱贫地区中有 15.8% 的 0 ～ 3 岁儿童父母双方同时外出打工，这类家庭则以婴幼儿隔代照护为主[10]。

8.2.2.2 缺乏养护概念和技能

受客观条件所限，欠发达地区婴幼儿家庭“养”“育”水平、对儿童早期发展的认识均有待提升，对托育的认知程度和接受程度不高[10,11]。城市地区认为不需要看书的比例为 1.8%。在家长被问及注重培养 0 ～ 3 岁孩子的哪些习惯时，选择“喜欢看书”的城市地区家庭占比是脱贫地区的 3 倍多。城市地区 94.6% 的家庭里至少有 3 本给孩子看的书，高于脱贫地区 61.9% 的比例。脱贫地区家长认为，0 ～ 3 岁儿童应重点发展的方向集中在“养”的方面，如身体健康、人身安全，而自理能力和与人交往等“育”的优先级比较靠后[10]。

8.2.2.3 早期养育或照护的机构和服务匮乏

由于资源和投入有限，欠发达地区对家庭婴幼儿照护的指导以及对托育服务的提供相对较弱。中国儿童中心和中国发展研究基金会联合开展“脱贫地区儿童早期发展”课题，在 20 个脱贫县和 64 个村共获取 2197 名 0 ～ 3 岁儿童和家庭的数据。调查发现，52.6% 的样本县没有开展针对 0 ～ 3 岁婴幼儿及家庭的早期养育或照护服务，84.2% 的村一级没有针对 3 岁以下婴幼儿及家庭的早期养育服务，65.6% 的村 2019 年在儿童发展公共服务方面（包括教育、福利、健康等）的投入

（包括转移支付）为0[11]。从家长意识方面看，14.6%的脱贫地区家长认为，孩子不认识字的时候，不需要看书。

在偏远地区，受传统文化习俗和信息传播不足的影响，婴幼儿照护以传统方式为主。隔代照护的家庭，婴幼儿辅食添加的时间和辅食添加种类、婴幼儿健康饮食习惯的养成，都存在问题。

8.3 城市流动婴幼儿与农村留守婴幼儿的照护状况

城市流动婴幼儿和农村留守婴幼儿是近年来备受关注的弱势群体，其流动/留守状态导致其照护及喂养有别于普通婴幼儿。

8.3.1 城市流动婴幼儿的照护状况

城市流动婴幼儿照护是家庭照护和托育服务并存。随着迁移流动呈现家庭化的变动趋势，城市流动婴幼儿也逐步增多。2000年以来，学龄前流动儿童规模不断增长，其中0～2岁流动婴幼儿增长较大。2000～2005年0～2岁婴幼儿增加了11.7%，2005～2010年、2010～2015年0～2岁流动婴幼儿的增幅均为20%。2015年0～2岁流动婴幼儿规模为463万人。从事商业、个体服务业等工作相对灵活的流动人口，其婴幼儿往往由流动人口家庭成员照看，包括父母或祖父母；无法满足家庭照看条件的流动人口，则需要利用城市托育服务。在当前及未来，学龄前流动儿童入园、入托的需求将不断增长，在流动儿童较为集中的城市，这一现象更加突出[12]。

8.3.2 农村留守婴幼儿的照护状况

农村留守婴幼儿以隔代照护为主，照护者文化程度普遍为小学及以下。2016年12月至2017年1月，国家卫生计生委流动人口司在12个省的27个县实施贫困地区农村留守儿童健康服务需求评估调查结果显示：3岁以下农村留守儿童中，主要监护人为祖父母/外祖父母的比例为97.91%，其他亲属占比较低。3岁以下农村留守儿童主要监护人平均年龄53.26岁，且文化程度普遍较低，未上过学和只上过小学的比例分别为22.84%和49.21%，高中及以上学历者不足5%。

3岁以下留守儿童6个月龄内纯母乳喂养率为1.7%，远低于非留守儿童的17.9%[12]，与《中国儿童发展纲要（2011—2020年）》设定的2020年50%的目标差距巨大。母乳喂养过的留守儿童比例约为84.60%，较非留守儿童低3.67个百分点。农村留守儿童6～8月龄辅食添加比例为86.12%，较非留守儿童高12.46个百分点。由于父母外出务工，留守儿童母乳喂养水平比较低，因而辅食添加比例相对较高[13]。在辅食添加初始阶段（6～8个月），无论留守儿童还是非留守儿童，蔬菜水果添加率均不足50%, 动物性食物的添加状况较好，但以蛋类为主，只有约1/3儿童摄入肉类。6～8月龄时，糖水、汤、稀粥等低能量密度食物添加率总体达到70%以上，6个月以下维生素D或维生素AD补充率在50%左右[12]。

3岁以下留守儿童图书拥有量低于非留守儿童，玩具拥有量高于非留守儿童。3岁以下留守儿童有3本及以上图书的比例约为16.75%，较非留守儿童低2.12个百分点。约47.10%的留守儿童拥有两个及以上玩具，高出非留守儿童12.02个百分点。留守儿童主要由祖父母/外祖父母照看，由于祖辈文化水平比较低，难以满足儿童陪伴阅读的需求，因此更倾向于为儿童选购玩具[13]。

（王晖、刘冬梅）

参考文献

[1] 罗丽，余淑婷，高妙．我国婴幼儿照护现状研究．中国青年社会科学，2022. 41(6): 86-94.

[2] 石智雷，刘思辰．大城市3岁以下婴幼儿照护方式及机构照护需求研究．人口学刊，2020, 42(5): 17-30.

[3] 王晖，邹艳辉．保基本民生　促进婴幼儿照护服务需求的满足——基于十城市调查数据的分析．人口与健康，2020(9): 12-15.

[4] 国新办举行优化生育政策促进人口长期均衡发展新闻发布会（2021-7-21）.http://www.scio.gov.cn/xwfbh/xwbfbh/wqfbh/44687/46355/index.htm.

[5] 谯锡琴．教育扶贫视阈下农村婴幼儿养育现状及对策思考．教育导刊，2019, 8: 11-14.

[6] 李沛霖，王晖，丁小平，等．对发达地区0～3岁儿童托育服务市场的调查与思考——以南京市为例．南方人口，2017, 32(2): 71-80.

[7] 易洪湖，贺丹凤．中部地区0～3岁婴幼儿早期教育现状及对策研究．警戒线，2021, 50: 85-87.

[8] 张瑞修，章正福．皖东地区3岁幼儿龋齿与喂养方式等因素分析．山东第一医科大学（山东省医学科学院）学报，2021, 42(6): 427-429.

[9] 邓艳南．喂养方案与习惯对幼儿牙颌发育影响的研究．北京口腔医学，2017, 25(1): 42-44.

[10] 张丹，周戈耀，田海玉，等．贵州省0～3岁婴幼儿托育服务体系的构建——基于其他地区的经验借鉴．中国初级卫生保健，2020, 34(8): 22-25.

[11] 中国儿童中心课题组．脱贫地区婴幼儿照护服务状况调查．早期儿童发展，2022(1): 63-74.

[12] 国家卫生健康委员会编．中国流动人口发展报告2018. 北京：中国人口出版社，2018.

[13] 刘鸿雁．贫困地区农村留守儿童健康服务需求评估．调查课题资料汇编，[2021-11-12]. http://hcrc.cpdrc.org.cn/show/87.html.

婴幼儿精准喂养

Practical Feeding for Infants and Young Children

第9章

婴幼儿养育的营养基础

婴幼儿期是处于身体发育的关键时期，对人一生的健康状况以及成年时期营养相关慢性病的易感性（疾病发生发展轨迹）至关重要[1-4]，这个时期保持膳食营养均衡、满足营养需求（尤其是微量营养素）、预防营养缺乏，对保障婴幼儿大脑、体格发育和提高机体免疫力、抵抗疾病、健康发育是非常关键的，良好的营养也是婴幼儿养育和后续生长发育潜能得以充分发挥的重要物质基础[5-8]。如果婴幼儿期发生营养不良，如铁缺乏及缺铁性贫血、维生素A和钙与维生素D等微量营养素缺乏，除了影响儿童的体格发育和增加对感染性疾病的易感性，还可能对大脑发育产生不可逆性损害，严重影响儿童的学习认知能力发育和做功能力[7,9-12]。因此在评价婴幼儿膳食质量时，除了要考虑膳食的多样性，重要的是要估计其膳食营养素摄入量是否能满足相应年龄推荐摄入量（recommended nutrient intake, RNI）或适宜摄入量（adequate intake, AI）。RNI和AI是中国居民膳食营养素参考摄入量中的两个推荐值，也是在推荐膳食营养素供给量（recommended dietary allowance, RDA）基础上发展起来的，以满足目标人群的营养需要，预防营养缺乏病，改善人群营养与健康状况，降低成年时期营养相关慢性病的发生风险。

9.1 营养素需要量

9.1.1 概念

个体对某种营养素的需要量系指机体为维持适宜的营养状况在一定时期内的平均每日必须获得该营养素的最低量，包括通过食物和 / 或营养素补充剂获得的营养素，而维生素 D 则主要取决于户外皮肤暴露日光中 B 波段的程度。不同营养素的需要量不同，取决于摄入体内食物或营养素补充剂中该种营养素能被机体吸收利用的量（生物利用率）。

9.1.2 影响因素

个体对某种营养素的需要量随年龄、性别、生理特点（孕妇、乳母、青春发育期等）、体力劳动程度或身体活动状况等多种因素的变化而不同。即使在个体特征基本一致群体内，由于个体生理机能与状态的差异，营养素需要量也不尽相同。

9.1.3 良好营养状况

良好营养状况是指通过日常膳食使机体处于良好的健康状态并且能维持这种状态。目前对于适宜 / 良好营养 / 健康状态可有不同的认定标准，故维持健康对某种营养素的需要量也可能有不同的水平要求。大致可分成三个水平的需要量：

（1）基本需要量　预防明显临床营养缺乏病的需要量（预防缺铁性贫血需要摄取铁剂的量）。

（2）储备需要量　满足某些与临床疾病现象有关或无关代谢过程的需要量（如使血中谷胱甘肽过氧化物酶活性达到平台期需要摄取硒的量）。

（3）预防出现明显临床缺乏病的需要量　维持组织中有一定储备的需要量。

9.1.4 营养需要特点

对于出生后 6 个月龄内的婴儿，采用纯母乳喂养可满足其能量和营养素的需要；而现代人工喂养婴儿的营养需求，主要营养是通过婴儿配方食品（乳粉）供给，这类产品的配方设计是以母乳营养成分分析数据为基础。对于6月龄之后的婴儿，为了适应其生长发育的需要，仅靠母乳喂养已经不能满足其不断增加的能量和营养素的需求，应在继续母乳喂养到2岁或更长时间的基础上，及时合理添加辅助食品，必要时在医生指导下添加辅食营养补充品，以获取充足营养，满足生长发育需要[13-15]。国内外研究发现，发展中国家婴幼儿的生长发育曲线6月龄前接近世界卫生组织的标准，然而6～24月龄阶段却明显低于该标准和发达国家的儿童，这与6月龄后婴幼儿的喂养不合理、辅食添加不科学及辅食质量差和量不够、营养素摄入量不能满足生长发育以及出现微量营养素缺乏有密切关系[16-18]。因此，制定婴幼儿的营养素需要量或膳食营养素推荐摄入量/适宜摄入量时，首先要满足其持续生长发育的需要，并应随年龄增长逐渐增加。

9.2 膳食营养素参考摄入量

膳食营养素参考摄入量（DRI）是在RDA基础上发展起来的一组参考值，以保证人体合理摄入营养素，避免缺乏和过量。儿童营养与保健中常用的指标有平均需要量（EAR）、推荐摄入量（RNI）、适宜摄入量（AI）和可耐受最高摄入量（tolerable upper intake level, UL）[19]。这些数值的确定系基于国际上最新研究进展，同时在参考我国基本情况基础上制定的，因此每隔一定时间（通常5～10年）需要进行系统修订。

9.2.1 平均需要量

平均需要量（EAR）系指某一特定性别、年龄和生理状况群体中个体对某种营养素需要量的平均值，是制定推荐摄入量的基础。按照平均需要水平摄入某一种营养素的量能满足某一特定性别、年龄及生理状况群体中50%个体的需要量，不能满足另外50%个体对该营养素的需要。距平均需要量相差最大并严重影响儿童生长发育的营养素是维生素D、维生素A和铁（及缺铁性贫血）。例如，全球范围内，婴幼儿维生素D缺乏最为普遍，摄入量距平均需要量相差甚远[20]；铁的摄入量低于平均需要量，包括发达国家[21]、我国（2016～2017年全国监测0～5岁儿童21.2%贫血率的事实说明婴幼儿铁摄入量不足）[22]以及绝大多数发展中国家[11]；而维生素A主要来源于动物性食物，在中低收入国家的婴儿中，由于长期维生素A摄入量低导致的缺乏症很普遍[23]。

9.2.2 推荐摄入量

推荐摄入量（RNI）系指可以满足某一特定性别、年龄和生理状况群体中绝大多数个体（97% ～ 98%）需要量的某种营养素摄入水平，某种营养素摄入量长期达到 RNI 水平，可以满足机体对该营养素的需要，并可维持机体健康和组织中有适当的营养素储备。RNI 主要用途是作为个体每日摄入该种营养素的目标值。RNI 相当于传统的 RDA。

9.2.3 适宜摄入量

适宜摄入量（AI）系通过观察或实验获得的健康群体某种营养素摄入量。当某种营养素的个体需要量研究中可利用的资料还不足以计算平均需要量时，可以用 AI 代替 RNI。例如纯母乳喂养的足月健康儿，从出生到 6 月龄的食物全部来自母乳，估计婴儿经母乳摄入绝大多数营养素的量就是婴儿需要营养素的 AI。除了铁、维生素 D、维生素 K 等微量营养素，对于 0 ～ 6 月龄婴儿的大多数营养素的 AI 值可以基于此法进行估计，并在参考体重基础上将获得的数值外推到 6 ～ 12 月龄的婴儿甚至幼儿[19]。AI 可作为个体营养素摄入量的目标。

9.2.4 可耐受最高摄入量

可耐受最高摄入量（UL）系指平均每日摄入营养素的最高限量。“可耐受”系指这一摄入水平在生物学上一般是可以耐受的。通常对于一般群体，摄入量达到 UL 对几乎所有的个体均不至于达到损害健康的程度，但也不表示超过此摄入量对健康是有益的。

2023 年中国营养学会发布的我国婴幼儿估计的能量需要量（EER）和营养素推荐摄入量（RNI）或适宜摄入量（AI）以及可耐受最高摄入量（UL）见表 9-1 ～表 9-6。

表 9-1　婴幼儿能量需要量（EER）①②

年龄	EER/（kcal/d）[（MJ/d）]	
	男	女
出生～ 6 个月	90kcal/（kg・d）[0.38MJ/（kg・d）]	90kcal/（kg・d）[0.38MJ/（kg・d）]
6 个月～ 1 岁	75kcal/（kg・d）[0.31MJ/（kg・d）]	75kcal/（kg・d）[0.31MJ/（kg・d）]
1 岁～ 2 岁	900（3.77）	800（3.35）

续表

年龄	EER/（kcal/d）[（MJ/d）]	
	男	女
2岁～＜3岁	1100（4.60）	1000（4.18）

① 群体的能量推荐摄入量直接等同于该群体的能量需要量，而不是像其他营养素在平均需要量的基础上 +2倍标准差，能量的推荐摄入量不用 RNI 表示，而使用能量需要量（EER）表示人体能量摄入量。

② 数据引自中国居民膳食营养素参考摄入量（2023 版），中国营养学会，2023。

表 9-2　婴幼儿蛋白质、脂肪和碳水化合物 RNI 或 AI①

年龄	蛋白质 /（g/d）	总碳水化合物 /（g/d）	总脂肪 /%E②	亚油酸 /%E②	α- 亚麻酸 /%E②	EPA+DHA /（g/d）
0岁～0.5岁	9(AI)	60(AI)	48	8.0(0.15)③	0.90(AI)	0.10④
0.5岁～1岁	17(AI)	80(AI)	40	6.0(AI)	0.67(AI)	0.10④
1岁～2岁	25(RNI)	120(EAR)	35	4.0(AI)	0.60(AI)	0.10④
2岁～＜3岁	25(RNI)	120(EAR)	35	4.0(AI)	0.60(AI)	0.10④

① 数据引自中国居民膳食营养素参考摄入量（2023 版），中国营养学会，2023；RNI为推荐摄入量，AI为适宜摄入量。

② %E 为占总能量的百分比。

③ 花生四烯酸。

④ DHA 的 AI 值。

表 9-3　婴幼儿脂溶性维生素 RNI 或 AI 和 UL①

年龄	维生素 A /（μgRAE/d）②	维生素 D/（μg/d）	维生素 E /（mg α-TE/d）③	维生素 K/（μg/d）
0岁～0.5岁	300(AI) 600(UL)	10(AI) 20(UL)	3(AI) —(UL)	2(AI) —(UL)
0.5岁～1岁	350(AI) 600(UL)	10(AI) 20(UL)	4(AI) —(UL)	10(AI) —(UL)
1岁～2岁	340/330④(RNI) 700(UL)	10(RNI) 20(UL)	6(AI) 150(UL)	30(AI) —(UL)
2岁～＜3岁	340/330④(RNI) 700(UL)	10(RNI) 20(UL)	6(AI) 150(UL)	30(AI) —(UL)

① 数据引自中国居民膳食营养素参考摄入量（2023 版），中国营养学会，2023；RNI 为推荐摄入量，AI 为适宜摄入量，UL 为可耐受最高摄入量，“—”为未制定参考值。

② 视黄醇活性当量（RAE，μg）= 膳食或补充剂来源全反式视黄醇（μg）+1/2 补充剂纯品全反式 β- 胡萝卜素（μg）+ 1/12 膳食全反式 β- 胡萝卜素（μg）+1/24 其他膳食维生素 A 原类胡萝卜素（μg）。

③ α- 生育酚当量（α-TE），膳食中总 α-TE 当量（mg）=1×α- 生育酚（mg）+0.5×β- 生育酚（mg）+ 0.1×γ- 生育酚（mg）+0.02×δ- 生育酚（mg）+0.3×α- 三烯生育酚（mg）。

④ 男孩 / 女孩。

表 9-4　婴幼儿水溶性维生素 RNI 或 AI 和 UL①

年龄	维生素 B_1 /（mg/d）	维生素 B_2 /（mg/d）	维生素 B_6 /（mg/d）	维生素 B_{12} /（μg/d）	泛酸 /（mg/d）	叶酸 /（μgDFE/d）②	烟酸 /（mgNE/d）③	胆碱 /（mg/d）	生物素 /（μg/d）	维生素 C /（mg/d）
0 岁～0.5 岁	0.1(AI)	0.4(AI)	0.1(AI) —(UL)	0.3(AI)	1.7(AI)	65(AI) —(UL)	1(AI) —(UL)	120(AI) —(UL)	5(AI)	40(AI) —(UL)
0.5 岁～1 岁	0.3(AI)	0.6(AI)	0.3(AI) —(UL)	0.6(AI)	1.9(AI)	100(AI) —(UL)	2(AI) —(UL)	140(AI) —(UL)	10(AI)	40AI) —(UL)
1 岁～2 岁	0.6(RNI)	0.7/0.6④ (RNI)	0.6(RNI) 20(UL)	1.0(RNI)	2.1(AI)	160(RNI) 300(UL)	6/5④(RNI) 10(UL)	170(AI) 1000(UL)	17(AI)	40(RNI) 400(UL)
2 岁～<3 岁	0.6(RNI)	0.7/0.6④ (RNI)	0.6(RNI) 20(UL)	1.0(RNI)	2.1(AI)	160(RNI) 300(UL)	6/5④(RNI) 10(UL)	170(AI) 1000(UL)	17(AI)	40(RNI) 400(UL)

① 数据引自中国居民膳食营养素参考摄入量（2023 版），中国营养学会，2023；RNI 为推荐摄入量，AI 为适宜摄入量，UL 为可耐受最高摄入量，“—”为未制定参考值。

② DFE，膳食叶酸当量（DFE，μg）= 天然食物来源叶酸（μg）+1.7× 合成叶酸（μg），叶酸 UL 值按 μg/d 表示。

③ NE，烟酸当量（NE，mg）= 烟酸（mg）+1/60 色氨酸（mg）。

④ 男孩 / 女孩。

表 9-5　婴幼儿宏量矿物质 RNI 或 AI 和 UL (mg/d)[①]

年龄	钙	磷	钾	钠	镁	氯
	RNI	RNI	AI	AI	RNI	AI
0 岁～0.5 岁	200(AI) 1000(UL)	105(AI) —(UL)	400 —(UL)	80 —(UL)	20(AI) —(UL)	120 —(UL)
0.5 岁～1 岁	350(AI) 1500(UL)	180(AI) —(UL)	600 —(UL)	180 —(UL)	65(AI) —(UL)	450 —(UL)
1 岁～2 岁	500(RNI) 1500(UL)	300(RNI) —(UL)	900 —(UL)	500 —(UL)	140 —(UL)	800 —(UL)
2 岁～<3 岁	500(RNI) 1500(UL)	300(RNI) —(UL)	900 —(UL)	600 —(UL)	140 —(UL)	900 —(UL)

① 数据引自中国居民膳食营养素参考摄入量（2023 版），中国营养学会，2023；RNI 为推荐摄入量，AI 为适宜摄入量，UL 为可耐受最高摄入量，“—”为未制定参考值。

表 9-6　婴幼儿微量元素 RNI 或 AI 和 UL[①]

年龄	铁 /（mg/d）	碘 /（μg/d）	锌 /（mg/d）	硒 /（μg/d）	铜 /（mg/d）	氟 /（mg/d）	铬 /（μg/d）	锰 /（mg/d）	钼 /（μg/d）
0 岁～0.5 岁	0.3(AI) —(UL)	85(AI) —(UL)	1.5(AI) —(UL)	15(AI) 55(UL)	0.3(AI) —(UL)	0.01(AI) —(UL)	0.2(AI) —(UL)	0.01(AI) —(UL)	3(AI) —(UL)
0.5 岁～1 岁	10(RNI) —(UL)	115(AI) —(UL)	3.2(RNI) —(UL)	20(AI) 80(UL)	0.3(AI) —(UL)	0.23(AI) —(UL)	5.0(AI) —(UL)	0.7(AI) —(UL)	6(AI) —(UL)
1 岁～2 岁	10(RNI) 25(UL)	90(RNI) —(UL)	4.0(RNI) 9(UL)	25(RNI) 80(UL)	0.3(RNI) 2(UL)	0.6(AI) 0.8(UL)	15(AI) —(UL)	2.0/1.5(AI)[②] —(UL)	10(RNI) 200(UL)
2 岁～<3 岁	10(RNI) 25(UL)	90(RNI) —(UL)	4.0(RNI) 9(UL)	25(RNI) 80(UL)	0.3(RNI) 2(UL)	0.6(AI) 0.8(UL)	15(AI) —(UL)	2.0/1.5(AI)[②] — (UL)	10(RNI) 200(UL)

① 数据引自中国居民膳食营养素参考摄入量（2023 版），中国营养学会，2023；RNI 为推荐摄入量，AI 为适宜摄入量，UL 为可耐受最高摄入量，“—”为未制定参考值。

② 男孩 / 女孩。

9.3　婴幼儿所需营养素的食物来源

9.3.1　母乳

对于生后最初 6 个月的婴儿，所需要的能量和全部营养素来自母乳。6 月龄之后随着开始辅食添加，并继续母乳喂养到 2 岁或更长时间。母乳仍可满足 6～12 月龄婴儿约一半的营养需求，满足 12～24 月龄幼儿三分之一的营养需求。

9.3.2 其他食物

自婴儿6月龄开始添加辅助食品，来自母乳的能量和营养素所占的比例逐渐降低，而来自辅食的能量和营养素逐渐增加。婴幼儿所需要营养素的主要食物来源见表9-7。

表9-7 婴幼儿所需营养素的食物来源

营养素	膳食来源
蛋白质	肉类（畜、禽、鱼）、蛋、肝脏、乳类、大豆、坚果、谷类
脂肪	动物油、植物油、奶油、蛋黄、肉类、鱼类
碳水化合物	米面食品、薯类、乳类、谷类、豆类、水果、蔬菜
维生素A	肝脏、乳类、绿色及黄色蔬菜、黄色水果
维生素D	海鱼、肝脏、蛋黄、奶油
维生素E	油料种子、植物油
维生素B_1	动物内脏、肉、豆、花生
维生素B_2	肝脏、肾脏、心脏、乳类、蛋

9.4 辅食营养补充品

在贫困地区或发展中国家，由于传统辅助食品（简称辅食）中能量和营养素密度较低，用这种辅食喂养的婴幼儿易发生营养不良和传染病，结果导致死亡的风险较高。严重急性营养不良儿童的处理，大多数情况下以家庭为基础的治疗是更好的和可持续的选择。使用辅食营养补充品（complementary food supplements, CFS）可以治疗和预防较大婴儿和幼儿营养不良。儿童营养不良以及其他营养相关问题通常与缺乏动物性食物、低乳品消费、食物不安全、缺乏孕产妇护理和公共卫生环境差等导致营养素摄入不足（尤其是微量营养素）有关。因此，早期实施适当的营养干预，将有助于改善较大婴儿和幼儿的营养与健康状况，预防营养缺乏，降低死亡率。在我国进行的多项干预试验结果证明，以家庭为基础的辅食营养补充品合理应用是预防婴幼儿营养不良的切实可行的有效措施。辅食营养补充品包括含食物基质的辅食营养补充品，如乳基和/或豆基强化多种微量营养素营养补充品（我国俗称婴幼儿“营养包”）[24,25]；不含食物基质的辅食营养补充品，例如Sprinkles®，补充多种微量营养素；商品化的辅食营养补充品，如富含脂肪的营养补充品。辅食营养补充品、脂基营养补充品和Sprinkles®的营养成分比较，如表9-8所示。

表 9-8　辅食营养补充品、脂基营养补充品和 Sprinkles® 的营养成分比较

营养素	单位	营养包［10～20g/（包·天）］[24]			脂基营养补充品			Sprinkles[26]
		6～12 个月	13～36 个月	37～60 个月	25g/d[27]	50g/d[27]	100g[28]	［1g/（包·天）］
能量	kcal	—	—	—	127	256	520～550	—
蛋白质	g	＞2.5	＞2.5	＞2.5	3.5	7.0	10～12	—
脂肪	g	—	—	—	8.5	16.9	45%～60%①	—
碳水化合物	g	—	—	—	6.6	13.8	—	—
维生素 A	μgRE	120～360	150～450	150～450	400	400	800～1100	300
维生素 D_3	μg	3.0～9.0	3.0～9.0	3.0～9.0	5	5	15～20	7.5
维生素 K_1	μg	3.0～9.0②	4.5～13.5②	4.5～13.5②	—	—	—	—
维生素 B_1	mg	≥0.12	≥0.24	≥0.24	0.5	0.5	≥0.5	—
维生素 B_2	mg	≥0.2	≥0.24	≥0.24	0.5	0.5	≥1.6	—
维生素 B_6	mg	≥0.12②	≥0.20②	≥0.20②	0.5	0.5	≥0.6	—
维生素 B_{12}	μg	≥0.2②	≥0.36②	≥0.36②	0.9	0.9	≥1.6	—
烟酸	mg	1.2～6.0②	2.4～6.0②	2.4～6.0②	6	6	≥5	—
叶酸	μg	18.8～150②	35.3～150②	35.3～150②	160	160	≥200	150
泛酸	mg	≥0.72②	≥0.8②	≥0.8②	2	2	≥3	—
胆碱	mg	≥60②	≥80②	≥80②	—	—	—	—
生物素	μg	≥2.4②	≥3.2②	≥3.2②	—	—	—	—
维生素 C	mg	≥20②	≥24②	≥24②	30	30	≥50	50
铁	mg	3.0～9.0	3.6～10.8	3.6～10.8	8	8	10～14	30
锌	mg	2.0～6.0	2.0～7.0	2.0～7.0	8.4	8.4	11～14	5
铜	mg	—	—	—	0.4	0.4	1.4～1.8	—
碘	μg	—	—	—	135	135	70～140	—
镁	mg	—	—	—	60	60	80～140	—
硒	μg	—	—	—	17	17	20～40	—
钙	mg	120～240	180～360	180～360	283	366	300～600	—
二十二碳六烯酸	mg	30～90②	30～90②	30～90②	—	—	—	—

① 以脂质占总能量的百分比表示，*n*-3 和 *n*-6 系脂肪酸分别占总能量的 0.3%～2.5% 和 3%～10%，水分含量＜2.5%；每 100g 可以添加其他成分，包括钠（≤290mg）、钾（1110～1400mg）、磷（300～600mg）（不包括植酸盐）、维生素 E（≥20mg）、维生素 K（15～30g）和生物素（≥60g）。

② 可选择性成分指标。

注："—"表示没有补充。

9.4.1　辅食营养补充品种类

一种含有多种微量营养素（维生素和矿物质等）的补充品，其中含有或不含有食物基质和其他辅料，添加在 6～36 月龄婴幼儿即食辅食中供食用，也可用于

37～60月龄儿童。目前常用的形式有：辅食营养补充品、辅食营养补充片、辅食营养素撒剂。我国《食品安全国家标准　辅食营养补充品》（GB 22570—2014）包含的种类有以下几种。

9.4.1.1　辅食营养素补充品

以大豆、大豆蛋白制品、乳类、乳蛋白制品中的一种或以上为食物基质，添加多种微量营养素和（或）其他辅料制成的辅食营养补充品。食物形态可以是粉状或颗粒状或半固态等，且食物基质可提供部分优质蛋白。

9.4.1.2　辅食营养素补充片

以大豆、大豆蛋白制品、乳类、乳蛋白制品中的一种或以上为食物基质，添加多种微量营养素和（或）其他辅料制成的片状辅食营养补充品，易碎或易分散。

9.4.1.3　辅食营养素撒剂

由多种微量营养素混合成的粉状或颗粒状的辅食营养素补充品，可不含食物基质。

9.4.2　含食物基质的辅食营养补充品

“多种营养素粉剂”是一种用于较大婴儿和幼儿的辅食营养补充品，主要成分为乳基（乳粉或乳清蛋白）和/或豆基（大豆粉或大豆分离蛋白），可提供优质蛋白、脂肪和总能量，补充多种微量营养素。使用该类产品可明显改善较大婴儿和幼儿的一般营养与健康状况，因为在体内这些宏量营养素对微量营养素的储备、转化与生物利用方面发挥重要作用。这类产品一般为粉状或颗粒状，价格相对便宜，易于从生产工厂转运到山区或交通不便的地方；产品储存于室温和干燥的地方，无须冷藏，保质期通常为两年；适用于轻度营养不良的儿童，长期服用的依从性良好[25,29]。但是，对于急性营养不良的儿童，建议服用即食型治疗性辅食（RUTF）或增加辅食营养补充品的服用量[30,31]。

9.4.2.1　营养成分

这种产品可以直接添加到较大婴儿和幼儿的日常辅食中，也可直接冲调成糊状后食用。在我国，“婴幼儿营养包”已经得到全面评估和认可。该类产品系根据我国《食品安全国家标准　辅食营养补充品》（GB 22570—2014）专为较大婴儿和幼儿设计的[24]。其基本成分［营养素为10g/（包·天）］有：维生素A、维生素D_3、维生素B_1、维生素B_2、铁和锌；其他可选择性成分包括蛋白质、钙、镁、硒、铜、维生素 E、维生素 K、烟酸、维生素 B_6、维生素 B_{12}、叶酸、泛酸、胆碱、生物素和维生素 C。

9.4.2.2 食用方法

这种产品制备和食用方法非常简单，即将一包产品放入盛有约 30mL 凉开水的小碗中，用汤匙搅拌成泥糊，最佳状态是其稠度应足够粘在汤匙上，利于较大婴儿和幼儿食用。也可将预先制成的泥糊直接放入粥、面汤或汤汁中，搅拌均匀即可食用，或涂抹在蛋黄或面包（馒头）外面。食用量为，每天单独服用一包或放入其他餐食中同餐服用，或者对 6 ～ 12 月龄婴幼儿将 1 包分成两次服用。

9.4.2.3 应用效果

自 2008 年以来，提供婴幼儿营养包一直作为灾区或贫困地区儿童营养状况改善的重要干预措施，在汶川地震灾区应用营养包开展了多项前瞻性研究，评估了干预对改善较大婴儿和幼儿生长发育及贫血患病率的影响。例如，对灾区所有儿童（6 ～ 18 个月）每天提供辅食营养包，直到满 24 月龄，干预试验持续一年半。干预后，儿童生长发育和贫血状况得到显著改善。营养包在预防缺铁和贫血、低体重和发育迟缓方面的有效性已得到充分证实，之后这类产品已被用于多项国家干预研究。自 2012 年开始，中国政府已启动了一项改进贫困地区儿童营养状况的国家项目 [29,32]。

9.4.3 脂基营养补充剂

最近，在低收入国家或紧急状态时，使用玉米 - 大豆强化的混合辅食营养补充品或脂基营养补充品（lipid-based nutrient supplement, LNS）治疗轻度急性营养不良（moderate acute malnutrition, MAM），可明显改善较大婴儿和幼儿的营养状况。在很多发展中国家的低收入家庭中，玉米 - 大豆强化的混合辅食营养补充品应用较为普遍；自 2009 年以来，有更多的国际补充项目使用脂基营养补充品（LNS），用于预防儿童营养不良。

9.4.3.1 特点

LNS 是柔软或易破碎的、游离水含量较低的、高能量密度的强化糊状食品，该类脂基产品的典型特点是富含蛋白质、碳水化合物和多种微量营养素 [31,33]。在国际上，这类产品的生产灵活、配方确定，能量和蛋白质的含量可以根据特定 / 具体需求量身定制，如用于快速生长发育的儿童或从轻度或中度营养不良中恢复过来的儿童。食用 LNS 时不需要加水烹饪或制备，可以容易地被 6 个月以上儿童食用，而且喂养过程不容易被外界细菌污染。

LNS易于储存和配送，食用方便，见效快，经济，易于接受，具有适当的货架期和稳定性，不需要冷藏。已证明，LNS可有效改善低收入农村地区或灾区较大婴儿和幼儿的营养状况。大多数研究结果表明，通过脂基营养补充品的干预可显著降低生长发育迟缓、改善线性增长和膳食多样性、增加宏量和微量营养素摄入量。

9.4.3.2 分类

术语LNS系指一系列脂基强化产品，包括即食型治疗性辅食（RUTF）和即食型营养补充食品（RUSF）等产品。已经证明改良型RUTF可有效用于社区治疗严重急性营养不良（severe acute malnutrition, SAM），即由于疾病的短暂影响或紧急情况下的食物短缺引起的身高别体重Z评分（WHZ）＜3SD[33,34]。现在可以根据WHO标准生产RUTF产品，这个产品标准是WHO专门为低收入国家严重营养不良的婴幼儿制定的富含能量成分的配方[34-38]。这类产品含有特殊需要的营养成分，食用前不需要制备过程，降低了污染风险，可以在家中喂食儿童RUTF。并确保没有临床并发症的儿童体重快速增长。RUTF的能量密度（＞700kcal/d）通常高于RUSF（＞500kcal/d）。

9.4.3.3 应用效果

与RUTF相比，RUSF提供的能量较低，相对成本较低，可以丰富/补充儿童原有的膳食不足。这类产品可用于治疗轻度和中度营养不良，身高别体重Z评分（WHZ）在−2SD和−3SD之间，或者预防从中度营养不良进展到重度营养不良，具有可有效降低儿童死亡率和发病率的潜力[31,34,35,39]。

虽然这类产品成本相对较高，但是有良好的依从性，易于运输，适合营养不良的人群，尤其适用于那些患有严重营养不良的儿童。例如，用RUSF治疗13周后，超过2/3的儿童（73%）从中度营养不良中恢复；使用RUTF治疗重度营养不良，总恢复率为88.3%，死亡率小于1%，治疗8周后体重增加平均值为3.2g/（kg·d）[40]。

9.4.4 不含食物基质的微量营养素撒剂

微量营养素撒剂（Sprinkles®）是一种不含食物基质的辅食营养补充品，含有铁和其他多种微量营养素的单剂量撒剂，易于撒在任何传统婴幼儿辅助食品中的粉状或颗粒状产品，可以家庭为基础供较大婴儿和幼儿食用。该类产品中微量营养素成分除了铁之外，依据当地碘或微量营养素状况还可以添加的其他微量营养素有碘、维生素B_1、维生素B_2、钙等。这种单剂量袋装产品可以放入婴儿辅食中，如米粥、汤或米饭等，可以防止缺铁性贫血和铁缺乏以及其他微量营养素缺乏。

提供多种微量营养素的辅助营养食品好于单一补铁剂产品。

9.4.4.1 食用方法

可以直接将这些产品添加到较大婴儿和幼儿日常辅食中，而且不改变食物本身的颜色和质地，也不影响儿童的食欲。由铁产生的气味不明显，并且由于使用微胶囊化的铁剂不会对婴儿胃肠道产生刺激。然而，家庭准备的食物添加微量营养素撒剂影响还应考虑当地的饮食文化和可接受程度。由于这类产品使用单一剂量小袋包装，因此看护人容易操作喂饲。这样的产品加工和运输的成本也相对便宜。根据不同地区的营养特性和营养素缺乏的特点还可选择性添加其他可选择成分。

9.4.4.2 应用效果

以家庭为基础的干预试验结果显示，给较大婴儿和幼儿补充微量营养素Sprinkles® 可显著改善低收入地区或灾区较大婴儿、幼儿和学龄前儿童的营养状况，降低贫血发生率，缩短腹泻和发热的住院治疗时间 [41-43]。在发展中国家，微量营养素撒剂已被用于预防 5 岁以下儿童缺铁性贫血和其他微量营养素缺乏 [44]。如补充 Sprinkles® 两个月或更长时间，可以显著升高血红蛋白水平和降低贫血率、改善运动发育，并且儿童对该产品的依从性好，产品易于运输、携带，也容易与其他日常辅食良好混合 [41,43,45,46]。

比较性干预试验结果显示，每日或每周一次给予撒剂，连续 14 周，与安慰剂对照相比，每周补充撒剂与每日补充撒剂均可有效地改善铁状态和降低缺铁发生率。然而，对于严重至中度贫血的儿童，每日补充可更有效地提高血红蛋白水平并降低缺铁性贫血患病率 [41]。需要指出的是，因为这些产品没有食物基质（不含优质蛋白和脂肪），其单独用于改善生长发育和严重营养不良的效果非常有限。

9.4.5 辅食营养补充品的安全和质量控制

在发展中国家或贫困地区，婴幼儿营养不良患病率仍然居高不下，因此通过强化多种微量营养素的辅食营养补充品进行干预，是降低缺铁性贫血和铁缺乏、改善这些地区儿童生长发育的有效措施。但是，应特别注意这类产品的安全和质量控制，防止毒素或病原体污染，并确保在产品的货架期内随时间的推移，产品的稳定性和适口感变化不大。确保在产品符合质量标准的前提下，按推荐量长期食用是安全的。

在灾区或低收入 / 贫困地区，由于食品不安全的环境，提供适合较大婴儿和幼儿的食物可能不可行。在这样的地区，实施辅食营养补充品的干预需要考虑两个方面的问题，即卫生和安全（满足营养需要量）。卫生指的是传统微生物学问题，而营养需求的安全是指预防由于依从性差、摄取不足导致的营养缺乏，或摄取过多导致的过量，而且还需要考虑个别婴幼儿可能对某些食品原料存在食物过敏的问题，如麸质、花生等。应确保目标人群的食用充足和安全，即补充量应足以预防营养不良（缺乏），避免过量摄入导致的不良健康影响。

在发生自然灾害或低收入地区，设计家庭干预计划时，应考虑可能发生的产品过度使用或使用不当问题，可以通过适当宣传和对儿童看护人员进行指导来解决此类问题。由于大多数辅食营养补充品营养丰富、易污染和变质，因此不应每次向儿童家庭分发过多的产品，特别是在那些高温高湿等环境条件恶劣、没有冰箱或其他冷藏设施的地方。

总之，婴幼儿生长和发育快速的特点，使其营养需求特别高，因此在那些可利用食物资源非常有限的地方 / 地区，如何满足这些人群的营养需要确实是个严峻的挑战。使用辅食营养补充品的营养干预措施对于减少缺铁性贫血和 / 或预防营养不良并促进婴幼儿生长发育将是最有效的、切实可行的方法。然而，许多因素可能影响辅食营养补充品营养干预的可接受性和有益效果，如成本、口味、质地、保质期、使用方式及营养成分、儿童的依从性等，所有这些都应在实施营养干预时重点考虑。

（王然，荫士安）

参考文献

[1] Robinson S, Fall C. Infant nutrition and later health: a review of current evidence. Nutrients, 2012, 4(8): 859-874.

[2] International Food Policy Research Institute (IFPRI). Global Nutrition Report 2016: From Promise to Impact: Ending Malnutrition by 2030. Washington DC: Summary, 2016.

[3] World Health Organization. Complementay feeding: report of the Global Consultation, and Summary of Guiding Principles for Complementary Feeding of the Breastfed Child. Geneva: World Health Organization, 2002.

[4] Black R E, Victora C G, Walker S P, et al. Maternal and child undernutrition and overweight in low-income and middle-income countries. Lancet, 2013, 382(9890): 427-451.

[5] Walker S P, Wachs T D, Gardner J M, et al. Child development: risk factors for adverse outcomes in developing countries. Lancet, 2007, 369(9556): 145-157.

[6] Fado R, Molins A, Rojas R, et al. Feeding the brain: effect of nutrients on cognition, synaptic function, and AMPA Receptors. Nutrients, 2022, 14(19): 4137.

[7] McCormick B J J, Richard S A, Caulfield L E, et al. Early life child micronutrient status, maternal reasoning, and a nurturing household environment have persistent influences on child cognitive development at age 5 years: results from MAL-ED. J Nutr, 2019, 149(8): 1460-1469.

[8] McCarthy E K, Murray D M, Kiely M E. Iron deficiency during the first 1000 days of life: are we doing enough to protect the developing brain? Proc Nutr Soc, 2022, 81(1): 108-118.

[9] Adair L S, Fall C H, Osmond C, et al. Associations of linear growth and relative weight gain during early

life with adult health and human capital in countries of low and middle income: findings from five birth cohort studies. Lancet, 2013, 382(9891): 525-534.
[10] Dewey K G, Begum K. Long-term consequences of stunting in early life. Matern Child Nutr, 2011, 7 (Suppl 3): S5-S18.
[11] McLean E, Cogswell M, Egli I, et al. Worldwide prevalence of anaemia, WHO Vitamin and Mineral Nutrition Information System, 1993-2005. Public Health Nutr, 2009, 12(4): 444-454.
[12] 徐晓清，肖翔鹰，张伶俐 . 婴幼儿膳食营养状况及与生长发育的相关性调查 . 中国妇幼保健，2020, 35(2): 321-324.
[13] 汪之顼，盛晓阳，苏宜香 .《中国 0 ～ 2 岁婴幼儿喂养指南》及解读 . 营养学报，2016, 38(2): 105-109.
[14] 石英，厉梁秋，荫士安，等 . 我国 0 ～ 5 岁儿童营养不良与婴幼儿辅食添加状况 . 中国妇幼健康研究，2021, 32(12): 1817-1821.
[15] 王杰，黄妍，卢友峰，等 . 6 月龄内纯母乳喂养与 6 月龄后及时合理添加辅食同等重要 . 中国妇幼健康研究，2021, 32(12): 1812-1816.
[16] 汤蕾，罗霞，李英，等 . 中国农村贫困地区 6-30 月龄儿童喂养状况和影响因素的实证研究 . 华东师范大学学报（教育科学版），2019, 37(3): 84-96.
[17] 李甫云，方响，刘旭栋，等 . 甘肃省贫困地区儿童营养改善项目营养包服用影响因素分析 . 中国妇幼保健，2019, 34(21): 4851-4855.
[18] Petrikova I. The role of complementary feeding in India's high child malnutrition rates: findings from a comprehensive analysis of NFHS IV (2015-2016) data. Food Secur, 2022, 14(1): 39-66.
[19] 中国营养学会 . 中国居民膳食营养素参考摄入量（2023 版）. 北京：人民卫生出版社，2023.
[20] Arman S. What are the effects of vitamin D supplementation for term breastfed infants to prevent vitamin D deficiency and improve bone health? - A Cochrane Review summary with commentary. J Musculoskelet Neuronal Interact, 2021, 21(2): 193-195.
[21] Guthrie J F, Anater A S, Hampton J C, et al. The special supplemental nutrition program for women, infants, and children is associated with several changes in nutrient intakes and food consumption patterns of participating infants and young children, 2008 compared with 2016. J Nutr, 2020, 150(11): 2985-2993.
[22] 赵丽云，丁刚强，赵文华 . 2014-2017 年中国居民营养与健康状况检测报告 . 北京：人民卫生出版社，2022.
[23] Kumar A, Anjankar A. A narrative review of vitamin a supplementation in preterm and term infants. Cureus, 2022, 14(10): e30242.
[24] 国家卫生计划生育委员会 . 食品安全国家标准 辅食营养补充品：GB 22570—2014 . 北京：中国标准出版社，2014.
[25] Huo J. Ying Yang Bao: Improving complementary feeding for chinese infants in poor regions. Nestle Nutr Inst Workshop Ser, 2017, 87: 131-138.
[26] 赵丽云，于冬梅，黄健，等 . 汶川大地震 3 个月后灾区特殊人群的营养状况 . 中华预防医学杂志，2010, 44(8): 701-705.
[27] Sun J, Huo J, Zhao L, et al. The nutritional status of young children and feeding practices two years after the Wenchuan Earthquake in the worst-affected areas in China. Asia Pac J Clin Nutr, 2013, 22(1): 100-108.
[28] 王丽娟，霍军生，孙静，等 . 汶川大地震后 3 个月四川省北川和理县 6 ～ 23 月龄婴幼儿的营养状况 . 中华预防医学杂志，2010, 44(8): 696-700.
[29] Dong C, Ge P, Ren X, et al. Prospective study on the effectiveness of complementary food supplements on improving status of elder infants and young children in the areas affected by Wenchuan earthquake. PLoS One, 2013, 8(9): e72711.

[30] Wang Y Y, Chen C M, Wang F Z, et al. Effects of nutrient fortified complementary food supplements on anemia of infants and young children in poor rural of Gansu. Biomed Environ Sci, 2009, 22(3): 194-200.
[31] Phuka J C, Maleta K, Thakwalakwa C, et al. Postintervention growth of Malawian children who received 12-mo dietary complementation with a lipid-based nutrient supplement or maize-soy flour. Am J Clin Nutr, 2009, 89(1): 382-390.
[32] 王玉英，陈春明，贾梅，等 . 辅助食品补充物对婴幼儿贫血的影响 . 卫生研究，2004, 33(3): 334-336.
[33] Briend A, Lacsala R, Prudhon C, et al. Ready-to-use therapeutic food for treatment of marasmus. Lancet, 1999, 353(9166): 1767-1768.
[34] Yang Y, Van den Broeck J, Wein L M. Ready-to-use food-allocation policy to reduce the effects of childhood undernutrition in developing countries. Proc Natl Acad Sci USA, 2013, 110(12): 4545-4550.
[35] Thakwalakwa C, Ashorn P, Phuka J, et al. A lipid-based nutrient supplement but not corn-soy blend modestly increases weight gain among 6- to 18-month-old moderately underweight children in rural Malawi. J Nutr, 2010, 140(11): 2008-2013.
[36] Thakwalakwa C M, Ashorn P, Phuka J C, et al. Impact of lipid-based nutrient supplements and corn-soy blend on energy and nutrient intake among moderately underweight 8-18-month-old children participating in a clinical trial. Matern Child Nutr, 2015, 11(Suppl 4): S144-S150.
[37] Siega-Riz A M, Estrada Del Campo Y, Kinlaw A, et al. Effect of supplementation with a lipid-based nutrient supplement on the micronutrient status of children aged 6-18 months living in the rural region of Intibuca, Honduras. Paediatr Perinat Epidemiol, 2014, 28(3): 245-254.
[38] Dewey K G, Arimond M. Lipid-based nutrient supplements: how can they combat child malnutrition? PLoS Med, 2012, 9(9): e1001314.
[39] Chaparro C M, Dewey K G. Use of lipid-based nutrient supplements (LNS) to improve the nutrient adequacy of general food distribution rations for vulnerable sub-groups in emergency settings. Matern Child Nutr, 2010, 6 (Suppl 1): S1-S69.
[40] Gera T. Efficacy and safety of therapeutic nutrition products for home based therapeutic nutrition for severe acute malnutrition a systematic review. Indian Pediatr, 2010, 47(8): 709-718.
[41] 杨青俊，荫士安，赵显峰，等 . 不同方式补充铁对学龄前儿童生长发育和铁营养状况的影响 . 卫生研究，2004, 33(2): 205-207.
[42] Schauer C, Zlotkin S. Home fortification with micronutrient sprinkles - A new approach for the prevention and treatment of nutritional anemias. Paediatr Child Health, 2003, 8(2): 87-90.
[43] Jack S J, Ou K, Chea M, et al. Effect of micronutrient sprinkles on reducing anemia: a cluster-randomized effectiveness trial. Arch Pediatr Adolesc Med, 2012, 166(9): 842-850.
[44] De-Regil L M, Suchdev P S, Vist G E, et al. Home fortification of foods with multiple micronutrient powders for health and nutrition in children under two years of age (Review). Evid Based Child Health, 2013, 8(1): 112-201.
[45] Adu-Afarwuah S, Lartey A, Brown K H, et al. Home fortification of complementary foods with micronutrient supplements is well accepted and has positive effects on infant iron status in Ghana. Am J Clin Nutr, 2008, 87(4): 929-938.
[46] Adu-Afarwuah S, Lartey A, Brown K H, et al. Randomized comparison of 3 types of micronutrient supplements for home fortification of complementary foods in Ghana: effects on growth and motor development. Am J Clin Nutr, 2007, 86(2): 412-420.

第 10 章

儿童早期味觉发育与后期的食物选择

婴儿利用触觉来区分质地，用味觉和嗅觉来区分味道，母乳喂养或吃手指头和接触玩具等物体也是生命最初几个月婴儿学习的主要方式。在他们能够爬行之前，婴儿已经了解了很多对于他们来说是新的感官世界知识。婴儿的感官世界与年龄较大的儿童和成人不同，而且婴儿有能力体查到某些味道，母乳喂养的婴儿可经母乳体验到各种各样的味道。本文重点关注婴儿早期经历的食物味道对婴儿接受固体食物的影响；关注婴儿配方奶喂养婴儿的感官体验，特别是他们对特定婴儿配方乳粉的反应，例如，有些婴儿配方乳粉对年龄较大的儿童和成人来说非常难吃，例如水解蛋白的婴儿配方乳粉。儿童时期是处在非常快速生长和发育阶段，其食物偏好的形成，可以影响整个儿童时期和成年后的膳食模式，良好的食物选择习惯和偏好（适应各种口味和风味的早期生活体验）可为健康的成年生活和预防营养相关慢性病奠定基础[1-3]。

10.1 与发育相关的味觉

10.1.1 食物的“味”定义

我们吃食物时体验到的“味（flavor）”（或“味道”“味觉”）是两种经常混淆的化学感官的产物：味觉（taste）和嗅觉（smell）。味觉是指食物中的化学物质刺激舌头和口咽其他部位味觉感受器时发生的感觉（图 10-1）。与这些受体相互作用的味觉刺激通常分为甜、咸、苦、酸，也许还有鲜（umami）或味精（monosodium glutamate）的味道[4]。

另外，当化学物质刺激位于鼻腔中相对较小的组织上的嗅觉受体时，就会产生嗅觉。与味觉不同，气味（odor）刺激可能有很多种不同的类别，也许达数千种。气味可以通过两种方式到达其受体：它们可以在吸入时进入鼻孔（前鼻途径），或者它们可以在婴儿哺乳期间、年龄较大儿童和成人的咀嚼和吞咽食物期间，母乳或食物的气味从鼻咽后部进入到鼻腔的顶部（鼻后途径）（图 10-1）。

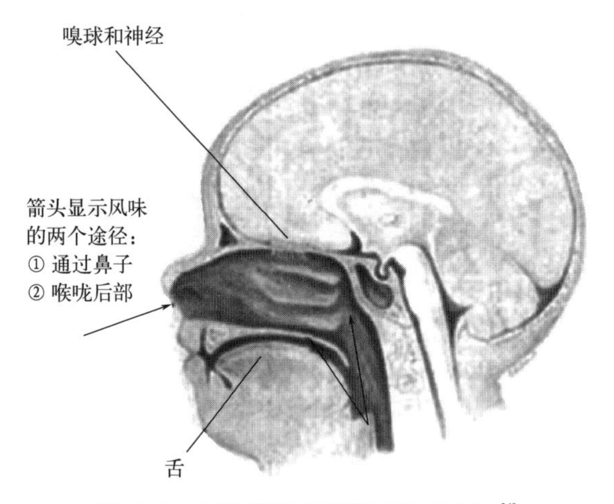

图 10-1　风味感知的前鼻和鼻后途径[4]

鼻后嗅觉（retronasal olfaction），即食物的香气从口腔进入产生嗅觉，其对味道的复杂性有很大贡献。头部症状较重的患者能清楚地体会到这一点，当嗅觉受体被阻断时，他们失去了区分常见食物味道的能力。气味在风味（味道）中的作用对于区分草莓和樱桃的味道以及享用含有甘草、香草和柑橘的食物是至关重要的。然而，还应该关注食物的其他特性（例如，质地、温度、刺激性）对其感知风味也非常重要。

10.1.2 味觉的生理反应

吃是人类的一种享受，也是生存本能所必需。就食物本身而言，我们感受到的第一个方面是由我们喜欢的某种食物的“好味道”“好吃”产生的复杂感觉，因此我们能非常愉悦地吃进这些食物。厌恶则在于“坏味道”——另一种尝过但不喜欢的食物，因此拒绝吃。人类对于食物的接受程度（喜欢与不喜欢）受到大脑稳态和快感系统的强烈调节[5]。儿童通过味觉、触觉、视觉和嗅觉直接接触各种食品，从而形成食物的偏好[6]。

“味道”或“风味”是食物作用于口腔感觉器官，引起的相关感觉组合的结果，我们可以将其分为物理感觉（physical sensations）（温度、稠度、湿度、光滑度）、化学感觉（chemical sensations，味道和气味）和化学美学感觉（chemesthetic sensations），其中化学感觉是幼儿是否会接受食物的主要决定因素[7]。口腔黏膜中存在的生物传感器的特定受体、复杂分子或分子家族负责检测上述每一种感觉。这种化学通信系统协调肌体所有细胞群的功能。感觉还通过我们的感官产生并向我们传递我们所生活的外部世界的表征：物理特性（听觉、视觉、触觉）和化学成分（味觉和嗅觉）。

20 世纪初以来，引起味觉物质的作用机制已经研究多年。研究人员应用基因组序列研究，识别并克隆编码了味觉受体基因（图 10-2）。有两种类型的跨膜受体对味觉很重要，它们的不同之处在于信号细胞内传递和转化为神经刺激的方式：G 蛋白偶联受体和离子通道。2000 年发现的第一个味觉特异性受体是苦味受体[8]，由约 30 个 G 蛋白偶联受体家族组成，称为 T2Rs（味觉受体 2），随后是 2001 年的甜味和鲜味受体[9-11]。甜味受体由 2 种蛋白质（T1R2 和 T1R3）形成，当它们形成二聚体时，能够对受体所测试的所有甜味物质作出反应，而鲜味受体由二聚体 T1R1 和 T1R3 形成。离子通道包括咸味受体（对 Na^+ 敏感）和酸味受体（对 H^+ 敏感）。在咸味情况下，提出了几种可能的受体，但咸味受体的身份仍然处于推测阶段且是有争议的[12]。酸味的情况同样复杂，瞬时受体电位类型的离子通道可能是酸味的受体[13-15]。由促味剂触发产生的信号随后传递到大脑，并在大脑中转化为享乐反应[16,17]。

10.1.3 味觉的感受部位

味蕾所感受的味觉可分为甜、酸、苦、咸四种，后来日本的研究增加了“鲜”一词，来自日语单词“umai”；其他味觉，如涩、辣等都是由前四种融合而成的。其中，感受甜味的味蕾在舌尖比较多，感受酸味的味蕾在舌的两侧后半部分比较

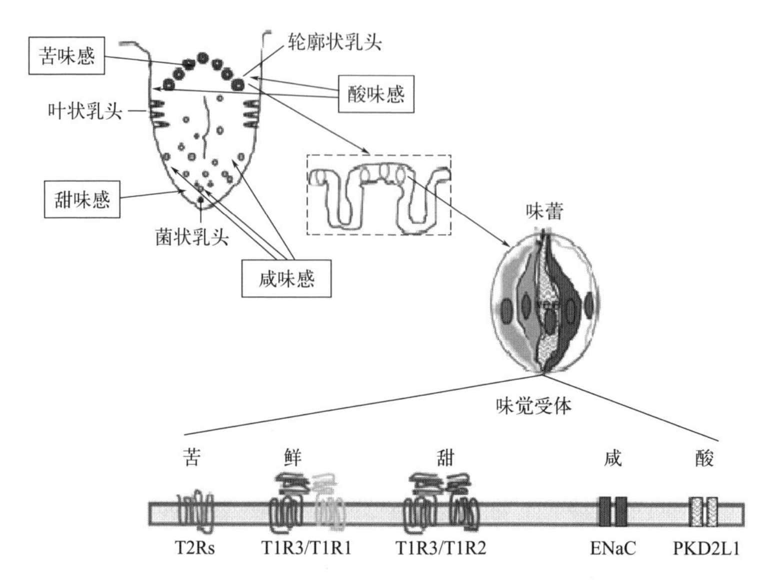

图 10-2 口腔中的味觉、受体和味觉受体细胞示意图 [18]

多，感受苦味的味蕾集中在舌头根部，感受咸味的味蕾在舌尖和舌头两侧的前半部分（图 10-2）。

在口腔中，味蕾组织含味觉感受器细胞，是位于舌头乳头中或嵌入软腭和会厌黏膜上皮中的特殊神经上皮结构。味觉感受器细胞对所有 5 种基本味觉都敏感，但每个细胞只表达对一种味觉模式特异的受体。促味剂与位于细胞顶端受体蛋白的化学相互作用启动味觉感知过程。苦味、甜味和鲜味则是由 T1R 或 T2R 味觉受体家族的 G 蛋白偶联受体检测而感受到的。T1R 是多跨膜蛋白，具有形成球状配体结合域的长的细胞外 N 端。3 种已知蛋白质（T1R1 ～ 3）作为异二聚体起作用：T1R3 与 T1R2 结合识别所有测试的甜味化合物，并且 T1R1/T1R3 二聚体在人类中对 L- 谷氨酸和 L- 天冬氨酸有反应。许多食物中存在的 5′- 核糖核苷酸可以显著增强鲜味，这种增强效果是这种味道质量的标志。T2R 具有短的细胞外 *N* 末端结构域，其特征是结构变化很大，可产生约 30 种异构体，能够对各种苦味化合物做出反应。酸味和咸味的刺激是通过味觉细胞顶膜上的离子通道检测到的。

10.1.4 儿童敏感性和偏好的发育

个体敏感性和随后对甜味的偏好也取决于存在的特定受体和遗传因素（*TAS1R* 基因多态性，包括 *TAS1R1*、*TAS1R2*、*TAS1R3*）[19]。对某些食物个人偏好的发展是一个复杂过程，需要动机和行为因素以及特定遗传因素。从进化角度，偏爱甜味或鲜味是因为机体需要富含能量的食物 [20]；遗传背景可能与许多影响食物选择的因素有关，例如味觉敏感性，而且对于一些之前没有接触经历的不喜欢的食物，在生命早期就会表现出来[21]。

婴儿的感官世界与成人不同，因为婴儿的味觉会随时间的推移不断地得以发展。具体来说，甜味反应（sweet responses）在产前就很明显，并且产后不会发生重大变化。同样，从出生开始就证明了对酸味（sour taste）的排斥，虽然后来孩子们经常喜欢非常酸的物质，但是这种情况如何发生的尚不清楚。对咸味和苦味的敏感性似乎出生后发生了变化，对鲜味的有限研究表明，这种偏好在婴儿期很明显，但是在什么情况下体验味觉仍是至关重要的。

关于婴幼儿的嗅觉感知（olfactory perceptions）和偏好如何随时间变化方面我们知之甚少。显然，婴儿能够在出生后不久就可以鉴别各种气味。目前尚不清楚他们对气味的差异是否能做出享乐反应，即婴儿觉得哪些气味令人愉悦。研究表明，新生儿似乎与成人一样对气味敏感，并且能够保留复杂的嗅觉记忆[22]。当年龄较大时，他们会探索有香味玩具与无香味玩具的差异，他们对有香味玩具的反应方式受到他们接触该特定气味程度的影响[23]。

因此，孕期和哺乳期妇女应该均衡膳食，以刺激胎儿的口味和母乳成分的多样性，这将促进未来孩子对各种食物的好奇心，有利于其选择甜味和咸味甚至于苦味（如蔬菜）食物[3]。对甜味（和咸味）味道的偏好可能是与生俱来的，这种偏好可以通过食物的供应以及家庭和文化的影响甚至在婴儿期之前得到加强或改变。父母的膳食习惯和喂养策略是孩子膳食行为和食物选择的最主要决定因素，当父母吃得健康时，可为他们的孩子树立良好榜样，从而就可以实现初级预防的目标[2, 24]。

在许多研究中，产前暴露和母乳喂养与味道刺激（flavor stimulation）和适度降低儿童肥胖风险有关[25]；6 月龄之后婴儿的大脑和肠道仍在发育和成熟中，开始添加辅食的这段时间对于婴儿预防肥胖、设定口味偏好和对食物的态度很重要，这期间的学习过程可能会对大脑控制食物摄入量产生长期影响[26]。父母以不同的方式教会孩子如何吃（how）、吃什么（what）、什么时候吃（when）和吃多少（how much to eat），以及通过饮食文化、家庭信仰及做法来干预孩子的饮食行为[27,28]。在这方面，父母的影响是非常重要的[29]。

10.2 儿童不同时期的味觉发育

味觉或口味的品质（“基本口味”）是甜（sweet）、酸（sour）、苦（bitter）、咸（salty）和鲜味（umami）的个体感觉，其中鲜味，意思是美味，它是由 L- 谷氨酸（和 L- 天冬氨酸）引起的味道，通过 50 个核糖核苷酸，鲜味可得到显著增强[30]。口味是由基因决定的，但随着时间的推移，婴儿会逐渐形成对味道 / 口味的偏好。到了足月分娩时，胎儿通过吞咽羊水接触到葡萄糖、氨基酸、乳酸和盐。通过羊水可闻到母亲分娩前摄入辛辣食物气味这一事实表明，气味化合物可以通过羊水并让胎儿体验这些感觉[31]。婴儿似乎可以检测并保留这些有关其暴露环境化学特征的信息[32]。

10.2.1 胎儿、足月儿和早产儿的味觉

10.2.1.1 胎儿

尽管羊水和胚胎膜提供了一系列屏障，保护胎儿免受外界干扰，但宫内胎儿仍然暴露于各种化学感应的刺激。妊娠过程羊水的成分中会随孕妇的膳食发生变化[33]，特别是当胎儿开始排尿时。按足月计算，胎儿每天主动吞咽近 1L 羊水，暴露于各种各样的成分，包括葡萄糖、乳酸、尿素、氨基酸、蛋白质和盐等[34]。检测这些刺激所需的器官，即味蕾，约在妊娠第 7 周或第 8 周首次出现，到第 13 ～ 15 周时，它们开始类似于成人的味蕾[35]；然而，味蕾的激活始于妊娠 30 周，此时由母体膳食引起的羊水及其成分变化会刺激胎儿的味觉感受器，而且这种早期激活似乎是味觉感官记忆发展的第一步，它将塑造人体对甜味、酸味或咸味的偏好，从而影响未来新生儿和儿童的食物选择[3]。根据解剖学研究和对其他动物的研究，它们可能在妊娠晚期就具有功能了。事实上，味蕾的第一次刺激始于宫内羊水，然后通过母乳喂养过程得以持续，这是因为母乳成分会因母亲的膳食而改变。

10.2.1.2 足月儿

出生后几天之内，婴儿可以检测到稀释的甜味溶液并可区分不同的糖。他们更喜欢非常甜的糖，如蔗糖和果糖，而不是温和的甜味，如葡萄糖和乳糖[36]。酸味在出生时就被识别出来，可以通过噘嘴和面部表情来证明[37]。检测盐分的能力是在出生后发展起来的。在约 4 月龄前，面部表情对咸味没有反应[38]。当向新生儿提供中等浓度的尿素以测试其对苦味的反应时，几小时大的婴儿并没有拒绝这种味道；然而，当浓度增加时，接触奎宁和尿素后新生儿会做出鬼脸[39]。年龄较大的婴儿（14 ～ 180 天）甚至拒绝低浓度尿素。这或许可以解释为什么大一点的婴儿拒绝吃一些苦味的食物，如一些绿色蔬菜。这些食物需要一次又一次地给予，以便婴儿最终可以忍受甚至享用它们。与不使用味精制成的汤相比，新生儿在给予用味精制成的汤时对鲜味会做出积极反应[4]。

较大婴儿能够对有香味和无香味的物体做出不同反应，这取决于之前对这种

气味的体验。根据母亲食用的食物和香料，母乳中含有丰富的风味。早在添加固体食物之前，母乳喂养的婴儿已会感受到母亲饮食文化中食物的味道。当牛奶用大蒜或香草调味时，婴儿会吃得更多、吃得更久。当在婴儿配方奶中加入香草时，配方奶喂养的婴儿也会增加摄入量。

10.2.1.3 早产儿

关于早产儿味觉的研究很少，部分原因是方法学上的局限性。检测甜味的能力发生在出生前。与普通水溶液相比，当纯胃管喂养提供葡萄糖溶液时，早产儿表现出更多的非营养性吸吮 [40]。

在另一项将味觉物质嵌入明胶基的研究中 [41]，嵌入蔗糖的明胶奶嘴与乳胶奶嘴相比，在孕后 33 ～ 40 周之间接受测试的早产儿会产生更频繁、更强的吸吮反应。这些结果表明，在出生之前，人类婴儿就拥有一种可以检测甜味的感觉器官——味蕾。

10.2.1.4 嗅觉相关研究

研究还证实，胎儿生活的环境——羊水——确实是有气味的。气味可以指示某些疾病状态，例如，枫糖尿病 [42]、苯丙酮尿症 [43] 和三甲基胺尿症 [44]，或与孕妇食用的食物类型有关等 [31]。分娩前羊水和新生儿的身体可以获得母亲摄入辛辣食物的气味，表明孕妇膳食中的气味化合物可以被转移到羊水中。

最近的一项研究已经通过实验证明了这一点，其中羊水样本是从接受常规羊膜腔穿刺术的孕妇那里获得，这些孕妇在手术前约 45min 摄入了大蒜胶囊或安慰剂 [45]。如试验设计所预想的，根据成人评估人员的判定，从摄入大蒜胶囊的女性那里获得的羊水气味被判断为比不食用大蒜胶囊的女性的羊水闻起来更强烈或更像大蒜的味道。

由于正常胎儿在妊娠后期开始吞咽大量羊水 [46]，并且有浸没在羊水中的开放气道，因此胎儿可能暴露于独特的嗅觉环境中。用其他动物的研究结果表明，年轻和成年动物更喜欢宫内经历的某些气味。类似的机制是否在人类中起作用仍然有待研究。然而，有项研究结果表明，新生儿可以检测到羊水的气味，并且至少在出生后的最初几天，他们更喜欢自己胎儿期所处的羊水气味 [47]。

10.2.2 新生儿的味觉

10.2.2.1 味觉研究

新生儿的面部表情可表明其对测试食物的满足、喜欢或不适以及排斥的反应，在一些最早的人类味觉发展研究中，这几种表现已被用于评估新生儿对味觉刺激的反应。在生命的最初几个小时内，当口腔接触到蔗糖的甜味时，面部会放松，然后是积极张开嘴巴；浓柠檬酸的酸味（鬼脸）以及浓缩奎宁和尿素的苦味（舌头吐出和鬼脸），会使婴儿表现出相对一致的、拒绝的面部表情[4,39]。然而，对盐味的测试没有明显的面部反应。与单独的汤稀释剂相比，婴儿在品尝添加了味精的汤时也表现出明显的积极面部表情，类似于甜味观察到的表情[4]。然而，味精本身似乎并不能引起这些面部反应，这就提出了一个确切的问题，新生儿到底喜欢味精汤的什么成分？

（1）评价方法　摄入量研究常用于比较婴儿消耗了多少测试的口味溶液和稀释剂溶液，也是用于评估婴儿口味偏好的最常见方法。一般来说，摄入量研究使用的味觉刺激浓度要低于面部表情研究的量。例如，如果婴儿摄入的测试味觉溶液比稀释剂多，则可以推断：①婴儿可以检测到味道，并且不太确定；②婴儿更喜欢或喜欢这种促味剂而不是稀释剂。与早产儿的研究结果一致，婴儿和儿童对食用甜味糖表现出强烈的接受度[6]。出生后几天内，婴儿甚至可以检测到稀释的甜味溶液，可以区分不同程度的甜味和不同种类的糖，而且与早产儿一样，新生儿会因甜的刺激而吸吮更多[41]。值得注意的是，所有哺乳动物的第一种食物——母乳——最主要的味觉品质之一就是它的甜味。

尽管每种评价方法都有其局限性，但研究结果的趋同支持这样的结论，即检测甜食的能力在人类发育的早期就很明显，并且它的享乐基调，即它产生的愉悦感在出生时也得到了很好的发展。人类对甜食的天生偏好和对苦味的拒绝很可能是自然选择的结果，有利于食用高能量、富含维生素的食物和蔬菜膳食，同时避免苦涩、有毒的物质。虽然对甜味的偏好似乎是与生俱来的，并且贯穿整个童年时期，但经验也可能在后续的发育中发挥作用。然而，没有科学证据表明人类早期接触甜食的变化会永久改变对甜味食物的偏好[36]。

（2）甜味与酸味　除了偏爱甜味外，婴儿还表现出对甜味的生理反应。将少量甜味液体放在哭泣的新生儿的舌头上，可发挥快速的持续数分钟的镇静作用[48]。与天生对甜味的偏好相反，新生儿拒绝柠檬酸的酸味[49]。关于新生儿对于酸味的研究很少，所以还不知道对酸味液体的敏感性或偏好是否产生于其发育的过程中。

（3）苦味与咸味　关于新生儿对苦味和咸味的反应，仍需要进一步研究。新生儿对浓缩奎宁和尿素的反应是高度负面的面部表情（拒绝），但他们并不排斥中等浓度的尿素，其原因尚不清楚。也许新生儿可以检测到苦味物质，但随着婴儿的成熟，排斥某种物质或调节摄入量的能力就会出现。关于盐的味道，对于摄入量和面部表情的研究表明，新生儿对盐漠不关心，也可能是因为检测不到盐。然而，盐似乎确实抑制了新生儿吸吮的一些参数，也没有研究结果显示盐味对新生儿有吸引力。

10.2.2.2 嗅觉研究

新生儿的气味偏好更难评估。然而，我们确实知道，出生后不久，人类婴儿就能够检测到各种各样的气味，其中最突出的气味可能来自其母亲。出生后几个小时内，母亲和婴儿仅通过嗅觉就能认出对方。当新生儿接触到母亲的气味时，他们的头和手臂移动更少，吸吮更多，哭泣更少，即母亲的气味和母乳可使婴儿得到安全感[50]。

母乳喂养的婴儿区分母亲气味和其他哺乳期妇女气味的能力不仅限于乳房区域散发的气味，他们还可以区分来自母亲腋下和颈部的气味。与彻底清洗母亲的乳房（因气味较小）相比，新生儿更喜欢母亲未清洗的乳房[51]。在视觉未发育良好之前，对母亲气味的识别和偏好可能在引导婴儿到特定区域并促进早期依附和母乳喂养方面发挥早期影响。

由于奶瓶喂养的婴儿不会将母亲的气味与不熟悉的奶瓶喂养的气味区分开来[32,50]，因此有人认为母乳喂养的婴儿能够区分这些气味，因为他们与奶瓶喂养的婴儿不同，他们与母亲有长时间的皮肤接触，并且在喂养过程中鼻孔靠近母亲的乳房和腋下。然而，最近的研究结果表明，奶瓶喂养的婴儿也更喜欢不熟悉的哺乳期妇女的乳房气味[52]。因此，乳房气味或母乳中的挥发性成分可能对所有的新生儿都有特别的吸引力。

10.2.3 较大婴儿的味觉

10.2.3.1 味觉研究

在味觉研究中，大多数忽略了新生儿和婴幼儿期的孩子（1 ～ 24 个月）。尽管很少研究，一些值得注意的线索提示，在快速发育的这段时间，婴幼儿的味觉反应发生了变化。例如，虽然新生儿拒绝浓缩苦味溶液（尿素），但最近的研究表明，新生儿并不排斥相对低浓度的尿素，但在 14 ～ 180 日龄的婴儿中出现了明显的排斥反应[53]。这与苦味感知或调节苦味溶液摄入量的能力存在早期发育变化的设想是一致的。这可以解释为什么年龄较大的婴儿拒绝苦味的食物，如绿色蔬菜。父母在引荐这些食物时可以允许孩子的一个“学习期”，需要缓慢但始终如一地添加这些食物。随暴露次数和时间的增加，最终这些食物会被孩子接受甚至喜爱。

盐可接受性的发展变化也在几项研究中得到证实。虽然相对于白开水，新生儿对盐无感或拒绝盐，但其对盐水的偏好首先出现在大约 4 月龄时，咸味的经验似乎从出生时的无感或拒绝盐到婴儿后期接受的转变中起了主要作用[36,38]。相反，如动物模型研究证明这种反应的变化可能反映了盐味觉背后的中枢和 / 或外围机制的出生后成熟[54]。因此，在 4 月龄时出现的偏好似乎在很大程度上是未习得的。

还有研究结果表明，幼儿在对盐味的偏好方面经历了另一种发展转变。到 18 月龄时，儿童开始拒绝盐水，并在偏好上变得更像成年人；他们开始对汤中的盐和其他食物（如胡萝卜或椒盐脆饼）表现出强烈的偏好[55]。也就是说，相同水平的咸度可能会引起积极或消极的反应，这取决于盐呈现给孩子的食物基质是什么。这些研究强调了感官环境在感知愉悦和偏好中的重要性。

10.2.3.2 对盐味的早期经历和偏好

虽然没有证据表明婴儿期的高盐摄入量会影响以后的偏好，但有数据表明情况正好相反。一系列动物模型研究结果提示，钠平衡的早期改变会改变长期的盐偏好行为[54,56]。妊娠早期严格限制盐摄入的大鼠幼崽出生后不同时间的测试结果显示，幼崽在行为和电生理学方面的敏感性都发生了变化[56]。

在大学生的研究中，与母亲很少或没有孕吐的学生相比，怀孕期间经历过相当多孕吐的母亲的成年后代（大学生）具有更大的盐偏好[57]。作者认为，晨吐导致短暂的液体和钠耗竭，其方式类似于动物模型研究中报告的钠耗竭。与这些发现一致，在婴儿期错误喂食氯化物缺乏的婴儿配方乳粉的 12 ～ 14 岁儿童相对于未暴露的兄弟姐妹，对咸味（但不是甜味）食物的偏好更高[58]。由于氯化物缺乏在某些方面与钠缺乏相似（例如，激素水平改变），这一发现与早期钠耗竭导致多年后偏好增加的假设是一致的。

10.2.3.3 嗅觉研究

在过去的 30 年中，人类婴儿的早期嗅觉体验是 Mennella 等[59-61]重点研究的方向，研究中使用母乳作为早期嗅觉体验的媒介。该研究表明，母乳和其他动物的乳汁一样，富含各种风味[59]，直接反映了母亲吃的普通食物和香料（例如大蒜、薄荷、香草、胡萝卜）。当母乳的味道改变时，婴儿吸吮的行为变化提示婴儿具有检测母乳味道变化的能力，也就是说，当食用大蒜或香草改变母乳的味道时，婴儿喂养时间更长，整体吸吮更多[60,61]。吸吮时嘴巴的动作可以促进鼻后嗅觉对乳汁中挥发物的感知，增强婴儿“品尝”变化的能力。此外，母乳中某种风味的经验会改变婴儿在随后的喂养中对该风味的反应[62]。例如，当配方乳粉中添加香草的味道时，婴儿配方乳喂养婴儿的反应也呈类似表现；他们在最初接触这种味道时吸吮得更多，但在反复接触后这种反应减弱[61]。

母乳的风味可能比想象中要丰富得多，因此对喂养儿味道气味的早期习得是非常重要的。由于化学物质感受器不仅在婴儿期起作用，而且在发育过程中也在发生变化，母乳喂养的婴儿可能有机会在添加固体食物之前很长时间就已经对该种食物的味道有所了解。

10.2.3.4 酒精和母乳喂养

当哺乳期妇女喝酒时，母乳的味道也会改变，适量饮酒几个世纪以来一直被推荐给哺乳期妇女，以放松紧张状态，有助于哺乳。民间传说表明，在哺乳前喝少量含酒精的饮品可以增加产奶量，促进乳汁分泌，并使母亲和婴儿放松。与这一传说相反，有研究结果表明，母乳喂养的婴儿在母亲饮用含酒精饮料后的 3 ～ 4h 内摄取的母乳量明显减少[63,64]；然而，这种排斥并不是由于婴儿对母乳风味改变的反应。酒精是否对哺乳期妇女、婴儿或两者具有药理作用是目前需要进一步调查的主题。无论如何，建议哺乳期妇女在哺乳前喝一杯啤酒或葡萄酒似乎实际效果可能会适得其反。虽然乳母在喝酒后可能会更放松，但她的孩子母乳摄入量会降低，而且婴儿似乎正在了解酒精的味道，这可以从他们吸奶行为的变化中得到证实[65]。

10.2.3.5 重复暴露的重要性

口味暴露的重复也被证明是很重要的。在一项研究中，7 月龄婴儿的母亲被要求找出婴儿不喜欢的蔬菜，并被要求在 16 天内隔天食用这种蔬菜和食用一种受欢迎的蔬菜，通常是胡萝卜、红薯这样的甜食。在第一天，婴儿吃含不喜欢吃的蔬菜的乳汁（39g/d±29g/d）比吃含喜欢吃的蔬菜的乳汁（164g/d±73g/d）要少得多，但是到重复第八次时，含喜欢吃的蔬菜的乳汁和含不喜欢吃的蔬菜的乳汁摄入量（174g/d±54g/d 与 186g/d±68g/d）无显著性差异[66]；而且这种反复接触产生的影响是持久的，因为 9 个月后，仍有 63% 的婴儿喜欢吃含有最初不喜欢吃的蔬菜的乳汁。许多研究已经证明了类似的发现，重复次数在 5 ～ 10 次之间[67-69]。

在另一项研究中，5 月龄婴儿被随机分配到三种添加辅食的模式中。1/3 被随机分配到“无品种组”，每天吃胡萝卜泥，持续 12 天；1/3 被随机分配到“低品种组”，分别吃胡萝卜、朝鲜蓟、绿豆和南瓜泥，持续 3 天；最后 1/3 被随机分配到“高品种组”，第一天吃胡萝卜泥，然后是洋蓟、青豆和南瓜，再吃胡萝卜等。当孩子们 6 岁的时候，对他们进行试食试验，母乳喂养和断奶时吃过更多种类蔬菜的孩子比那些在断奶时吃的蔬菜种类很少或没有吃过的孩子吃的新鲜蔬菜要多得多[70,71]。

10.3 生命早期味觉体验与食物选择的影响因素

婴儿和儿童的膳食和食物选择行为受内在（遗传、年龄、性别）和环境（家庭、同龄人和兄弟姊妹、社区和社会）等诸多因素影响[72]，如图10-3所示。首先，在许多研究中，产前暴露和母乳喂养与味道刺激和适度降低儿童肥胖风险有关[25,73]；其次，添加辅食的时期对于预防肥胖和口味偏好的确定以及婴儿对食物的感知和态度也很重要。因此，父母或其看护人往往通过不同方式教孩子如何吃、吃什么、什么时候吃和吃多少，以及通过多种途径传播膳食文化、家庭信仰及做法来培养孩子良好的进食行为和习惯[27]，其中父母的影响是重要的[29]，父母的喂养实践确实影响儿童的进食行为，反过来儿童进食行为也会影响父母的喂养方式[74]。

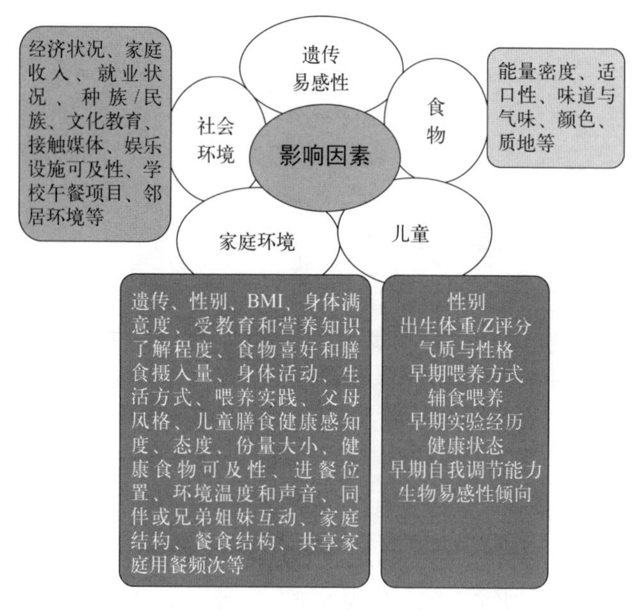

图10-3　影响儿童食物选择行为的环境因素[75]

肥胖是一种社会负担性疾病，与生活方式和食物选择有关，其特征是体力活动水平低、进食的食物能量密度高，以及食用较多含糖高的食物。Cosmi等[75]通过追踪从婴儿期到成年期的膳食习惯，调查了可能与儿童早期味道学习和喂养实践有关的环境因素，概括总结为如下内容：①生物学和社会早期生活暴露；②羊水对胎儿的影响；③母乳和婴儿配方乳粉对味觉发育的影响；④辅食喂养的作用；⑤与成年期健康轨迹相关的父母和社会文化因素。

10.3.1 早期味觉体验的影响因素

生命最初1000天是养成健康膳食习惯和食物选择的敏感期[76]，因此，干预措施可能会对儿童和成年后期的健康结局产生重大影响。这个关键时期从怀孕期间胎儿通过脐带获取营养开始，然后是母乳喂养或婴儿配方食品喂养，接着从6月龄开始添加辅食，通过这些过程婴儿会发现和体会各种食物和味道。通常人类对糖和盐有先天的积极反应，而对苦味有消极反应[77]。尽管也存在遗传决定的个体差异，这样可以确保儿童在遗传上不受限于狭窄范围的食物[78]。儿童也倾向于喜欢高能量食物，拒绝新食物[79]。少数儿童对苦味敏感，更喜欢吃苦味食物，如十字花科蔬菜；那些喜欢并摄入更多膳食脂肪的孩子容易发生肥胖；因此，品尝苦味化合物能力的遗传变异可能作为儿童膳食模式和长期健康的标志具有重要意义。现有文献分析结果表明，一些儿童可能需要额外的办法来让其接受和食用苦味的水果和蔬菜，并且需要经过重复多次的暴露才可能会改变其遗传倾向[80]。

10.3.2 羊水和母乳的影响

胎儿和新生儿似乎天生就喜欢甜食，厌恶苦味，其他口味偏好似乎是通过接触和经验习得的，例如通过宫内、母乳、婴儿配方食品和添加辅食等途径的暴露，因为母亲摄入的许多液体和食物会经羊水和乳汁传递给胎儿和母乳喂养儿[1]。产前和产后早期接触某种食物的风味，将会增强婴儿在断奶期间对固体食物中这种风味的喜爱。这些非常早期的风味体验可能为其以后的美食文化和种族差异奠定基础[81]。

10.3.2.1 羊水

宫内暴露经历似乎会影响出生后婴儿的味道和风味偏好[82]。母亲在怀孕期间吃的东西会影响胎儿生活的羊膜囊中的味道[31]。例如，Menella 等[45]的一项研究中，进行羊膜穿刺术前，孕妇被随机分配到食用大蒜胶囊或安慰剂组，在吃过大蒜的女性体液中很容易检测到大蒜的气味，而在没有吃过的女性中则没有。当胎儿暴露于羊水中的甜味溶液时，吞咽频率会增加，而当他们暴露于苦味溶液时，吞咽频率会降低，并且在出生后数小时内也观察到类似行为[83]。如果他们的母亲在怀孕期间食用过茴香或大蒜，新生儿在接触茴香或大蒜时会定向并开始张嘴[82]。Spahn 等[84]的试验结果显示，孕期来自母亲膳食的风味（如酒精、茴香、胡萝卜、大蒜）可以转移到羊水中并对羊水调味，在这种方式下的风味暴露会增加婴儿期和潜在儿童期再次接触时对类似口味食物的接受度。

这些产前暴露可能会产生长期持续性影响[81]。在 Hepper 等[85]的研究中，怀孕 35 周的爱尔兰母亲被随机分配每周吃四顿含有新鲜大蒜的食物，与之对应的是不吃任何新鲜大蒜的对照组。八年后，她们的孩子吃了一顿含两份土豆焗烤的试食，一份含有大蒜，一份不含，母亲在怀孕最后一个月吃大蒜的孩子吃含有大蒜的土豆数量是对照组的两倍[60]。

10.3.2.2 母乳

尽管所有胎儿都从宫内的风味体验中学习和感知母体摄取食物的味道，但是只有母乳喂养的婴儿才能接受额外的食物风味强化和学习，在母乳喂养期间，持续反复通过母乳可接触到来自母体的各种食物风味，可使婴儿强化风味的学习[86]。母亲在哺乳期间吃什么和喝什么会影响其分泌乳汁的味道，而母乳喂养儿这些味觉体验会影响其对新口味食物的接受程度，而且反复接触母乳中多样的食物风味（口味）与早期及时添加辅食同样会增加之后喂养中对食物的接受度，减少偏食和挑食[87]。例如，哺乳期母亲的膳食风味（如酒精、茴香、胡萝卜、大蒜、薄荷等）以与时间高度关联的方式进入母乳并为其调味；乳母单次摄入（酒精、大蒜、香草、胡萝卜）后数小时内、反复摄入（大蒜、胡萝卜汁）后的几天内以及产后哺乳期间反复摄入包括胡萝卜在内的各种蔬菜的 1 ～ 4 个月内，婴儿可以检测到母乳中存在这些膳食风味[84]。婴儿出生后最初几个月似乎有一个敏感期，此时婴儿很容易接受各种各样的口味，这个时期与口腔耐受性的关键窗口重叠[76]。因此，母亲怀孕期间和母亲哺乳期间并且从小开始让婴儿接触各种口味是有实际意义的。在 4 ～ 9 个月之间似乎也有一个敏感期，此时婴儿最容易接受不同质地的食物。

识别各种味道的能力涉及多种化学感觉系统，主要是味觉和嗅觉，这些化学感应系统在出生前就具有功能，并在整个童年时期发育成熟[88]。因为化学感应系统具有适应性和进化作用，并且在出生前就已开始发挥作用[77]，所以食物体验和偏好始于出生前的子宫内（胎儿期）[33]。暴露于宫内环境可能会对发育中的组织造成永久性影响，即“程序化”，有些也是成年后期慢性病发生的重要危险因素[89]。

儿童通常更喜欢高糖和高盐的食物，而不是那些酸味和苦味食物，如一些蔬菜。早期通过羊水、母乳以及辅食喂养期间对味道的重复暴露，可以改变儿童对盐的偏好和对苦味的拒绝。出生时新生儿的味觉发育良好，并在整个儿童期和青春期持续变化，在整个生命周期中似充当守门人的角色，作用是对于是否接受或拒绝某种食物进行控制。由于羊水和母乳都不同程度地反映了母亲膳食中的食物成分的味道[90]，反复接触它们的味道会增加婴儿对食物的接受度[88]。虽然对于母亲膳食对母乳影响的了解大多是间接的[91]，但是在整个怀孕和哺乳期间，膳食多样化的母亲，其胎儿和母乳喂养儿对食物风味的感官体验丰富，可以解释为什么她们的孩子以后往往对食物不是那么挑剔 [90]，并且更愿意在童年时期尝试新食物 [78,92]，这些早期的感官体验有助于孩子建立食物的偏好和膳食模式，为终生良好膳食习惯的养成奠定基础。一项针对 1160 对母婴的队列研究结果显示 [93]，出生后 6 个月以母乳喂养为主并持续这样喂养，母亲的限制行为较少，婴儿会有较小的进食压力。因此，与奶瓶喂养相比，母乳喂养的喂养方式可使婴儿能够更好地自我调节能量摄入 [93]。

10.3.2.3 婴儿配方乳粉

婴儿出生后的最初几个月似乎有一个敏感期，此时婴儿最容易接受各种口味，而他们在这个敏感期的口味会影响他们以后的口味偏好 [94]。大多数＜ 4 月龄的婴儿很容易喝含有极苦的水解酪蛋白的配方乳，但是超过 6 个月，从未接触过这些配方乳的婴儿则会拒绝喝 [95]。此外，在生命最初几个月喂食水解配方乳粉的婴儿比喂食标准配方乳粉的婴儿更愿意吃咸味、酸味或苦味的食物，而与从未喂食水解配方乳粉的儿童相比，5 岁儿童更愿意吃咸味、酸味或苦味食物。在婴儿期被喂食水解配方食品的成年人更容易吃带有酸味或苦味或香味的食物 [96]。

婴儿配方乳粉喂养婴儿的早期风味体验与母乳喂养婴儿明显不同，纯婴儿配方乳粉喂养的儿童，他们不能从母乳不断变化的风味特征中受益，只了解配方乳粉的风味 [88]；而且对添加蔬菜的接受程度也明显不同，即接受蔬菜的品种和数量（尤其是最初不喜欢的蔬菜）低于母乳喂养的婴儿，这种影响可持续数年 [70]。纯婴儿配方乳粉喂养的儿童由于缺乏母亲膳食中的食物风味，他们的风味体验更加单调。尽管不同类型和不同品牌的婴儿配方乳粉的风味也存在差异，但是婴儿配方乳粉喂养的婴儿会学会偏爱他们所食用婴儿配方乳粉的风味以及含有这些风味的食物 [78]。市场上有大量的婴儿配方乳粉，由于它们的宏量营养素成分各不相同，在评估膳食组成对儿童生长发育和健康影响时，将所有募集的婴儿均视为同质组是不合适的（生长发育速度差异），而且不同的婴儿配方乳粉在脂肪、碳水化合物、蛋白质组成 / 结构方面可能不同，并且这些差异可能反过来影响儿童的生长发育和风味感知的发展 [97]。在一项 Meta 分析中，欧洲和美国人群揭示了母乳喂养与肥胖患病率降低之间的关联；然而，在一项大型随机对照试验中，母乳喂养对儿童后期的体重指数并没有影响 [98]。当喂食婴儿蛋白质含量与母乳相似的婴儿配方乳时（蛋白质含量较低与较高），他们在 24 月龄时的身长、体重与母乳喂养的婴儿没有差别 [99]。与牛奶配方的乳粉相比，食用水解蛋白配方乳粉的婴儿存在另一个差异：他们更容易饱足，体重增加速度过快 [100]，其作用机制仍有待进一步研究 [101]。

10.3.3 辅食喂养的影响

在辅食喂养期间，通过添加固体食物和接触各种新食物，可使婴儿持续学习和感知食物的味道[1]。在这个特殊时期，从早期的纯流质食物（母乳、婴儿配方乳粉）喂养过渡到家庭膳食（固体食物），婴儿会体会食物的感官（质地、味道和风味）和营养特性（能量密度），最终将组成他们的成人膳食模式和偏好[102]。在辅食喂养期间，接触多种食物有助于调节婴儿第一年对新食物的接受度，而在第二年开始接触的影响可能就相当有限了[103]。幼儿（尤其是 2 ～ 5 岁）表现出高度的食物恐惧症，他们不愿意吃新的食物，这种现象被解释为一种适应性行为或反应，可确保儿童食用熟悉且安全的食物[104]。

10.3.3.1 添加辅食次数

厌恶（distaste）——对不喜欢的食物的感官特征——似乎是幼儿恐惧症的最强驱动因素[105]。幼儿食物偏好的两个最强预测因素是熟悉度和甜味。然而，这些与生俱来的倾向与通过联想学习和反复接触从早期经验中学习的倾向相结合，可使孩子能够学习如何接受和喜欢在他的特定环境中可及的食物[102]。反复让孩子接触某种食物会增加他们的熟悉度，这也是其接受程度的主要决定因素之一。有几项研究结果表明，如果一种食物被吃得更多，并且经过多次提供，可以被婴儿判断为更喜欢的食物。例如，在接触某一种绿色蔬菜至少八次后，观察到一种新的绿色蔬菜的接受度增加[105]。对于母亲先前在添加辅食开始时被婴儿拒绝的食物，反复接触足以增加婴儿对该种食物的接受度，这些食物通常是绿色蔬菜（如菠菜、西蓝花），还有南瓜和胡萝卜[66]。然而，尽管这种尝试机制有效，但是还是有些父母决定放弃添加婴儿不喜欢的这种食物，这是因为他们给孩子尝试这种食物的次数有限（通常少于五次）[26,106]。

10.3.3.2 与早期喂养方式的关系

孩子对新添加食物的反应会因食物类别而异[102]。Lange 等（2013）要求妈妈们在开始辅食喂养时报告她们的婴儿对新食物的反应，观察到首先提供给婴儿的水果和蔬菜不如其他食物组那么容易被接受[107]。在 de Lauzon 等的一项研究中，调查了父母早期喂养方式对水果和蔬菜摄入量的长期影响。该研究使用了来自四个欧洲队列研究的数据，其中通过问卷评估了水果和蔬菜的消费数据。幼儿期水果和蔬菜的摄入量各不相同。在不同文化背景下，母乳喂养持续时间与水果和蔬菜摄入量之间存在一致的正相关，母乳喂养持续时间越长，幼儿水果和蔬菜摄入量越高，而与开始添加水果和蔬菜的年龄相关性较弱[108]。

同样，与母乳喂养时间较短的儿童相比，母乳喂养三个月或更长时间的 2 ～ 8 岁儿童可能吃更多的蔬菜 [102,109]。口味可能会影响婴儿对新食物的接受度，因为添加了盐或咸的成分的蔬菜更容易被接受 [110]。然而，这一观察不应该鼓励父母使用盐或咸的成分，因为不建议婴儿摄入钠（盐）[25,26]。此外，绿豆似乎比胡萝卜更难被接受，部分原因是这两种蔬菜的味道不同，因为胡萝卜比豆类食物更甜些 [26]。

10.3.3.3 干预效果

因此，在没有印象和 / 或学习的情况下，新食物对婴幼儿的吸引力似乎取决于它们的口味和食物的感官特性。同时，有些人可能对味觉特征更敏感。特别是对于酸、甜和鲜味，6 月龄时个体对水溶液中味道的敏感性预示着对具有这些味道食物的积极反应 [110]。

2014 年，Nicklaus 及其同事研究了反复接触和风味 - 风味学习对幼儿（2 ～ 4 岁）接受不熟悉蔬菜的影响，得出的结论是，反复接触是短期和长期增加蔬菜摄入量的最简单的方法 [26,103]。对母亲进行添加辅食的早期培训等投资，可改善看护人喂养婴儿的技巧和实践，并表明辅食添加实践促进婴儿摄入量的自我调节和对健康食物的偏好，这些可能对降低肥胖风险产生积极影响，效果可持续至 5 岁 [89]。

对营养丰富的食物和口味多样化的早期体验可能会最大程度地增加儿童在成长过程中选择更健康膳食的可能性，因为他们喜欢食物中所含的口味及多样性。最近一项调查表明，蔬菜香料先添加到牛奶中让婴儿早期接触，然后添加到谷物中，会增加这些蔬菜的摄入量和喜好。在实验室和家里，干预组婴儿吃的目标蔬菜多于对照组的婴儿 [79]。

在童年时期，影响幼儿吃什么食物的主要因素是：①他们是否喜欢该食物的味道；②母乳喂养的时间长短，母亲是否吃过这些食物；③他们是否从小就吃这些食物 [111]。在幼儿时期，孩子更容易接受新食物，父母应为孩子安排多样化的膳食和增加孩子对食物的好奇心，以减少幼儿对新食物的恐惧。在 3 ～ 4 岁之后，报告的膳食模式 / 膳食习惯保持相当稳定，进一步强调了让孩子从接触膳食的初始阶段就走上正确轨道的重要性 [112]。

10.3.4 社会文化和家庭环境的影响

从出生开始，社会支持就起着关键作用。因此，通过亲属、朋友和邻居发起和持续的网络分享，关于母乳喂养和文化信仰的相关内容可能有助于促进或限制母乳喂养 [25]。父母为孩子早期的食物和膳食体验创造良好的氛围环境，并通过自己的膳食行为、口味偏好和食物选择来影响孩子的口味和食物偏好，父母和照顾者在构建孩子早期喂养和味觉感知方面发挥重要作用[113]。然而，随着儿童的成长和变得更加独立，家庭环境对儿童膳食行为的影响可能会减弱，而同龄人或其兄弟姊妹等其他因素会更具影响力[114]。还有研究表明，强迫孩子吃某种食物会降低其对该食物的喜好，同时也应避免以奖赏方式让儿童吃某种食物的行为[115]。

社会影响对于整个婴儿期食物偏好的发展变得越来越重要[104]。Beauchamp[116]和 Moran 研究了约 200 名婴儿对甜溶液与水的偏好。出生时，所有婴儿都喜欢甜水而不是水，但到 6 月龄时，对甜水的偏好与婴儿的膳食经历有关。经常由母亲喂食甜水的婴儿比没有喂食的婴儿表现出更大的偏好。因此，提供不添加糖和盐的辅食不仅对短期健康有益，而且还可以将婴儿在以后的生活中对甜味和咸味的阈值设定在较低水平[78,117]。通过让婴儿和幼儿反复接触新食物、品尝特定或多种食物，会促进其吃水果和蔬菜的意愿，还可以减少恐新倾向并增加偏好[118]。儿童需要接触一种新食物 6 ～ 15 次，才能看到摄入量的增加和偏好的养成。例如，Spill 等[119]的文献分析结果显示，每天品尝一种蔬菜或水果或者是多种蔬菜或水果，持续 8 ～ 10 天或更长时间，会增加婴幼儿对暴露食物的接受度（与暴露期前相比，摄入量增加或喂养速度加快）。因此，应鼓励母亲为婴儿提供反复品尝新食物的机会，让他们学会喜欢新食物的味道[1]。最近的一项研究发现，在积极的社会环境中反复让孩子接触一种新食物，对提高孩子尝试它的意愿特别有效。这些研究结果表明，反复让儿童接触新食物的行为以及这种接触是如何发生的都很重要[104]。

10.4 展望

儿童肥胖的患病率正在上升，多项研究结果表明，大多数危险因素在生命的早期阶段就形成了。这些因素的范围可能从产前到产后，儿童对食物味觉的早期感知和偏好对后续养成对健康食品味道的喜好是非常重要的[120]，而且这些因素之间的相互作用有助于形成未来的膳食习惯。作为一个相对较新和令人兴奋的研究领域，关于婴儿的味觉和嗅觉以及食物偏好对之后生长发育轨迹和健康状况的影响仍未得到清楚的解答。长期研究的目标是揭示早期接触香料（最常见的是羊水、母乳或婴儿配方食品）是否会影响孩子以后对食物的偏好、膳食习惯的发展以及在断奶时或之后接受新食物的意愿。

特别有趣的是，在早期开发过程中孩子的口味和对食物的偏好可能存在敏感期，这个时期口味体验的反复刺激可产生特别持久的偏好。敏感期的概念由动物行为学家 Lorenz 首次从胚胎学研究中引入行为研究领域，这意味着在早期发育期间，生物体接收并可能永久编码重要的环境信息。早期了解什么是安全、适当和营养的食物，直观地程序化给胎儿、婴儿和幼儿。这并不是说以后的学习不重要，但这突出了这些非常早期的经验的重要性。对母乳喂养的婴儿和喂养酪蛋白水解产物配方乳粉的婴儿的研究为进一步研究这一问题提供了可能的模型系统。

母乳喂养的婴儿更容易接受一种新蔬菜，并且在婴儿膳食中添加新食物时对新食物的接受度更高。在此背景下，应制定成功促进婴幼儿能更好接受蔬菜的干预策略。

食物偏好的大部分发展发生在儿童早期，但食物偏好在青春期至成年期间仍在持续发生变化，并且随着时间的推移，影响这些变化的因素变得更加复杂多样化[104]。虽然强调在生命早期过量摄入高盐和精制糖的食物可能与后来罹患非传染性疾病风险增加有关，但个体遗传背景和对特定营养素的敏感性也将影响个体对这些疾病的易感性。

另外，食物的好恶是通过学习获得的，学习过程很早就开始，取决于生物个体和社会文化的倾向。在未来的研究中应注意膳食的不同社会文化、种族 / 民族以及遗传背景，需要队列研究来量化早期刺激口味和偏好的影响。关于早期膳食的随机对照试验，重点应关注照顾者和儿童的行为，并针对食物相关基因型进行调整，对于了解如何改变偏好以促进整个生命过程中的健康膳食是至关重要的[104]。

儿童中可能会有影响其味觉功能的特殊医学状况，测量和评价儿童的味觉功能障碍可以促进采取及时有效的治疗 / 干预措施，减轻味觉功能障碍对儿童食欲和生活质量的不利影响。然而，这方面的工作（方法和工具）十分欠缺，需要尽快开发测量和评价儿童味觉功能障碍的方法和工具[121]。

因为每个孩子都是一个独立的个体，有不同的好恶，父母应该明白他们的孩子需要时间来学习对一些食物的喜好。为婴儿和成长中的孩子提供各种食物的父母更应关注营养丰富和均衡的饮食，同时也应为孩子自己的个人喜好提供发展机会。

（董彩霞，荫士安）

参考文献

[1] Mennella J A, Trabulsi J C. Complementary foods and flavor experiences: setting the foundation. Ann Nutr Metab, 2012, 60(Suppl 2): S40-S50.

[2] Scaglioni S, de Cosmi V, Ciappolino V, et al. Factors Influencing Children's Eating Behaviours. Nutrients, 2018, 10(6): 706.

[3] Paglia L. Taste development and prenatal prevention. Eur J Paediatr Dent, 2019, 20(4): 257.

[4] Mennella J A, Beauchamp G K. Early flavor experiences: research update. Nutr Rev, 1998, 56(7): 205-211.

[5] Saper C B, Chou T C, Elmquist J K. The need to feed: homeostatic and hedonic control of eating. Neuron, 2002, 36(2): 199-211.

[6] Kostecka M, Kostecka-Jarecka J, Kowal M, et al. Dietary Habits and Choices of 4-to-6-Year-Olds: Do Children Have a Preference for Sweet Taste? Children (Basel), 2021, 8(9): 774. doi: 10.3390/children8090774.

[7] Mennella J A, Reiter A R, Daniels L M. Vegetable and Fruit Acceptance during Infancy: Impact of Ontogeny, Genetics, and Early Experiences. Adv Nutr, 2016, 7(1): S211-S219.

[8] Chandrashekar J, Mueller K L, Hoon M A, et al. T2Rs function as bitter taste receptors. Cell, 2000, 100(6): 703-711.

[9] Montmayeur J P, Liberles S D, Matsunami H, et al. A candidate taste receptor gene near a sweet taste locus. Nat Neurosci, 2001, 4(5): 492-498.

[10] Nelson G, Hoon M A, Chandrashekar J, et al. Mammalian sweet taste receptors. Cell, 2001, 106(3): 381-390.

[11] Sainz E, Korley J N, Battey J F, et al. Identification of a novel member of the T1R family of putative taste receptors. J Neurochem, 2001, 77(3): 896-903.

[12] Lyall V, Heck G L, Vinnikova A K, et al. The mammalian amiloride-insensitive non-specific salt taste receptor is a vanilloid receptor-1 variant. J Physiol, 2004, 558(Pt 1): 147-159.

[13] Ishimaru Y, Inada H, Kubota M, et al. Transient receptor potential family members PKD1L3 and PKD2L1 form a candidate sour taste receptor. Proc Natl Acad Sci USA, 2006, 103(33): 12569-12574.

[14] LopezJimenez N D, Cavenagh M M, Sainz E, et al. Two members of the TRPP family of ion channels, Pkd1l3 and Pkd2l1, are co-expressed in a subset of taste receptor cells. J Neurochem, 2006, 98(1): 68-77.

[15] Huang A L, Chen X, Hoon M A, et al. The cells and logic for mammalian sour taste detection. Nature, 2006, 442(7105): 934-938.

[16] Yarmolinsky D A, Zuker C S, Ryba N J. Common sense about taste: from mammals to insects. Cell, 2009, 139(2): 234-244.

[17] Chaudhari N, Roper S D. The cell biology of taste. J Cell Biol, 2010, 190(3): 285-296.

[18] Negri R, Morini G, Greco L. From the tongue to the gut. J Pediatr Gastroenterol Nutr, 2011, 53(6): 601-605.

[19] Bachmanov A A, Bosak N P, Lin C, et al. Genetics of taste receptors. Curr Pharm Des, 2014, 20(16): 2669-2683.

[20] Mennella J A, Bobowski N K. The sweetness and bitterness of childhood: Insights from basic research on taste preferences. Physiol Behav, 2015, 152(Pt B): 502-507.

[21] Wardle J, Cooke L. Genetic and environmental determinants of children's food preferences. Br J Nutr, 2008, 99 (Suppl 1): S15-S21.

[22] Sullivan R M, Taborsky-Barba S, Mendoza R, et al. Olfactory classical conditioning in neonates. Pediatrics, 1991, 87(4): 511-518.

[23] Mennella J A, Beauchamp G K. Infants' exploration of scented toys: effects of prior experiences. Chem Senses, 1998, 23(1): 11-17.

[24] Yee A Z, Lwin M O, Ho S S. The influence of parental practices on child promotive and preventive food consumption behaviors: a systematic review and meta-analysis. Int J Behav Nutr Phys Act, 2017, 14(1): 47. doi: 10.1186/s12966-017-0501-3.

[25] Thompson A L, Bentley M E. The critical period of infant feeding for the development of early disparities in obesity. Soc Sci Med, 2013, 97:288-296.

[26] Nicklaus S. Complementary feeding strategies to facilitate acceptance of fruits and vegetables: a narrative review of the literature. Int J Environ Res Public Health, 2016, 13(11): 1160. doi: 10.3390/ijerph13111160.

[27] Birch L L, Fisher J O. Development of eating behaviors among children and adolescents. Pediatrics, 1998, 101(3 Pt 2): 539-549.

[28] Nicklaus S, Schwartz C, Monnery-Patris S, et al. Early development of taste and flavor preferences and consequences on eating behavior. Nestle Nutr Inst Workshop Ser, 2019, 91: 1-10.

[29] Mitchell G L, Farrow C, Haycraft E, et al. Parental influences on children's eating behaviour and characteristics of successful parent-focussed interventions. Appetite, 2013, 60(1): 85-94.

[30] Zhang F, Klebansky B, Fine R M, et al. Molecular mechanism for the umami taste synergism. Proc Natl Acad Sci USA, 2008, 105(52): 20930-20934.

[31] Hauser G J, Chitayat D, Berns L, et al. Peculiar odours in newborns and maternal prenatal ingestion of spicy food. Eur J Pediatr, 1985, 144(4): 403. doi: 10.1007/BF00441788.

[32] Cernoch J M, Porter R H. Recognition of maternal axillary odors by infants. Child Dev, 1985, 56(6): 1593-1598.

[33] Buchanan K L, Bohorquez D V. You are what you (first) eat. Front Hum Neurosci, 2018, 12: 323. doi: 10.3389/fnhum.2018.00323.

[34] Liley A. Disorders of amniotic fluid. New York: Academy Press, 1972.

[35] Bradley R. Development of taste bud and gustatory papillae in human fetuses//Bosma J. The Third Symposium on Oral Sensation and Perception: The mouth of the infant. Springfield, IL, 1972.

[36] Beauchamp G K, Moran M. Dietary experience and sweet taste preference in human infants. Appetite, 1982, 3(2): 139-152.

[37] Steiner J E. Facial expressions of the neonate infant indicate the hedonics of food-related chemical stimuli. Washington, DC: US Government Printing Office, 1997.

[38] Beauchamp G K, Cowart B J, Moran M. Developmental changes in salt acceptability in human infants. Dev Psychobiol, 1986, 19(1): 17-25.

[39] Rosenstein D, Oster H. Differential facial responses to four basic tastes in newborns. Child Dev, 1988, 59(6): 1555-1568.

[40] Tatzer E, Schubert M T, Timischl W, et al. Discrimination of taste and preference for sweet in premature babies. Early Hum Dev, 1985, 12(1): 23-30.

[41] Maone T R, Mattes R D, Bernbaum J C, et al. A new method for delivering a taste without fluids to preterm and term infants. Dev Psychobiol, 1990, 23(2): 179-191.

[42] Menkes J H, Hurst P L, Craig J M. A new syndrome: progressive familial infantile cerebral dysfunction associated with an unusual urinary substance. Pediatrics, 1954, 14(5): 462-467.

[43] Partington M W. The early symptoms of phenylketonuria. Pediatrics, 1961, 27:465-473.

[44] Lee C W, Yu J S, Turner B B, et al. Trimethylaminuria: fishy odors in children. N Engl J Med, 1976, 295, 17: 937-938.

[45] Mennella J A, Johnson A, Beauchamp G K. Garlic ingestion by pregnant women alters the odor of amniotic fluid. Chem Senses, 1995, 20(2): 207-209.

[46] Pritchard J A. Deglutition by normal and anencephalic fetuses. Obstet Gynecol, 1965, 25:289-297.

[47] Schaal B, Marlier L, Soussignan R. Responsiveness to the odour of amniotic fluid in the human neonate. Biol Neonate, 1995, 67(6): 397-406.

[48] Barr R G, Quek V S, Cousineau D, et al. Effects of intra-oral sucrose on crying, mouthing and hand-mouth contact in newborn and six-week-old infants. Dev Med Child Neurol, 1994, 36(7): 608-618.

[49] Desor J A, Maller O, Andrews K. Ingestive responses of human newborns to salty, sour, and bitter stimuli. J Comp Physiol Psychol, 1975, 89(8): 966-970.

[50] Sullivan R M, Toubas P. Clinical usefulness of maternal odor in newborns: soothing and feeding preparatory responses. Biol Neonate, 1998, 74(6): 402-408.

[51] Varendi H, Porter R H, Winberg J. Does the newborn baby find the nipple by smell? Lancet, 1994, 344(8928): 989-990.

[52] Makin J W, Porter R H. Attractiveness of lactating females' breast odors to neonates. Child Dev, 1989, 60(4): 803-810.

[53] Kajiura H, Cowart B J, Beauchamp G K. Early developmental change in bitter taste responses in human infants. Dev Psychobiol, 1992, 25(5): 375-386.

[54] Hill D L, Mistretta C M. Developmental neurobiology of salt taste sensation. Trends Neurosci, 1990, 13(5): 188-195.

[55] Beauchamp G K, Moran M. Acceptance of sweet and salty tastes in 2-year-old children. Appetite, 1984, 5(4): 291-305.

[56] Stewart R E, DeSimone J A, Hill D L. New perspectives in a gustatory physiology: transduction, development, and plasticity. Am J Physiol, 1997, 272(1 Pt 1): C1-C26.

[57] Crystal S R, Bernstein I L. Morning sickness: impact on offspring salt preference. Appetite, 1995, 25(3): 231-240.

[58] Stein L J, Cowart B J, Epstein A N, et al. Increased liking for salty foods in adolescents exposed during infancy to a chloride-deficient feeding formula. Appetite, 1996, 27(1): 65-77.

[59] Mennella J A. Mother's milk: a medium for early flavor experiences. J Hum Lact, 1995, 11(1): 39-45.

[60] Mennella J A, Beauchamp G K. Maternal diet alters the sensory qualities of human milk and the nursling's behavior. Pediatrics, 1991, 88(4): 737-744.

[61] Mennella J A, Beauchamp G K. The human infants' response to vanilla flavors in mother's milk and formula. Infant Behavior and Development, 1996, 19(1): 13-19.

[62] Mennella J A, Beauchamp G K. The effects of repeated exposure to garlic-flavored milk on the nursling's behavior. Pediatr Res, 1993, 34(6): 805-808.

[63] Haastrup M B, Pottegard A, Damkier P. Alcohol and breastfeeding. Basic Clin Pharmacol Toxicol, 2014, 114(2): 168-173.

[64] 荫士安 . 人乳成分——存在形式、含量、功能、检测方法 . 2 版 . 北京：化学工业出版社，2022.

[65] Mennella J A. Infants' suckling responses to the flavor of alcohol in mothers' milk. Alcohol Clin Exp Res, 1997, 21(4): 581-585.

[66] Maier A, Chabanet C, Schaal B, et al. Effects of repeated exposure disliked vegetables in on acceptance of initially 7-month old infants. Food Qual Preferenc, 2007, 18:1023-1032.

[67] Remy E, Issanchou S, Chabanet C, et al. Repeated exposure of infants at complementary feeding to a vegetable puree increases acceptance as effectively as flavor-flavor learning and more effectively than flavor-nutrient learning. J Nutr, 2013, 143(7): 1194-1200.

[68] Caton S J, Ahern S, Remy E, et al. Repetition counts: repeated exposure increases intake of a novel vegetable in UK pre-school children compared to flavour-flavour and flavour-nutrient learning. Br J Nutr, 2013, 109(11): 2089-2097.

[69] Barends C, Weenen H, Warren J, et al. A systematic review of practices to promote vegetable acceptance in the first three years of life. Appetite, 2019, 137:174-197.

[70] Maier-Noth A, Schaal B, Leathwood P, et al. The lasting influences of early food-related variety experience: a longitudinal study of vegetable acceptance from 5 months to 6 years in two populations.

PLoS One, 2016, 11(3): e0151356.
[71] Maier-Noth A. Early development of food preferences and healthy eating habits in infants and young children. Nestle Nutr Inst Workshop Ser, 2019, 91: 11-20.
[72] Bellows L L, Johnson S L, Davies P L, et al. The colorado LEAP study: rationale and design of a study to assess the short term longitudinal effectiveness of a preschool nutrition and physical activity program. BMC Public Health, 2013, 13: 1146. doi: 10.1186/1471-2458-13-1146.
[73] Owen C G, Martin R M, Whincup P H, et al. Effect of infant feeding on the risk of obesity across the life course: a quantitative review of published evidence. Pediatrics, 2005, 115(5): 1367-1377.
[74] Mallan K, Miller N. Effect of parental feeding practices (i.e., responsive feeding) on children's eating behavior. Nestle Nutr Inst Workshop Ser, 2019, 91: 21-30.
[75] de Cosmi V, Scaglioni S, Agostoni C. Early taste experiences and later food choices. Nutrients, 2017, 9(2): 107. doi: 10.3390/nu9020107.
[76] Borowitz S M. First bites-why, when, and what solid foods to feed infants. Front Pediatr, 2021, 9:654171.
[77] Robinson S, Fall C. Infant nutrition and later health: a review of current evidence. Nutrients, 2012, 4(8): 859-874.
[78] Mennella J A. Ontogeny of taste preferences: basic biology and implications for health. Am J Clin Nutr, 2014, 99(3): S704-S711.
[79] Hetherington M M, Schwartz C, Madrelle J, et al. A step-by-step introduction to vegetables at the beginning of complementary feeding. The effects of early and repeated exposure. Appetite, 2015, 84: 280-290.
[80] Keller K L, Adise S. Variation in the abiity to taste bitter thiourea compounds: implications for food acceptance, dietary intake, and obesity risk in children. Annu Rev Nutr, 2016, 36: 157-182.
[81] Mennella J A, Jagnow C P, Beauchamp G K. Prenatal and postnatal flavor learning by human infants. Pediatrics, 2001, 107(6): E88.
[82] Schaal B, Marlier L, Soussignan R. Human foetuses learn odours from their pregnant mother's diet. Chem Senses, 2000, 25(6): 729-737.
[83] Ross M G, Nijland M J. Fetal swallowing: relation to amniotic fluid regulation. Clin Obstet Gynecol, 1997, 40(2): 352-365.
[84] Spahn J M, Callahan E H, Spill M K, et al. Influence of maternal diet on flavor transfer to amniotic fluid and breast milk and children's responses: a systematic review. Am J Clin Nutr, 2019, 109(Suppl_1): S1003-S1026.
[85] Hepper P G, Wells D L, Dornan J C, et al. Long-term flavor recognition in humans with prenatal garlic experience. Dev Psychobiol, 2013, 55(5): 568-574.
[86] Ventura A K. Does breastfeeding shape food preferences? links to obesity. Ann Nutr Metab, 2017, 70 (Suppl 3): S8-S15.
[87] de Barse L M, Jansen P W, Edelson-Fries L R, et al. Infant feeding and child fussy eating: The Generation R Study. Appetite, 2017, 114:374-381.
[88] Forestell C A. The development of flavor perception and acceptance: the roles of nature and nurture. Nestle Nutr Inst Workshop Ser, 2016, 85: 135-143.
[89] Muniandy N D, Allotey P A, Soyiri I N, et al. Complementary feeding and the early origins of obesity risk: a study protocol. BMJ Open, 2016, 6(11): e011635.
[90] Forestell C A. Flavor perception and preference development in human infants. Ann Nutr Metab, 2017, 70 (Suppl 3): S17-S25.

[91] Bravi F, Wiens F, Decarli A, et al. Impact of maternal nutrition on breast-milk composition: a systematic review. Am J Clin Nutr, 2016, 104(3): 646-662.

[92] Skinner J D, Carruth B R, Bounds W, et al. Do food-related experiences in the first 2 years of life predict dietary variety in school-aged children? J Nutr Educ Behav, 2002, 34(6): 310-315.

[93] Taveras E M, Scanlon K S, Birch L, et al. Association of breastfeeding with maternal control of infant feeding at age 1 year. Pediatrics, 2004, 114(5): e577-583.

[94] Harris G, Mason S. Are there sensitive periods for food acceptance in infancy? Curr Nutr Rep, 2017, 6(2): 190-196.

[95] Mennella J A, Beauchamp G K. Developmental changes in the acceptance of protein hydrolysate formula. J Dev Behav Pediatr, 1996, 17(6): 386-391.

[96] Beauchamp G K, Mennella J A. Early flavor learning and its impact on later feeding behavior. J Pediatr Gastroenterol Nutr, 2009, 48 (Suppl 1): S25-S30.

[97] Trabulsi J C, Mennella J A. Diet, sensitive periods in flavour learning, and growth. Int Rev Psychiatry, 2012, 24(3): 219-230.

[98] Martin R M, Patel R, Kramer M S, et al. Effects of promoting longer-term and exclusive breastfeeding on adiposity and insulin-like growth factor-I at age 11.5 years: a randomized trial. JAMA, 2013, 309(10): 1005-1013.

[99] Koletzko B, von Kries R, Closa R, et al. Lower protein in infant formula is associated with lower weight up to age 2 y: a randomized clinical trial. Am J Clin Nutr, 2009, 89(6): 1836-1845.

[100] Mennella J A, Ventura A K, Beauchamp G K. Differential growth patterns among healthy infants fed protein hydrolysate or cow-milk formulas. Pediatrics, 2011, 127(1): 110-118.

[101] Larnkjaer A, Bruun S, Pedersen D, et al. Free amino acids in human milk and associations with maternal anthropometry and infant growth. J Pediatr Gastroenterol Nutr, 2016, 63(3): 374-378.

[102] Nicklaus S. The role of food experiences during early childhood in food pleasure learning. Appetite, 2016, 104: 3-9.

[103] Bouhlal S, Issanchou S, Chabanet C, et al. 'Just a pinch of salt'. An experimental comparison of the effect of repeated exposure and flavor-flavor learning with salt or spice on vegetable acceptance in toddlers. Appetite, 2014, 83: 209-217.

[104] Ventura A K, Worobey J. Early influences on the development of food preferences. Curr Biol, 2013, 23(9): R401-408.

[105] Sullivan S A, Birch L L. Infant dietary experience and acceptance of solid foods. Pediatrics, 1994, 93(2): 271-277.

[106] Carruth B R, Ziegler P J, Gordon A, et al. Prevalence of picky eaters among infants and toddlers and their caregivers' decisions about offering a new food. J Am Diet Assoc, 2004, 104(1 Suppl 1): S57-S64.

[107] Lange C, Visalli M, Jacob S, et al. Maternal feeding practices during the first year and their impact on infants' acceptance of complementary food. Food Qual Preference, 2013, 29: 89-98.

[108] de Lauzon-Guillain B, Jones L, Oliveira A, et al. The influence of early feeding practices on fruit and vegetable intake among preschool children in 4 European birth cohorts. Am J Clin Nutr, 2013, 98(3): 804-812.

[109] Wadhera D, Capaldi Phillips E D, Wilkie L M. Teaching children to like and eat vegetables. Appetite, 2015, 93:75-84.

[110] Schwartz C, Chabanet C, Lange C, et al. The role of taste in food acceptance at the beginning of complementary feeding. Physiol Behav, 2011, 104(4): 646-652.

[111] Northstone K, Emmett P M. Are dietary patterns stable throughout early and mid-childhood? A birth cohort study. Br J Nutr, 2008, 100(5): 1069-1076.

[112] Singer M R, Moore L L, Garrahie E J, et al. The tracking of nutrient intake in young children: the Framingham Children's Study. Am J Public Health, 1995, 85(12): 1673-1677.

[113] Savage J S, Fisher J O, Birch L L. Parental influence on eating behavior: conception to adolescence. J Law Med Ethics, 2007, 35(1): 22-34.

[114] Kral T V, Rauh E M. Eating behaviors of children in the context of their family environment. Physiol Behav, 2010, 100(5): 567-573.

[115] Fries L R, van der Horst K. Parental feeding practices and associations with children's food acceptance and picky eating. Nestle Nutr Inst Workshop Ser, 2019, 91: 31-39.

[116] Mennella J A, Kennedy J M, Beauchamp G K. Vegetable acceptance by infants: effects of formula flavors. Early Hum Dev, 2006, 82(7): 463-468.

[117] Agostoni C, Decsi T, Fewtrell M, et al. Complementary feeding: a commentary by the ESPGHAN Committee on Nutrition. J Pediatr Gastroenterol Nutr, 2008, 46(1): 99-110.

[118] Mennella J A, Nicklaus S, Jagolino A L, et al. Variety is the spice of life: strategies for promoting fruit and vegetable acceptance during infancy. Physiol Behav, 2008, 94(1): 29-38.

[119] Spill M K, Johns K, Callahan E H, et al. Repeated exposure to food and food acceptability in infants and toddlers: a systematic review. Am J Clin Nutr, 2019, 109(Suppl_7): S978-S989.

[120] Mennella J A, Daniels L M, Reiter A R. Learning to like vegetables during breastfeeding: a randomized clinical trial of lactating mothers and infants. Am J Clin Nutr, 2017, 106(1): 67-76.

[121] van den Brink M, Upma I, Tisding W J E, et al. Taste dysfunction in children-a clinical perspective and review of assessment methods. Chem Senses, 2021, 46: bjab035. doi: 10.1093/chemse/bjab035.

婴幼儿精准喂养

Practical Feeding for Infants and Young Children

第 11 章

生命最初 1000 天的口腔健康

生命最初 1000 天的重要性已逐渐被广泛接受，这一时期（特别是前 450 天，即怀孕和出生后前 6 个月）对于维护口腔健康是整个生命历程中最为重要的时期，也是预防龋齿和其他慢性口腔疾病的干预措施和行动的黄金时期[1]。威胁和影响儿童口腔健康的疾病中以龋齿最为常见。根据 1998 年至 2018 年间发表的 72 项全球研究的摘要，1 岁儿童平均龋齿患病率为 17%，2 岁儿童平均龋齿患病率增加到 36%，3 岁、4 岁和 5 岁儿童平均龋齿患病率也处于较高水平，分别为 43%、55% 和 63%[2]。这些数据清楚表明，龋齿患病率随年龄的增长而增加。如果生命最初 1000 天没有完全得到预防和治疗，在童年的未来几年，甚至整个生命过程中，它不仅影响到口腔健康，而且还将影响身体健康和慢性病的发生轨迹或易感性。未经治疗的婴幼儿龋（early childhood caries, ECC）与儿童生长发育不良[3]、营养缺乏[4,5]、行为和睡眠问题[6]、生活质量差、学校缺勤和教育表现不佳有关[7]，而且未经治疗的 ECC 儿童的口腔健康相关生活质量（OHRQoL）明显低于没有 ECC 的儿童[8]。

这一独特的时期应是被视为养成良好健康习惯，有效预防婴幼儿龋齿、牙周疾病，取得口腔健康的关键时期，医疗卫生工作者和儿童保健医生应帮助识别对婴幼儿口腔不健康的生活方式、行为及其他影响因素。生命早期 1000 天也是通过与家庭合作（如儿童的父母或看护人）使儿童养成良好健康习惯和改善口腔健康的重要时机。这一时期良好生活方式的建立，其有益影响将会受益终身，而且也是预防口腔疾病（如龋齿和牙周疾病）、全身性疾病和慢性非传染性疾病（如超重、肥胖、糖尿病、心血管疾病）的重要“窗口期”。因此，需要全面了解生命的最初 1000 天口腔健康的重要性，是实施行动和干预措施的关键时期，这些行动和干预措施将会使婴幼儿受益，保证可以持续一生的良好口腔和身体健康发育。

11.1 口腔健康的概念

牙齿和嘴是身体不可分割的一部分，启用和支持基本的人类功能，因此口腔健康很重要。

11.1.1 口腔健康的定义

口腔健康传统上被定义为有助于口腔正常功能行使和处于无病的口腔状态。在现有定义的基础上，口腔健康可定义为多维性质，包括身体、心理、情感和福祉。口腔健康是主观和动态的，使进食、说话、微笑和社交活动成为可能，而不会感到不适、疼痛或尴尬。良好的口腔健康反映了个人在生活中适应生理变化的能力，并通过独立的自我护理来保持自己的牙齿和口腔功能处于良好状态。

11.1.2 口腔疾病的种类

已知一系列疾病和病症会影响口腔的软组织和硬组织，包括多种颅面疾病、先天性异常、损伤和各种感染等。然而，被认为是全球公共卫生问题（口腔健康）的主要临床疾病包括龋齿（蛀牙）、牙周（牙龈）疾病和口腔癌[1]，其中龋齿是儿童中最常见的口腔慢性疾病且患病率较高。

口腔疾病是影响口腔健康的重要原因之一，尽管在很大程度上口腔疾病是可以预防和治疗的，但是全球范围内在整个生命过程中人群口腔疾病非常普遍，对个人、社区和更广泛的社会产生负面影响。迄今，口腔疾病是一个全球性的公共卫生问题，尤其是在许多中、低收入国家，口腔疾病的患病率不断上升；我国人群，尤其是儿童中口腔疾病（龋齿和牙周疾病）是常见病和多发病，且患病率呈现持续上升趋势，如儿童中最为常见的龋齿，影响儿童的生长发育、认知能力的发展和总体健康状况。

11.2 口腔健康的重要性

11.2.1 生命最初 1000 天的重要性

生命最初 1000 天的范围是从受孕到出生后第二年结束，包括 270 天妊娠、出生后第一年和第二年的365天的总和。这一时期对个体的后续发展潜能至关重要，在这一时期，母亲的膳食习惯、喂养的类型以及辅食喂养将会影响儿童及成人期罹患慢性非传染性疾病（NCD）的风险[9]，其中口腔处于良好的健康状况是维持身体健康的重要基础。

因此，从受孕到至少2岁被认为是一个重要的“机会窗口”期，特别是对于预防口腔疾病（如龋齿）和全身性慢性非传染性疾病而言。已知口腔疾病影响儿童生长发育、健康状况、注意力和生活质量，并且与慢性非传染性疾病的关联密切[10]。在此期间，进行干预有可能防止和/或逆转代谢程序化，改变或延缓这些疾病的发生、发展轨迹，改善孕产妇和儿童的健康状况，降低儿童未来罹患这些疾病的风险，而且生命最初1000天（早期宫内暴露和出生后早期喂养方式以及辅食的暴露）的食物偏好和膳食习惯将会持续影响整个生命周期[11]。

11.2.2 口腔健康的跨学科特点

维护婴幼儿口腔健康需要多学科人员参与，包括牙科专业人员、营养师、妇科医生、儿科医生或儿童保健医生、护士和其他专职医疗保健专业人员在内的跨学科团队的共同努力协作，发挥跨学科的优点，通过积极的健康促进计划促进目标人群获得医疗和牙齿的护理；还需要多学科联合设计针对性改善婴幼儿口腔健康的干预方案和科学实践（包括产前、围产期和产后阶段）；需要基于社会经济条件和文化背景等诸多因素，制定相应的促进健康膳食习惯应对策略和发展战略，以促进儿童维持良好的身体和口腔健康[12]。

11.2.3 孕期的重要性

促进儿童口腔健康的初步行动应在生命的早期阶段进行，儿童早期患龋齿甚至可能与妊娠期的诸多因素有关，如维生素D缺乏可能影响胎儿牙齿的钙化过程，导致牙釉质发育不良和儿童早期龋齿[5]。怀孕期是早期预防儿童口腔疾病的理想时机，因为孕产妇的健康状况、膳食习惯和行为对儿童的口腔健康有重大影响[13]。“教育是产前口腔保健的重要组成部分，可能对母亲和儿童的口腔健康产生重大影响”[14]。在此期间，孕妇可能会接受改善儿童健康的相关资讯[14]。例如，一项系统评价结果显示，母亲在怀孕期间接受口腔保健（如一级预防、口腔检查和清洁以及口腔健康教育），可降低ECC发病率[15]。

11.2.3.1 孕期肥胖

肥胖是一个全球性的公共卫生问题，考虑到儿童时期大部分超重是在学龄前形成的，为预防肥胖，世界卫生组织发布的指南，建议每日总能量消耗量中糖摄入量不超过 10%，理想情况下为 5%。很少有研究关注生命早期 1000 天食用含糖饮料与儿童口腔健康的关系，但是早期接触糖是一个需要引起严重关注的问题。最近的一项队列研究表明，母亲肥胖和怀孕期间大量饮用含糖饮料会增加儿童早期暴露（2 岁前）和大量接触“添加糖”的风险，表明生命最初 1000 天就持续存在不健康的饮食行为，将会影响儿童良好膳食习惯的养成和口腔健康 [16]。

11.2.3.2 健康教育

乳牙和一些早期萌出的恒牙的形成始于孕期。产前、围产期和产后全身性、环境和局部来源的因素以及遗传易感性可影响最佳牙釉质的形成。由于牙釉质的形成始于宫内（胎儿期），妊娠过程可能在牙釉质强度和龋齿易感性中起作用。有原发性牙齿萌出障碍、先天性牙齿萌出异常、牙釉质发育缺陷的儿童患 ECC 的可能性要比正常儿童高 3 倍 [17]。因此，在孕期保持口腔健康，重视加强口腔健康知识的学习和提高口腔健康的意识，是终生预防 ECC 和其他母婴口腔健康问题的关键和最有希望的一步。

11.2.3.3 膳食习惯

最近的研究结果提示，龋齿的发生除了细菌外，还与膳食习惯密切相关。另外，目前科学试验的数据证实，对甜味的喜欢是与生俱来的 [18]。个人的食物偏好最初是基于预先确定的生物倾向，但这些倾向可能会因与社会和环境因素有关的新经验而改变。味觉在宫内开始形成，并在母乳喂养期间得以持续或增强 [19]。由于母亲羊水和母乳中存在的挥发性气味，人体感觉、嗅觉和味觉系统的发育和功能始于子宫。对这些口味的感知可以帮助婴儿习惯自己很快就会吃的食物，尽早塑造食物偏好。有证据表明，早期接触甜味预示着以后生活中会有类似的食物偏好和饮食行为 [20,21]。

孕期维生素 D 缺乏（户外活动时间少和低膳食摄入量没有额外补充）将会影响胎儿的牙齿钙化，增加牙釉质发育不良和出生后早期患龋齿的风险 [22,23]。例如，Schroth 等 [5,22] 的调查结果显示，脐带血中 25（OH）D 水平与 1 岁时儿童的龋齿数呈负相关（P=0.001），因此有研究提出改善孕妇的维生素 D 营养状况可能会影响其婴儿的龋齿患病风险 [23]。

11.2.3.4 出生结局

牙周疾病与早产和低出生体重等出生结局之间存在正相关[24,25]。反过来，与足月婴儿相比，这些结局与牙釉质发育缺陷[26]、ECC[17]、错颌咬合、需要正畸治疗和颅面形态改变的风险增加有关。

11.2.3.5 其他因素

已有文献显示，多种潜在的危险因素在儿童龋齿的易感性和发生、发展中发挥作用。关于多种危险因素与ECC之间关联性的研究方面，病例控制和队列研究结果的Meta分析和系统评价结果显示，在中高收入国家中，与幼儿龋齿相关的两个最强危险因素是牙釉质缺陷和高水平的变形链球菌；高收入国家的次要危险因素是牙本质龋齿、频繁食用甜食、口腔卫生差和可见牙菌斑[27]。近期一篇文献综述提出，社会经济、人口和行为等因素影响儿童/青少年患龋齿的易感性[28]；生活在贫困中的儿童受口腔疾病的影响最大，也很难获得牙科的保健和护理服务[1,29]；有系统评价资料显示社会经济地位、父母受教育程度、口腔健康知识和态度与儿童口腔护理和健康相关[30]；父母的口腔健康素养（OHL）低与孩子的龋齿发生有关[31,32]。

必须强调的是，怀孕期间有一些共同的风险因素，导致母亲和孩子全身和口腔不良健康结局。例如，怀孕期间接触香烟（吸烟和/或被动吸烟）会影响孕妇的总体健康和牙周健康，并可能增加母亲患分娩并发症和婴儿患ECC的风险[33]。

11.2.4 出生后两年的重要性

目前对世界卫生组织生长曲线的分析证实，生后最初两年作为促进人口健康和人力资本的“机会之窗”具有重要意义[34]。其中出生后早期的喂养方式被认为对于儿童口腔健康具有重要影响，例如，出生后第一年母乳喂养婴儿的龋齿患病率显著低于婴儿配方乳粉喂养的婴儿[35]，人工喂养过程中接触游离糖或含糖饮料也与患ECC的风险独立相关[36]。

11.2.4.1 喂养方式

（1）对婴儿牙齿发育的影响　流行病学调查结果显示，出生后最初6个月纯母乳喂养，随后继续母乳喂养的同时及时合理添加辅食，有利于婴幼儿牙齿正常发育与萌出[37]，降低龋齿发生率，改善婴幼儿的牙齿发育和口腔健康状况。纯母乳喂养的婴儿由于不需要奶瓶奶具，可避免婴儿不良的咬合习惯，很少造成乳前牙的畸形，有数据显示，母乳喂养可有效减少儿童乳牙错颌畸形（OR=0.32，95%CI=0.25 ～ 0.40）[38]，而非纯母乳喂养的婴儿发生畸形的相对风险是纯母乳喂养婴儿的 2.67 倍，这可能与母乳喂养的方式可使乳头与婴儿口腔含接良好，不会对上颌骨造成压迫有关 [39]。母乳喂养能够为婴儿牙齿发育提供所需要的均衡全面营养物质，增加机体抵抗力和降低致病菌感染的能力。

（2）与龋齿以及牙周疾病的关系　生命早期的喂养方式被认为是乳牙龋病发生的重要条件之一。多项研究显示，婴幼儿龋齿（caries）以及牙周疾病（periodontal diseases）的患病率和严重程度与早期喂养方式有关 [40,41]，与人工喂养或混合喂养的方法相比，母乳喂养儿的患龋率最低 [42,43]。婴幼儿龋（ECC）是婴幼儿和学龄前儿童发生的乳牙龋病，其发生和发展是由于早期不适当的喂养方式造成的。出生后 6 个月内纯母乳喂养，能够有效降低婴幼儿龋的风险。幼儿猛性龋（rampant caries）是一种幼儿常见病，即幼儿口腔中两个以上上颌切牙患龋，称为猛性龋，而奶瓶（人工）喂养与幼儿猛性龋的发生密切相关 [41]，相比较而言，母乳喂养可非常显著地降低儿童发生龋齿的风险 [44]；Meta 分析结果显示，母乳喂养儿受龋齿影响的程度比奶瓶喂养儿低 57%[35]。

（3）对儿童口腔内变形链球菌定植的影响　口腔变形链球菌（streptococcus mutans in the mouth，简称变链菌）被认为是导致龋齿的重要原因之一，细菌在牙齿菌斑内定植是最终导致龋病的重要前提条件之一 [39]。婴儿期 6 个月以上的母乳喂养对幼儿期乳前牙菌斑内变链菌的定植有明显影响，这可能与母乳和牛奶在牙齿发育过程中发挥的不同作用有关 [40]。母乳喂养 6 个月后开始添加辅食，幼儿龋齿患病率低。因此，倡导出生后最初 6 个月内给予纯母乳喂养可有效预防或降低乳牙龋齿发生率 [45]。

11.2.4.2　含糖饮料

基于人群的前瞻性出生队列分析已经证明，在生命的第一年早期摄入甜食影响儿童的食物偏好，使儿童处于高度和重度 ECC 水平的轨迹，故应减少婴幼儿糖的摄入量 [46,47]。还有证据表明，ECC 是恒牙龋齿的主要危险因素之一 [48,49]。

已知游离糖的消费量与龋齿、超重 / 肥胖和 Ⅱ 型糖尿病等非传染性疾病的发生、发展之间存在剂量依赖性关联。游离糖是由食品制造商或消费者添加到食品中的糖（精制或未精制）。游离糖还包括天然存在于蜂蜜中的糖、高果糖玉米糖浆等糖浆和果汁。游离糖被认为是龋齿发展中必不可少的膳食因素，因为没有膳食糖就不会发生这种疾病，龋齿是一种首先需要一个致病因素——游离糖的疾病 [50]。尽管龋齿是一种多因素疾病，其还涉及其他生物、行为和社会经济因素，但这些因素只是改变了蔗糖致龋的速度或蔗糖的消耗频率 [11]，糖开始这个过程并触发因果链；没有糖，因果链就断裂，疾病就不会发生。世界卫生组织强烈建议成人和儿童都需要将游离糖的摄入量减少到每日摄入总能量的10%以下，如果可能最好将游离糖的消耗量进一步减少到每日总能量摄入量的5%以下，这将为整体健康带来额外的好处，并最大限度地减少整个生命周期中龋齿的发生风险[51]。虽然龋齿随着年龄的增长而发展，但是添加糖对牙齿排列的影响也是终生的。无论氟化物[17]使用与否，儿童期高糖摄入量都会增加整个生命周期中新发龋齿病变的风险[11]。在糖摄入量增加的组中，疾病发生风险最终会与高摄入量组一样高[11]。总之，生命过程中糖的消耗量越高，患龋齿的风险就越高。

虽然暴露于氟化物会减少龋齿的发展，但如果作为单一因素孤立实施并不能完全预防龋齿。因此，解决致病原因（游离糖）对于预防和减少龋齿至关重要。有证据表明，在生命的第一年引入含糖饮料（SSB）可以使儿童处于高水平的龋齿风险中。世界卫生组织目前建议避免婴儿摄入糖，并采取针对早期饮食习惯的龋齿预防措施。

早期导入含糖饮料，即在1岁后（12个月到48个月），使儿童增加含糖饮料消耗量和发生龋齿的风险[46]。低收入家庭的出生队列显示，在6月龄之前接受甜食的儿童，38个月龄时发生严重ECC的风险较高；与食用较少甜食的儿童相比，12个月龄时食用更多甜食和饮料的儿童患重ECC的风险显著增加[47]，对这一样本的进一步分析结果表明，几乎所有儿童（98.3%）在6个月龄时都食用了糖，并确定了早期食用含糖食品和饮料的风险群体。来自非核心家庭的儿童，母亲不到20岁、受教育不到八年并吸烟的儿童的进食甜食数量明显更多。

水果和蔬菜中的糖不是游离糖[52]。在辅食喂养期间“自然”吃水果是甜味的理想来源。关于果汁中游离糖（高果糖）的消耗，目前建议不宜向1岁以下的儿童提供果汁[53]。第一年内过量摄入天然果汁也可能阻碍未来对“新鲜水果”的接受程度，12个月龄时给果汁或瓶装软饮料是4岁儿童早期严重龋齿的危险因素[54]。工业化生产的果汁（如纸盒包装）果肉和果糖含量低，但含有高含量的蔗糖，这是膳食中最致龋的糖。因此，国际儿科牙科协会和公共卫生组织建议，预防儿童早期龋齿策略应包括避免两岁以下儿童摄入糖[55,56]。一个有超重或肥胖幼儿的队列研究发现，每天食用5次或更多次添加糖的食物与患龋齿的风险有关[57]。

11.2.4.3 口腔卫生

氟化物牙膏在控制龋齿中的作用是无可争议的，父母应每天让孩子使用，以维持其口腔健康。有强有力的证据表明含氟牙膏对减少学龄前儿童乳牙龋齿的有效性，使标准含氟牙膏的抗龋齿作用得到强化，需要鼓励所有儿童使用[58]。

一项Cochrane评价得出结论，每天刷牙两次可提高含氟牙膏在减少儿童龋齿方面的有效性[59]。用含氟牙膏刷牙是一种健康的习惯和预防口腔疾病的关键，父母应该在孩子出生后的最初几年鼓励使用该类产品，并注意使用技巧。

11.2.4.4 龋齿病变微创治疗

预防龋齿发作是龋齿管理计划的最终目标。因此，降低ECC发病率的方法应包括从儿童出生后第一年开始采取的干预措施[2]。如果在生命最初1000天内可以实施的所有教育和预防策略都失败或未能付诸实践，而且儿童出现龋齿病变，必须使用非修复性治疗来阻止或逆转龋病的发展。

如何根据龋齿病变的发展阶段管理龋齿病变，有许多基于证据的策略。考虑到大多数未经治疗的龋齿病变将涉及的公共卫生部门以及针对这些病变需要用到的微创技术，通常早期可以采用的治疗策略包括：

（1）由于可以阻止最初的活动性龋齿，甚至通过预防性方法逆转，治疗措施包括避免两岁以下儿童摄入糖，减少2岁以上儿童的糖摄入量，每天用含氟牙膏（至少1000mg/kg）刷牙两次[2]。

（2）阻止初始龋齿病变的另一种方法是使用氟化物漆。一项系统评价报告指出，使用氟化物漆后，至少有64%～81%的牙釉质龋齿病变失活[60]。然而仍需要更有力的证据来证明氟化物漆在控制龋齿方面的有效性。

（3）根据系统评价和Meta分析结果（中等至高质量证据），每两年施用一次38%的二胺氟化银（silver diamine fluoride, SDF）溶液是阻止任何牙齿冠状表面晚期空洞病变的最有效措施[61]；而另一项Meta分析的结论是，使用SDF控制/阻止乳牙龋齿方面比其他治疗方法有效率高89%[62]。SDF具有易于使用、实惠、不需要牙科设备、可以在临床环境之外使用、易被幼儿接受等优点，非常适合偏远地区、学校或弱势社区[62]。

（4）如果龋齿腔位于牙本质深处但还没有累及牙髓，则无创伤修复治疗（atraumatic restorative treatment, ART）被认为是一种非常好的微创治疗选择。ART是一种基于最小干预理念的治疗方法，是一种可行的治疗选择[63]。Meta分析的结论是，与传统治疗相比，ART修复体具有相似的存活率，是恢复乳磨牙近端腔的可行性选择[64]。

11.3 增进口腔健康的建议

生命最初的1000天是一个非常敏感的时期，在这个时期，食物偏好被塑造，代谢程序化、健康和疾病的发育起源将对整个生命周期的健康起决定作用。应根据生命1000天（养成健康生活习惯最佳时期）的牙齿发育与萌出的特点，及时进行针对性干预。正常情况下，牙齿发育和萌出时间如表11-1所示。

表11-1 牙齿发育与萌出时间

名称	发育/萌出时间	影响因素
胎儿期	10周时大部分乳牙发育至帽状期或钟状期，13～19周或19周经牙本质基质→钙化→牙釉质沉积形成乳牙硬组织，28周后增长减慢，出生前加速；牙本质的快速增长早于牙釉质	孕妇营养不良，多种营养素长期缺乏，如优质蛋白质、钙与磷、维生素D等；药物使用、系统性疾病
乳牙	通常4～5个月开始萌出，早者2～4个月，迟者9～10个月，1岁时出6～8颗牙，2岁时出18～20颗牙	原发性牙齿萌出障碍，先天性牙齿萌出异常，药物使用；营养相关疾病，呆小症、重症佝偻病、营养不良等，喂养方式
恒牙	通常6岁后开始萌出，顺序为6～7岁4颗第一磨牙，6～9岁8颗切牙，9～13岁8颗双尖牙，9～14岁4颗尖牙，12～15岁4颗第二磨牙，17～30岁4颗第三磨牙	营养状况（优质蛋白质、钙磷摄入量与比值、维生素D等）；不良膳食习惯，如高糖饮料、苏打饮料、甜点；药物使用等

11.3.1 纳入儿童营养与健康状况改善发展规划

在设计和实施国家或区域儿童营养与健康状况改善行动计划时，应纳入儿童牙齿健康增进的内容。从生命早期开始预防龋齿的发生、发展，是改善长期口腔健康和整体健康的基础，尤其是关注第一颗牙齿萌出前的产前和产后早期行动可能进一步增加儿童终生口腔健康和预防口腔疾病的机会。因此为了有效预防龋齿，怀孕和孩子出生后6个月应被视为公共卫生人员与家庭合作促进养成健康习惯的最佳时期。因此，关注生命最初1000天（干预措施实施的黄金时期），此时建立的良好营养和健康习惯将给以后整个生命过程带来益处[65]。

11.3.2 加强口腔健康和疾病预防的权利保护

口腔健康应被视为一项生存权利。需要制定相关的政策和实行有效的干预措施，确保所有儿童都能获得高质量的卫生保健、安全和健康的环境、生存机会以及获得对健康重要的资源，使牙周疾病和龋齿得到及时治疗，保证口腔健康。儿童出生后开始的ECC的预防和管理包括一级、二级和三级预防。预防措施应包括：避免摄入糖（包括含糖饮料），每天使用适量的含氟牙膏（氟含量至少1000mg/kg）刷牙两次。

11.3.3 加强健康教育的干预措施

健康教育干预措施，包括倡导出生后 6 个月内纯母乳喂养、努力改变喂养行为和社会经济条件，应该是生命最初 1000 天促进良好口腔健康的优选策略，可使整个生命过程受益。

包括向孕妇、乳母或其他有一岁以下儿童的看护者提供有关母乳喂养的好处和喂养技巧、膳食安排和喂养建议，有助于降低其子女早年患蛀牙的风险（约 15%）[66]。一项随机临床试验表明，如果出生后第一年及早和密集地提供关于健康膳食习惯的咨询和改进建议，ECC 的发病率和严重程度分别降低 22% 和 32%[54,67]。

11.3.4 重视低收入家庭儿童牙齿的健康状况

队列研究表明，社会经济状况不平等影响儿童和青少年的龋齿发病率[68,69]。社会经济收入低的家庭中儿童面临影响整体和口腔健康的多种风险因素，如受经济收入制约、难以获得优质的医疗保健资源和服务等。因此增加中低收入家庭的经济收入和改善父母的口腔健康知识以及儿童喂养行为（如倡导母乳喂养），有助于改善儿童的口腔健康。

11.3.5 定期监测儿童牙齿的健康状况

国家或地区应定期对区域内的儿童开展牙齿健康状况监测，及时发现影响儿童进食的口腔疾病，如龋齿和牙周疾病或畸形，并及时进行针对性治疗和采取有效的预防措施（如窝沟封闭）或营养干预，改善儿童的口腔健康。

（董彩霞，石英，荫士安）

参考文献

[1] Peres M A, Macpherson L M D, Weyant R J, et al. Oral diseases: a global public health challenge. Lancet, 2019, 394(10194): 249-260.

[2] Tinanoff N, Baez R J, Diaz Guillory C, et al. Early childhood caries epidemiology, aetiology, risk assessment, societal burden, management, education, and policy: Global perspective. Int J Paediatr Dent, 2019, 29(3): 238-248.

[3] Alkarimi H A, Watt R G, Pikhart H, et al. Dental caries and growth in school-age children. Pediatrics, 2014, 133(3): e616-623.

[4] Schroth R J, Levi J, Kliewer E, et al. Association between iron status, iron deficiency anaemia, and severe early childhood caries: a case-control study. BMC Pediatr, 2013, 13: 22. doi: 10.1186/1471-2431-13-22.

[5] Schroth R J, Lavelle C, Tate R, et al. Prenatal vitamin D and dental caries in infants. Pediatrics, 2014,

133(5): e1277-1284.

[6] Edelstein B L. The dental caries pandemic and disparities problem. BMC Oral Health, 2006, 6 (Suppl 1):S2. doi: 10.1186/1472-6831-6-S1-S2.

[7] Guarnizo-Herreno C C, Lyu W, Wehby G L. Children's oral health and academic performance: evidence of a persisting relationship over the last decade in the united states. J Pediatr, 2019, 209: 183-189. e2.

[8] Abanto J, Carvalho T S, Mendes F M, et al. Impact of oral diseases and disorders on oral health-related quality of life of preschool children. Community Dent Oral Epidemiol, 2011, 39(2): 105-114.

[9] Agosti M, Tandoi F, Morlacchi L, et al. Nutritional and metabolic programming during the first thousand days of life. Pediatr Med Chir, 2017, 39(2): 157.

[10] Finucane D. Rationale for restoration of carious primary teeth: a review. Eur Arch Paediatr Dent, 2012, 13(6): 281-292.

[11] Peres M A, Sheiham A, Liu P, et al. Sugar consumption and changes in dental caries from childhood to adolescence. J Dent Res, 2016, 95(4): 388-394.

[12] Barranca-Enriquez A, Romo-Gonzalez T. Your health is in your mouth: a comprehensive view to promote general wellness. Front Oral Health, 2022, 3: 971223.

[13] Iida H. Oral health interventions during pregnancy. Dent Clin North Am, 2017, 61(3): 467-481.

[14] American Academy on Pediatric Dentistry Council on Clinical Affairs Committee on the Adolescent. Guideline on oral health care for the pregnant adolescent. Pediatr Dent, 2016, 38(5): 59-66.

[15] Xiao J, Alkhers N, Kopycka-Kedzierawski D T, et al. Prenatal oral health care and early childhood caries prevention: a systematic review and Meta-analysis. Caries Res, 2019, 53(4): 411-421.

[16] Pinto D A S, Nascimento J, Padilha L L, et al. High sugar content and body mass index: modelling pathways around the first 1000 d of life, BRISA cohort. Public Health Nutr, 2021, 24(15): 4997-5005.

[17] Costa F S, Silveira E R, Pinto G S, et al. Developmental defects of enamel and dental caries in the primary dentition: a systematic review and meta-analysis. J Dent, 2017, 60:1-7.

[18] Maone T R, Mattes R D, Bernbaum J C, et al. A new method for delivering a taste without fluids to preterm and term infants. Dev Psychobiol, 1990, 23(2): 179-191.

[19] Mennella J A, Bobowski N K. The sweetness and bitterness of childhood: Insights from basic research on taste preferences. Physiol Behav, 2015, 152(Pt B): 502-507.

[20] de Cosmi V, Scaglioni S, Agostoni C. Early taste experiences and later food choices. Nutrients, 2017, 9(2): 107. doi: 10.3390/nu9020107.

[21] Murray R D. Savoring sweet: sugars in infant and toddler feeding. Ann Nutr Metab, 2017, 70 (Suppl 3): S38-S46.

[22] Schroth R J, Christensen J, Morris M, et al. The influence of prenatal Vitamin D supplementation on dental caries in infants. J Can Dent Assoc, 2020, 86:k13.

[23] Andaur Navarro C L, Grgic O, Trajanoska K, et al. Associations between prenatal, perinatal, and early childhood Vitamin D status and risk of dental caries at 6 years. J Nutr, 2021, 151(7) :1993-2000.

[24] Corbella S, Taschieri S, Francetti L, et al. Periodontal disease as a risk factor for adverse pregnancy outcomes: a systematic review and Meta-analysis of case-control studies. Odontology, 2012, 100(2): 232-240.

[25] Manrique-Corredor E J, Orozco-Beltran D, Lopez-Pineda A, et al. Maternal periodontitis and preterm birth: systematic review and meta-analysis. Community Dent Oral Epidemiol, 2019, 47(3): 243-251.

[26] Fatturi A L, Wambier L M, Chibinski A C, et al. A systematic review and meta-analysis of systemic exposure associated with molar incisor hypomineralization. Community Dent Oral Epidemiol, 2019,

47(5): 407-415.
[27] Kirthiga M, Murugan M, Saikia A, et al. Risk factors for early childhood caries: a systematic review and Meta-analysis of case control and cohort studies. Pediatr Dent, 2019, 41(2): 95-112.
[28] Torres T A P, Corradi-Dias L, Oliveira P D, et al. Association between sense of coherence and dental caries: systematic review and Meta-analysis. Health Promot Int, 2020, 35(3): 586-597.
[29] Bertoldi A D, Barros F C, Hallal P R C, et al. Trends and inequalities in maternal and child health in a Brazilian city: methodology and sociodemographic description of four population-based birth cohort studies, 1982-2015. Int J Epidemiol, 2019, 48(Suppl 1): S4-S15.
[30] Rai N K, Tiwari T. Parental factors influencing the development of early childhood caries in developing nations: a systematic review. Front Public Health, 2018, 6: 64. doi: 10.3389/fpubh.2018.00064.
[31] Firmino R T, Ferreira F M, Paiva S M, et al. Oral health literacy and associated oral conditions: a systematic review. J Am Dent Assoc, 2017, 148(8): 604-613.
[32] Firmino R T, Ferreira F M, Martins C C, et al. Is parental oral health literacy a predictor of children's oral health outcomes? Systematic review of the literature. Int J Paediatr Dent, 2018. doi: 10.1111/ipd.12378.
[33] Gonzalez-Valero L, Montiel-Company J M, Bellot-Arcis C, et al. Association between passive tobacco exposure and caries in children and adolescents. A systematic review and meta-analysis. PLoS One, 2018, 13(8): e0202497.
[34] Victora C G, Matijasevich A, Santos I S, et al. Breastfeeding and feeding patterns in three birth cohorts in Southern Brazil: trends and differentials. Cad Saude Publica, 2008, 24 (Suppl 3): S409-S416.
[35] Avila W M, Pordeus I A, Paiva S M, et al. Breast and bottle feeding as risk factors for dental caries: a systematic review and Meta-analysis. PLoS One, 2015, 10(11): e0142922.
[36] Moynihan P, Tanner L M, Holmes R D, et al. Systematic review of evidence pertaining to factors that modify risk of early childhood caries. JDR Clin Trans Res, 2019, 4(3): 202-216.
[37] 黄程，腾云 . 影响乳牙生长发育有关因素的调查分析 . 中外妇儿健康，2011, 19:15-16.
[38] Peres K G, Cascaes A M, Nascimento G G, et al. Effect of breastfeeding on malocclusions:a systematic review and meta-analysis. Acta Paediatr, 2015, 104(467): 54-61.
[39] 文雪，万梓明，段大航 . 母乳喂养对儿童牙齿健康的影响 . 中国民康医学，2013, 25:113-114.
[40] 马善奋，冯希平 . 婴儿期不同喂养方式儿童猛性龋病原菌分析 . 牙体牙髓牙周病学杂志，2003, 13: 569-572.
[41] 邹晓璇，苗江霞，李文珺，等 . 母乳喂养对 3 岁儿童乳牙患龋病的影响 . 中国预防医学杂志，2012, 13: 451-453.
[42] 郭纹君 . 婴儿期喂养方式与乳牙龋齿及乳前牙反合关系的研究 . 中外健康文摘，2012, 9: 167-168.
[43] 王黎芳，孔莉，郑晓婷，等 . 城区婴幼儿龋齿致病原因分析 . 医学研究杂志，2013, 42: 80-83.
[44] 辛蔚妮，凌均棨 . 婴儿期喂养方式与中国学龄前儿童乳牙龋病关系的 Meta 分析 . 牙体牙髓牙周病学杂志，2005, 15: 492-495.
[45] 卢川，陈绛媛，彭莉丽，等 . 幼儿龋齿与母乳喂养辅食添加的关系 . 广东医学，2013, 34: 2489-2491.
[46] Bernabe E, Ballantyne H, Longbottom C, et al. Early introduction of sugar-sweetened beverages and caries trajectories from age 12 to 48 months. J Dent Res, 2020, 99(8): 898-906.
[47] Chaffee B W, Feldens C A, Rodrigues P H, et al. Feeding practices in infancy associated with caries incidence in early childhood. Community Dent Oral Epidemiol, 2015, 43(4): 338-348.
[48] Llena C, Calabuig E. Risk factors associated with new caries lesions in permanent first molars in children:

a 5-year historical cohort follow-up study. Clin Oral Investig, 2018, 22(3): 1579-1586.
[49] Peretz B, Ram D, Azo E, et al. Preschool caries as an indicator of future caries: a longitudinal study. Pediatr Dent, 2003, 25(2): 114-118.
[50] Sheiham A, James W P. Diet and dental caries: the pivotal role of free sugars reemphasized. J Dent Res, 2015, 94(10): 1341-1347.
[51] Moynihan P J, Kelly S A. Effect on caries of restricting sugars intake: systematic review to inform WHO guidelines. J Dent Res, 2014, 93(1): 8-18.
[52] World Health Organization. Sugars intake for adults and children. Geneva: World Health Organization, 2015.
[53] Heyman M B, Abrams S A. Fruit juice in infants, children, and adolescents: current recommendations. Pediatrics, 2017, 139(6): e20170967. doi: 10.1542/peds.2017-0967.
[54] Feldens C A, Giugliani E R, Duncan B B, et al. Long-term effectiveness of a nutritional program in reducing early childhood caries: a randomized trial. Community Dent Oral Epidemiol, 2010, 38(4): 324-332.
[55] Pitts N B, Baez R J, Diaz-Guillory C, et al. Early childhood caries: IAPD bangkok declaration. J Dent Child (Chic), 2019, 86(2): 72.
[56] Vos M B, Kaar J L, Welsh J A, et al. Added sugars and cardiovascular disease risk in children: a scientific statement from the american heart association. Circulation, 2017, 135(19): e1017-e1034.
[57] Ribeiro C C C, Silva M, Nunes A M M, et al. Overweight, obese, underweight, and frequency of sugar consumption as risk indicators for early childhood caries in Brazilian preschool children. Int J Paediatr Dent, 2017, 27(6): 532-539.
[58] dos Santos A P, Nadanovsky P, de Oliveira B H. A systematic review and meta-analysis of the effects of fluoride toothpastes on the prevention of dental caries in the primary dentition of preschool children. Community Dent Oral Epidemiol, 2013, 41(1): 1-12.
[59] Marinho V C, Higgins J P, Sheiham A, et al. Fluoride toothpastes for preventing dental caries in children and adolescents. Cochrane Database Syst Rev, 2003(1): CD002278.
[60] Schmoeckel J, Gorseta K, Splieth C H, et al. How to intervene in the caries process: early childhood caries - a systematic review. Caries Res, 2020, 54(2): 102-112.
[61] Urquhart O, Tampi M P, Pilcher L, et al. Nonrestorative treatments for caries: systematic review and network Meta-analysis. J Dent Res, 2019, 98(1): 14-26.
[62] Chibinski A C, Wambier L M, Feltrin J, et al. Silver diamine fluoride has efficacy in controlling caries progression in primary teeth: a systematic review and Meta-analysis. Caries Res, 2017, 51(5): 527-541.
[63] de Amorim R G, Leal S C, Frencken J E. Survival of atraumatic restorative treatment (ART) sealants and restorations: a meta-analysis. Clin Oral Investig, 2012, 16(2): 429-441.
[64] Tedesco T K, Calvo A F, Lenzi T L, et al. ART is an alternative for restoring occlusoproximal cavities in primary teeth - evidence from an updated systematic review and meta-analysis. Int J Paediatr Dent, 2017, 27(3): 201-209.
[65] Bhutta Z A, Ahmed T, Black R E, et al. What works? Interventions for maternal and child undernutrition and survival. Lancet, 2008, 371(9610): 417-440.
[66] Riggs E, Kilpatrick N, Slack-Smith L, et al. Interventions with pregnant women, new mothers and other primary caregivers for preventing early childhood caries. Cochrane Database Syst Rev, 2019, 2019(11):CD012155.
[67] Abbasi-Shavazi M, Mansoorian E, Jambarsang S, et al. Predictors of oral health-related quality of life in 2-5

year-old children in the South of Iran. Health Qual Life Outcomes, 2020, 18(1): 384. doi: 10.1186/s12955-020-01587-7.

[68] Noro L R, Roncalli A G, Teixeira A K. Contribution of cohort studies in the analysis of oral health in children and adolescents in Sobral, Ceara. Rev Bras Epidemiol, 2015, 18(3): 716-719.

[69] Ortiz A S, Tomazoni F, Knorst J K, et al. Influence of socioeconomic inequalities on levels of dental caries in adolescents: a cohort study. Int J Paediatr Dent, 2020, 30(1): 42-49.

第12章

儿童的喂养困难

喂养是儿童与照顾者以及喂养环境之间的重要互动过程，因此受儿童、喂养者、环境三者的影响。喂养困难（feeding difficulties）是儿童期最常见的问题，表现症状及体征多样，可对儿童的生长发育、社会情感、认知功能等多个方面产生负面影响，导致营养缺乏和体重增长减缓甚至体重减轻，这种情况长期持续将会影响儿童的智力及心理行为发育以及成年后的社交与认知能力等[1-3]。在儿童保健门诊中，常见的婴幼儿喂养困难主要表现为拒食、偏食、挑食、吞咽困难等。

12.1 喂养困难的概念及分类

12.1.1 喂养困难的概念

广义上讲，喂养困难是涵盖所有喂养问题的总称[4]，婴幼儿全部不当的进食行为均属于其范畴[5]；只有当喂养问题导致儿童生长发育受限（增长迟缓或下降）、营养缺乏或心理社会功能受损时即为喂养障碍（feeding disorders）[6]。喂养问题和喂养障碍的主要区别在于生长发育及心理社会功能受到影响的程度，喂养问题主要表现为挑食、偏食等，对上述功能影响甚微，而喂养障碍产生的不良影响则很明显，伴有营养缺乏与心理社会功能损害。自20世纪90年代以来，关于喂养问题的术语越来越多，临床工作中常用术语有喂养问题、喂养困难、喂养障碍等。

12.1.2 喂养困难的分类

基于是否与躯体疾病相关可分为器质性和非器质性的喂养困难[7,8]。根据进食情况可分为食欲有限、选择性摄入及进食恐惧三类[2,4]；每种类别根据有无行为问题或有无器质性疾病分为正常和异常，异常可进一步分为轻度、中度、重度。根据病因和临床表现分为婴儿厌食症、感觉性拒食、状态调节障碍、忽视所致的喂养障碍、心理创伤所致喂养障碍、躯体疾病所致喂养障碍六类[9,10]。目前分类标准繁多，国内尚无共识，需要统一标准。现将国际上根据不同标准关于儿童喂养困难的定义汇总于表12-1。以下介绍国际上的主流分类。

12.1.2.1 DSM-Ⅳ与DSM-Ⅴ

美国精神病学协会制定的《精神障碍诊断与统计手册　第四版》（DSM-Ⅳ）在2000年提出了婴幼儿期喂养障碍（feeding disorders of infancy and early childhood）的定义（表12-1）。2013年《精神障碍诊断与统计手册 第五版》（DSM-Ⅴ）将婴幼儿期的喂养障碍统一修订为回避/限制性食物摄入障碍（avoidant/restrictive food intake disorder, ARFID）的总称[11]，其定义见表12-1中关于DSM-Ⅴ的说明。相较于DSM-Ⅳ，其取消了年龄限制和体重标准，纳入了营养及心理社会因素，但标准仍然比较严苛，要求喂养困难的严重程度超出疾病能解释的程度，也不包含那些主要在进食技能方面存在问题的儿童，而且缺乏亚型的分类，所以其应用仍不够广泛。

表 12-1　不同标准关于儿童喂养困难的定义

标准	单位或作者	定义	特点
DSM-Ⅳ	美国精神病学协会，2000 年	① 不能充分进食，导致体重不增或体重下降持续超过 1 个月； ② 不是由于胃肠道疾病或其他疾病造成； ③ 不能用其他精神障碍来解释； ④ 发病年龄＜ 6 岁	来自精神病学领域，更侧重于行为问题，且有年龄限制
DSM-Ⅴ	美国精神病学协会，2013 年修订	① 进食或喂养方面的紊乱，表现为体重大幅下降或增加不足、营养不良、依赖肠内营养或食物补充剂，或导致严重的社会心理问题； ② 该障碍不是由于食物供应受限所导致； ③ 该障碍不是神经性厌食症或神经性贪食症； ④ 不能用其他疾病或精神障碍来解释	取消年龄限制和体重标准，纳入营养及心理社会因素，标准比较严苛
Wolfson 标准	Wolfson 医疗中心，2009	① 持续拒食时间＞ 1 个月； ② 没有明显的器质性疾病导致拒食或对器质性疾病的治疗缺乏反应； ③ 发病年龄＜ 2 岁或目前年龄＜ 6 岁； ④ 至少有一种病理性的喂养行为或预期性呕吐	有助于更早地识别可能存在的喂养障碍
Goday 标准	Goday 等，2019	与医学、营养、进食技能和 / 或心理社会功能障碍有关的，和年龄不相称的经口摄入障碍。经口摄入障碍指无法摄入足够的食物来满足营养需求，至少持续 2 周以上，PFD① 可以分为急性（＜ 3 个月）和慢性（≥ 3 个月）	定义宽泛，扩大喂养问题纳入范围，包含医疗问题及发育迟缓相关喂养困难，尚缺乏严重程度和干预措施标准

① PFD，pediatric feeding disorder，儿童喂养障碍。

12.1.2.2　Chatoor 标准

2002 年 Chatoor[12] 提出了喂养障碍的 6 个亚型：婴儿早期发展相关的喂养障碍、互动障碍、婴儿厌食症、感觉性厌食、与疾病相关的喂养障碍、创伤后喂养障碍。每一种喂养障碍有其具体的诊断标准，前四种发生在特定的发育阶段，后两种在各年龄段均可出现。Chatoor 分类主要取决于医生对进食行为的观察。

12.1.2.3　Wolfson 标准

2009 年 Wolfson 医疗中心的喂养困难多学科小组提出了婴儿喂养障碍（infantile feeding disorders）的概念（表 12-1）[8]。将导致拒食或病理性喂养模式的外部事件或病因称为触发因素，并依据触发因素将喂养障碍分为以下几类：体格生长焦虑引发的喂养障碍、过渡期喂养障碍、器质性喂养障碍、机械性喂养障碍、创伤后喂养障碍。Wolfson 标准排除了器质性疾病，以喂养行为及外部事件为标准对喂养障碍进行分类，体格生长障碍及营养不良结局不是必要条件，有助于更早识别可能存在的喂养障碍。

12.1.2.4 Goday 标准

2019 年 Goday 等 [9] 提出了儿童喂养障碍（pediatric feeding disorder, PFD）的定义（表 12-1）。PFD 的定义较为宽泛，扩大了喂养问题的纳入范围，包含了医疗问题及发育迟缓相关的喂养困难，但其尚缺乏关于严重程度和需要采取干预措施的标准。

12.1.2.5 其他

关于喂养困难，其他学科也有根据自身特性进行的定义，比如美国言语语言听力协会（American speech-language-hearing association, ASHA）将儿童吞咽困难定义为口腔、咽和 / 或吞咽的食管段的损伤。ICD-10 中定义的喂养困难为非特异性的、无器质性疾病的喂养问题，归因于忽视、情绪障碍等异常亲子关系和心理社会问题，器质性喂养困难则有明确的病理原因 [13]。

综上所述，关于儿科喂养问题的文献评论中反复提到喂养困难，现仍无统一概念，每个学科关注的重点不同，导致临床医师目前对喂养问题的有关概念尚未形成共识，很难进行准确诊断，明确干预时机。文献报道，超过一半的父母认为自己的孩子有喂养问题，儿童喂养问题的早期症状往往也具有异质性、非特异性 [13]。对小儿喂养问题进行专业护理干预的平均年龄是两岁，而父母往往报告说在孩子的生命早期就注意到了喂养问题。医生常难以将正常的儿童发育进程和需要干预的喂养问题区分开来，而是采用等待和观察的方法，这往往会延误对喂养困难儿童的识别和干预 [14,15]。混乱的定义同时也不利于扩大研究规模，很难追踪其病因、流行和发生率，因此，重新审视小儿喂养问题的概念，并确定跨学科的统一概念是很有必要的。

12.2 喂养困难的流行病学

12.2.1 喂养困难的发病率

国内外不同作者报道的发病率差异大与应用的诊断标准不统一、样本量少及临床医生和照顾者认识不足等有关。国外报道仅 20% ～ 25% 照顾者发现其子女有喂养问题 [3,4]，但符合喂养障碍者仅有 1% ～ 5%[6,12]。美国两个州 2020 年的 PFD 发病率调查结果显示，PFD 发病率逐年上升，5 岁以下 PFD 发生率为 1/37 ～ 1/23，在患其他慢性疾病的儿童中高达 1/5 ～ 1/3[13]。

国内，由于诊断标准（诊断量表）、调查方法及样本来源的不同和样本量少等原因，使得报道的喂养困难发生率有较大差异（表 12-2）。近年来国内外调查显示，发育正常儿童喂养困难发生率为 25% ～ 45%，在发育障碍的儿童中高达 80%[16]。国内的流行病学调查结果显示，6 ～ 36 月龄的婴幼儿中，喂养困难发生率为 21.4%[13,17]，早产儿中高达 88.4%[18]。发育障碍儿童共患喂养困难比例为 40% ～ 80%, 如孤独症谱系障碍（autism spectrum disorder, ASD）儿童共患喂养困难高达 90%[14,15]。虽然流行病学报道受上述情况影响，但是婴幼儿喂养问题不容小觑，需进一步明确其流行病学特征。

表 12-2　我国不同月龄婴幼儿喂养困难发生率及影响因素

作者	调查时间	地点	采用量表	例数 / 月龄	发生率	影响因素
叶芳等 [19]	2016 年	北京	Via Christi	120/0 ～ 5	中度喂养困难 30%	保护因素：生后 1 周内纯母乳喂养和顺产 危险因素：流动人口和早产
陈敏等 [20]	2019 年	上海	MCH-FS	137/6 ～ 12	30.7%（轻度 11.7%、中度 5.1%、重度 13.9%）	低出生体重、家长认为婴儿生长正常、口腔运动异常
王月等 [21]	2016 ～ 2018 年	合肥	行为障碍父母问卷	1852/6 ～ 12	18.5%	早产、低出生体重、喂养方式、新生儿黄疸
王小燕等 [22]	2017 年	武汉	MCH-FS	170/6 ～ 24	轻度 42%、中度 34%、重度 24%	生长迟缓、低体重、消瘦、进餐时间过长、口腔运动功能异常

12.2.2　喂养困难的影响因素

婴幼儿喂养困难可因多因素相互作用而发生，包括食物、母体孕期、分娩因素（如早产、低出生体重等）、婴幼儿及喂养者状况、喂养与社会环境等。

12.2.2.1　母体孕期与哺乳期情况

有报道称 [23,24]，早期母乳喂养与 6 岁儿童的膳食特征相关，孕期（胎儿）和哺乳期（婴儿）食物味道的早期暴露可使婴儿在断奶期更容易接受该食物。

12.2.2.2　婴幼儿自身状况

尽管可能有多种因素与婴幼儿的喂养困难有关，但是婴幼儿疾病状态和发育情况与喂养困难密不可分。

（1）器质性疾病　器质性疾病应作为分析婴幼儿喂养困难发生的首要因素，包括口腔、咽部、食管、胃肠道疾病，如先天性消化器官畸形、食管炎症和胃食管反流等，以及间接影响上述器官功能的疾病，如脑瘫等。

（2）口腔运动功能　婴幼儿期口腔运动包括吸吮、吞咽、咀嚼等运动。口腔运动功能障碍表现为口腔运动功能不协调及口腔敏感性异常。口腔运动功能不协调的婴幼儿进食时易出现吸入、呛咳等不适，进而出现拒食、厌食 [15,16]。口腔敏感性升高的婴幼儿进食后易出现恶心呕吐，而口腔敏感性降低则易出现流涎、喜含食物。徐海青等 [18] 和 Sanchez 等 [25] 发现口腔运动功能障碍的早产儿易于 12 月龄时发生喂养问题，可能与食物的质地改变有关。Johnson 等 [26] 在 32 ～ 36 月胎龄早产儿的进食困难研究中观察到，这些儿童矫正 2 岁年龄时发生口腔运动和挑食问题的风险增加，而 Steinberg 等 [27] 的横断面观察性研究无法证明早产儿的口腔运动障碍与进食困难相关。

（3）出生情况　有调查观察到，早产儿和出生体重低于胎龄第 10 百分位数（P10）的婴儿更易出现喂养困难 [28,29]。一项对 4017 名 6 ～ 36 月龄婴幼儿进行的调查结果显示，早产儿中有 88.4% 出现喂养问题，而非早产儿仅有 12.3%[30,31]。王爽 [32] 和 Milano 等 [33] 报道称，窒息、低胰岛素样生长因子 -1（insulin-like-growth-factor 1，IGF-1）是造成早产儿喂养困难的危险因素。

母亲膳食状况可通过羊水或其乳汁影响儿童对食物的喜好 [23,24]，早产儿因母乳喂养受限，减少了其早期接触多种食物味道的机会，易发生偏食、挑食 [34,35]。早产儿也因住院的原因阻碍了其饥饿 - 饱腹感的周期发展，亦增加其发生喂养困难的风险 [36,37]。

（4）心理因素　心理因素对喂养困难影响重大。经历过口腔厌恶刺激的儿童，如插管、呛咳、窒息等，极易因心理创伤造成喂养困难 [5,11]。

（5）气质特征　国外学者观察到婴幼儿气质特征会影响婴幼儿与喂养者间的互动模式 [38,39]。国内学者的调查结果显示，消极气质特征的婴幼儿较积极气质特征者更易发生饮食行为问题 [40,41]。婴幼儿口腔运动能力缺陷与消极气质特征显著相关，故建议结合儿童气质特征给予个性化指导能够有效缓解喂养困难 [42]。应用婴幼儿气质特征调节其与喂养者间的互动模式，可有效促进良好饮食习惯建立，预防喂养困难的发生。

12.2.2.3　食物

婴儿 6 月龄后，科学合理地添加辅助食品，可有效促进儿童进食技能的发展，预防喂养困难。国外学者发现，母亲膳食会影响母乳的味道，进而改变婴儿对味道的接受程度[43,44]。因此增加婴幼儿对多种口味食物的接触机会，可提高其食物接受度并预防挑食发生。此外，辅食添加时间也会影响食物接受程度，有研究发现，6个月前接触蔬菜的儿童在4岁时对食物的挑剔程度低于6个月后接触蔬菜的儿童[45,46]。婴儿9月龄后接触质地粗糙的食物，与较早接触者相比，前者更易出现喂养困难[10]。因此，选择合适的时间添加相应种类和质地的食物是预防婴幼儿喂养困难发生的重要环节。

12.2.2.4 喂养者

喂养行为是喂养者与儿童间亲子互动的过程，因此喂养困难亦被定义为亲子关系障碍。喂养人的心理状态不仅影响其喂养方式与态度，也影响儿童进食行为的建立。有研究发现，心理干预可以缓解喂养人焦虑及抑郁情绪，有助于改善喂养困难婴幼儿的营养状况[47]。

（1）喂养方式　儿童对食物的选择性与喂养者的喂养策略有关。喂养策略是照顾者为让儿童进食某种目标食物采取的方式，包括：偏好（将目标食物与儿童喜欢的食物相混）、奖励（进食目标食物后获得奖励）、强制及解释策略（解释目标食物的作用）[48]。过度使用强制策略会增加儿童进食压力，增加其发生厌食或挑食风险[49]。国外有研究发现，限制和强迫的喂养方式与挑食行为呈正相关，鼓励和监督的喂养方式则与挑食行为呈负相关[50]。国内研究者观察到偏好、奖励和强制这三种策略与挑食行为均为正相关，而解释方式与挑食行为无相关关系[51]。

（2）喂养知识　喂养者喂养儿童的知识不足易发生喂养冲突，如喂养者不了解婴幼儿对食物“厌新”过程而采取强迫进食方式，会加剧喂养困难；喂养者不能正确识别婴幼儿饥饿、饱足信号也会增加婴幼儿拒食发生率[52]。一项调查观察到，家长文化程度越高，其喂养知识会越丰富，更愿意采用积极策略改善婴幼儿的进食，预防喂养困难的发生[53]。

12.2.2.5 喂养环境

家庭关系紧张会影响婴幼儿进食。家庭不良喂养习惯如强迫喂养、进餐位置不固定、进餐空间压抑、进餐时看电视或玩手机游戏等，以及家长喂养时候有焦虑情绪等都可能增加儿童不良饮食行为发生[54]。

12.2.3 喂养困难的评估方法

喂养困难需多学科协作进行诊断评估[55]。团队核心人员应包括儿科专家、儿童保健专家、营养师、言语治疗师、专业治疗师、儿童心理学家等。儿科、儿童保健专家识别、评估胃肠道与过敏性疾病，如胃食管反流病（gastroesophageal reflux disease, GERD）、牛奶蛋白过敏（cow's milk protein allergy, CMPA）、食物不耐受等。GERD 的诊断主要依靠临床表现，其中 GERD 问卷可作为早期筛查工具[56]。牛奶蛋白激发试验是诊断 CMPA 的金标准，牛奶相关症状评分可作为简便、快速的识别工具，帮助 CMPA 诊断[57]。营养师评估膳食摄入数量和质量；儿童言语治疗师评估儿童口腔处理能力；专业治疗师评估精细运动发展、自我进食技能；儿童心理学家应用认知行为疗法干预行为问题。Kerzner 等[4]制定了喂养困难儿童门诊流程如下所述。

① 采集病史，包括出生史、既往史、家庭环境、亲子模式、喂养困难行为与病程。

② 体格检查，包括系统查体和口面部结构。

③ 实验室检查以排除或发现器质性疾病；还可以结合调查法、访谈法及观察法等多种手段进行辅助评估[58]。采用蒙特利尔喂养困难量表（The Montreal Children's Hospital Feeding Scale, MCH-FS）、儿童饮食行为问题评估量表（Identification and Management of Feeding Difficulties, IMFeD）、行为儿科学喂养评估量表（Behavioural Pediatrics Feeding Assessment Scale, BPFAS）等，评估膳食行为与喂养关系，其中 BPFAS 信度和效度较为可靠[59]。通过访谈法，可了解儿童发育史、喂养史、家庭用餐常规及喂养问题综合状况。观察法是喂养评估的核心内容，着重观察并评估在喂养的互动模式中喂养者可能存在的不当行为。戴琼等[60]设计了中国婴幼儿喂养困难评分量表并进行了标准化研究，得到推广应用。

12.2.3.1 喂养困难的初步筛查

对怀疑喂养困难的患儿进行治疗，首先要进行全面病史采集及体格测量，以下症状及体征是识别喂养困难的线索：拒食持续 1 个月以上、进餐或喂养时间延长、进餐时紧张、注意力分散、摄入量减少、缺乏适当的独立进食、夜间喂养、不能适应适合年龄的食物质地等；也可使用喂养问卷方式进行筛查，常用的问卷量表有 MCH-FS、IMFeD、儿童饮食行为调查表（Children's Eating Behavior Questionnaire, CEBQ）、BPFAS 等，其中 BPFAS 的信效度可靠且评分简单，MCH-FS 经过了国内的标准化与信效度检验[30]，MCH-FS 与 IMFeD 在国内应用较为广泛。

12.2.3.2 器质性疾病的识别

经初步筛查后应进一步寻找喂养问题的潜在病因。Milano 等[33]提出了"Red Flag"的概念，即需要注意的器质性和行为上的警示信号，如果出现这种情况，很可能需要进一步检查和进行跨学科干预。器质性警示信号包括吞咽困难、误吸、喂食时过度哭闹和痛苦、频繁呕吐腹泻、生长障碍、慢性心肺疾病等；行为方面的警示信号包括挑食、极端的饮食限制、强迫进食、在触发事件后突然停止进食等。无论是否发生了器质性问题，都应该筛查行为上的问题，因为两者可能同时存在，器质性的疾病也可能导致行为上的问题。

12.2.3.3 口腔功能评估

口腔功能障碍需要进行评估，除了吞咽和吸吮困难外，以下症状及体征也提示口腔运动功能存在问题：过度流口水、姿势控制差、舌肌张力异常、噎食、不能适应食物的质地、进食行为和技能发育滞后、难以管理口腔中的液体和食物等。

12.3 喂养困难的干预方法

婴幼儿期是儿童发展进食技能的关键窗口期[59]。喂养困难儿童的表现多样，严重程度不同，目前的主流观点认为，跨学科团队的评估及干预是最佳选择，多项研究结果显示其更加全面和有效[34]，可针对喂养困难进行综合干预[58]。其主要目标是帮助儿童在积极喂养过程中获得适合年龄的进食技能，确保吞咽安全前提下获得充足营养，包括行为干预、口腔运动治疗、膳食调整等。

12.3.1 器质性喂养困难的干预方法

器质性喂养困难常见于早产、神经发育障碍性疾病、胃肠道疾病的儿童，对早产儿进行口腔运动干预是主流干预方法。

12.3.1.1 疾病治疗

文献报道，喂养困难儿童最常见的疾病有 5 类：胃肠道疾病、心肺疾病、神经发育障碍性疾病、遗传代谢性疾病、口鼻咽部疾病，其中以胃肠道疾病和心肺疾病最常见，如胃食管反流、食物过敏或食物不耐受、先天性心脏病等[37]。各类器质性疾病不仅造成喂养困难，也会影响儿童与喂养者间的互动，如发育迟缓儿童很难发展出和年龄匹配的进食技能，孤独症患儿挑食、破坏性的用餐行为突出，喂养者在面对患病儿童时的焦虑和压力也更高，更易使用强迫、限制等不当喂养方式，进一步加剧喂养困难[38]。因此，若有器质性疾病，应先进行治疗，若没有证据表明喂养困难是器质性原因造成的，或在器质性疾病治愈后喂养问题持续存在，则应分析儿童进食具体表现与亲子关系类型，采取针对性干预措施。

12.3.1.2 疾病治疗后的康复训练

早产儿脑发育不成熟阻碍延髓吸吮吞咽和呼吸中枢发育[61]。其口腔运动干预应用Alst提出的统合发展理论[62]，进行非营养性或联合营养性吸吮和口腔按摩刺激。有研究观察到，住院治疗的早产儿早期接受口腔运动干预可提高其经口进食的喂养效率，并有助于日后运动能力的发展[63]。

脑性瘫痪儿童发生喂养困难的概率高达80%[7]，推测与中枢神经系统损伤引发口腔运动障碍有关。口腔运动干预通过主动与被动肌肉运动、伸展和感官刺激促进嘴唇、脸颊、舌头和下巴运动发育[64]。功能性咀嚼训练可恢复和改善舌头运动能力以增进咀嚼功能[65]。胃肠道疾病引发喂养困难的主要原因是GERD，其干预措施包括非药物治疗（饮食疗法、体位疗法）和药物治疗（抗酸药、促动力药）[56]。过敏性疾病中比较常见的为牛奶蛋白过敏，牛奶蛋白回避是治疗的主要方法[57]。

12.3.2 非器质性喂养困难的干预方法

非器质性喂养困难是指排除器质性疾病所引发的不恰当进食行为。治疗以行为干预为主，通过环境改造、增加积极或减少消极喂养行为等手段，实现增加多种食物摄入量、减少进食行为问题、优化进餐互动模式的目标[66]。

12.3.2.1 改善营养状况，增加微量营养素摄入量

根据膳食评估的情况，对于食物量摄入不足的儿童可以提供额外的能量补充，膳食种类有限的情况下可以补充多种营养素（尤其重视微量营养素营养状况的改善），已经确诊的单一营养素缺乏应进行针对性补充。

12.3.2.2 口腔功能训练

对有口腔感觉运动功能异常的儿童可以进行口腔功能练习，包括口内及口周的按摩、口腔运动训练、味觉刺激等[40]。

12.3.2.3 环境改造措施

首先优化食物选择，父母需提供给婴幼儿适龄食物。有轻度选择性进食者，父母可将厌恶食物与偏好食物相掺杂，将食物游戏化以提高摄食种类[67]。有高度选择性进食者可通过食物链法，即列出儿童食物喜好清单，总结其喜好特征，如质地、颜色等，然后逐渐应用喜好清单进行新食物的替代[4]。

应用儿童饥饿 - 饱腹周期调整进餐时间，通过系统管理进餐地点和进餐时间

培养儿童良好的进食习惯[68]，包括视觉提示，如计时器、时钟标记法；改造进餐环境，包括视听觉刺激勿受干扰，进餐位置安全、舒适；身体支持，如座位支持稳定坐姿，脚踩凳调节进餐高度，便于婴幼儿积极参与进食。

12.3.2.4 增加积极或减少消极喂养行为

儿童父母或照顾者的积极正向关注和引导、以身作则可有效强化儿童良好的进食行为；而恐吓、暴力、放任的消极行为不利于纠正儿童的进食困难。可按食物的质地等级，让儿童逐级接触直至接受食物[69,70]。

12.3.3 喂养行为的指导

由于喂养困难的发生率高，多学科团队的资源有限，分级、分阶段管理是目前更加可行的方法，有喂养问题的儿童可首先在初级儿童保健机构进行初步评估，难以处理时再转至上一级的多学科团队。以下介绍的几项基本喂养原则是普遍适用的：避免用餐时分心；在进餐时保持愉快的状态；限制用餐时间；每日4～6餐，两餐间仅喂水；提供适合年龄的食物；引入新食物时尝试8～15次；鼓励自主进食；进餐时结合年龄允许一定程度的混乱[42]。在初次评估后的2～4周内，如果喂养或生长问题没有得到改善，则需进一步分析儿童的进食行为和家长的喂养方式，有针对性地进行干预，具体如下。

12.3.3.1 挑食

对于挑食的儿童，一方面可以进行必要的营养补充防止能量及营养素缺乏，另一方面要进行行为干预。研究显示，挑食的儿童中只有5%会影响到体格生长，其摄入的能量比相应年龄的儿童平均能量需要量低约25%，挑食儿童常见的营养素缺乏有维生素D、维生素A、钙、铁和锌，还可能伴有缺铁性贫血[43]。临床可以根据膳食评价及相关的实验室检测结果补充相应的营养素。在喂养方式上，可以通过鼓励、触摸食物、游戏等方式让儿童熟悉食物，如果同时有感官异常，必要时进行感觉统合训练和行为治疗。

12.3.3.2 食欲差

解决食欲缺乏最关键的是建立饥饿与饱足的良性循环，保证必需的营养供给。首先是能量及营养素的补充，每天额外补充100～300kcal，开始时儿童易于接受，可以在每天最后一餐结束后补充高能量强化的固体食品或液体食品，以避免影响正餐食物摄入量[33]。有一部分儿童平时活动量正常，但是对吃饭不感兴趣，也很少有营养不良及认知障碍的情况，对于这类儿童，两餐之间至少应该间隔 3h，中间除了水不提供其他食物，以增加饥饿感。也可以采取行为疗法，如利用玩偶游戏让儿童概念化饥饿和饱足的感觉，可以提高儿童调节食欲的能力[45]。

12.3.3.3 恐惧进食

拒绝进食不是因为食欲差，而是恐惧进食带来的不舒服，与既往喂养时体验到的厌恶性、创伤的经历有关，比如窒息、呕吐和鼻胃管喂养。最重要的是减少和消除与喂养有关的焦虑，消除引起疼痛和不适的原因，改变引起恐惧、焦虑的喂养环境，如在婴儿睡眠时进行喂养、过早过渡到使用杯子喝水或过早导入固体食物（辅助食品），可能导致或加剧进食恐惧。更换不同的就餐地点，使用不同的餐具、桌椅等有助于减少与过去喂养经历的负面联系，进行游戏、积极强化与奖励的行为疗法都有助于克服恐惧。此外，可根据病情选择心理咨询和在医生指导下使用精神病类药物。

12.4 展望

综上所述，儿童中喂养困难的发生率较高，影响因素涉及领域众多，婴幼儿喂养困难研究工作虽然已取得巨大进展，未来仍需要加强多学科协作攻关，研究其发病机制，为早期识别喂养困难制定统一的儿童喂养困难概念及诊断标准、调查量表和调查人员的培训指南，制定切实可行的分级评估程序及干预流程和具体或精准 / 个案措施。

（董彩霞，石英，荫士安）

参考文献

[1] Krom H, van Oers H A, van der Sluijs Veer L, et al. Health-related quality of life and distress of parents of children with avoidant restrictive food intake disorder. J Pediatr Gastroenterol Nutr, 2021, 73(1): 115-124.

[2] Feillet F, Bocquet A, Briend A, et al. Nutritional risks of ARFID (avoidant restrictive food intake disorders) and related behavior. Arch Pediatr, 2019, 26(7): 437-441.

[3] McDonald J. Development and cognitive functions in saudi pre-school children with feeding problems without underlying medical disorders. J Paediatr Child Health, 2016, 52(3): 357.

[4] Kerzner B, Milano K, MacLean W C, et al. A practical approach to classifying and managing feeding difficulties. Pediatrics, 2015, 135(2): 344-353.

[5] 龙也，钟燕 . 婴幼儿喂养困难影响因素研究 . 中国儿童保健杂志，2015, 23(2): 344-353.

[6] 黎海芪 . 实用儿童保健学 . 北京：人民卫生出版社，2016.

[7] Rybak A. Organic and nonorganic feeding disorders. Ann Nutr Metab, 2015, 66 (Suppl 5): S16-S22.

[8] Levine A, Bachar L, Tsangen Z, et al. Screening criteria for diagnosis of infantile feeding disorders as a cause of poor feeding or food refusal. J Pediatr Gastroenterol Nutr, 2011, 52(5): 563-568.
[9] Goday P S, Huh S Y, Silverman A, et al. Pediatric feeding disorder: consensus definition and conceptual framework. J Pediatr Gastroenterol Nutr, 2019, 68(1): 124-129.
[10] Chatoor I, Hommel S, Sechi C, et al. Development of the parent-child play scale for use in children with feeding disorders. Infant Ment Health J, 2018, 39(2): 153-169.
[11] Call C, Walsh B T, Attia E. From DSM- Ⅳ to DSM-5: Changes to eating disorder diagnoses. Curr Opin Psychiatry, 2013, 26(6): 532-536.
[12] Chatoor I. Feeding disorders in infants and toddlers: Diagnosis and treatment. Child Adolesc Psychiatr Clin N Am, 2002, 11(2): 163-183.
[13] Romano C, Hartman C, Privitera C, et al. Current topics in the diagnosis and management of the pediatric non organic feeding disorders (NOFEDs). Clin Nutr, 2015, 34(2): 195-200.
[14] Coelho J S, Norris M L, Tsai S C E, et al. Health professionals' familiarity and experience with providing clinical care for pediatric avoidant/restrictive food intake disorder. Int J Eat Disord, 2021, 54(4): 587-594.
[15] Yang H R. How to approach feeding difficulties in young children. Korean J Pediatr, 2017, 60(12): 379-384.
[16] Duffy K L. Dysphagia in children. Curr Probl Pediatr Adolesc Health Care, 2018, 48(3): 71-73.
[17] 赵职卫，徐海青，戴琼，等 . 喂养人喂养行为对婴幼儿喂养困难影响的研究 . 中国儿童保健杂志，2013, 21(3): 262-265.
[18] 徐海青，戴琼，汪鸿，等 . 6 ～ 36 月龄婴幼儿喂养困难现状研究 . 中国实用儿科杂志，2012, 27(5): 375-377.
[19] 叶芳，林莛，陈杰，等 . 0 ～ 5 月龄婴儿母乳喂养困难调查及影响因素研究 . 中国儿童保健杂志，2018, 26(3): 290-293.
[20] 陈敏，康淑蓉，张红梅，等 . 上海市闵行区 6 ～ 12 月龄营养不良婴儿喂养困难状况及影响因素研究 . 中国儿童保健杂志，2020, 28(10): 1144-1152.
[21] 王月，王鹏，周美婷，等 . 合肥市 6 月龄婴儿喂养困难状况及其与神经行为发育的关联研究 . 现代预防医学，2022, 49(1): 68-71.
[22] 王小燕，汪鸿，赵职卫 . 6 ～ 24 月龄婴幼儿喂养困难综合干预研究 . 中国儿童保健杂志，2019, 27(3): 343-345.
[23] Beckerman J P, Slade E, Ventura A K. Maternal diet during lactation and breast-feeding practices have synergistic association with child diet at 6 years. Public Health Nutr, 2020, 23(2): 286-294.
[24] Magel C A, Hewitt K, Dimitropoulos G, et al. Who is treating ARFID, and how? The need for training for community clinicians. Eat Weight Disord, 2021, 26(4): 1279-1280.
[25] Sanchez K, Boyce J O, Morgan A T, et al. Feeding behavior in three-year-old children born ＜ 30 weeks and term-born peers. Appetite, 2018, 130: 117-122.
[26] Johnson S, Matthews R, Draper E S, et al. Eating difficulties in children born late and moderately preterm at 2 y of age: A prospective population-based cohort study. Am J Clin Nutr, 2016, 103(2): 406-414.
[27] Steinberg C, Menezes L, Nobrega A C. Oral motor disorder and feeding difficulty during the introduction of complementary feeding in preterm infants. Codas, 2021, 33(1): e20190070.
[28] Kovacic K, Rein L E, Szabo A, et al. Pediatric feeding disorder: A nationwide prevalence study. J Pediatr, 2021, 228:126-131. e3.
[29] Patra K, Greene M M. Impact of feeding difficulties in the NICU on neurodevelopmental outcomes at 8 and 20 months corrected age in extremely low gestational age infants. J Perinatol, 2019, 39(9): 1241-1248.

[30] 汪鸿，徐海青，戴琼 . 围生期因素对婴幼儿喂养困难的影响 . 中国儿童保健杂志，2012, 20(11): 982-984.

[31] 龚建梅，张劲松 . 低出生体重儿喂养困难的影响因素及早期干预 . 中国儿童保健杂志，2018, 26(5): 507-509.

[32] 王爽，李娜，穆亚平 . 早产儿血清 IGF-1 水平与喂养困难的相关性研究 . 中国当代儿科杂志，2015, 17(7): 655-658.

[33] Milano K, Chatoor I, Kerzner B. A functional approach to feeding difficulties in children. Curr Gastroenterol Rep, 2019, 21(10): 51.

[34] Sharp W G, Volkert V M, Stubbs K H, et al. Intensive multidisciplinary intervention for young children with feeding tube dependence and chronic food refusal: An electronic health record review. J Pediatr, 2020, 223:73-80. e2.

[35] Husk J S, Keim S A. Breastfeeding and dietary variety among preterm children aged 1-3 years. Appetite, 2016, 99: 130-137.

[36] Watson J, McGuire W. Responsive versus scheduled feeding for preterm infants. Cochrane Database Syst Rev, 2016, 2016(8): CD005255.

[37] Werlang M E, Sim L A, Lebow J R, et al. Assessing for eating disorders: A primer for gastroenterologists. Am J Gastroenterol, 2021, 116(1): 68-76.

[38] DesChamps T D, Ibanez L V, Edmunds S R, et al. Parenting stress in caregivers of young children with ASD concerns prior to a formal diagnosis. Autism Res, 2020, 13(1): 82-92.

[39] Searle B E, Harris H A, Thorpe K, et al. What children bring to the table: The association of temperament and child fussy eating with maternal and paternal mealtime structure. Appetite, 2020, 151: 104680.

[40] Lawlor C M, Choi S. Diagnosis and management of pediatric dysphagia: A review. JAMA Otolaryngol Head Neck Surg, 2020, 146(2): 183-191.

[41] 倪锡莲，董砚，白云，等 . 长春市婴幼儿气质与饮食行为问题改善的关系研究 . 中国妇幼保健，2016, 31(1): 142-144.

[42] 王世佳，于建娟，黄蓓 . 1.5 周岁儿童口腔运动功能和气质的相关性研究 . 中华全科医学，2016, 14(8): 1419-1421.

[43] Schmidt R, Hiemisch A, Kiess W, et al. Macro- and micronutrient intake in children with avoidant/restrictive food intake disorder. Nutrients, 2021, 13(2): 400. doi: 10.3390/nu13020400.

[44] Gibson E L, Cooke L. Understanding food fussiness and its implications for food choice, health, weight and interventions in young children: the impact of professor jane wardle. Curr Obes Rep, 2017, 6(1): 46-56.

[45] Roberts L, Marx J M, Musher-Eizenman D R. Using food as a reward: An examination of parental reward practices. Appetite, 2018, 120: 318-326.

[46] de Barse L M, Jansen P W, Edelson-Fries L R, et al. Infant feeding and child fussy eating: The Generation R Study. Appetite, 2017, 114: 374-381.

[47] 朱华，汪丽霞 . 喂养人心理干预对婴幼儿喂养困难的影响 . 中国妇幼健康研究，2017, 28(1): 4-6.

[48] Brown C L, Perrin E M. Defining picky eating and its relationship to feeding behaviors and weight status. J Behav Med, 2020, 43(4): 587-595.

[49] Brown C L, Pesch M H, Perrin E M, et al. Maternal concern for child undereating. Acad Pediatr, 2016, 16(8): 777-782.

[50] 张丽珊，金星明，严萍，等 . 儿童饮食行为干预工具在上海市浦东新区 1 ～ 4 岁饮食行为问题儿童中的应用 . 中国儿童保健杂志，2015, 23(6): 667-670.

[51] 何子静，穆岩，于燕飞，等 . 父母喂养策略对儿童进食行为的影响——压力的中介效应 . 心理学进展，2017, 7(12): 1397-1406.
[52] 童梅玲 . 早产儿及婴幼儿顺应喂养 . 中华实用儿科临床杂志，2017, 32(23): 1763-1765.
[53] 章志红，朱小康，廖承红，等 . 学龄前儿童家长喂养行为及其影响因素分析 . 中国妇幼保健，2015, 30(17): 2784-2787.
[54] 邓成，张雯，金宇，等 . 1 ～ 5 岁儿童饮食行为问题与喂养行为的相关性 . 中国儿童保健杂志，2012, 20(8): 686-688.
[55] Borowitz K C, Borowitz S M. Feeding problems in infants and children: Assessment and etiology. Pediatr Clin North Am, 2018, 65(1): 59-72.
[56] 方浩然，李中跃 . 2018 年北美及欧洲小儿胃肠病、肝病和营养协会儿童胃食管反流及胃食管反流病临床指南解读 . 中华儿科杂志，2019, 57(3): 181-186.
[57] 姜丽静，仰曙芬 . 婴幼儿牛奶蛋白过敏诊治的研究进展 . 中国儿童保健杂志，2018, 26(09): 973-976.
[58] McComish C, Brackett K, Kelly M, et al. Interdisciplinary feeding team: A medical, motor, behavioral approach to complex pediatric feeding problems. MCN Am J Matern Child Nurs, 2016, 41(4): 230-236.
[59] Sanchez K, Spittle A J, Allinson L, et al. Parent questionnaires measuring feeding disorders in preschool children: A systematic review. Dev Med Child Neurol, 2015, 57(9): 798-807.
[60] 戴琼，徐海青，汪鸿，等 . 婴幼儿喂养困难评分量表中文版标化研究 . 中国妇幼健康研究，2011, 22(3): 258-259.
[61] Lau C. Development of infant oral feeding skills: What do we know? Am J Clin Nutr, 2016, 103(2): S616-S621.
[62] Greene Z, O'Donnell C P, Walshe M. Oral stimulation for promoting oral feeding in preterm infants. Cochrane Database Syst Rev, 2016, 9(9): CD009720.
[63] 杨春燕，周丽英，韩梅盈，等 . 早期口腔运动干预措施对早产儿预后的效果分析 . 中国儿童保健杂志，2019, 27(02): 133-137.
[64] Kent R D. Nonspeech oral movements and oral motor disorders: A narrative review. Am J Speech Lang Pathol, 2015, 24(4): 763-789.
[65] Inal O, Serel Arslan S, Demir N, et al. Effect of functional chewing training on tongue thrust and drooling in children with cerebral palsy: A randomised controlled trial. J Oral Rehabil, 2017, 44(11): 843-849.
[66] Morris N, Knight R M, Bruni T, et al. Feeding disorders. Child Adolesc Psychiatr Clin N Am, 2017, 26(3): 571-586.
[67] Lin C C, Ni Y H, Lin L H, et al. Effectiveness of the IMFeD tool for the Identification and management of feeding difficulties in Taiwanese children. Pediatr Neonatol, 2018, 59(5): 507-514.
[68] Seiverling L, Anderson K, Rogan C, et al. A comparison of a behavioral feeding intervention with and without pre-meal sensory integration therapy. J Autism Dev Disord, 2018, 48(10): 3344-3353.
[69] Segal I, Tirosh A, Sinai T, et al. Role reversal method for treatment of food refusal associated with infantile feeding disorders. J Pediatr Gastroenterol Nutr, 2014, 58(6): 739-742.
[70] Thomas J J, Brigham K S, Sally S T, et al. Case 18-2017—An 11-year-old girl with difficulty eating after a choking incident. N Engl J Med, 2017, 376(24): 2377-2386.

婴幼儿精准喂养

Practical Feeding for Infants and Young Children

第13章

营养对儿童学习和认知能力发育的影响

胚胎期（孕期）、婴幼儿期对正常的大脑发育（组织结构的完整性与功能）至关重要，将是随后学习和认知能力发育潜能得以发挥作用的重要基础条件，这期间营养（如蛋白质和必需脂肪酸、叶酸、碘、铁等）缺乏 / 不足对大脑和身体的伤害是无法弥补的[1]。营养素是儿童机体生长发育的重要基础材料，也是学习认知能力发育的重要基础物质。如果儿童时期出现能量长期供给不足和 / 或宏量营养素 [蛋白质、脂质（必需脂肪酸）和碳水化合物] 缺乏，将损害正常的神经系统发育；某些人体必需微量营养素（如铁、碘、锌、维生素 A、叶酸和胆碱等）缺乏将会影响机体的新陈代谢和多种生理功能或活动的正常进行，导致生长发育和学习认知能力发育的延迟，严重营养缺乏可对学习认知能力产生破坏性不可逆的影响，如缺铁和缺铁性贫血对智力发育的影响，叶酸和锌等微量营养素缺乏增加发生神经管畸形风险等（表 13-1）[2-8]。

表 13-1　营养素是儿童学习认知发育的物质基础

营养素	主要作用	缺乏对功能影响
宏量营养素		
蛋白质	生命活动必需酶类、激素及类激素和神经递质的组成成分	导致大脑发育延迟，影响学习认知能力，易患感染性疾病
脂类	神经髓鞘膜的基本骨架成分，磷脂是脑和神经组织的结构脂；胆固醇是神经纤维的重要绝缘体，防止神经冲动向其他神经纤维扩散，是神经冲动定向传导的结构基础；脑、神经组织和视网膜中富含必需脂肪酸，对脑和视网膜的功能发育发挥重要作用	延缓大脑和视觉发育，导致认知功能下降
碳水化合物	脑和神经组织中富含糖脂，丰富的母乳低聚糖与蛋白质、脂质、核酸等形成的糖蛋白、糖脂和蛋白聚糖、核糖核酸和脱氧核糖核酸复合物是人体结构中具有重要生物活性物质的组成成分，参与大脑和视网膜的组织构成和功能发育	影响大脑和视网膜组织结构完整，延迟这些组织正常发育，影响学习认知能力
微量营养成分		
铁	参与血红蛋白合成，与红细胞的形成和成熟有关，维持正常的造血功能；参与体内氧的运送和组织呼吸过程	出现缺铁和缺铁性贫血，影响生长发育，学习认知能力降低，易患感染性疾病
碘	合成甲状腺素的必需成分，甲状腺素调节机体多种与学习认知相关的功能发育成熟，包括促进婴儿体内蛋白质的合成、参与脑发育、调节新陈代谢等	取决于缺乏程度，包括克汀病（严重）、神经运动功能发育落后、智力发育障碍等
锌	参与多种激素、维生素、蛋白质和酶的组成，参与体内催化功能、结构功能和调节功能，维持细胞膜结构完整性，保护视力，参与认知行为发育	胎儿宫内生长发育迟缓和神经发育缺陷、婴幼儿期生长发育障碍，认知能力下降
维生素 A	参与视觉功能，维持眼结合膜、角膜和泪腺上皮细胞膜的完整性，促进生长发育	影响视觉功能、正常发育延迟或下降、增加贫血发生率
叶酸	在体内生化反应中以四氢叶酸形式作为一碳单位转移酶系的辅酶，发挥一碳单位传递作用，参与核酸和蛋白质合成、DNA 甲基化和同型半胱氨酸代谢	引起胎儿神经管畸形，婴幼儿长期缺乏叶酸发生巨幼红细胞贫血、认知功能发育延迟
胆碱	甲基基团（或一碳单位）的主要来源，是体内多种生物活性分子的合成前体，直接影响胆碱能神经的传递，参与细胞膜结构的完整性和正常脑发育	影响神经发育（胎儿神经管畸形），学习认知能力降低

13.1　营养对脑发育的影响

许多研究表明，营养不良和营养缺乏对学习和认知能力产生破坏性影响，其中生命最初 1000 天（孕期、哺乳期或出生后最初 24 月龄）是影响最重要的阶段，而且产生的影响是不可逆的[1]。营养素的作用整体上可区分为宏量营养素（蛋白质、脂类和碳水化合物）是构成大脑完整结构的重要基础材料，微量营养素（维生素和矿物质等营养成分）对大脑良好功能的发挥是必需的，也是早期学习、认知潜能充分开发的重要成分；微量营养成分缺乏，如碘、铁、锌、叶酸、维生素A、胆碱等缺乏，已被证明会干扰正常的生长发育和学习认知能力发育[3]。宏量营养素和与学习认知功能发育相关的微量营养素的主要作用，如表13-1所示。

目前我国儿童中最常见的营养问题是存在不同程度的必需脂肪酸缺乏（尤其是*n*-3脂肪酸），微量营养素缺乏或低下，如缺铁和缺铁性贫血、锌缺乏、维生素A缺乏或边缘性缺乏等，而蛋白质能量营养不良（包括恶性营养不良和消瘦）已显著降低。除了表13-1中提到的宏量和微量营养素与儿童的学习认知发育有关外，还有些研究结果提示在人体内具有明确生物学功能作用的成分，例如核苷和核苷酸、微小核糖核酸（miRNA）等也与儿童的学习认知功能有关。

13.2 营养缺乏对大脑的损伤

营养不良（malnutrition）、营养不足或低下（undernutrition）和营养素失衡（nutrient imbalance）通过改变或干扰大脑生理（brain physiology）或大脑结构（brain structure）的完整性，影响大脑的功能（包括学习和认知/记忆能力）。在学习、认知能力方面，营养不良或缺乏引起的相关损害通常存在两种情况：暂时性损害（temporary damage）和永久性损害或产生长期不良后果（long-term negative consequences）。

13.2.1 暂时性损害

营养缺乏引起暂时性损害，是指仅在营养问题存在时该种损害持续存在，营养问题包括对特定活动必需的重要营养素的供给缺乏或严重影响其生物利用率的情况。例如，对大脑可利用的酪氨酸耗竭时，将会暂时停止儿茶酚胺神经递质的产生。

13.2.2 长期的损害

如果由于营养素缺乏导致的损害发生在“关键时期”（如生命最初1000天），这种损害将不是暂时性的，而是永久性或将会产生长期不良后果，例如孕初期的孕妇严重碘缺乏导致的胎儿神经系统的损害将会是永久性的，即使从孕中晚期开始纠正碘缺乏，虽然可明显改善体格生长发育状况，但早期缺碘对胎儿脑发育的伤害和出生后认知功能低下，这样的不良影响将长期存在。

13.2.3 脑发育成熟严重延迟

虽然在婴儿期脑经历了快速发育，但仍未完全发育成熟。大脑不同区域的成熟是不均匀的，不同区域的成熟与年龄有关，大脑中调节 / 介导认知功能的区域可能是最后成熟（表 13-2）。在突触形成和髓鞘形成过程中发生营养缺乏，将会导致脑发育的成熟严重延迟，从而引起学习认知能力发育的延迟。评价大脑成熟的指标包括突触发生、髓磷脂形成和树突形成等指标[9,10]。

表 13-2 脑发育的不同阶段

时间	发育状态
胎儿期	从 8 周开始形成大脑皮层，16 周后皮层迅速发育，4 个月开始形成脊髓神经，5 个月开始皮层细胞分化，6 ～ 7 个月大脑的沟和回发育得已很明显，7 个月神经传导系统开始发育
出生时 / 新生儿	大脑已具备成人的所有沟和回；功能上丘脑、苍白球比较成熟，与一些运动功能的发育有关
约 3 岁	皮层细胞大致分化完成，调节 / 介导大多数认知功能的区域逐渐发育成熟
8 岁	皮层细胞与成人已无明显区别
约 10 岁	额叶皮层成熟

采用不同成像技术的研究结果显示[11]，一直到学龄前，儿童的脑葡萄糖代谢率高于成人[12]。因此儿童对用于脑发育的营养素需要量相对高于成人，营养缺乏不论对成熟脑还是生长期脑的影响都是很明显的。营养缺乏影响髓鞘形成过程（延迟或障碍），严重影响学习、认知能力的发育，即使纠正了营养缺乏或不足也可能对听觉系统产生持续的长期不良影响。

13.3 营养对学习和认知能力发育的影响

迄今关于营养与儿童脑发育或学习、认知功能关系的研究多局限在单个营养素或多种营养素，如某种或某些宏量营养素或微量营养素缺乏或补充，早期也有些母乳喂养对儿童学习、认知能力影响的研究，而关于膳食变迁（高脂肪、高糖膳食）和生活方式（身体活动降低）的改变对儿童学习、认知能力影响的研究甚少[13]。

13.3.1 母乳喂养对儿童学习和认知能力的影响

尽管儿童的学习认知能力与行为发育（learning, cognitive and behavior development）相当复杂，而且受很多因素的影响，但是母乳喂养以及持续较长时间的喂哺过程在婴幼儿的大脑发育以及学习、认知能力发展中发挥重要作用[14-16]。哺乳时，通过母亲对婴儿的爱抚、目光交流、语言交流等，可增进母子间感情交流，促进婴儿大脑和智力发育，使乳母和婴儿的情绪稳定；母乳中富含的胆碱、长链多不饱和脂肪酸（如 DHA、ARA）和鞘磷脂等有利于婴幼儿的大脑发育成熟[17-19]。由于诸多比较性研究结果提示母乳喂养婴儿的语言能力、认知、行为与气质发育优于人工喂养的婴儿，因此母乳喂养对儿童脑发育和学习、认知能力的影响已成为研究的热点和人们关注的焦点。

13.3.2 膳食变迁与生活方式改变对学习和认知能力的影响

近几十年来，随着我国居民生活方式的显著变化，包括西式膳食的变迁，如高脂肪、高糖食物消费量的增加，再加上暴饮暴食的行为和久坐的生活方式，导致超重、肥胖发生率显著增长，而肥胖与认知功能的改变或下降有关，如语言学习能力和记忆能力等，表现出认知障碍（认知灵活性、注意力和判断力方面的改变等）[20,21]。

随着经济持续增长以及人们收入和生活水平的提高，与很多发展中国家一样，近些年来我国居民膳食模式西式变迁明显，由过去传统的植物性食物为主的膳食模式，发生高脂肪、高糖的膳食模式的明显变迁，儿童、青少年中尤为突出，即以高比例的动物性食物、脂肪和单糖取代富含蔬菜、全谷物和水果、低精制糖的膳食，这些变化可能与认知能力的改变有关[22-24]。

13.3.2.1 动物模型

大多数研究以大鼠为模型，通过模仿西式高脂肪、高精制糖的膳食，结果显示对动物的学习、短期和长期记忆均产生负面影响（记忆能力受损）[25,26]。也有动物试验结果显示，当将西式膳食转变为均衡的对照膳食时，由高脂肪、高精制糖的膳食诱导的记忆力障碍似可逆转[27,28]。提示及早进行干预的必要性，包括提倡健康的生活方式、合理应用膳食补充剂、减少精制糖的摄入和规律的身体活动等。

13.3.2.2 孕期母亲膳食的影响

关于孕期母亲膳食对其后代神经系统发育和认知能力影响的研究甚少，有些回顾性调查结果显示生命早期（如孕期和婴幼儿期）饥荒暴露与成人时期的认知功能降低有关，强调了生命早期最佳营养对大脑生长和发育的重要性。已有的研究结果提示，怀孕期间母亲习惯不健康的膳食模式（如过多摄入加工肉制品、精制谷物、甜饮料、糖果或精制食糖、高脂肪食物等）可能与其后代出现的较低智力评分、较高的情绪失调、多动症和注意力不集中等问题有关[24,29,30]。Mahmassani等[31]利用1580对母子的前瞻性队列研究，采用地中海膳食评分和替代健康膳食指数，分析了怀孕期间母亲膳食质量及多种营养素摄入量与后代认知功能和行为的关系，提出怀孕期间母体选择较好的膳食模式与其后代早期更好的空间技能和儿童时期之后更好的语言和智力发育有关，而且对其后代认知能力的这种影响可能持续到整个童年时期。

Cohen等[32]利用1999～2002年美国波士顿地区募集的1234对母子研究项目，2017年评估了母亲孕期和儿童早期的膳食以及儿童早期和中期的认知结果（中位年龄3.3岁和7.7岁）。结果显示，怀孕期间和儿童时期的糖摄入量，尤其是含糖饮料（sugar-sweetened beverages, SSBs），以及母亲膳食苏打水消费量可能对儿童的认知发育产生不利影响，而儿童的水果消费可能会改善这种不利影响。因此通过促进更健康的膳食干预措施和制定相关政策，可以防止对儿童认知能力发育的不良影响。

13.3.3 能量、宏量营养素对学习和认知能力的影响

蛋白质是组成人体一切细胞和组织的主要成分，充足的蛋白质供给对婴幼儿的生长、发育和生理功能均非常重要；脂肪（尤其是长链多不饱和脂肪酸，如DHA和ARA）对于中枢神经系统的发育和视网膜功能的维持发挥重要作用；碳水化合物，特别是母乳低聚糖类，对整个胃肠道生理功能的发育和肠道微生态的平衡发挥重要作用。这三大营养素被称为产能营养素，三者形成的复合物（如糖蛋白、脂蛋白、糖脂等）也是人体组织结构构成和多种多样复杂生理功能发挥的主要成分。

其中重要的影响是蛋白质能量营养不良。传统的蛋白质能量营养不良（protein energy malnutrition, PEM）是一种主要由于长期食物供给不足或食物品种单一导致的能量摄入不足，膳食中缺乏蛋白质（尤其是奶蛋类优质蛋白质）和必需氨基酸所导致的儿童营养不良，而且某些疾病状况下常常合并蛋白质能量营养不良。如果不能及时进行营养干预并纠正，大多数患病儿童将会发生认知缺陷或认知能力降低。

13.3.4 必需脂肪酸对学习和认知能力的影响

大脑的生理活动和功能的发挥高度依赖于神经元膜的完整性[33,34]。神经元的

膜主要由蛋白质和脂质组成。膜中的蛋白质相对稳定，而脂质则表现出快速的更新率。神经元膜的物理状态对神经元的功能至关重要，理想状态是呈凝胶状。神经元膜物理状态的变化将会使一些膜功能发生改变，包括沿轴突的神经元信息和突触中的神经元信息的传递。

必需脂肪酸（essential fatty acids, EFA）对发育中的大脑至关重要。它们是髓磷脂的主要成分，能够诱导髓鞘形成，决定膜的流动性。EFA 还参与神经递质和肽的产生。EFA 缺乏（EFAD）时，膜变得坚硬（改变膜的流动性），使其功能无法发挥。

13.3.4.1 必需脂肪酸的适宜比例

尽管多种脂肪酸在神经系统以及整个身体结构和功能完整中发挥不同的作用，然而神经系统正常功能的发挥对不同种类脂肪酸有严格的分子种类要求，即 EFA（亚油酸和 α- 亚麻酸）之间应有适当的比例。

在许多脂肪酸对学习和记忆影响的研究中，评价了各种多不饱和脂肪酸之间的比例，提出亚油酸（*n*-6）和 α- 亚麻酸（*n*-3）的混合物的比例为 4∶1 时，可有效提高动物的学习成绩（莫里斯水迷宫和被动回避实验），还能够纠正由神经毒素 AF64A 和 5,7- 二羟基色胺以及 6-OH-DA（脑多巴胺）水平降低诱导的学习障碍。

13.3.4.2 长链多不饱和脂肪酸对大脑发育的影响

亚油酸（*n*-6）和 α- 亚麻酸（*n*-3）的衍生物，即长链多不饱和脂肪酸（PUFA），对神经系统功能的正常发挥也很重要。大量研究证实，神经元膜中富含长链多不饱和脂肪酸，而且 *n*-3 和 *n*-6 多不饱和脂肪酸的比例同样重要。有研究结果观察到，两者 1∶4（*n*-3∶*n*-6）的比例可最有效地降低膜中胆固醇的水平 [33]。

动物实验结果显示，*n*-3 缺乏的大鼠在进行的各种测试中表现出较差的学习和记忆力，如在莫里斯水迷宫中的表现、视觉功能、基于嗅觉的学习能力、感觉等缺陷 [35]；而且 *n*-3 缺乏的动物中，海马体、下丘脑和皮层（介导空间和连续学习的大脑区域）的神经元大小明显减小；*n*-3 缺乏诱导的脑儿茶酚胺、葡萄糖转运能力和葡萄糖利用以及髓鞘化速率均显著降低 [36]。这些变量中的每一个降低或减小都可能导致学习障碍。

13.3.5 微量营养成分对学习和认知能力的影响

除了前面提及的宏量营养素，其余对人体必需的营养成分统称为微量营养素，包括矿物质（常量与微量）和维生素（脂溶性与水溶性）。其他与儿童学习认知能力发育相关的营养成分还有牛磺酸、核苷和核苷酸、类胡萝卜素（如叶黄素和玉米黄质）以及近年来母乳中存在的多种微小核糖核酸与婴儿大脑发育的关系也广受关注[37-41]。

13.3.5.1 铁

缺铁（ID）及缺铁性贫血（IDA）被认为是各年龄段最普遍的营养缺乏问题之一，也是各国主要关注的营养缺乏病。已有越来越多的研究结果提示，即使是轻度缺铁，也会影响儿童的学习认知能力[42]。例如，缺铁可影响多巴胺 D2 等的受体[43]，缺铁儿童的行为方面表现有嗜睡、易怒、冷漠、疲劳、无法集中注意力、异食癖和智商下降等；在动物研究中，缺铁可导致额叶皮层和海马体成熟延迟，这可用以解释动物和人类研究中发现的认知缺陷以及空间认知能力的下降[43,44]。

在 Armony-Sivan 等的研究中，观察到大多数缺铁 / 低铁蛋白的早产儿神经反射（如抓、握、被动运动臂、被动腿运动等）严重延迟[45]。在一项婴儿期缺铁康复后的长期影响的观察性研究中，到 9 ～ 10 岁时儿童的血红蛋白、铁和铁蛋白水平正常，智商得分与当时未患缺铁的婴儿相同，但是空间认知能力得分显著降低；而且听觉测试中处理听觉信号延迟[46]，提示婴儿期缺铁将会干扰正常髓鞘的形成速率，还可能减缓大脑神经递质的发育和成熟，最终的结果是导致儿童学习认知能力下降[47,48]。

缺铁的另一个不良反应是影响血脑屏障（BBB）的功能，即大脑中分子的生物利用度高度依赖于 BBB 的正常功能。尽管新生儿出生时 BBB 还没有完全成熟，但 BBB 会迅速成熟以保护发育中的大脑。动物模型实验结果显示，能渗透到缺铁性大鼠脑中的几种化合物与对照组的不同[49]，说明尽管缺铁状态不会损坏 BBB，但是可引起渗透率的特定变化。已知能够通过缺铁大鼠 BBB 的化合物之一是 β-内啡肽，然而该种化合物是无法通过正常大鼠的 BBB 的。大脑中较高的 β- 内啡肽水平也与学习和记忆力差有关。

13.3.5.2 叶酸

叶酸是合成 DNA、RNA 的重要辅酶，也是同型半胱氨酸代谢过程中的重要辅酶，在核苷酸合成、DNA 合成与修复和表观遗传修饰中起着关键作用[50,51]，对生命早期的生长发育非常重要，孕期母体叶酸缺乏可导致胎儿发生神经管畸形，通过孕早期补充叶酸或强化叶酸的食品可有效预防神经管畸形[52,53]。

无论是人类还是动物，母亲在怀孕期间的最佳叶酸摄入量与后代的认知功能、行为和运动发育呈正相关[6,7,51]。婴儿长期严重缺乏叶酸还可以发生巨幼红细胞性贫血、智力或认知能力发育迟缓，而且这种不良影响可持续到成年，影响神经行为发育和认知功能[54-57]。动物实验结果显示，生命早期叶酸缺乏抑制了大鼠后代的神经行为发育和认知功能，孕期母体补充叶酸可以刺激大鼠后代幼鼠期和成年期的神经行为发育，改善其后代的神经行为发育[58]。因此，育龄妇女在孕前和孕期应注意叶酸营养状况的改善。婴幼儿也应服用适量的叶酸，这可能对神经发育和认知功能产生长期的有益影响。

13.3.5.3 叶黄素和玉米黄质

叶黄素和玉米黄质（zeaxanthin）是仅有的 2 种能够穿过血液 - 视网膜屏障在眼睛中形成黄斑色素的类胡萝卜素[59]，其在大脑发育中的可能作用尤其引人关注。与膳食中占主导地位的其他类胡萝卜素相比，叶黄素被发现优先蓄积在婴儿的脑部[60]。新的证据表明，叶黄素及其异构体玉米黄质在早期神经发育中发挥作用[60,61]。在怀孕期间，叶黄素可通过胎盘转移给胎儿，类胡萝卜素中叶黄素和玉米黄质的母体到胎儿的转移率最高（16%），而且叶黄素和玉米黄质被主动转运到母乳中，也是成熟母乳中的主要类胡萝卜素[62]，说明叶黄素和玉米黄质在妊娠期间对胎儿和哺乳期间对喂养儿可能发挥着独特营养作用[63]；也有的研究观察到，幼儿时期较高的叶黄素和玉米黄质摄入量有助于改善儿童早期语言接受能力[64]。上述结果显示，母体叶黄素和玉米黄质摄入量与后代认知功能之间的潜在关联，较高的叶黄素和玉米黄质状态与更好的认知功能有关，叶黄素和 / 或玉米黄质补充剂可改善儿童认知能力，因此需要更多来自前瞻性队列和干预研究的证据，以证明生命最初 1000 天叶黄素和玉米黄质的存在是否与儿童的学习、认知能力发育有关，尤其是在那些摄入量较低的人群中，可为优化儿童认知能力发展的膳食提供建议。

尽管多种因素影响和限制了儿童学习、认知能力的发展轨迹，然而生命最初 1000 天营养状况的改善已被证明是投资效益比最高的！生命最初 1000 天对人类身心发展至关重要，在这些时期脑发育发生的任何损害都可能产生长期后果，如儿童早期发生营养不良将会影响其入学的学习成绩[65,66]。然而，关键的问题是，此期间营养不良造成的儿童学习、认知能力发育的损害是否可以被尽早发现，是否可通过 2 岁以后开始的营养干预措施来扭转以及能扭转多大程度。越来越多的流行病学调查结果证明，对于儿童进行针对性营养改善的干预，进行得越早收到的效果越好，而且也是投入产出比最高的。因此，应及时发现儿童中存在的突出营养问题，开展早期营养干预，将事半功倍。

（董彩霞，荫士安）

参考文献

[1] Likhar A, Patil M S. Importance of maternal nutrition in the first 1000 days of life and its effects on child

development: A narrative review. Cureus, 2022, 14(10): e30083.

[2] Petrikova I. The role of complementary feeding in India's high child malnutrition rates: Findings from a comprehensive analysis of NFHS Ⅳ (2015-2016) data. Food Secur, 2022, 14(1): 39-66.

[3] Bryan J, Osendarp S, Hughes D, et al. Nutrients for cognitive development in school-aged children. Nutr Rev, 2004, 62(8): 295-306.

[4] Hollenbeck C B. The importance of being choline. J Am Diet Assoc, 2010, 110(8): 1162-1165.

[5] Schroth R J, Levi J, Kliewer E, et al. Association between iron status, iron deficiency anaemia, and severe early childhood caries: A case-control study. BMC Pediatr, 2013, 13: 22. doi: 10.1186/1471-2431-13-22.

[6] Zou R, El Marroun H, Cecil C, et al. Maternal folate levels during pregnancy and offspring brain development in late childhood. Clin Nutr, 2021, 40(5): 3391-3400.

[7] Lintas C. Linking genetics to epigenetics: The role of folate and folate-related pathways in neurodevelopmental disorders. Clin Genet, 2019, 95(2): 241-252.

[8] McCarthy E K, Murray D M, Kiely M E. Iron deficiency during the first 1000 days of life: Are we doing enough to protect the developing brain? Proc Nutr Soc, 2022, 81(1): 108-118.

[9] Koizumi H. The concept of 'developing the brain': A new natural science for learning and education. Brain Dev, 2004, 26(7): 434-441.

[10] Paus T, Zijdenbos A, Worsley K, et al. Structural maturation of neural pathways in children and adolescents: In vivo study. Science, 1999, 283(5409): 1908-1911.

[11] Giedd J N, Vaituzis A C, Hamburger S D, et al. Quantitative MRI of the temporal lobe, amygdala, and hippocampus in normal human development: Ages 4-18 years. J Comp Neurol, 1996, 366(2): 223-230.

[12] Chugani H T. Biological basis of emotions: Brain systems and brain development. Pediatrics, 1998, 102(5 Suppl E): 1225-1229.

[13] Fado R, Molins A, Rojas R, et al. Feeding the brain: Effect of nutrients on cognition, synaptic function, and AMPA receptors. Nutrients, 2022, 14(19): 4137. doi: 10.3390/nu14194137.

[14] Fergusson D M, Beautrais A L, Silva P A. Breast-feeding and cognitive development in the first seven years of life. Soc Sci Med, 1982, 16(19): 1705-1708.

[15] Horwood L J, Fergusson D M. Breastfeeding and later cognitive and academic outcomes. Pediatrics, 1998, 101(1): E9.

[16] Belfort M B, Rifas-Shiman S L, Kleinman K P, et al. Infant feeding and childhood cognition at ages 3 and 7 years: Effects of breastfeeding duration and exclusivity. JAMA Pediatr, 2013, 167(9): 836-844.

[17] Grummer-Strawn L M. The effect of changes in population characteristics on breastfeeding trends in fifteen developing countries. Int J Epidemiol, 1996, 25(1): 94-102.

[18] Vohr B R, Poindexter B B, Dusick A M, et al. Beneficial effects of breast milk in the neonatal intensive care unit on the developmental outcome of extremely low birth weight infants at 18 months of age. Pediatrics, 2006, 118(1): e115-123.

[19] Albi E, Arcuri C, Kobayashi T, et al. Sphingomyelin in human breast milk might be essential for the hippocampus maturation. Front Biosci (Landmark Ed), 2022, 27(8): 247. doi: 10.31083/j.fbl2708247.

[20] Singh-Manoux A, Dugravot A, Shipley M, et al. Obesity trajectories and risk of dementia: 28 years of follow-up in the Whitehall Ⅱ Study. Alzheimers Dement, 2018, 14(2): 178-186.

[21] 倪曼曼，王超群，汪莹莹，等．学龄前期肥胖儿童注意力认知事件相关电位及行为学研究．中国儿童保健，2022, 30(12): 1371-1375.

[22] Munoz-Garcia M I, Martinez-Gonzalez M A, Razquin C, et al. Exploratory dietary patterns and cognitive

function in the "Seguimiento Universidad de Navarra" (SUN) Prospective Cohort. Eur J Clin Nutr, 2022, 76(1): 48-55.

[23] Vilarnau C, Stracker D M, Funtikov A, et al. Worldwide adherence to Mediterranean Diet between 1960 and 2011. Eur J Clin Nutr, 2019, 72(Suppl 1): S83-S91.

[24] Galera C, Heude B, Forhan A, et al. Prenatal diet and children's trajectories of hyperactivity-inattention and conduct problems from 3 to 8 years: The EDEN mother-child cohort. J Child Psychol Psychiatry, 2018, 59(9): 1003-1011.

[25] Tsan L, Sun S, Hayes A M R, et al. Early life Western diet-induced memory impairments and gut microbiome changes in female rats are long-lasting despite healthy dietary intervention. Nutr Neurosci, 2022, 25(12): 2490-2506.

[26] Sarfert K S, Knabe M L, Gunawansa N S, et al. Western-style diet induces object recognition deficits and alters complexity of dendritic arborization in the hippocampus and entorhinal cortex of male rats. Nutr Neurosci, 2019, 22(5): 344-353.

[27] Tran D M D, Westbrook R F. A high-fat high-sugar diet-induced impairment in place-recognition memory is reversible and training-dependent. Appetite, 2017, 110: 61-71.

[28] Garcia-Serrano A M, Mohr A A, Philippe J, et al. Cognitive impairment and metabolite profile alterations in the hippocampus and cortex of male and female mice exposed to a fat and sugar-rich diet are normalized by diet reversal. Aging Dis, 2022, 13(1): 267-283.

[29] Borge T C, Aase H, Brantsaeter A L, et al. The importance of maternal diet quality during pregnancy on cognitive and behavioural outcomes in children: A systematic review and meta-analysis. BMJ Open, 2017, 7(9): e016777.

[30] Freitas-Vilela A A, Pearson R M, Emmett P, et al. Maternal dietary patterns during pregnancy and intelligence quotients in the offspring at 8 years of age: Findings from the ALSPAC cohort. Matern Child Nutr, 2018, 14(1): e12431. doi: 10.1111/mcn.12431.

[31] Mahmassani H A, Switkowski K M, Scott T M, et al. Maternal diet quality during pregnancy and child cognition and behavior in a US cohort. Am J Clin Nutr, 2022, 115(1): 128-141.

[32] Cohen J F W, Rifas-Shiman S L, Young J, et al. Associations of prenatal and child sugar intake with child cognition. Am J Prev Med, 2018, 54(6): 727-735.

[33] Yehuda S. Omega-6/omega-3 ratio and brain-related functions. World Rev Nutr Diet, 2003, 92:37-56.

[34] Uauy R, Mena P. Lipids and neurodevelopement. Nutr Rev, 2001, 59(8): S34-S46.

[35] Yehuda S, Rabinovitz S, Carasso R L, et al. The role of polyunsaturated fatty acids in restoring the aging neuronal membrane. Neurobiol Aging, 2002, 23(5): 843-853.

[36] Yehuda S, Rabinovitz S, Mostofsky D I, et al. Essential fatty acid preparation improves biochemical and cognitive functions in experimental allergic encephalomyelitis rats. Eur J Pharmacol, 1997, 328(1): 23-29.

[37] Mahmassani H A, Switkowski K M, Scott T M, et al. Maternal intake of lutein and zeaxanthin during pregnancy is positively associated with offspring verbal intelligence and behavior regulation in mid-childhood in the project viva cohort. J Nutr, 2021, 151(3): 615-627.

[38] Baier S R, Nguyen C, Xie F, et al. MicroRNAs are absorbed in biologically meaningful amounts from nutritionally relevant doses of cow milk and affect gene expression in peripheral blood mononuclear cells, HEK-293 kidney cell cultures, and mouse livers. J Nutr, 2014, 144(10): 1495-1500.

[39] Wang L, Mu S, Xu X, et al. Effects of dietary nucleotide supplementation on growth in infants: A meta-analysis of randomized controlled trials. Eur J Nutr, 2019, 58(3): 1213-1221.

[40] Gao Y, Sun C, Gao T, et al. Taurine ameliorates volatile organic compounds-induced cognitive impairment in young rats via suppressing oxidative stress, regulating neurotransmitter and activating NMDA receptor. Front Vet Sci, 2022, 9:999040.

[41] Chen C, Xia S, He J, et al. Roles of taurine in cognitive function of physiology, pathologies and toxication. Life Sci, 2019, 231:116584.

[42] McCormick B J J, Richard S A, Caulfield L E, et al. Early life child micronutrient status, maternal reasoning, and a nurturing household environment have persistent influences on child cognitive development at age 5 years: Results from MAL-ED. J Nutr, 2019, 149(8): 1460-1469.

[43] Youdim M B, Yehuda S. The neurochemical basis of cognitive deficits induced by brain iron deficiency: Involvement of dopamine-opiate system. Cell Mol Biol (Noisy-le-grand), 2000, 46(3): 491-500.

[44] Yehuda S, Youdim M B. The increased opiate action of beta-endorphin in iron-deficient rats: The possible involvement of dopamine. Eur J Pharmacol, 1984, 104(3-4): 245-251.

[45] Armony-Sivan R, Eidelman A I, Lanir A, et al. Iron status and neurobehavioral development of premature infants. J Perinatol, 2004, 24(12): 757-762.

[46] Yehuda S, Yehuda M. Long lasting effects of infancy iron deficiency—preliminary results. J Neural Transm Suppl, 2006 (71): 197-200.

[47] Ben-Shachar D, Ashkenazi R, Youdim M B. Long-term consequence of early iron-deficiency on dopaminergic neurotransmission in rats. Int J Dev Neurosci, 1986, 4(1): 81-88.

[48] Beard J. Iron deficiency alters brain development and functioning. J Nutr, 2003, 133(5 Suppl 1): S1468-S1472.

[49] Ben-Shachar D, Yehuda S, Finberg J P, et al. Selective alteration in blood-brain barrier and insulin transport in iron-deficient rats. J Neurochem, 1988, 50(5): 1434-1437.

[50] Burgos-Barragan G, Wit N, Meiser J, et al. Mammals divert endogenous genotoxic formaldehyde into one-carbon metabolism. Nature, 2017, 548(7669): 549-554.

[51] Caffrey A, McNulty H, Irwin R E, et al. Maternal folate nutrition and offspring health: Evidence and current controversies. Proc Nutr Soc, 2019, 78(2): 208-220.

[52] Dunlap B, Shelke K, Salem S A, et al. Folic acid and human reproduction—ten important issues for clinicians. J Exp Clin Assist Reprod, 2011, 8: 2. Epub 2011 Aug 10.

[53] Bates C J, Prentice A M, Prentice A, et al. Seasonal variations in ascorbic acid status and breast milk ascorbic acid levels in rural Gambian women in relation to dietary intake. Trans R Soc Trop Med Hyg, 1982, 76(3): 341-347.

[54] Barber R C, Shaw G M, Lammer E J, et al. Lack of association between mutations in the folate receptor-alpha gene and spina bifida. Am J Med Genet, 1998, 76(4): 310-317.

[55] Guerra-Shinohara E M, Paiva A A, Rondo P H, et al. Relationship between total homocysteine and folate levels in pregnant women and their newborn babies according to maternal serum levels of vitamin B_{12}. BJOG, 2002, 109(7): 784-791.

[56] Kim Y I. Folate and colorectal cancer: An evidence-based critical review. Mol Nutr Food Res, 2007, 51(3): 267-292.

[57] Obeid R, Herrmann W. Homocysteine, folic acid and vitamin B_{12} in relation to pre- and postnatal health aspects. Clin Chem Lab Med, 2005, 43(10): 1052-1057.

[58] Wang X, Li W, Li S, et al. Maternal folic acid supplementation during pregnancy improves neurobehavioral development in rat offspring. Mol Neurobiol, 2018, 55(3): 2676-2684.

[59] Renzi L M, Johnson E J. Lutein and age-related ocular disorders in the older adult: A review. J Nutr Elder, 2007, 26(3-4): 139-157.

[60] Vishwanathan R, Kuchan M J, Sen S, et al. Lutein and preterm infants with decreased concentrations of brain carotenoids. J Pediatr Gastroenterol Nutr, 2014, 59(5): 659-665.

[61] Johnson E J. Role of lutein and zeaxanthin in visual and cognitive function throughout the lifespan. Nutr Rev, 2014, 72(9): 605-612.

[62] Turner T, Burri B J, Jamil K M, et al. The effects of daily consumption of beta-cryptoxanthin-rich tangerines and beta-carotene-rich sweet potatoes on vitamin A and carotenoid concentrations in plasma and breast milk of Bangladeshi women with low vitamin A status in a randomized controlled trial. Am J Clin Nutr, 2013, 98(5): 1200-1208.

[63] Thoene M, Anderson-Berry A, van Ormer M, et al. Quantification of lutein + zeaxanthin presence in human placenta and correlations with blood levels and maternal dietary intake. Nutrients, 2019, 11(1): 134. doi: 10.3390/nu11010134.

[64] Mahmassani H A, Switkowski K M, Johnson E J, et al. Early childhood lutein and zeaxanthin intake is positively associated with early childhood receptive vocabulary and mid-childhood executive function but no other cognitive or behavioral outcomes in project viva. J Nutr, 2022, 152(11): 2555-2564.

[65] Seyoum D, Tsegaye R, Tesfaye A. Under nutrition as a predictor of poor academic performance; the case of Nekemte primary schools students, Western Ethiopia. BMC Res Notes, 2019, 12(1): 727. doi: 10.1186/s13104-019-4771-5.

[66] Mburu W, Conroy A L, Cusick S E, et al. The impact of undernutrition on cognition in children with severe malaria and community children:A prospective 2-year cohort study. J Trop Pediatr, 2021, 67(5) : fmab091.

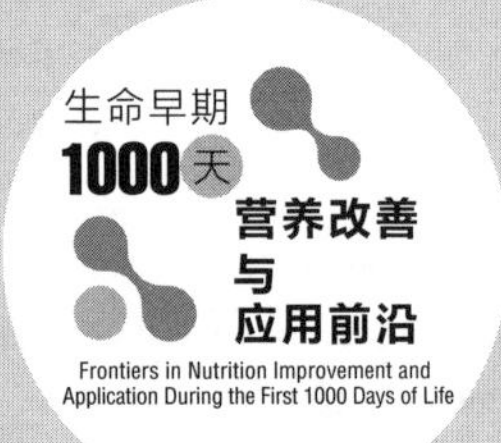

婴幼儿精准喂养

Practical Feeding for Infants and Young Children

第 14 章

常见的营养问题

婴幼儿处于生长发育快速期，对能量和营养素的需要相对高于其他年龄段的人群，其生理功能，尤其是对母乳或乳类食品以外食物的消化吸收功能仍未完全发育成熟，容易发生微量营养素摄入不足，甚至缺乏，再加上这个时期还要继续适应周围的环境，非常容易发生胃肠道疾病（如常见的腹泻）和呼吸道感染（如肺炎），加重体内营养素（如维生素 A）的消耗。因此了解这个时期儿童的常见多发营养相关疾病及其特点，将有助于做好早期预防工作，降低这些疾病的发生率和严重程度。儿童常见营养相关问题汇总于表 14-1[1,2]。

表 14-1 儿童营养相关问题

疾病	好发年龄	症状特点	治疗	预防
PEM	3 岁以下	厌食乏力、体重不增、消瘦、皮下脂肪逐渐减少以至消失、皮下水肿、头发干枯、精神萎靡、贫血、免疫低下、器官功能紊乱	驱除病因，治疗原发病、调整膳食，促进消化，营养支持疗法	合理膳食，应用生长发育监测图监测发育状况，早期诊断和治疗
单纯性肥胖	两个高发期：一是婴儿期，二是学龄初期	形体肥胖、乏力少动、怕热多汗、多食善饥，以及便秘、腹胀、尿黄量少、下肢浮肿、情志抑郁、烦躁易怒，甚至动则喘促、胸闷、心慌等	宜食的食物包括：蛋白质含量高、低能量、高膳食纤维和矿物质的果蔬，富含不饱和脂肪酸植物油的低脂肪食品。 忌食煎、炸类食品以及过甜、过咸的食物	改变暴饮暴食、吃甜腻食物的不良习惯，加强体力活动，制定中等强度的有氧运动，每周锻炼不低于 150min（每周 5 天，每次 30min）。规律作息
缺铁性贫血	任何年龄都可以发病，但是生后六个月到两周岁之间的孩子最容易发生	① 一般症状为乏力、易倦、头晕、头痛、眼花、耳鸣、心悸、气短、食欲差、面色苍白、心率增快；精神行为异常，如烦躁、易怒、注意力不集中；口腔内可出现口腔炎、舌炎、舌乳头萎缩、口角皲裂；部分患者可出现异食癖； ② 儿童会出现生长发育迟缓、智力低下； ③ 指甲缺乏光泽、脆薄、易裂	病因治疗是缺铁性贫血能否根治的关键，应去除导致缺铁的病因；药物主要是补铁治疗，铁剂治疗应在血红蛋白恢复正常后至少持续 4 个月，待铁蛋白正常后停药	预防缺铁性贫血的原则是尽可能去除缺铁和贫血的原因，补充足量的铁，以供机体合成血红蛋白，补充体内铁储备量
维生素 A 缺乏	各年龄段均可发病，多见于婴幼儿	以眼部及皮肤症状为主，如夜盲、结膜干燥、角膜软化、毛囊角化等为主症；毛发干脆易脱落，指甲多纹而少光泽。由于黏膜病变，易反复发生呼吸道感染（如肺炎）、消化道感染（如腹泻）、尿路感染及尿路结石	① 增加富含维生素 A 食物摄入量； ② 维生素 A 治疗：口服浓鱼肝油或其他维生素 A 制剂； ③ 局部治疗：积极进行眼病的局部治疗	无论是母乳喂养还是人工喂养的婴儿每天需补充维生素 A 1500 ～ 2000IU；儿童则需补充 2000 ～ 4500IU
维生素 D 缺乏	各年龄段均可发病，多见于婴幼儿	① 早期出现神经兴奋性增高等非特异性的表现，如易激惹、烦躁、夜惊、多汗等； ② 典型表现：颅骨软化、方颅、前囟过大或闭合延迟、乳牙萌出延迟且釉质发育不全、串珠状肋骨、鸡胸或漏斗胸、“O”或“X”形腿、脊柱后凸或侧弯、扁平骨盆、易骨折，容易患消化和呼吸系统疾病等； ③ 其他：胰岛素抵抗和代谢综合征、多囊卵巢综合征等与维生素 D 缺乏有关	① 维生素 D 制剂的补充：2000IU/d（50μg）为最小治疗剂量； ② 强调同时补钙，疗程至少 3 个月，钙元素推荐量为 500mg/d（包括膳食中的钙元素）	新生儿出生后应尽早开始补充维生素 D，每日 400 ～ 800IU，自出生 1 周开始，早产儿、低出生体重儿、多胎儿口服维生素 D 制剂 800IU/d，3 个月后改用口服维生素 D 制剂 400IU/d

注：PEM，protein energy malnutrition，蛋白质能量营养不良。

14.1 蛋白质能量营养不良

14.1.1 蛋白质能量营养不良的概述

营养不良一般特指蛋白质能量营养不良（protein energy malnutrition, PEM），是由于长期喂养不当或疾病因素引起的。因摄入不足或消化、吸收、利用障碍，使人体长期处于半饥饿或饥饿状态，蛋白质摄入不足及消耗增加，形成负氮平衡、消化液减少和酶减少或活性降低、机体免疫功能低下等引起血清总蛋白及白蛋白含量降低，发生低蛋白血症性水肿、腹泻、贫血、各种感染、维生素及微量元素缺乏，导致全身各系统、各器官的功能发生障碍，严重时可危及婴幼儿生命。

近几年营养不良的患病率已逐年下降，但仍有资料显示，农村，尤其是贫困地区的患病率仍较高，其主要原因是喂养不当，其次是感染。绝大多数病例因父母外出打工（产后 30 天，多则 3 个月后），婴儿由祖母或外祖母喂养（人工喂养）；抱养儿或母乳不足者，采用人工喂养或混合喂养时选择代乳品不当而致病。

14.1.2 蛋白质能量营养不良的临床表现

14.1.2.1 消瘦型营养不良

发生于 1 岁之内的婴儿期，主要由于长期能量摄入不够所引起。最早症状表现为体重不增长，随后体重下滑，皮下脂肪、肌肉缓慢消耗或消失，时间长了可导致身高不长，智力发育滞后。皮下脂肪减少的次序为：

① 腹部，皮下脂肪层厚度是鉴别营养不良程度的一个重要指标。

② 躯干、臀部、四肢、面颊部。

严重患儿面部皮肤出现皱缩而松弛、干瘪，头发干枯，受到刺激反应冷淡，低于正常体温，心率慢，心音低钝，呼吸浅表，全身肌张力低，腹部像舟形，食欲差，经常出现饥饿性腹泻，表现出大便量少、频繁、带有黏液。

14.1.2.2 水肿型蛋白质营养不良

蛋白质严重缺乏会引起水肿型营养不良，此类型的营养不良还有一个名字叫恶性营养不良，多见于 1 ～ 3 岁幼儿。婴幼儿由于水肿，不可用体重来评测其营养状况。水肿可表现为眼睑和身体低垂部水肿，足背的轻微凹陷迁延至全身皮肤水肿；毛发稀、角化的红斑疹，头发脆弱易断和脱落，指甲脆弱有横沟，严重患儿整个身体受压部位出现表皮脱屑；无食欲，肝大、常有腹泻和水样便；经常伴随有舌乳头萎缩、念珠菌口腔炎。

14.1.2.3 消瘦－水肿型营养不良

该型营养不良的临床表现介于前两种之间。

14.1.3 蛋白质能量营养不良的评估及分类

蛋白质能量营养不良分别以体重 / 年龄、身长（身高）/ 年龄和体重 / 身长（身高）为评估指标，采用标准差法进行评估和分类，测量值低于中位数减 2 个标准差为低体重、生长迟缓和消瘦（表 14-2）。

表 14-2 蛋白质能量营养不良的评估及分类

指标	测量值标准差	评价
体重 / 年龄	M−3SD ～ M−2SD	中度低体重
	＜ M−3SD	重度低体重
身长（身高）/ 年龄	M−3SD ～ M−2SD	中度生长迟缓
	＜ M−3SD	重度生长迟缓
体重 / 身长（身高）	M−3SD ～ M−2SD	中度消瘦
	＜ M−3SD	重度消瘦

14.1.3.1 体重低下

儿童的年龄别体重与同年龄、同性别参照人群标准相比，低于中位数减 2 个标准差，高于或等于中位数减 3 个标准差，为中度体重低下，如低于参照人群的中位数减 3 个标准差为重度体重低下，此指标反映儿童过去和（或）现在有慢性和（或）急性营养不良。

14.1.3.2 生长迟缓

儿童的年龄别身高与同年龄、同性别参照人群标准相比，低于中位数减 2 个标准差，高于或等于中位数减 3 个标准差，为中度生长迟缓，如低于参照人群的中位数减 3 个标准差为重度生长迟缓，此指标主要反映过去或长期慢性营养不良。

14.1.3.3 消瘦

儿童的身高别体重与同年龄、同性别参照人群标准相比，低于中位数减 2 个标准差，高于或等于中位数减 3 个标准差，为中度消瘦，如低于参照人群的中位数减 3 个标准差为重度消瘦，此指标反映儿童近期急性营养不良。

14.1.4 蛋白质能量营养不良的预防

母乳喂养是预防营养不良的关键。因此，必须加强农村、社区妇幼保健工作及围产期、婴幼儿系统保健，宣传科学育儿知识。

14.1.4.1 母乳喂养和辅食添加

合理喂养，让每一位母亲都了解母乳喂养的优点，坚持生后 6 个月内纯母乳喂养，若母乳不足或无法母乳喂养者，应采取合理的混合喂养或人工喂养，优先选择婴儿配方乳，6 个月内的婴儿尽量不用鲜牛奶，其他婴儿也不宜选择脱脂奶粉、炼乳、麦乳精作为主食，不应单独以淀粉喂养，6 个月后应及时、合理添加辅食，特别要注意断奶后的营养补充。

14.1.4.2 加强农村儿童保健工作

建立健全婴幼儿保健卡制度，进行生长发育、营养状态监测，早期发现问题，及时采取干预措施，增加营养，去除病因。

14.1.4.3 及时发现和治疗器质性疾病

及早发现和纠正先天性畸形，如唇腭裂、先天性心脏病等。

14.1.4.4 加强预防接种工作

预防各种传染病和感染性疾病，按时进行预防接种，注意饮食卫生。

14.1.5 蛋白质能量营养不良的治疗

营养不良的治疗原则是积极处理各种危及生命的合并症、祛除病因、调整膳食、促进消化功能及加强护理、防止出现新的并发症。

14.1.5.1 维持基本生命活动

对于重度营养不良患儿要积极纠正脱水、酸中毒及电解质紊乱，注意控制休克、自发性低血糖、心肾功能衰竭的发生。

14.1.5.2 增加优质蛋白摄入量

选择易于消化吸收并富含蛋白质和维生素的食物，有母乳者尽可能母乳喂养，必要时给予静脉营养治疗。

14.1.5.3 调整膳食治疗

轻度营养不良可按正常小儿饮食进行，中重度营养不良者应从少到多逐渐过渡，以免因不能耐受而加重病情，开始供能从 0.167 ～ 0.251MJ/（kg • d）［50 ～ 70kcal/（kg • d）］基础热开始，以满足基础代谢所需。如食欲增加，1 ～ 2 周内逐渐增加至 502 ～ 628kJ/（kg • d）［120 ～ 150kcal/（kg • d）］，待消化功能恢复且食欲良好，供能可达 6.27 ～ 7.11MJ/（kg•d）［150 ～ 200kcal/（kg•d）］（婴儿期），水分随能量相应增加，蛋白质可达 4.5g/kg。然而，高能量的摄入只能维持较短时间。当体重增加到接近正常状态时，应恢复这个年龄所需的正常能量供给。

14.1.5.4 促进食欲和增进代谢

可口服各种消化酶，肌内注射胰岛素以增进食欲；苯丙酸诺龙促进机体对蛋白质的合成，并能增进食欲，必要时每周肌内注射 1 ～ 2 次，每次用量为 0.5 ～ 1mg/kg，可连续使用 2 ～ 3 周。

14.1.5.5 治疗并发症

有并发症的患儿应作相应治疗。

14.1.5.6 病因治疗

治疗原发病如慢性消化系统疾病和消耗性疾病，如结核和心、肝、肾疾病。向儿童父母或看护人宣传科学喂养知识，鼓励母乳喂养，及时合理添加辅食，及时断奶。改变不良膳食习惯，如挑食、偏食等。

14.2 单纯性肥胖

肥胖症是一种由多种因素引起的慢性代谢性疾病，以体内脂肪细胞的体积和细胞数增加，致使体脂占体重的百分比异常增高并在某些局部过多沉积脂肪为特点。

近年来，随着我国社会经济发展和生活方式的改变，儿童的超重和肥胖率持续上升。中国九市 7 岁以下儿童单纯肥胖症流行病学调查结果显示，1986 年 0 ～ 7 岁儿童单纯肥胖检出率为0.91%，其中男童为0.93%、女童为0.90%，1996年0～7岁儿童单纯肥胖检出率男女分别为2.12%和1.38%；2006年0～7岁儿童单纯肥胖的检出率为3.19%，男女分别为3.82%和2.48%。6～17岁儿童超重和肥胖的患病率分别由1991～1995年的5.0%和1.7%上升至2011～2015年的11.7%和6.8%。2009～2019年肥胖率增长速度减缓，但超重率仍呈上升趋势，整体超重和肥胖人群基数继续扩大。41%～80%的儿童肥胖可延续至成年，严重威胁身心健康。小儿肥胖与成年期的肥胖、高血压、冠心病、糖尿病有关[3]。

单纯性肥胖是指排除疾病因素或者医疗方面的原因，仅仅是因为长期能量摄入超过消耗，使体内脂肪积聚过多而造成的营养障碍性疾病，为原发性肥胖症。

14.2.1 单纯性肥胖的病因

单纯性肥胖是由于营养失衡所导致，主要是营养过剩。常见的病因除遗传因素外，其他是长期摄入富含能量的食物过多、身体活动过少。高能量食物摄入过多，比如孩子好吃懒做，能量消耗不了就会存积在体内，变成脂肪。

14.2.1.1 遗传因素

如果父母都肥胖，孩子肥胖的概率大概是70%～75%。孩子出生体重≥4kg，称为巨大儿，巨大儿在宫内的营养就过剩，所以出生后很容易肥胖。大多认定为多因素遗传，父母的体质遗传给子女时，并不是由一个遗传因子，而是由多种遗传因子来决定子女的体质，所以称为多因子遗传，例如非胰岛素依赖型糖尿病肥胖，就属于这类遗传。父母中有一人肥胖，则子女有40%肥胖的概率，如果父母双方皆肥胖，子女可能肥胖的概率升高至70%～80%。

14.2.1.2 社会环境因素

很多人都有能吃就是福的观念，现今社会，食物种类繁多，各式各样美食的引诱，再加上大吃一顿几乎成为一种普遍的娱乐，这就成为形成肥胖的主要原因。

14.2.1.3 心理因素

为了解除心情上的烦恼、情绪上的不稳定，不少人也是用吃来发泄。这些都是引起饮食过量而导致肥胖的原因。

14.2.1.4 运动有关的因素

在日常生活中，随着私家车的普及，乘车上学和外出玩耍，居家玩手机、看电视不愿外出活动使得身体消耗能量越来越少，而且摄取的能量并未减少，久之形成肥胖。肥胖本身又导致日常的活动越趋缓慢、慵懒，更减低能量消耗，如此恶性循环，助长肥胖的发生发展。

14.2.2 单纯性肥胖的病理生理

肥胖患儿脂肪细胞数目增多、体积增大，对环境温度变化的应激能力下降。肥胖者体内甘油三酯、胆固醇、极低密度脂蛋白、游离脂肪酸含量均升高，而高密度脂蛋白浓度降低，增加成年期罹患肥胖症、高血压、动脉粥样硬化、冠心病等慢性病的风险。同时高脂血症使肝脏负荷过重，脂肪代谢紊乱可能发生脂肪肝；高脂血症可抑制白细胞趋化和杀菌，患者易于感染。肥胖者体内嘌呤代谢异常，血尿酸增高，可致痛风症。

14.2.3 单纯性肥胖的临床表现

这类患儿全身脂肪分布比较均匀，没有内分泌紊乱现象，也无代谢障碍性疾病，其家族往往有肥胖病史。主要表现为肥胖，皮下脂肪肥厚、分布均匀，腹部偶尔可见白色或紫色条纹。体重明显高于同龄儿童，身高也较同龄儿高，骨龄发育正常或超过同龄儿。性发育较早。智力正常。患儿活动量少，肥胖还可使患儿怕被讥笑而不愿与人交往造成心理障碍，有的出现自卑、孤僻离群等心理障碍。

重者因胸廓脂肪过多使呼吸肌活动受限，通气功能不良而致缺氧和二氧化碳潴留，致低氧血症，表现为疲倦、嗜睡、呼吸暂停、造成缺氧、窒息、紫绀、红细胞增多、心脏扩大或出现充血性心衰甚至死亡。

14.2.4 单纯性肥胖的鉴别和诊断

年龄＜2 岁的婴幼儿建议使用“身长的体重”来诊断，根据世界卫生组织（WHO）2006 年的儿童生长发育标准[4]，参照同年龄、同性别和同身长的正常人群相应体重的平均值，计算标准差（或 Z 评分），大于参照人群体重平均值的 2 个标准差（Z 评分＞ +2）为“超重”，大于参照人群体重平均值的 3 个标准差（Z 评分＞ +3）为“肥胖”。

年龄≥ 2 岁的儿童使用体重指数（BMI）来诊断，BMI= 体重（kg）/［身高（m）］^{2}，BMI 与体脂相关且相对不受身高影响。2 ～ 5 岁儿童可参考“中国 0 ～ 18 岁儿童、青少年体重指数的生长曲线”制定的 BMI 参考界值判定儿童超重和肥胖。

另外患儿尚有过量摄食的历史，智力正常，活动偏少，可有肥胖的家族史。还要排除继发性肥胖症，需鉴别的疾病如下。

14.2.4.1 肾上腺皮质增生症

肥胖表现为向心性，满月脸，水牛背，四肢相对瘦小，全身多毛，面部痤疮，合并高血压、低血钾等。

14.2.4.2 甲状腺功能减低症

体脂主要积聚在面颈部，可伴有黏液性水肿，生长发育明显低下，基础代谢率低，食欲差。

14.2.4.3 肥胖生殖无能综合征（Fröhlich syndrome）

继发于垂体、下丘脑等脑部病变。身材矮小，脂肪主要分布于乳房、下腹、会阴及臀部，而指趾纤细。

14.2.4.4 劳－蒙－毕综合征（Laurence-Moon-Biedl syndrome）

肥胖、生殖机能低下、智力发育障碍、色素沉着性视网膜炎、指趾畸形。

14.2.4.5 性幼稚－低肌张力综合征（Prader-Willi syndrome）

该病是一种罕见的先天性疾病，因第 15 号染色体长臂（位置 15q11 ～ q13）异常导致的终身性非孟德尔遗传的表观遗传性疾病，是多系统化异常的复杂综合征。从婴儿晚期开始肥胖、体矮、手足小、智能低下、生殖腺发育不全等，常于青春期并发糖尿病。

14.2.5 单纯性肥胖的预防

14.2.5.1 膳食干预

摄入能量＜消耗量，不妨碍生长发育及基本需要；循序渐进，逐渐减少主食的摄入量；适合低脂、低糖、高蛋白、大体积食物。

14.2.5.2 运动干预

运动量：心率不超过安静时 150%，或最大心率（最大心率 =220− 年龄）的 60% ～ 45%。

运动时间：饭后半小时，每天约 0.5 ～ 1h，3 ～ 5 次 / 周。

运动方式：健步、游泳、踢毽子、跳橡皮筋、爬楼梯、步行上学。

运动原则：运动后不感到过度疲劳而能坚持，运动后无食欲增加，无摄食量增多。养成家长参与全家运动的良好习惯。

14.2.5.3　行为干预

饮食行为干预的开始应尝试减慢进食速度；减少非饥饿状态进食；避免边看电视或边做作业边吃东西；控制零食、减少吃快餐的次数、晚餐后不加点心；多用蒸、煮、烤、凉拌方式，避免油炸方式。

14.2.5.4　心理干预

激发强烈的减肥欲望，克服各种心理障碍，增强自信心，消除自卑心理，树立健康的生活习惯。

14.2.6　单纯性肥胖的治疗

14.2.6.1　膳食控制

在控制体重增加过快的同时又要兼顾儿童的生长所需，所以控制膳食还需要依据生长监测数据进行调整。膳食结构上除减少脂肪和碳水化合物的量外，蛋白质、维生素和微量元素仍按体重计算量供给。优先考虑消减主食，主食和肥肉一样吃得过多都会引起单纯性肥胖，同时还要严格控制零食和西式快餐食品。

14.2.6.2　用低热值食品代替高热值食品，适当降低膳食能量摄入量

用家禽肉、瘦肉代替肥肉。用鸡蛋、牛奶、豆制品代替糖多油大的点心、巧克力、奶油冰激凌、糖果类食物。使摄入能量低于消耗能量，负平衡时体脂逐步分解，体重逐步下降。

14.2.6.3　增加蔬菜摄入量

在减少糖多、油大、热值高的食品的同时，为了满足患儿的食欲，可供给较多的富含纤维的蔬菜、豆类及其制品等，包括叶茎类蔬菜（如芹菜、油菜、小白菜）、瓜类蔬菜（如冬瓜、西葫芦等）。

14.2.6.4　营养补充

需要在儿科或保健医生指导下，根据儿童的膳食特点和临床表现，针对性补

充多种微量营养素，预防营养缺乏。

14.2.6.5 养成良好的生活习惯

保证充足的睡眠，经常进行有氧锻炼，如步行、慢跑、有氧操、舞蹈、游泳、跳绳、爬楼梯等；不边看电视边吃东西，逐步建立健康的生活方式，还应鼓励患儿多参加集体活动，以调节心理压力，保持稳定情绪。

14.2.6.6 减肥药物的使用

目前对于单纯性肥胖不主张进行药物治疗，一是因为治疗肥胖的药物毒副作用大，二是因为长期治疗效果差；同时对于儿童，更不适合选用减肥保健食品进行减肥。

14.3 缺铁性贫血

铁缺乏（iron deficiency, ID）是指机体总铁含量降低的状态，包括铁减少、红细胞生成缺铁（iron deficient erythropoiesis, IDE）和缺铁性贫血（iron deficiency anemia, IDA）三个阶段。IDA 是 ID 发展最为严重的阶段，红细胞呈小细胞低色素性改变，具有血清铁蛋白、血清铁和转铁蛋白饱和度降低，总铁结合力增高等铁代谢异常的特点。5 岁以下儿童是贫血患病率最高的年龄组，IDA 目前仍然是导致贫血的最主要原因。铁缺乏会影响儿童的体格发育、免疫功能等，生命早期的 IDA 可以对智力发育造成不可逆转的影响。

14.3.1 缺铁性盆血的病因及危险因素

14.3.1.1 先天储铁不足

胎儿从母体获得的铁以妊娠最后 3 个月最多，故早产、双胎或多胎、胎儿失血和孕母严重缺铁等均可使胎儿储铁减少。调查显示，对于孕母妊娠中期有缺铁的新生儿，其先天储铁不足（脐带血铁蛋白＜ 75μg/L）的发生率是 25.8%，明显高于孕母正常组（4.6%）；先天储铁不足组婴儿 3 ～ 5 月龄 IDA 的发生率是 31.6%，明显高于正常组（2.8%），证实母亲妊娠中期铁缺乏可减少胎儿铁储备，使新生儿铁储备不足，也是早期婴儿 IDA 的重要原因。母妊娠期贫血还可增加新生儿早产、极低出生体重的风险，而早产、极低出生体重本身亦是婴幼儿 ID 和 IDA 的高危因素。

14.3.1.2 铁摄入量不足

人体内铁主要来源于体内红细胞衰老或破坏所释放的血红蛋白铁，成年人每日从膳食中补充的铁仅占 5%，但是儿童，特别是婴幼儿，由于生长发育迅速、肌肉量增加，铁需求量增加，每日需从食物中补充的铁占 30%。对于 5 ～ 12 月龄婴幼儿，喂养方式、辅食添加不当与 IDA 密切相关。主要表现在：

① 部分家长认为母乳营养全面，母乳量充足者很多到 7 月龄仍未添加任何辅食，实际上母乳尽管铁吸收率高，但含铁量低；长期单纯母乳喂养而未及时添加富含铁的食物，导致铁摄入不足；或未使用铁强化配方乳也是儿童 ID 的重要原因。

② 辅食添加过早，最早者 2 月龄开始添加米糊；添加辅食过晚；添加辅食种类不合理，米、面制品添加占大部分，而忽视添加含铁丰富且吸收率较高的动物性食物。

③ 生长发育旺盛，铁的需求量增加：婴儿和青春期儿童生长发育快，对铁的需求量大，未及时添加富铁食物，易于发生 ID。

14.3.1.3 肠道铁吸收障碍

不合理的膳食搭配和胃肠道疾病均可影响铁的吸收。对于 2 ～ 10 岁儿童，消化系统疾病导致的铁缺乏很常见，其中非幽门螺杆菌感染的浅表性胃炎占 50%，而这部分患儿中服用非甾体消炎药者多见。

幽门螺杆菌（*Helicobacter pylori*, HP）感染与 IDA 关系密切，HP 导致 IDA 机制可能包括：① HP 细胞膜外侧存在铁抑制蛋白，干扰了机体正常铁代谢；② HP 感染增加对铁的需求，铁是 HP 必需的生长因子，HP 通过外膜蛋白从人乳蛋白中获得铁来维持和促进自身生长，HP 感染使胃、十二指肠组织中人乳铁蛋白含量增加，增加了机体对铁的需求；③HP 感染使肝脏合成和分泌大量铁调素（hepcidin），导致小肠铁吸收下降，同时还使巨噬细胞铁释放减少，引起血清铁含量降低，最终引起 IDA；④ HP 感染可损伤胃黏膜壁细胞，减少胃酸分泌，影响三价铁向二价铁转化，阻碍铁的跨膜转运，同时也导致维生素 C 吸收减少，间接影响铁吸收。

14.3.1.4 其他微量营养素缺乏

人体内血清中多种微量营养素水平很大程度受代谢相互作用影响。研究表明，在 3 岁以下 IDA 患儿中，血清锌、铜、钴、镍水平均降低，其原因可能为这些微量元素有共同的膳食来源，IDA 时肠道吸收减少所致。在 IDA 患儿中，约 58% 合并维生素 D（vitamin D, VitD）水平降低，39% 合并 VitD 缺乏，尤其是 2 岁以下儿童及纯母乳喂养者。血清维生素 A 降低水平与血清铁、血红蛋白降低水平呈正相关，对于这部分患儿，即使单纯补充维生素 A，亦能使贫血得到有效改善。

14.3.1.5 铁丢失过多

体内任何部位的长期慢性失血均可导致缺铁，儿童中临床最常见肠道寄生虫感染，如钩虫病，可使肠道血丢失增加，易发生缺铁性贫血。

14.3.2 缺铁性贫血的临床表现

小儿 IDA 大部分病例起病缓慢，轻度贫血易被家长忽视，而未能引起重视。其临床常见的症状主要有精神不振，容易疲劳，活动较少，腿脚软弱无力，易烦躁不安、哭闹，易情绪激动，易怒或表情淡漠；皮肤黏膜苍白，以甲床、手掌及口唇、口腔黏膜最为明显，头发干枯；食欲减退，有厌食、偏食行为，甚至有异食症；身体抵抗力差，容易患各种感染性疾病，如感冒、腹泻；注意力不集中，反应能力下降，学习认知能力差；大龄儿会出现疲乏无力、头晕症状等。

14.3.3 缺铁的远期危害

因铁参与细胞中许多重要酶的合成，缺铁引起酶活性降低，如含铁酶、铁依赖酶（单胺氧化酶），影响细胞生物氧化和组织呼吸，降低多种神经递质代谢，如可使 5- 羟色胺、儿茶酚胺、乙酰胆碱、多巴胺等合成减少，影响神经传导，导致儿童神经系统功能受损，出现智力降低和行为异常，甚至对儿童认知功能和智力的影响是不可逆的。

DNA 合成时需要铁，缺铁不仅损害神经元的发育，还影响髓鞘的形成。苯丙氨酸羟化酶是一种含铁酶，缺铁时该酶活力下降，使苯丙氨酸转换成酪氨酸减少，从而导致苯丙氨酸经另一途径代谢成苯丙酮酸，并使之大量积聚。苯丙酮酸具神经毒性，长期在脑内蓄积可致智力发育障碍，表现为智力下降、行为障碍、认知和运动能力下降。

影响儿童听觉和视觉供能：婴儿期缺铁和缺铁性贫血可影响听觉和视觉的神经发育。

IDA 还可导致情绪行为问题（焦虑 / 抑郁、行为退缩等）、神经调节过程改变（睡眠 - 觉醒周期、神经内分泌反应）。

14.3.4 缺铁性贫血的诊断

目前，国内 ID 和 IDA 的诊断标准根据中华儿科杂志编辑委员会、中华医学会儿科学分会血液学组、儿童保健学组制定的《儿童缺铁和缺铁性贫血防治建议》制定[5]。

14.3.4.1 ID 的诊断标准

具有导致缺铁的危险因素，如喂养不当、生长发育过快、胃肠疾病和慢性失血等；血清铁蛋白＜ 15μg/L，伴或不伴血清转铁蛋白饱和度降低（＜ 15%）；血红蛋白（hemoglobin, Hb）含量正常，且外周血成熟红细胞形态正常。

14.3.4.2 IDA 的诊断标准

（1）Hb 降低　符合 WHO 儿童贫血诊断标准，即 6 个月～ 6 岁＜ 110g/L，海拔每升高 1000m，Hb 上升约 4%，低于此值者为贫血。

（2）外周血红细胞呈小细胞低色素性改变　平均红细胞容积（MCV）＜ 80fL，平均红细胞血红蛋白含量（MCH）＜ 27pg，平均红细胞血红蛋白浓度（MCHC）＜ 310g/L。

（3）具有明确的缺铁原因　如铁供给不足、吸收障碍、需求增多或慢性失血等。

（4）铁剂治疗有效　铁剂治疗 4 周后 Hb 应上升 20g/L 以上。

（5）铁代谢检查指标符合 IDA 诊断标准　下述四项中至少满足两项，但应注意血清铁和转铁蛋白饱和度易受感染和进食等因素影响，并存在一定程度的昼夜节律变化。

① 血清铁蛋白（serum ferritin, SF）降低（＜ 15μg/L），建议最好同时检测血清 C 反应蛋白，尽可能排除感染、应激和炎症对 SF 的影响；

② 血清铁（serum iron, SI）＜ 10.7μmol/L（60μg/dL）；

③ 总铁结合力（total iron binding capacity, TIBC）＞ 62.7μmol/L（350μg/dL）；

④ 转铁蛋白饱和度（transferrin saturation, TS）＜ 15%；

（6）骨髓穿刺涂片和铁染色：骨髓可染色铁显著减少甚至消失、骨髓细胞外铁明显减少、铁粒幼细胞比例＜ 15% 被认为是诊断 IDA 的“金标准”，但由于是侵入性检查，一般情况下不需要进行该项检查；对于诊断困难或诊断后铁剂治疗效果不理想的患儿可以考虑进行此项检查，以明确或排除诊断。

（7）排除其他小细胞低色素性贫血，尤其应排除轻型地中海贫血，注意鉴别排除慢性病导致的贫血、肺含铁血黄素沉着症等。凡符合上述诊断标准中的第 1 项和第 2 项，即存在小细胞低色素性贫血，结合病史和相关检查，排除 IDA 以外的其他小细胞低色素性贫血，可拟诊为IDA。如铁代谢检查指标同时符合IDA诊断标准，则可确诊为IDA。

14.3.5 缺铁性贫血的预防

在我国，贫血已被列入政府重点防治的儿童“四病”之一，应该充分重视早期预防工作。

14.3.5.1 预防性补铁

（1）孕期 在开展健康教育、指导合理喂养和膳食搭配（增加富含铁食物摄入量）的基础上，对于敏感人群进行预防性补铁也是很重要的。例如孕期对于那些血红蛋白含量偏低者，应及时给予预防性补铁。从妊娠第3个月开始，按元素铁60mg/d口服补铁，必要时可延长至产后；同时补充小剂量叶酸（400μg/d）及其他维生素和矿物质。

（2）早产儿和低出生体重儿 首先强调和提倡母乳喂养的同时，世界卫生组织推荐所有低出生体重婴儿都应以液体制剂的形式给予铁2 mg/（kg・d），从2月龄开始，持续23个月。美国儿科协会建议纯母乳喂养婴儿应从4个月开始补充铁剂，9～12月龄婴儿进行贫血筛查，并增加1～5岁高危儿童的贫血筛查。不能母乳喂养且采用强化铁配方食品喂养的婴幼儿，一般无须额外补铁。由于牛奶含铁量和吸收率低于母乳和婴儿配方食品，1岁以内的婴儿不宜采用单纯牛奶喂养。

14.3.5.2 学龄前儿童

目前推荐学龄前儿童[6]，尤其是贫血流行率达20%或更高的地区，应间断补充铁剂，即学龄前儿童（24～59个月）每周一次补充25mg元素铁，每补充3个月应停止补充3个月，随后再次开始补充。

14.3.5.3 贫血筛查

IDA是婴幼儿最常见的贫血类型，因此Hb测定是筛查儿童IDA最简单易行的指标，已得到广泛应用。

14.3.6 缺铁性贫血的治疗

14.3.6.1 铁剂预防性补铁结合膳食疗法

对于铁缺乏但未出现贫血的儿童，首先还是要重视合理喂养和改善膳食，同时应根据不同年龄给予含铁丰富的适宜食物，必要时可进行预防性补充铁剂。

14.3.6.2 IDA 的铁剂治疗辅以膳食补充的关注点

（1）贫血患儿消化功能差，治疗中应避免急于纠正贫血，过急可导致消化不良（口服大剂量铁剂对胃肠道的刺激），不利纠正贫血；同时针对病因进行干预，如偏食、厌食、慢性疾病等。

（2）首选口服铁剂，利于铁的吸收，每日补充元素铁 2 ～ 6mg/kg，餐间服用，每日 2 ～ 3 次；可同时口服维生素 C 促进铁吸收；Hb 正常后继续补铁 2 个月，恢复机体储备铁水平。

（3）循证医学资料表明，间断补充元素铁 1 ～ 2mg/（kg・次），每周 1 ～ 2 次或每日 1 次亦可达到补铁的效果，疗程 2 ～ 3 个月。注意：对贫血合并锌缺乏症的小儿，先补铁纠正贫血，之后再补锌纠正锌缺乏。

（4）铁剂以二价铁盐容易吸收，故临床均选用二价铁盐制剂。常用的口服铁剂有硫酸亚铁（含元素铁 20%）、富马酸亚铁（含元素铁 33%）、葡萄糖酸亚铁（含元素铁 12%）、琥珀酸亚铁（含元素铁 35%）、右旋糖酐铁溶液（含元素铁 25mg/5mL，是右旋糖酐铁与氢氧化铁的络合物）等。在治疗过程中，有相当一部分患儿不能坚持治疗，其原因主要有：一方面由于铁剂服用困难，如胃肠道反应、口感差，婴幼儿拒服，另一方面与家长依从性较差相关。目前，有学者提出小剂量间歇补铁法不仅可以快速纠正贫血，而且依从性高，还能节约医药资源，减少开支。

14.4 其他微量营养素缺乏

除了前面提到的缺铁和缺铁性贫血，儿童中也容易发生其他多种微量营养素缺乏，例如维生素 A、维生素 D、钙和锌缺乏等。

14.4.1 维生素 A 的缺乏

14.4.1.1 维生素 A 的作用

（1）维持视觉功能正常　维生素 A 是视网膜杆状细胞视紫红质的组成成分，参与暗光视觉的物质循环，可使机体适应暗光环境。维生素 A 缺乏可导致暗适应能力降低。

（2）保持皮肤和黏膜的完整　维生素 A 可以维持上皮细胞结构和功能的完整。

（3）促进生长发育和维持生殖功能　维生素A促进生长发育与视黄醇对基因的调控有关。视黄醇具有相当于类固醇激素的作用，可促进糖蛋白的合成，强壮骨骼，维护头发、牙齿和牙床的健康；还通过促进蛋白质的生物合成，促进骨细胞的分化参与软骨素合成，促进生长和发育。维生素A缺乏会导致软骨素合成下降，从而影响儿童身高增长。维生素A缺乏时容易导致生殖腺中类固醇物质生成减少，从而影响生殖功能。

（4）促进血红蛋白生成　维生素A可以增加机体对铁元素的吸收，从而增加血红蛋白和血细胞计数，有助于预防缺铁性贫血。

（5）对骨骼代谢的影响　维生素A和维生素D都可参与细胞核内受体的调节，从而产生对抗作用。维生素A存在于破骨细胞和成骨细胞中，抑制成骨细胞活性而激活破骨细胞活性，成骨细胞是骨形成、骨骼发育与生长的重要细胞，它能向其周围产生胶原纤维和基质，并且可促进基质钙化。多种药物和细胞因子，通过促进破骨细胞的凋亡而抑制骨吸收。维生素A能够增强长骨骨骺软骨中的细胞活性，促进软骨细胞增生。维生素A缺乏时骨组织将会变性，导致成骨与破骨之间的不平衡，造成颅骨过度增厚，发生神经系统异常；或由于成骨活动增强而使骨质过度增殖，或使已形成的骨质不吸收，导致骨腔变小，骨质向外增生，干扰神经组织的形成。维生素A缺乏还会致肾小管上皮损伤，细胞内钙结合蛋白的生物合成减少，抑制肾小管对钙的重吸收使骨钙含量减少，延缓骨生长，使骨塑型不良，厚的海绵状骨代替薄而致密的骨。

（6）细胞核激素样作用　维生素A能够通过细胞核内的受体，调节细胞核内RNA的表达，进而影响细胞的分化、增殖、凋亡过程。维生素A可以纠正和调节细胞病理状态下的增殖，加速细胞凋亡。

（7）维生素A对脑的作用　维生素A可能直接影响发育中的中枢神经系统细胞的分化模式；神经嵴细胞的正常发育和存活需要维生素A，小脑对维生素A有天然反应性，维生素A在适当的时间和浓度对小脑发育具有生理学作用；维生素A受体在中枢神经系统广泛分布，许多脑功能可能由维生素A信号调节，而这些信号的改变与一些疾病（帕金森病、精神分裂症等）的发生有关。维生素A可能通过其核受体调控靶基因RC3和tTG的转录，从而影响LTP（长时程增强）的产生，致学习记忆功能改变。

14.4.1.2　维生素A缺乏对儿童健康的危害

维生素A缺乏对人体的影响与缺乏的程度、持续时间和阶段密切相关。当维生素A长期摄入量不足时，最先出现肝脏维生素A的分解消耗，此时并不会影响血浆中视黄醇的水平。只有当肝脏储存的维生素A接近耗竭时，才开始出现周围血液循环中维生素A水平的下降（边缘型维生素A缺乏），此期已经引起各种组织细胞增殖分化与代谢功能的改变，对生长发育、免疫功能和造血系统产生不良影响，临床上可表现出生长减慢、反复感染、贫血等症状，群体儿童的患病率和死亡风险增加。当维生素A缺乏到严重程度（血浆视黄醇＜0.7μmol/L），可出现典型临床症状，如夜盲症，如累及到泪腺上皮细胞时，可能会导致干眼症、角膜溃疡甚至失明，皮肤上皮组织干燥、毛囊角化、黏膜功能障碍，体液免疫和细胞免疫的异常是导致低龄儿童感染、死亡的重要原因之一。

14.4.1.3 维生素A缺乏的原因

（1）围生期储备不足　胎儿获得维生素A的主要途径为通过胎盘，胎儿、新生儿体内含量低。若母亲患严重营养不良、肝肾疾病、慢性腹泻，以及早产儿、双胎儿、低出生体重儿等，他们体内维生素A、维生素D的储存量均明显不足。

（2）生长发育迅速　整个儿童时期，生长是连续而不匀速的，具有阶段性，是循序渐进的过程。婴幼儿生长发育速度较快，身体各个系统和器官逐渐发育成熟，对维生素A、维生素D的需求量相对较大。婴幼儿期是生长发育尤其是脑发育的最佳窗口期，必须有足够的营养支持。在这个阶段，如果营养长期供给不足，生长发育就会受限，甚至停止发育，影响儿童健康。

（3）营养供给不足

① 母乳　母乳中的维生素A具有较好的生物活性，是婴儿期非常重要的营养来源。虽然维生素A可通过母乳转运给婴儿，但是对于哺乳期母亲来说，即使有充足的母乳量，乳汁中的维生素A含量依旧不能满足婴儿体格日益增长所需，尤其是对早产儿、双胎儿、低出生体重儿来说，其自身体内储备不足，且出生后的生长发育迅速，维生素A营养不足则更为明显。

② 天然食物　虽然维生素A存在于动物肝脏和深色蔬菜（维生素A原—类胡萝卜素）中，但类胡萝卜素的吸收和体内转化成维生素A的转化率较低，并且长期食用大量的动物肝脏容易引起维生素A过量。

③ 其他因素　膳食中脂肪含量不足影响维生素A和维生素A原的吸收。早产儿对脂肪的吸收能力较差，易致维生素A吸收不良。维生素E缺乏可降低维生素A的吸收，维生素E的抗氧化作用能够防止维生素A在肠道内被氧化破坏。蛋白质摄入过多可增加维生素A的利用，从而引起较多的消耗。

（4）疾病影响

① 影响吸收　感染性疾病、慢性消化道疾病、肝胆系统疾病、急慢性肾炎、甲状腺功能亢进等疾病，均可影响维生素A的吸收。

② 消耗增加　感染性疾病患病期间会导致维生素A的大量丢失。研究显示，

感染会导致血清视黄醇含量急速下降，使机体处于维生素 A 缺乏的状态，发生一次感染甚至会消耗掉超过 50% 的肝脏存储量。感染合并发热的儿童其维生素 A 的排出量更多。感染越严重，维生素 A 的排出越多。感染期间给患儿补充维生素 A 可以改善预后，并可降低未来 6 个月再感染的风险。

③ 药物干扰　长期服用某些药物，会对人体维生素 A 的吸收和代谢造成影响，应引起注意。如考来烯胺、新霉素，抗惊厥、抗癫痫药物，糖皮质激素类药物等。

14.4.1.4　营养状况判定指标与标准

维生素 A 的营养状况判定指标通常采用血清维生素 A（视黄醇）浓度，以 2011 年世界卫生组织发布的“血清视黄醇浓度用于确定人群维生素 A 缺乏的患病率”及美国、中国儿科学教材中推荐的维生素 A 营养状况的判定标准，即血清维生素 A 浓度＜ 0.7μmol/ L 为缺乏，0.70 ～ 1.05μmol/L 为边缘型缺乏，≥ 1.05μmol/L 为正常。

14.4.1.5　预防

（1）母乳喂养　对孕哺期母亲进行健康教育，提倡出生后 6 月龄内纯母乳喂养，之后可在医生指导下补充维生素 A，使婴幼儿每日膳食维生素 A 摄入量达到推荐摄入量。

（2）辅食添加　建议按照辅食添加原则，尽早指导儿童看护人给儿童多进食富含维生素 A 的食物。维生素 A 存在于动物性食物（如乳类、蛋类、动物内脏，尤其是肝脏）、维生素 A 原存在于深色蔬菜和水果（南瓜、胡萝卜、西蓝花、菠菜、芒果和橘子等）中，注意调整膳食结构，适当增加这些食物的数量，有助于改善维生素 A 的营养状况，降低发生缺乏的风险。

（3）维生素 A 补充

① 预防维生素 A 缺乏，婴儿出生后应及时补充维生素 A 1500 ～ 2000IU/d，持续补充到 3 岁；针对高危因素可采取维生素 A 补充、食物强化等策略提高维生素 A 摄入量。

② 早产儿、低出生体重儿、多胞胎应在出生后补充口服维生素 A 制剂 1500 ～ 2000IU/d，前 3 个月按照上限补充，3 个月后可调整为下限。

③ 反复呼吸道感染患儿每日应补充维生素 A 2000IU，以促进儿童感染性疾病的恢复，同时提高免疫力，降低反复呼吸道感染发生风险。

④ 慢性腹泻患儿每日应补充维生素 A 2000IU，以补充腹泻期间消耗的维生素 A。

⑤ 缺铁性贫血及铁缺乏高危风险的儿童，每日应补充维生素 A 1500 ～ 2000IU，

以降低铁缺乏的发生风险，提高缺铁性贫血的治疗效果。

⑥ 其他罹患营养不良的慢性病患儿往往同时存在维生素 A 缺乏，建议每日补充维生素 A 1500 ～ 2000IU，将有助于改善患病儿童的营养状况、减少维生素 A 缺乏风险、改善慢性病的预后。

14.4.1.6 治疗

维生素A缺乏症：有临床维生素A缺乏症状时，应尽早补充维生素A进行治疗，可使大多数病理改变逆转或恢复（表 14-3）。

表 14-3　维生素 A 缺乏的治疗与预防补充建议[7]

类别	治疗性补充	预防性补充
6 ～ 60 个月		每 6 个月补充一次
＜6 个月		50000IU（15mg）
6 ～ 12 个月		100000IU（30mg）
＞12 个月～成人		200000IU（60mg）
干眼症	确诊后单剂量，24h、2 周后各 1 次	
麻疹	确诊后单剂量，24h 1 次	
蛋白质能量营养不良	确诊后单剂量，此后每日给予需要量	
HIV 母亲所生新生儿		48h 内单剂量，年龄段适宜的补充量

边缘型维生素 A 缺乏的儿童，可采取以下两种方法中的任何一种：①普通口服法，每日口服维生素 A 1500 ～ 2000IU 至血清维生素 A 水平达正常；②大剂量突击法，1 年内口服维生素 A 二次，每次 100000 ～ 200000IU，间隔 6 个月，在此期间不应再服用其他维生素 A 制剂。

14.4.1.7 注意长期过量摄入维生素 A 的危害

维生素 A 过量摄入可以导致胎儿的骨骼畸形。对于婴幼儿，慢性维生素 A 中毒可导致高钙血症，损伤骨骼重建，导致各种骨骼异常；导致骨化生长因子受抑制及减少骨再吸收，减低骨形成，这种骨形成和骨吸收之间的分离将会产生预期的骨量丢失；加速骨代谢、骨破坏和自发性骨折。

（1）维生素 A 中毒

① 维生素 A 中毒的原因　目前国内报道维生素 A 中毒的发生多因一次性误食大量动物肝脏（狗肝、羊肝、鳕鱼肝）或一次性意外服用大剂量维生素 A 制剂（超过 300000IU）引起，也有部分病例因不遵医嘱长期摄入过量维生素 A 制剂引起（表 14-4）。

② 维生素 A 中毒的表现　大量摄入维生素 A 可导致细胞溶酶体膜破坏、释放出各种水解酶，引起全身广泛病变，其临床表现与摄入量和个体差异有关。

表 14-4 维生素 A、维生素 D 的中毒剂量 [7]

维生素	急性中毒	慢性中毒
维生素 A	一次或短时间内连续数次摄入超大剂量维生素 A，多因不遵医嘱长期摄入过量维生素 A，如婴幼儿一次食入或注射维生素 A 300000IU 以上	婴幼儿每天摄入 50000 ～ 100000IU，超过 6 个月
维生素 D	婴幼儿每天摄入 20000 ～ 50000IU，连续数周或数月	每日 2000IU/kg，连续 1 ～ 3 个月

a. 急性中毒　一次摄入量超过 300000IU 即可在 12 ～ 24h 内出现中毒症状，多见于 6 个月～ 3 岁的婴幼儿。维生素 A 过量可致脑室脉络丛分泌脑脊液量增多或吸收障碍，造成颅压增高，从而出现头痛、呕吐、烦躁、囟门饱满，头围增大、颅缝裂开、视神经乳头水肿和复视、眼震颤等症状和体征。

b. 慢性中毒　通常婴幼儿每天摄入 50000 ～ 100000IU，超过 6 个月出现慢性中毒症状。症状的轻重与摄入量及个体差异有关，其临床表现多样，有颅内压增高症状。骨骼系统常有转移性骨痛伴软组织肿胀，但局部不红热，以四肢长骨较多见；颞、枕部颅骨骨膜下新骨形成而发生隆起。皮肤粗糙、瘙痒、脱屑、色素沉着、口角常有皲裂，毛发稀少、干脆易断。其他偶有肝脾大和出血倾向。

（2）维生素 A 中毒的诊断　除上述病史、症状及体征外，X 射线检查对本病确诊有特殊价值，表现为管状骨造型失常，骨质吸收，骨折；骺板改变及软组织肿胀；骨干处骨膜下新骨形成；颅缝增宽，前囟饱满扩大。脑脊液压力增高，可达 2.55kPa（260mmH_2O），细胞和糖在正常范围，蛋白降低或为正常偏低值。血清维生素 A 水平增高，常达 1000 ～ 6000μg/L 以上（婴幼儿正常水平为 300 ～ 500μg/L）。

（3）维生素 A 中毒的治疗　维生素 A 中毒症一旦确诊，应立即停服维生素 A，自觉症状常在 1 ～ 2 周内迅速消失，但血内维生素 A 可于数月内维持较高水平。头颅 X 射线征象可在 6 周～ 2 个月内恢复正常，长骨 X 射线征象恢复较慢，常需半年左右，故应在数月内不再服用维生素 A，以免症状复发。

（4）维生素 A 中毒的预防　在服用维生素 A 时注意不可过量。有必要采用大剂量时，要严格限制间隔时间，而且必须在医生指导下服用。家中的维生素 A 制剂应放在远离年幼儿童可取之处，以防儿童大量误服。

14.4.2 维生素 D 的缺乏

维生素 D 的发现和临床应用研究已近百年，然而人类维生素 D 缺乏的状况持续存在，已经成为全球性流行病，而且婴幼儿中缺乏尤为突出。维生素 D 是少数主要依赖自身合成的固醇类脂溶性维生素，初始合成的产物并无生物活性，经过肝脏和肾脏的两级转化获得具有生物活性的形式才能发挥其生物学效应。越来越多的研究结果提示，这种活性形式的维生素 D 在人体内发生激素或类激素样的生物学作用。

14.4.2.1 维生素 D 的生物学作用

维生素 D 是钙磷代谢的重要调节因子之一，维持正常的血钙和血磷浓度以及两者的比例平衡，参与了许多组织细胞的分化和增殖等重要生命活动过程，包括骨骼的正常矿化、肌肉收缩、神经冲动传导以及细胞的基本功能等。

（1）维持血液钙磷稳定、促进骨健康　活性形式维生素 D[1,25$(OH)_2$D] 与甲状旁腺激素联合维持血钙磷水平稳定，例如促进肠道对钙磷的吸收和骨吸收、肾小管对钙磷的重吸收；提高血磷浓度，以利于骨骼钙化和牙齿健康。

（2）发挥激素样作用参与免疫反应　已知许多组织（如脑、各种源于骨髓的细胞、皮肤、甲状腺等）中存在 1,25$(OH)_2$D 的受体。活性形式维生素 D 诱导巨噬细胞融合和分化、抑制活化 T 淋巴细胞中白细胞介素 -2 的产生，作用于免疫细胞（胞内自分泌和 / 或旁分泌）影响机体的先天免疫和适应性免疫的多种成分，发挥免疫调节作用。

（3）骨吸收、肠腔内钙转运以及皮肤中的作用　维生素 D 在钙转运蛋白和骨基质蛋白的转录以及细胞周期蛋白转录调节方面发挥重要作用；维生素 D 通过参与其中某些蛋白质转录调节，增加破骨细胞前体物、肠细胞和角化细胞等特殊细胞的分化。

14.4.2.2 维生素 D 的来源

维生素 D 的来源有三条途径，一是同源性，经由日光中波长 270 ～ 300nm 的紫外线照射后，皮肤基底层内储存的 7- 脱氢胆固醇（7-dehydrocholesterol）转化为胆骨化醇或胆钙化醇（cholecalciferol）即维生素 D_3。二是外源性，即摄入食物中含有的维生素 D，如肝类、牛奶、蛋黄。植物中的麦角固醇经紫外线照射后可形成维生素 D_2（骨化醇，calciferol）。外源性的维生素 D 量很少，不能满足机体对维生素 D 的需求。维生素 D_2 与维生素 D_3 皆可人工合成，在体内的作用基本相同。三是母体 - 胎儿的转运，即胎儿可通过胎盘从母体获得维生素 D，胎儿体内 25$(OH)D_3$ 的储备可满足出生后一段时间的生长需要。

14.4.2.3 维生素 D 缺乏对儿童健康的影响

维生素 D 缺乏一般呈慢性过程，早期表现为维生素 D 不足（30 ～ 50nmol/L），这个时期虽然对机体发育、免疫、代谢功能产生了一定的影响，但一般没有表现出明显症状。随着维生素 D 来源不足的持续加剧，进入维生素 D 缺乏（＜ 30nmol/L）

阶段。这个时期最突出的病理改变是钙磷代谢紊乱和骨健康的损害，导致佝偻病、手足搐搦症的发生，严重者出现喉痉挛，甚至发生窒息导致死亡。儿童期维生素D不足可使儿童青春期骨量峰值下降并明显增加成年期发生骨质疏松的风险。近年研究表明，维生素D不足增加呼吸道感染、肠道炎症、过敏症和哮喘症的风险，足量的1,25$(OH)_2D_3$可以抑制多种自身免疫性疾病的发生和发展。维生素D缺乏影响胰岛素的合成、分泌和敏感性，维生素D缺乏人群罹患Ⅰ型及Ⅱ型糖尿病的风险高于维生素D充足人群，并且补充维生素D可改善机体对胰岛素的敏感性；婴儿期补充维生素D能降低以后患Ⅰ型糖尿病的风险。随着多年的佝偻病防治行动，先天性佝偻病、手足搐搦症、严重的佝偻病已经明显减少，但轻症维生素D缺乏性佝偻病以及维生素D不足者还十分常见。因此，加强儿童早期群体监测和筛查，早期采取预防干预措施，是进一步控制维生素D缺乏的重要举措。

14.4.2.4 维生素D营养状况判定指标

维生素D是一种营养素，同时也被认为是一种类固醇激素，1,25$(OH)_2D$是其体内活性形式，而循环中25(OH)D的水平是反映机体维生素D营养状况的最佳指标。因此维生素D的营养状况判定指标通常采用血清25(OH)D浓度，参照2011年美国医学研究所及2016年《全球营养性佝偻病管理共识》（以下简称《共识》）提出的儿童维生素D营养状况的判定标准，即血清25(OH)D＜30nmol/L为维生素D缺乏；30～50nmol/L为维生素D不足；＞50nmol/L则为适宜。

14.4.3 钙的缺乏

14.4.3.1 钙的生理功能

钙是构成骨骼的主要物质，99%的钙是构成骨骼和牙齿的主要成分；钙能增加软组织坚韧性，强化神经系统的传导功能，降低神经细胞的兴奋性，参与肌肉收缩功能，是保持神经、肌肉功能所必需的；钙参与血液凝固过程，对维持正常的心、肾、肺和凝血功能，以及调节细胞膜和毛细血管的通透性发挥重要作用。另外，钙还调节神经递质和激素的分泌和储存、氨基酸的摄取和结合、维生素B_{12}的吸收等。钙主要通过以下两方面发挥作用：

（1）细胞外作用　钙作为细胞外的配体，通过细胞表面的G蛋白偶联的钙敏感受体发挥其对细胞的调节作用，在甲状旁腺和肾小管上皮细胞上存在此类受体。其主要作用包括：抑制甲状旁腺的分泌和在肾小管髓袢升支粗段抑制钙、镁和氯化钠等的重吸收；促使骨基质和软骨的矿化；激活循环中的细胞外液中的蛋白酶和其他多种酶，在血液凝固、细胞间信息传导以及细胞增殖中发挥作用。

（2）细胞内作用　细胞内 Ca^{2+} 作为细胞内信息传递者，与钙调素等钙结合蛋白结合，引发下游激酶等分子活化，从而影响细胞多种功能，如肌肉收缩，激素、神经递质的释放，细胞增殖或凋亡，以及质膜的转运功能等。细胞内钙离子对细胞功能的影响包括两个途径：一是基因组途径，如影响蛋白质合成；二是非基因组途径，如通过影响有关酶活性而改变已存在的代谢反应速度。

14.4.3.2　钙的来源

食物中钙的来源以乳及乳制品为最好，不但含量丰富，吸收率也高，是婴幼儿理想的优质蛋白质和钙的来源。小虾、发菜、海带等含钙丰富。蔬菜、豆类和油料种子含钙也较多。谷类、肉类、水果等食物含钙量较少，且谷类含植酸较多，钙不易吸收。蛋类的钙主要在蛋黄中，因有卵黄磷蛋白之故，吸收不好。

14.4.3.3　钙营养状况分级

2016 年版《共识》根据膳食钙每天摄入量，将钙营养状况分为 3 种：缺乏，＜ 300mg/d；不足，300 ～ 500mg/d；充足，＞ 500mg/d。膳食钙缺乏是造成儿童发生营养性佝偻病的主要原因。儿童膳食钙摄入量＜ 300mg/d 是独立于血清 25(OH)D 水平的佝偻病患病危险因素，而钙摄入量＞ 500mg/d 时，未见营养性佝偻病发生。需要明确指出的是，不同于维生素 D 营养状况依赖于血清 25(OH)D 水平分级，尚无反映钙摄入量状况的可靠的生物标志物，因此，难以明确定义膳食钙缺乏；也几乎没有数据能说明预防营养性佝偻病最低的钙摄入量。

14.4.3.4　营养性佝偻病

（1）营养性佝偻病的定义　2016 年版《共识》中定义：营养性佝偻病是由于儿童维生素 D 缺乏和 / 或钙摄入量过低导致生长板软骨细胞分化异常、生长板和类骨质矿化障碍的一种疾病。该定义在维生素 D 缺乏作为病因的基础上，强调了钙摄入量过低也是佝偻病的重要原因，突出了长骨生长板的组织学改变，且把矿化障碍分为生长板矿化和类骨质矿化两个层面。该《共识》首次把维生素 D 和钙同时作为佝偻病发病原因予以阐述，而不是单独分为维生素 D 缺乏性佝偻病或钙缺乏性佝偻病。

（2）营养性佝偻病的诊断依据　2016 年版《共识》提出：营养性佝偻病的诊断是基于病史、体格检查和生化检测而得出，通过 X 射线片确诊。仅凭生化检测指标既不能诊断营养性佝偻病，也不能鉴别营养性佝偻病的原发因素是维生素 D 缺乏还是膳食钙缺乏。营养性佝偻病实验室检查特征为血清 25(OH)D、磷、钙和尿钙下降；血清甲状旁腺激素（PTH）、碱性磷酸酶（ALP）和尿磷升高。临床常用血清总 ALP 水平作为营养性佝偻病诊断和筛查指标，在儿童阶段血清总 ALP 和骨 ALP 具有良好的相关性，可以用总 ALP 水平代表骨 ALP 趋势。但急性疾病、某些药物、肝脏疾病、生长突增以及婴幼儿时期一过性高磷血症均可导致 ALP 升高。因此不能单凭血清总 ALP 升高就诊断为营养性佝偻病。2016 年版《共识》不推荐对健康儿童进行常规 25(OH)D 检测。检测 25(OH)D 是评估维生素 D 状况的最佳方法，用于评价儿童是否存在维生素 D 缺乏以及对诊断维生素 D 缺乏所导致的营养性佝偻病极有帮助。但在临床实践中，要注意把握区分营养性佝偻病和维生素 D 缺乏。对处于生长发育阶段的儿童，当维生素 D 作为一种营养素，不能满足推荐摄入量时，机体就会发生维生素 D 缺乏，而佝偻病则是儿童持续维生素 D 缺乏导致骨骼出现异常的后果。

（3）营养性佝偻病的治疗

① 维生素 D 制剂的补充　2016 年版《共识》推荐维生素 D 2000IU/d（50μg）为最小治疗剂量，强调需要同时补钙，疗程至少 3 个月（表 14-5）。营养性佝偻病的儿童膳食维生素 D 和钙的摄入量均很低。因此，治疗上联合应用维生素 D 和钙更为合理。补钙方式为，从膳食摄取或额外口服补充钙剂。钙元素推荐量为 500mg/d。维生素 D 和钙联合治疗的效果高于单独应用维生素 D。

表 14-5　维生素 D 缺乏性佝偻病的维生素 D 治疗剂量 [8]　　单位：IU

年龄	每日剂量	单次剂量	每日维持量
＜3 月	2000	不宜采用	400
3 月～12 月	2000	50000	400
12 月～12 岁	3000～6000	150000	600
＞12 岁	6000	300000	600

注：治疗 3 个月后，评估治疗反应，确定是否需要进一步治疗；确保钙最低摄入量为 500mg/d。如果已恢复，需服用维持量的维生素 D[8]。

② 补充维生素 D 的剂量　可采取每日疗法或大剂量冲击疗法；剂型可选用口服法或肌内注射法。《共识》推荐每日口服疗法为首选治疗方法。在一些特殊情况下，为保证依从性，可选择单次剂量即大剂量冲击疗法。口服法可采用每日疗法或大剂量冲击疗法，而肌内注射法采用大剂量冲击疗法。口服法比肌内注射法可更快提高 25(OH)D 水平。口服或肌内注射 600000IU 维生素 D 后，血清 25(OH)D 含量峰值分别出现在第 30 天和第 120 天。采用大剂量冲击疗法时，极少数个体会出现高钙血症和（或）高钙尿症。一般认为，维生素 D_2 和维生素 D_3 等效。相比维生素 D_2，维生素 D_3 半衰期更长。肌内注射 1 次 600000 IU 维生素 D_3 和每周 1 次持

续 10 周 60000IU 维生素 D_3 具有相同效果。采用大剂量冲击疗法时，可优先选择使用维生素 D_3。单次口服 150000IU、300000IU 或 600000IU 等不同剂量的维生素 D 制剂，并不影响 30 天内佝偻病的改善率，然而需要警惕高钙血症和高钙尿症。伴随维生素 D 剂量的增大，发生高钙血症的概率增加。维生素 D 疗程至少 12 周或更长。12 周的治疗能达到基本痊愈，使 ALP 恢复正常水平。任何一种疗法之后都需要持续补充维持剂量的维生素 D。

③ 钙剂的补充　早产儿、低出生体重儿、巨大儿户外活动少以及生长过快的儿童在使用维生素 D 制剂治疗的同时，联合补充钙剂更为合理。含钙丰富的辅食添加应不晚于 26 周。当乳类摄入不足或营养状况欠佳时可适当补充钙剂。补钙方式可从膳食摄取或额外口服补钙制剂。2011 年，美国医学研究所（IOM）推荐的 0 ～ 6 个月和 6 ～ 12 个月婴儿钙适宜摄入量分别是 200mg/d 和 260mg/d，1 ～ 18 岁人群的钙推荐量为 700 ～ 1300mg/d。我国《中国居民膳食营养素参考摄入量（2023 版）》中钙推荐摄入量为 0 ～ 6 个月和 6 ～ 12 个月的婴幼儿适宜摄入量分别是 200mg/d 和 350mg/d，满足 1 ～ 18 岁 98% 人群钙推荐摄入量为 600 ～ 1200mg/d。治疗期间钙元素推荐量为 500mg/d。

④ 增加户外活动与阳光暴露　户外活动和阳光暴露可以增加皮肤维生素 D 的合成。夏秋季节多晒太阳，主动接受阳光照射，这也是防治佝偻病的简便有效措施。强调平均户外活动时间应在 1 ～ 2h/d。

⑤ 膳食调整　注意膳食结构的平衡，适当添加和补充含钙丰富的食物，例如牛奶及奶制品、豆制品、虾皮、紫菜、海带和蔬菜等，或含钙饼干等钙强化食品。

14.4.3.5　维生素 D 缺乏的预防

（1）户外活动　建议尽早带婴儿到户外活动，逐步达到每天 1 ～ 2 h，以散射光为好（如树荫下），裸露皮肤，无玻璃或遮挡物阻挡；6 个月以下的婴儿应避免在阳光下直晒；烈日下儿童户外活动时要注意防晒，以防皮肤灼伤。

（2）膳食摄入　指导儿童多食含钙丰富的食品，如奶类、奶制品、豆制品、海产品等。

（3）维生素 D 制剂的应用

① 为预防佝偻病，建议新生儿出生后应尽早开始补充维生素 D，每日 400 ～ 800IU，以预防维生素 D 缺乏及不足，保证婴幼儿生长发育所需。针对高危因素可采取主动阳光暴露、维生素 D 补充、食物强化等策略提高维生素 D 摄入量。

② 自出生 1 周开始，早产儿、低出生体重儿、多胎儿口服维生素 D 制剂 800IU/d，3 个月后改用口服维生素 D 制剂 400IU/d；食用早产儿配方乳粉者可口服维生素 D 制剂 400IU/d。

③ 反复呼吸道感染的患儿，维生素 D 能够有效促进患儿免疫功能的提高，减少呼吸道感染的发生次数，促进呼吸道感染症状的恢复。建议反复呼吸道感染患儿每日应补充维生素 D 400 ～ 800IU，以促进疾病恢复，提高免疫力，降低反复呼吸道感染发生风险。

④ 建议

a. 腹泻病程期间，儿童应补充维生素 D 400 ～ 800IU/d，以补充腹泻期间消耗掉的维生素 D，有利于腹泻症状的恢复，降低腹泻的发生风险。

b. 存在缺铁性贫血及铁缺乏高风险的儿童，每日应补充维生素 D 400 ～ 800IU，降低铁缺乏的发生风险，提高缺铁性贫血的治疗效果。

c. 营养不良等慢性疾病的儿童易罹患维生素 D 缺乏症，且病情严重程度与维生素 D 缺乏程度呈正相关。建议每日补充维生素 D 400 ～ 800IU，将有助于改善患病儿童的营养状况、减少维生素 D 缺乏风险，改善慢性病的预后。

d. 早产儿、低出生体重儿、巨大儿、户外活动少以及生长过快的儿童在用维生素 D 制剂的同时，可根据膳食钙摄入情况酌情补充钙剂，达到营养素推荐摄入量要求。

14.4.3.6 维生素 D 中毒

（1）定义　人体摄入过量的维生素 D，出现高钙血症、血清 25(OH)D ＞ 250nmol/L，伴有高钙尿和低甲状旁腺素，称为维生素 D 中毒症（vitamin D toxicity）。

（2）中毒的原因

① 家长未能充分了解维生素 D 制剂的正确用量及疗程，给儿童长期过量服用。婴幼儿每天摄入 20000 ～ 50000IU，连续数周或数月，可引起中毒（表 14-4）。

② 未经诊断就给予大剂量突击治疗。

③ 部分患儿对维生素 D 敏感，每天服用维生素 D 4000IU，经 1 ～ 3 个月后也可能出现中毒症状。

（3）中毒的表现及诊断

① 维生素 D 中毒表现　早期症状是食欲减退，甚至厌食、烦躁、哭闹，多有低热。也可伴有多汗、恶心、呕吐、腹泻或便秘，逐渐出现烦渴、尿频、夜尿多，偶有脱水和酸中毒，年龄较大的患儿可诉头痛，血压可升高或下降，心脏可闻及收缩期杂音，心电图 ST 段可升高，可有轻度贫血。严重病例可出现精神抑郁或骨硬化，颅骨增厚，呈现环形密度增深带，大脑、心、肾、大血管、皮肤有钙化灶，可出现抑郁，肌张力低下，运动失调，甚至昏迷惊厥，肾功能衰竭；小婴儿因囟门早闭导致颅内高压。尿密度低而固定，尿蛋白阳性，也可有管型。长期慢性中毒可致骨骼、肾、血管、皮肤出现相应的钙化，影响体格和智力发育，严重者可

因肾功能衰竭而致死亡。孕早期维生素 D 中毒可致胎儿畸形。

② 维生素 D 中毒的诊断　其诊断主要是根据有过量使用维生素 D 病史，高血钙、高血磷、高钙尿症及低甲状旁腺素血症。X 射线检查可见长骨干骺端钙化带增宽（＞ 1mm）致密、骨干皮质增厚，骨质疏松、氮质血症，肾脏 B 超示肾萎缩。维生素 D 中毒的剂量见表 14-4。

③ 维生素 D 中毒的治疗　明确诊断为维生素 D 过量 / 中毒，应立即停服维生素 D，如血钙过高应限制钙的摄入，包括减少富含钙的食物摄入，加速钙的排泄，口服氢氧化铝或依地酸二钠减少肠钙的吸收，使钙从肠道排出，口服泼尼松抑制肠内钙结合蛋白的生成而降低肠钙的吸收；亦可使用降钙素，注意保持水、电解质的平衡。

④ 维生素 D 中毒的预防　服用维生素 D 制剂应注意避免长期、大剂量使用，如需采取大剂量突击治疗，需监测血清 25(OH)D 的水平。

14.4.3.7　维生素 A、维生素 D 同补

维生素 A 和维生素 D 缺乏症仍然是目前世界上主要的营养素缺乏症，特别是在发展中国家。维生素 A 和维生素 D 补充计划仍然是具有显著成本效益的合适干预方法。在我国，维生素 A 缺乏也是一项公共卫生问题，积极预防维生素 D 缺乏及维生素 D 缺乏性佝偻病，是儿科医疗保健工作者的重要任务。维生素 A 和维生素 D 同为脂溶性维生素，选择剂量合理的维生素 A、维生素 D 同补的制剂是方便、经济的预防干预措施。维生素 A 和维生素 D 在受体层面也存在着密切联系，9- 顺式视黄酸可以促进维生素 D 受体 - 类视黄醇 X 受体的异二聚体与维生素 D 反应元件的结合，使维生素 D 更好地发挥生物学活性，在免疫功能、骨骼发育、预防贫血等诸多方面具有共同作用。因此，维生素 A、维生素 D 同补的方式具有合理性，也适合目前我国儿童这两种维生素的营养现状。

14.4.4　锌的缺乏

14.4.4.1　锌的生理功能

锌作为人体必需营养素和数百种酶的组成成分，在维持机体免疫功能、儿童生长发育、学习认知能力等方面发挥重要作用[9]。

（1）酶催化功能　锌是人机体中 200 多种酶的组成部分，按功能划分的六大酶类（氧化还原酶类、转移酶类、水解酶类、裂解酶类、异构酶类和合成酶类），每一类中均有含锌酶。锌也是一些酶的激活剂。已经明确锌参与 18 种酶的合成，

并可激活80余种酶。人体内重要的含锌酶有碳酸酐酶、胰羧肽酶、DNA聚合酶、醛脱氢酶、谷氨酸脱氢酶、苹果酸脱氢酶、乳酸脱氢酶、碱性磷酸酶、丙酮酸氧化酶等。

（2）促进性器官和性机能的正常　缺锌大鼠前列腺和精囊发育不全，精子减少，给锌后可使之恢复，而且在人体也证明锌具有维持男性正常生精的功能，因为锌元素大量存在于男性睾丸中，参与精子的整个生成、成熟和获能的过程。缺锌使性成熟推迟、性器官发育不全、性机能降低、精子数量减少、第二性征发育不全、女性月经不正常或停止等，如及时给锌治疗，这些症状都会好转或消失。

（3）促进机体的生长发育和组织再生　锌与DNA相互作用形成的锌指蛋白证明锌直接参与基因表达调控，参与2000余种转录因子功能，在多种蛋白质的代谢活动中发挥作用。补锌促进儿童生长可能是因为增强RNA聚合酶的活性而增加了蛋白质的合成。锌为合成胶原蛋白所必需，可加速创伤愈合。因此，锌对于正处于生长发育旺盛期的婴儿、儿童和青少年，以及组织创伤的患者，是更加重要的营养素。锌可能通过参与构成一种含锌蛋白——唾液蛋白对味觉及食欲起促进作用。

（4）促进维生素A代谢，保护夜间视力　锌为视黄醛氧化酶的成分，该酶促进维生素A合成和转化为视紫红质。维生素A平时储存在肝脏中，当人体需要时，将维生素A输送到血液中，这个过程是靠锌来完成“动员”工作的。

（5）结构稳定功能　锌是调节基因表达即调节DNA复制、转译和转录的DNA聚合酶的必需组成部分，锌在细胞分裂和细胞凋亡（程序性细胞死亡）中均有重要作用。锌作为酶的构成成分，维持酶结构的稳定。

（6）神经调节功能，提高智力　锌在脑神经元发生、成熟、迁移、突出、形成过程中起重要作用，对于维持正常的神经发育和功能至关重要。锌是胱氨酸脱羧酶的抑制剂，也是脑细胞中含量最高的微量元素，它使脑神经兴奋性提高、思维敏捷。

（7）参加免疫过程、抗感染　锌元素是参与免疫器官、胸腺发育的重要微量营养素，只有锌量充足才能有效保证胸腺发育，促进淋巴细胞有丝分裂、T细胞功能增强、补体和免疫球蛋白增加等。锌抗感染的可能机制一般认为锌通过维持上皮细胞和组织的完整性，对感染性疾病有预防和辅助治疗作用。

（8）参与糖代谢　锌是糖分解代谢中3-磷酸甘油脱氢酶、乳酸脱氢酶和苹果酸脱氢酶的辅助因子，直接参与糖的氧化供能反应。胰岛素的分子结构中有4个锌原子，锌主要分布在胰岛β细胞的分裂颗粒中，促使胰岛素结晶化，结晶的胰岛素中大约0.5%的成分是锌，锌与胰岛素的合成、分泌、储存、降解、生物活性及抗原性有关。锌可以通过激活羧化酶促使胰岛素原转变为胰岛素，并提高胰岛素的稳定性，而锌本身可能又具有胰岛素样作用，认为在锌足够的情况下，机体对胰岛素的需求减少，锌可以纠正糖耐量异常，甚至可以代替胰岛素改善糖尿病大鼠糖代谢紊乱。锌能加速伤口或溃疡的愈合，减少糖尿病的并发症。锌作为超氧化物歧化酶的活性成分对保护胰岛 β 细胞发挥至关重要的作用。

14.4.4.2 锌与疾病

锌缺乏会损害锌金属蛋白参与的任何过程，结局是不同的。它们的严重程度取决于锌缺乏的程度和持续时间以及患者的年龄和性别。患者可能会出现如厌食和味觉丧失（味觉障碍）以及嗅觉改变（嗅觉障碍）等症状；会发生腹泻，增加锌的损失并导致缺乏加重的恶性循环。严重缺乏时可出现皮疹；可能导致肝脏中维生素 A 的释放减少，导致夜盲症；免疫系统可能受到损害，促进了感染的发展（例如，持续烧伤的患者患有肺炎）[10]。锌缺乏也会导致性腺功能低下，降低血浆睾丸激素浓度和生育能力，见表 14-6。

表 14-6　锌缺乏的症状[10]

受损系统	症状
皮肤	皮疹、脱发、溃疡不愈、伤口愈合延迟
消化系统	味觉不良 / 异常、腹泻
中枢神经系统	认知功能受损、记忆障碍
免疫系统	反复感染
骨骼	生长不良
生殖系统及其他	性腺功能减退、低出生体重、先天性异常

（1）锌与营养不良　锌在体内不能合成，必须通过饮食调节予以补充，当供给不足或比例失衡时，可直接影响儿童的正常生长发育。锌的缺乏常与营养不良并存，同时可并发相应的缺乏症状。营养不良患儿常伴有锌含量过低。缺锌还影响味蕾细胞更新、舌黏膜增生，导致食欲不振、味觉减退、厌食、异食、腹泻等，从而加重营养不良。

（2）锌与感染性疾病　锌缺乏时，上皮细胞受损害，包括皮肤、肠道和呼吸道等，使人体对外界感染的抵抗力明显下降。锌缺乏也使淋巴细胞增殖和发育受到影响。严重锌缺乏可导致胸腺萎缩，外周血和脾脏中 T、B 淋巴细胞显著减少，致使机体细胞免疫功能和体液免疫功能下降，从而导致儿童易患腹泻和肺炎等疾病。

（3）锌与糖尿病　糖尿病是由于胰岛素分泌缺陷和（或）胰岛素作用缺陷导致的一组以慢性血葡萄糖水平增高为特征的代谢疾病群。多项锌与糖尿病的相关性研究表明，锌在糖尿病的发生、发展、预防、治疗方面起着重要作用。缺锌的胰岛素易变性失效，锌缺乏可以导致胰岛素抵抗或糖尿病发生。Fernández-Cao 等[11]

发现糖尿病患者普遍缺锌，几种糖尿病并发症或合并症也与细胞锌或锌依赖抗氧化物酶活性的降低有关，因此，给糖尿病病人补充锌剂是必要的。

（4）克罗恩病　活动期患者多数会出现血浆锌浓度降低。一些皮炎病例有类似肠病性肢端皮炎的脱发和湿疹样改变，锌治疗有效。也有报道克罗恩病患者出现性腺功能减退、生长迟滞和味觉异常。研究显示，克罗恩病患儿的锌吸收明显减少，而内生性粪便锌排泄和尿液锌排泄无改变。这使得克罗恩病患儿的锌平衡更差。尚不清楚这种情况的远期后果以及克罗恩病患儿的最佳补锌水平[12]。

（5）肠病性肢端皮炎　这是一种隐性遗传性疾病，是肠道对锌吸收的部分缺陷。它是染色体 8q24.3 上 *SLC39A4* 基因突变的结果，该基因编码的蛋白质可能参与了锌的转运。受累婴儿发生红斑样和水疱大疱样皮炎、脱发、眼部疾病、腹泻、严重生长迟滞、性成熟延迟、神经精神症状和频繁感染。该综合征与重度锌缺乏相关，口服补充药理剂量的锌对其有效[13]。锌缺乏导致的皮炎可以是婴儿囊性纤维化的特征性表现。这种皮炎类似于肠病性肢端皮炎，但可能分布更广，而且仅补充锌可能无效。

（6）镰状细胞病　罹患镰状细胞病的儿童和青少年可发生锌水平降低，尤其会伴有生长不良或延迟。该人群中的锌缺乏可能反映了肾小管功能缺陷导致的尿锌排泄增加，也可能反映了慢性溶血或吸收功能受损，而与饮食摄入不足无关。与血浆锌水平正常的儿童相比，这些儿童的身高、体重均显著减少，年龄较大儿童还出现性成熟延迟[14]。

（7）异食癖　缺锌的小儿，常发现有食土、纸张、墙皮及其他嗜异物的现象，补锌后症状好转。

（8）眼病　眼是含锌最多的器官，而脉络膜及视网膜的含锌量又是眼中最多的，因此眼对锌的缺乏十分敏感，锌缺乏会造成夜盲症，严重时会造成角膜炎。锌缺乏时神经轴突功能降低，从而引起视神经疾病和视神经萎缩。

（9）性器官发育不良　血液中睾酮的浓度与血锌、发锌呈线性相关。锌缺乏时，性器官发育不良。

14.4.4.3　监测与营养状况评价

可以通过测量血浆、红细胞、中性粒细胞、淋巴细胞以及毛发中的锌含量来评估锌的状况。血浆锌的测量方法简单，许多实验室都可以很方便地开展这项检查。低血浆锌浓度通常被定义为测量值低于 60μg/dL。血浆中大部分锌与白蛋白结合，因此低白蛋白血症患者的锌测量值通常会降低。一些研究者认为，血浆锌检测的敏感性相对较差，即使血浆锌水平正常时，也可能存在轻度的锌缺乏。中性粒细胞或淋巴细胞中的锌水平可能更为敏感。如果受试者的血清碱性磷酸酶低于相应年龄组的正常水平，则可为锌缺乏提供支持性证据。

14.4.4.4 锌的膳食来源与参考摄入量

锌的主要膳食来源是动物性制品，如肉类、海产品以及婴幼儿配方食品。从植物性产品中获得的锌绝大多数来自即食谷物产品（如即食麦圈）。典型的混合膳食中有充足的膳食锌来源，但乳蛋素食主义者需要摄入更多的奶、蛋、谷类、豆类、坚果和种子类食物，才能获得充足的锌。牛、猪、羊肉中锌含量为 20 ～ 60mg/kg，蛋类为 13 ～ 25mg/kg，牛奶及奶制品为 15 ～ 20mg/kg，鱼及其他海产品约为 15mg/kg，常见食物锌含量见表 14-7。中国营养学会关于婴幼儿膳食锌的适宜摄入量和推荐摄入量 [15] 参见本书第 9 章。

表 14-7　常见食物锌含量 [15]

食物	量	锌含量
牡蛎	84g	80mg
肝	100g	6.1mg
牛肉饼	100g	4.9mg
干鹰嘴豆	250g	3.0mg
南瓜子	28g	2.2mg
干贝	85 个	1.32mg
鸡肉	100g	1.0mg
脱脂奶	240g	0.9mg
全蛋	50g	0.5mg
大米	124g	0.4mg

14.4.4.5 儿童锌缺乏的防治量

在资源有限的国家，把肉和肝脏作为婴儿的第一口辅食，这可以作为预防锌缺乏的重要措施。两个针对母乳喂养的健康婴儿的研究对这种方法进行了探索，研究中 4 ～ 7 个月的婴儿被随机分配接受将强化谷物食品或牛肉作为第一口辅食。这两种膳食都提供了估计需要量的锌和铁，两组婴儿在耐受性、接受度及血清锌水平方面均无差异。适时地添加肉类或肝脏可以为锌和铁缺乏提供一个实用的解决方案。

对于摄入不足导致的锌缺乏，常用的口服补充剂量为 1 ～ 2mg/（kg・d）锌元素 [16,17]。该补充剂量也适用于存在易引起锌缺乏的基础疾病的患者，如克罗恩病、囊性纤维化、肝病或镰状细胞病患者。有一点需要注意，若短期补充剂量超过了锌的可耐受最高摄入量，也是可以接受的，美国食品与营养委员会制定的锌的可耐受最高摄入量（UL）是对锌的长期摄入而言，更高的补充剂量，约 3mg/（kg・d）锌元素，则用于肠病性肢端皮炎患者，以克服肠道锌吸收不足。推荐锌元素的补充剂量为每日 3mg/kg，每 3 ～ 6 个月检测 1 次锌水平，并根据需要调整剂量。

WHO 推荐对资源有限国家的腹泻儿童补锌：≤ 6 个月的婴儿锌补充量为 10mg/d，较大的婴儿和儿童剂量为 20mg/d，持续 14 日。在有锌缺乏风险的儿童中评估补锌作用的研究显示，对于有潜在锌缺乏的年龄较大的儿童，补锌对生长最多仅有轻度作用。在婴儿中，补锌可能对生长有负面影响，尤其是当锌与其他微量营养素不平衡时。锌对没有锌缺乏个体的生长没有益处，即锌对生长无药理作用。

14.4.4.6　锌过量的诊治

补锌几乎不会出现毒性反应，摄入高达每日推荐摄入量的10倍也不会产生症状，锌可以抑制肠道对铜的吸收，因此，长期摄入高剂量的锌可能会造成铜缺乏[18]。基于对该问题的担忧，美国食品与营养委员会制定了锌的可耐受最高摄入量（UL），该剂量从 4mg/d（小龄婴儿）到 40mg/d（成人）不等。有一点需要注意，此 UL 是对锌的长期摄入而言，但会在短期使用更高剂量的锌来治疗锌缺乏或腹泻。

急性摄入 1 ～ 2g 的硫酸锌会引起恶心和呕吐，伴消化道刺激和腐蚀。大剂量的锌化合物还可引起肾小管坏死或间质性肾炎，从而导致急性肾衰竭。

锌中毒的处理方法主要是支持性治疗，但在某些严重锌中毒的患者中可使用依地酸钙钠进行螯合治疗。

（吴康敏）

参考文献

[1] 石淑华，戴耀华 . 儿童保健学 . 3 版 . 北京：人民卫生出版社，2014: 283-302.

[2] 王卫平 . 儿科学 . 9 版 . 北京：人民卫生出版社，2018: 64-84.

[3] 马冠生 . 中国儿童肥胖报告 . 北京：人民卫生出版社，2021.

[4] 中华医学会儿科学分会内分泌遗传代谢学组，中华医学会儿科学分会儿童保健学组，中华医学会儿科学分会临床营养学组，中华儿科杂志编辑委员会 . 中国儿童肥胖诊断评估与管理专家共识 . 中华儿科杂志，2022, 60(6): 507-515.

[5]《中华儿科杂志》编辑委员会，中华医学会儿科学分会血液学组，中华医学会儿科学分会儿童保健学组 . 儿童缺铁和缺铁性贫血防治建议 . 中国儿童保健杂志，2010, 18(8): 724-726.

[6] 蔡华菊，王宁玲 . 儿童缺铁性贫血诊疗进展 . 国际儿科学杂志，2016, 43(2): 122-126.

[7] 中华预防医学会儿童保健分会 . 中国儿童维生素 A、维生素 D 临床应用专家共识 . 中国儿童保健杂志，2021, 29(1): 110-116.

[8] Munns C F, Shaw N, Kiely M, et al.Global consensus recommendations on Prevention and management of nutritional ricket. J Clin Endocrinol Metab, 2016, 101(2): 394-415.

[9] Berg L B, Shi Y. The galvanization of biology: A growing appreciation for the roles of zinc. Science, 1996, 271(5252): 1081-1085.

[10] 赵汉芬 . 锌与三大物质代谢 . 微量元素与健康研究，1996, 13(2): 63-64.
[11] Fernández-Cao J C, Warthon-Medina M, Moran V H, et al. Zinc intake and status and risk of type 2 diabetes mellitus: A systematic review and meta-analysis. Nutrients, 2019, 11(5): 1027. doi: 10.3390/nu11051027.
[12] Griffin I J. Zinc metabolism in adolescents with Crohn's disease. Pediatr Res, 2004, 56(2): 235-239.
[13] Maverakis E, Fung M A, Lynch P J, et al. Acrodermatitis enteropathica and an overview of zinc metabolism. J Am Acad Dermatol, 2007, 56(1): 116-124.
[14] Phebus C K, Maciak B J, Gloninger M F, et al. Zinc status of children with sickle cell disease: Relationship to poor growth. Am J Hematol, 1988, 29(2): 67-73.
[15] 中国营养学会 . 中国居民膳食指南 2022. 北京：人民卫生出版社，2022.
[16] American Academy of Pediatrics Committee on Nutrition. Liver disease. Pediatric nutrition, 2019, 8: 1199.
[17] American Academy of Pediatrics Committee on Nutrition. Trace elements. Pediatric nutrition, 2019, 8: 591.
[18] Fosmire G J. Zinc toxicity. The American Journal of Clinical Nutrition, 1990, 51(2): 225-227.

第 15 章

营养干预的对策

中国是世界第一人口大国，3 岁以下婴幼儿规模庞大，同时存在地域广阔、条件差异较大、家庭情况复杂等特征。如何在生育政策调整，一对夫妇可以生育三个子女的落实进程中，制定和完善相应的婴幼儿养育和照护干预政策以及长期发展策略，提升家庭幸福感，满足群众对美好生活的向往需求，成为当前要务。针对婴幼儿养育和照护面临的种种挑战，我国政府、相关机构和公民社会组织持续从法规政策完善、健康素养普及、母乳喂养促进、膳食指南推广、母婴保健服务、婴幼儿健康行为养成等方面努力推进。

《中国妇女发展纲要（2021—2030 年）》指出开展孕产妇营养监测和定期评估，预防和减少孕产妇缺铁性贫血[1]。《中国儿童发展纲要（2021—2030 年）》目标包括普及儿童健康生活方式，提高儿童及其照护人健康素养；强化父母或其他监护人是儿童健康第一责任人的理念，依托家庭、社区、学校、幼儿园、托育机构，加大科学育儿、预防疾病、及时就医、合理用药、合理膳食、应急避险、心理健康等知识和技能宣传普及力度，促进儿童养成健康行为习惯；促进城乡儿童早期发展服务供给，普及儿童早期发展的知识、方法和技能。新生儿、婴儿和 5 岁以下儿童死亡率分别降至 3.0‰、5.0‰和 6.0‰以下，5 岁以下儿童贫血率和生长迟缓率分别控制在 10% 和 5% 以下[2]。国家和各省（市、自治区）相继修订《人口与计划生育条例》，大多省份产假延长至 158 ～ 188 天、30 个省区市设置男性陪产假 / 护理假和育儿假，进一步保障母婴健康。组织实施围产期保健、母乳喂养促进行动计划、生命早期 1000 天营养健康行动、贫困地区儿童营养改善项目、慧育中国项目、养育未来项目、开展全国婴幼儿照护服务示范城市创建活动等举措。

15.1 孕期与哺乳期的干预

孕期和哺乳期是生命最初1000天的最重要阶段。妊娠期间保持健康均衡的膳食，有助于发育中的胎儿获得充足的营养和储备，并可帮助母体储备一定的营养成分用于之后的哺乳。对于胎儿的健康，需要考虑的关键因素包括母亲的体重、膳食习惯以及怀孕前和整个怀孕期间的营养状况。由于营养缺乏、体重不足或过度与受孕、胎盘、胚胎、胎儿发育、胎儿生长、妊娠并发症等围产期问题有关，如果不能及时进行干预，将会使不良妊娠结局的风险增加。分娩后，乳母分泌的乳汁是专门为新生儿和出生后最初六个月婴儿准备的最理想的食物，然而，乳母的孕期营养储备以及哺乳期间的营养状况将会影响母乳营养成分的含量[3-6]。

15.1.1 孕期与哺乳期的干预途径

我国具有健全的妇幼保健服务网络，能够及早接触孕妇，与哺乳期女性联系密切，建议进一步发挥该网络的覆盖面广、专业性强、信誉度高的优势，强化其对婴幼儿照护方面的服务职能。在孕前优生、产前检查、产后随访等环节，建议加强对孕妇和哺乳期女性进行婴幼儿照护规范知识与技能宣传、专业咨询与技术指导。在部分妇幼保健院，已经探索开设婴幼儿照护相关讲座，倡导母乳喂养；设置妈妈厨房，指导家庭制作婴幼儿辅食和进行辅食喂养技巧培训；提供咨询服务，进行婴幼儿健康行为养成指导。部分机构还提供给婴幼儿洗澡、抚触以及婴幼儿早期发展的培训，多渠道为家长们提供婴幼儿照护支持。某些机构开发了相关知识宣传APP、短视频、公众号，深受年轻父母的欢迎。这些实践经验都非常值得加以总结提炼和拓展推广。如果能发挥信息化的优势，精准识别需要提供服务的群体，则能有效提高宣传指导和技术服务的效率。

15.1.1.1 孕期营养要点

① 怀孕期间营养需求增加明显，此时保证最佳的营养状态对于整个胎儿细胞的成熟、增殖和分化至关重要，有助于降低不良妊娠结局。

② 怀孕前和孕期摄入足够的叶酸可能有助于预防神经管缺陷，因为叶酸在DNA合成和氨基酸代谢中发挥关键作用。

③ 铁是血红蛋白的主要成分，血红蛋白是一种允许红细胞将氧气输送到全身的蛋白质，缺铁和缺铁性贫血将会影响胚胎发育。

④ 胆碱促进细胞生长和增殖，以及神经和认知系统的发育[7-9]。

⑤ 类胡萝卜素在大脑、眼睛和神经系统发育中起着关键作用。

⑥ 碘是甲状腺激素必需组成成分，这些激素会在生命早期就转移到胎儿体内发挥生物学作用。

⑦ n-3 脂肪酸对神经系统和眼睛的发育以及胎儿的整体发育至关重要[10,11]。

⑧ 维生素 D 支持骨骼系统，通过增加钙吸收来帮助调节钙水平，维持适量钙摄入量可降低发生不良妊娠结局的风险，包括先兆子痫、SGA、早产和妊娠糖尿病。

⑨ 确保育龄妇女获得最佳营养应该是卫生专业人员进行营养干预重要的优先工作。

15.1.1.2 孕期营养补充要点

① 补充脂溶性维生素 A 和维生素 D 可能会有助于改善母体和胎儿健康，尤其是在那些营养缺乏的高风险地区（如贫困地区）和季节（如北方的冬春季需要补充维生素 D），然而，需要防止过量摄入的风险。

② 在微量矿物质中，对孕期补铁和补锌已进行了广泛研究。补铁可以降低贫血妇女不良妊娠结局的风险；口服锌补充剂对母亲也有一些好处，但需要更多的研究来了解其对胚胎发育的影响。

③ 在 B 族维生素中，补充叶酸的益处众所周知。最近的一项 Meta 分析表明，补充叶酸可以降低 LBW 和 SGA 以及神经管畸形的风险。

④ 补充 n-3 脂肪酸对母亲和发育中的孩子有很多好处[10,11]。其中包括降低早产风险和降低儿童过敏发生风险。

⑤ 怀孕期间补充胆碱可能有助于优化胎儿的认知发育[7-9]。

15.1.1.3 哺乳期营养要点

应根据哺乳期妇女的生理特点和分泌乳汁的需要，合理安排膳食，保证充足的营养供给。《中国居民膳食指南（2022）》中哺乳期妇女膳食指南的核心推荐内容如下。

① 家庭支持，保持愉悦心情和充足睡眠，坚持母乳喂养。哺乳期间保持愉悦的心理和精神状态也是影响乳汁分泌的重要因素，愉悦的心情有助于成功进行母乳喂养。

② 产褥期食物多样不过量，坚持整个哺乳期营养均衡。增加身体活动，逐渐开始科学活动和锻炼，生后 6 个月进行纯母乳喂养，之后开始添加辅助食品时继续母乳喂养到 2 岁或更长时间，有助于乳母产后身体复原和恢复健康体重。

③ 适量增加富含优质蛋白质及维生素 A 的动物性食物以及海产品，如鱼、虾、禽、蛋、瘦肉等的摄入量和频次。如每天摄入 200g 鱼、禽、蛋和瘦肉食品（包括 50g 蛋），可提供丰富的优质蛋白质和多种重要的矿物质及维生素；每天摄入 25g 大豆或相当量的大豆制品、10g 坚果、300g 牛奶或酸奶，可增加优质蛋白质、能量和钙的摄入量。

④ 选用碘盐，合理补充维生素 D 等营养素补充剂。日常食物中多选用碘盐烹调食物，适当摄入鱼虾、紫菜、海带、贝类海产品和动物肝脏、蛋黄等食物，可增加乳汁中碘和维生素 A 的含量。

⑤ 多喝汤和水，限制浓茶和咖啡，忌烟酒和避免被动吸烟（二手烟）。

15.1.2 母乳喂养的促进行动

近年来，政府对于母乳喂养促进工作尤其重视。2016 年，国家卫生计生委等部门共同出台了关于加快推进母婴设施建设的指导意见，明确了公共场所母婴设施配置推荐标准 [12]。为进一步促进母乳喂养，维护母婴权益，保障实施优化生育政策，落实《“健康中国 2030”规划纲要》《健康中国行动（2019—2030 年）》和《国民营养计划（2017—2030 年）》，国家卫生健康委等 15 个部门共同制定《母乳喂养促进行动计划（2021—2025 年）》，指出用人单位不得延长哺乳期女职工劳动时间或者安排夜班劳动，对哺乳未满 1 周岁婴儿的女职工，用人单位应当在每天的劳动时间内为其安排 1h 的哺乳时间；女职工生育多胞胎的，每多哺乳 1 个婴儿每天增加 1h 哺乳时间，哺乳时间视同提供正常劳动；同时，禁止在大众传播媒介或者公共场所发布声称能全部或者部分替代母乳的婴儿乳制品、饮料和其他食品广告；对于母乳代用品领域的虚假广告宣传、欺诈误导消费、侵害消费者权益、破坏公平竞争市场秩序等违法违规行为，应加大执法和打击力度 [13]。在 2022 年 5 月 20 日全国母乳喂养宣传日，中国妇幼保健协会启动了为期三年的“中国母乳喂养促进项目”，并正式发布《中国妈妈母乳喂养指导手册》[14]。

15.2 婴幼儿照护者的干预

中国先后发布《婴幼儿养育照护专家共识》[15]《婴幼儿养育照护关键信息 100 条》[16]《中国婴幼儿膳食指南》《婴幼儿辅食添加营养指南》[17]《中国婴幼儿喂养指南（2022）》等，为婴幼儿照护者提供了非常明确的指导。《中国婴幼儿喂养指南（2022）》，按不同年龄分为《0—6 月龄婴儿母乳喂养指南》《7—24 月龄婴幼儿喂养指南》和《学龄前儿童膳食指南》三个指南，每个指南除了其核心内容的准则与核心推荐外，还配套了相应的“实践应用”、“科学依据”和“知识链接”等科普解读材料[18]。鉴于城市和农村、发达地区和欠发达地区存在的差异，流动婴幼儿和留守婴幼儿照护的特点不同，根据不同照护者的特征，各地在尝试开发不同类型的宣传形式和内容，以提高婴幼儿照护指导的针对性。

15.2.1　城市婴幼儿家庭的照护者

城市地区致力于更广泛的家庭婴幼儿照护指导，重点是倡导纯母乳喂养、辅食添加时间、辅食制作与购买技能、偏食挑食预防、用餐礼仪、健康用餐习惯养成、背奶相关知识。对于流动人口聚集地区，需重点关注流动婴幼儿家庭照护群体的咨询指导。社区卫生服务中心、妇幼保健院、健康教育部门承担了相关宣传教育和咨询指导工作，家庭医生在此项工作中应发挥重要作用。

15.2.2　农村婴幼儿家庭的照护者

农村地区，特别是欠发达地区，需强化纯母乳喂养重要性的宣传、婴幼儿照护者特别是隔代照护者的婴幼儿喂养照护基本知识、科学辅食添加、儿童健康习惯养成、儿童早期发展、意外伤害预防等内容的普及和技能培养，促进合理辅食添加，预防营养不良、贫血、肥胖、消瘦的发生。村医作为基层卫生工作者，在婴幼儿照护宣传指导方面应发挥重要作用。

15.2.3　托育机构婴幼儿的照护者

2019年，国务院办公厅发布《关于促进3岁以下婴幼儿照护服务发展的指导意见》; 2021年，国家卫生健康委印发托育机构保育指导大纲（试行），对机构照护提出要求，明确保育要点。2022年，国家卫生健康委等17个部门发布《关于进一步完善和落实积极生育支持措施的指导意见》，要求增加普惠托育服务供给，2022年，全国所有地市要印发实施“一老一小”整体解决方案。全国婴幼儿照护服务示范城市创建活动的开展，进一步推动了托育服务的规范、有序发展。由此可见，国家相关部门在不断完善托育服务机构的管理监督，包括对婴幼儿照护服务内容、标准、师资等方面的规范指导，托育机构中婴幼儿照护者的规范性在逐步加强。

15.3 营养健康行动和项目的实施

中国的家庭签约医生、健康教育工作人员以及儿童保健服务人员都可以为3岁以下婴幼儿家庭提供照护指导。针对3岁以下婴幼儿照护影响比较大的干预项目包括：生命早期1000天营养健康行动；慧育中国：山村入户早教计划、养育未来干预项目、贫困地区儿童营养改善等项目。这些探索为婴幼儿照护干预积累了丰富经验，为干预策略制定提供了借鉴。营养改善要点如下：

① 从6月龄开始，生长和发育仍处于快速增长阶段，营养缺乏会对儿童生长和发育产生长期影响，并可能影响成年时期的健康状况。需要增加优质蛋白质、钙和维生素D等营养物质来增加骨骼质量、预防营养性佝偻病。

② 到6月龄时，婴儿体内铁和锌的储备已经耗尽，因此开始添加辅食时，应优先提供含有这些营养素的食物，如营养强化米粉等。

③ 应满足胆碱和*n*-3脂肪酸需求，胆碱有助于大脑和神经系统发育并且与认知功能有关，*n*-3脂肪酸（特别是DHA）是大脑和眼睛持续发育所必需的[7-11]。

④ 有调查数据表明，0～24个月的儿童可能无法获得足够的维生素A、类胡萝卜素等微量营养成分。维生素A与儿童抗感染能力有关，叶黄素和玉米黄质在眼睛和神经发育中发挥关键作用。

15.3.1 健康行动的开展

2017年国务院办公厅印发《国民营养计划（2017—2030年）》通知，提出开展的第一项重大行动即为“生命早期1000天营养健康行动”。该行动包括四个方面的活动。

（1）开展孕前和孕产期营养评价与膳食指导　推进县级以上妇幼保健机构对孕妇进行营养指导，将营养评价和膳食指导纳入我国孕前和孕期检查。开展孕产妇的营养筛查和干预，降低低出生体重儿和巨大儿出生率。建立生命早期1000天营养咨询平台。

（2）实施妇幼人群营养干预计划　继续推进农村妇女补充叶酸预防神经管畸形项目，积极引导围孕期妇女加强含叶酸、铁在内的多种微量营养素补充，降低孕妇贫血率，预防儿童营养缺乏。在合理膳食基础上，推动开展“孕妇营养包干预项目”。

（3）提高母乳喂养率，培养科学喂养行为　进一步完善母乳喂养保障制度，改善母乳喂养环境，在公共场所和机关、企事业单位建立母婴室。研究制定婴幼儿科学喂养策略，宣传引导合理辅食喂养。加强对婴幼儿腹泻、营养不良病例的监测预警，研究制定并实施婴幼儿食源性疾病（腹泻等）的防控策略。

（4）提高婴幼儿食品质量与安全水平，推动产业健康发展　加强婴幼儿配方食品及辅助食品营养成分和重点污染物监测，及时修订完善婴幼儿配方食品及辅助食品标准。提高研发能力，持续提升婴幼儿配方食品和辅助食品质量[19]。

15.3.2　慧育中国项目的实施

2015 年中国发展研究基金会发起“慧育中国：山村入户早教计划”。该干预项目针对 6 ～ 36 个月的农村儿童，将入户养育指导和营养干预相结合，实现代际同步干预。项目以教会看护人正确的养育方法为目标，由村级育婴辅导员每周到 6 ～ 36 个月婴幼儿家中进行一次约 1h 的养育指导，并根据地方实际情况举办集体亲子活动。截至 2020 年 9 月，“慧育中国”项目已经在全国 10 个省份、11 个县展开试点，12874 名婴幼儿从中受益。该项目在国际家访课程的基础上，整合了国内早期养育优质课程资源，对课程进行了本土化的改进。该课程根据儿童发展规律，针对婴幼儿每个月龄段的发展特点，按周次具体设计家访活动。家访中育婴辅导员遵循既定的流程与幼儿及家长共同进行若干项活动，包括游戏、绘画、阅读、音乐等。在家访结束到下次家访之间的一周时间里，育婴辅导员督促家长要尽可能每天与幼儿反复进行本周家访的活动[20]。

15.3.3　养育未来项目的实施

“养育未来”是由陕西师范大学教育实验经济研究所、中国科学院农业政策研究中心和北京大学中国农业政策研究中心、国家卫生健康委干部培训中心、陕西省卫生健康委及地方卫健部门共同开展的针对 6 ～ 36 个月婴幼儿的干预项目，围绕在认知、运动、语言、社会情感领域的发展，每周两个活动，每月八个活动，围绕上述领域的四个方面各有两个活动，形成两次循环。覆盖从儿童出生后第 6 个月至 36 个月的 248 个活动。针对每周的活动，设计专门的玩具图书包，在家访活动中，玩具图书包可以留在被访问的家庭中，方便儿童照养人在未来的一周中使用玩具图书包与儿童互动，在下一次家访时，家庭访视员带去新的玩具图书包、带回之前的玩具图书包[21]。

15.3.4 贫困地区儿童营养改善项目实施

为了改善贫困地区婴幼儿营养状况，国家卫生健康委从 2012 年起启动了贫困地区儿童营养改善项目，为国家集中连片特殊困难地区的 6 ～ 24 月龄的婴幼儿每天提供 1 包营养包。营养包富含蛋白质、维生素和矿物质作为辅助的营养补充品。同时，开展婴幼儿相关知识宣传和看护人喂养指导咨询活动，项目依托妇幼健康系统的县、乡、村三级网络，开展营养包发放和科普知识宣传教育，有效提高了项目的覆盖率、营养包发放率和依从性，喂养知识得到了广泛的普及 [22-25]。中国儿童营养包经历了公益捐赠、政府集中供给和市场销售三种路径的供给经历。不同供给路径存在不同的优势与挑战，现阶段的营养包供给仍应以政府集中供给为主 [25]。

15.3.5 婴幼儿照护服务示范城市创建活动实施

“十四五”规划纲要将“每千人口拥有 3 岁以下婴幼儿托位数”指标纳入了经济社会发展的主要指标，提出到“十四五”期末，这一指标要达到 4.5 个。2021 年国家卫生健康委发布《国家卫生健康委国家发展改革委关于开展全国婴幼儿照护服务示范城市创建活动的通知》，2022 年年底前，国家卫生健康委、国家发展改革委命名第一批全国婴幼儿照护服务示范城市。全国婴幼儿照护服务示范城市创建标准中要求：出台并落实为家庭科学育儿提供指导服务的政策措施，提高家庭婴幼儿照护能力；加大对农村婴幼儿照护服务的支持，重点关注困境儿童、留守儿童的早期发展 [26]。

（王晖，刘冬梅）

参考文献

[1] 国务院 . 中国妇女发展纲要（2021—2030 年）. 2021.

[2] 国务院 . 中国儿童发展纲要（2021—2030 年）. 2021.

[3] Likhar A, Patil M S. Importance of maternal nutrition in the first 1, 000 days of life and its effects on child development: A narrative review. Cureus, 2022, 14(10): e30083.

[4] Marshall N E, Abrams B, Barbour L A, et al. The importance of nutrition in pregnancy and lactation: Lifelong consequences. Am J Obstet Gynecol, 2022, 226(5): 607-632.

[5] Koletzko B, Godfrey K M, Poston L, et al. Nutrition during pregnancy, lactation and early childhood and its implications for maternal and long-term child health: The early nutrition project recommendations. Ann Nutr Metab, 2019, 74(2): 93-106.

[6] Beluska-Turkan K, Korczak R, Hartell B, et al. Nutritional gaps and supplementation in the first 1000 days. Nutrients, 2019, 11(12): 2891. doi: 10.3390/nu11122891.

[7] Zeisel S H. The fetal origins of memory: The role of dietary choline in optimal brain development. J

Pediatr, 2006, 149(5 Suppl): S131-S136.
[8] Zeisel S H. Choline: Critical role during fetal development and dietary requirements in adults. Annu Rev Nutr, 2006, 26: 229-250.
[9] Wallace T C, Blusztajn J K, Caudill M A, et al. Choline: The underconsumed and underappreciated essential nutrient. Nutr Today, 2018, 53(6): 240-253.
[10] Koletzko B, Lien E, Agostoni C, et al. The roles of long-chain polyunsaturated fatty acids in pregnancy, lactation and infancy: Review of current knowledge and consensus recommendations. J Perinat Med, 2008, 36(1): 5-14.
[11] Collins C T, Gibson R A, McPhee A J, et al. The role of long chain polyunsaturated fatty acids in perinatal nutrition. Semin Perinatol, 2019, 43(7): 151156.
[12] 国家卫生计生委等 . 关于加快推进母婴设施建设的指导意见 . 2016.
[13] 国家卫健委 . 关于印发母乳喂养促进行动计划（2021—2025 年）的通知 . 2021.
[14] 中国妇幼保健协会 . 中国妈妈母乳喂养指导手册 . 2022.
[15] 邵洁 . 婴幼儿养育照护专家共识 . 中国儿童保健杂志，2020, 28(9): 1063-1068.
[16] 童梅玲，邵洁，张悦，等 . 婴幼儿养育照护关键信息 100 条 . 中国妇幼健康研究，2020, 31(9): 1132-1136.
[17] 国家卫生健康委员会 . 婴幼儿辅食添加营养指南 . 2020.
[18] 中国营养学会 . 中国婴幼儿喂养指南（2022）. 早期教育，2022, 39: 52.
[19] 国务院办公厅 . 国民营养计划（2017—2030 年）. 2017.
[20] 卜凡 . 构建促进农村地区儿童早期发展服务体系的思考——以“慧育中国：山村入户早教计划”为例 . 人口与健康，2021, 9: 19-21.
[21] 蔡建华 . 开展“养育未来”项目　把农村欠发达地区“幼有所育”工作落到实处 . 人口与健康，2021, 9: 22-24.
[22] Liu R, Ye R, Wang Q, et al. The association between micronutrient powder delivery patterns and caregiver feeding behaviors in rural China. BMC Public Health, 2022, 22(1): 1366.
[23] Li Z, Li X, Sudfeld C R, et al. The effect of the Yingyangbao complementary food supplement on the nutritional status of infants and children: A systematic review and meta-analysis. Nutrients, 2019, 11(10): 2404. doi: 10.3390/nu11102404.
[24] Wang J, Chang S, Zhao L, et al. Effectiveness of community-based complementary food supplement (Yingyangbao) distribution in children aged 6-23 months in poor areas in China. PLoS One, 2017, 12(3): e0174302.
[25] 杨明芳，孙一诺，马继炎，等 . 中国儿童营养包的供给路径及优势与挑战分析 . 中国食物与营养，2022, 28(6): 17-20.
[26] 国家卫生健康委办公厅，国家发展改革委办公厅 . 关于做好第一批全国婴幼儿照护服务示范城市推荐申报工作的通知 . 2022.

婴幼儿精准喂养

Practical Feeding for Infants and Young Children

第16章

儿童微量营养素的精准补充对策

营养素是机体为了维持生存、生长发育、体力活动和健康以食物的形式摄入的一些身体生理需要的物质。人体所需的营养素有五大类，即蛋白质、脂类、碳水化合物、维生素和矿物质。蛋白质、脂类、碳水化合物因为需要量多，在膳食中所含的比重大，称为宏量营养素，也称为供能营养素；矿物质和维生素是人体需要量较少的营养素，在膳食中所占比重也小，称为微量营养素。目前我国儿童中最常见的营养问题是微量营养素缺乏或边缘性缺乏（例如维生素D与钙、维生素A、铁、锌和碘等），然而个别微量营养素也存在过量补充的风险（如维生素A、维生素D过量补充问题）。

16.1 微量营养素的重要生理功能

人体必需的微量营养素作为辅酶或作为酶的必需组成成分，在机体物质代谢过程中发挥重要作用，微量营养素的生理功能汇总于表 16-1。各类营养素的功能作用，可参看本书第 9 章婴幼儿养育的营养基础、第 14 章常见营养问题，和同时出版的《婴幼儿膳食营养参考摄入量》分册。

表 16-1 微量营养素的生理功能

分类	营养素	主要生理功能
常量元素	钙（Ca）	形成并维持骨骼和牙齿的结构和功能、维持神经与肌肉活动、参与多种酶活性调节、维持细胞膜的完整性和通透性，参与血液凝固、激素分泌和维持体液酸碱平衡
	磷（P）	构成骨骼和牙齿，是重要生命物质核酸中的磷酸基团，参与机体重要的代谢过程和调节酸碱平衡，是构成细胞膜、酶和遗传物质的重要组成部分
	镁（Mg）	多种酶的激活剂，维持体内钠、钾的正常分布和骨骼生长及神经肌肉的兴奋性，调节心血管功能和影响胃肠道功能
	钾（K）	维持细胞正常渗透压、神经肌肉的应激性和正常功能、心肌的正常功能，参与细胞新陈代谢和酶促反应，降低血压
	钠（Na）	调节体内水分与渗透压、维持酸碱平衡和细胞膜通透性、维持正常血压和神经肌肉兴奋性
微量元素	铁（Fe）	血红蛋白、肌红蛋白和细胞色素及某些呼吸酶的主要成分，参与氧和二氧化碳的转运、交换和组织呼吸过程、机体免疫功能，维持婴儿正常造血功能、促进β- 胡萝卜素转化为维生素 A
	锌（Zn）	多种激素、维生素、蛋白质和酶的组成部分以及酶的激活剂，促进生长发育和组织再生，参与维持正常味觉和消化功能，与免疫功能、维生素 A 代谢和膜稳定性有关
	碘（I）	参与甲状腺素的生成，通过甲状腺素体现其生理作用，包括促进生物氧化、蛋白质合成、糖和脂肪代谢等
	硒（Se）	谷胱甘肽过氧化物酶（GSH-Px）的重要组成部分，发挥抗氧化作用、调节甲状腺素水平、促进生长、保护血管和心肌的健康、拮抗重金属的毒性作用
	铜（Cu）	参与多种酶的合成，维持正常造血功能、骨骼和血管及皮肤的正常结构、中枢神经系统完整性和保护毛发正常的色素和结构，在婴儿生长发育中发挥重要作用
	铬（Cr）	葡萄糖耐量因子的组成部分，参与糖和脂类代谢，维持糖耐量于正常水平以及促进生长发育，影响机体免疫功能
	钴（Co）	维生素 B_{12} 的组成部分
	锰（Mn）	能量、蛋白质和核酸代谢中某些重要酶的组成部分和激活剂
	氟（F）	在骨骼和牙齿形成中发挥重要作用
	钼（Mo）	黄嘌呤氧化酶 / 脱氢酶、醛氧化酶和亚硫酸盐氧化酶辅基的必需成分

续表

分类	营养素	主要生理功能
脂溶性维生素	维生素 A	亦称视黄醇，抗干眼病维生素，维持正常视觉功能以及上皮细胞正常生长分化，促进生长发育，调节机体免疫功能等
	维生素 D	又被称为抗佝偻病因子，维持血钙水平、促进骨和软骨及牙齿的矿化、促进钙吸收和肾对钙、磷的重吸收，以及调节基因转录
	维生素 E	又称生育酚，是一组具有 α- 生育酚活性的生育酚和三烯生育酚的总称，具有抗脂质氧化、延缓衰老、保护红细胞膜完整性的作用，与动物的生殖功能有关
	维生素 K	又称叶绿醌、抗凝血因子，具有抗凝血功能和参与骨钙代谢
水溶性维生素	维生素 B_1	又称硫胺素、抗脚气病维生素、抗神经炎因子，以辅酶形式参与能量和三大营养素代谢，在神经组织中具有一种特殊的非辅酶功能
	维生素 B_2	又称核黄素，作为多种黄素酶的辅基参与体内氧化还原反应，在氨基酸、脂肪酸和碳水化合物代谢中发挥重要作用
	烟酸	又名尼克酸，以辅酶形式在碳水化合物、脂肪酸和蛋白质代谢过程中发挥重要作用
	维生素 B_{12}	又称钴胺素、氰钴胺素和抗恶性贫血因子，以两种辅酶形式参与蛋氨酸合成和脂肪酸代谢
	泛酸	也被称为维生素 B_5，作为辅酶参与体内很多代谢过程
	叶酸	体内功能形式为四氢叶酸，作为辅酶和一碳单位的载体，参与体内多种重要生化反应
	维生素 B_6	又称吡哆素，以磷酸吡哆醛形式参与氨基酸、糖原、脂肪、核酸和一碳单位代谢，以及内分泌调节和辅酶 A 的生物合成
	生物素	曾被称为维生素 B_7，是羧化酶的辅酶，在脂类、糖、氨基酸和能量代谢中发挥重要作用
	胆碱	是卵磷脂和鞘磷脂的重要组成部分，其在体内的部分功能作用通过磷脂形式实现
	维生素 C	又称抗坏血酸，作为羧化过程必需的底物和酶的辅因子，具有抗氧化作用，促进铁吸收、转运和储备

16.2 我国儿童微量营养素的营养状况

2011 年中国健康与营养调查数据显示微量营养素缺乏是中国儿童健康中的一个重要问题。在 11 ～ 13 岁年龄组中，铁、锌和维生素 A 的膳食摄入量低于估计平均需要量（estimated average requirements, EAR）的比例分别为 23.5%、41.5% 和 41.6%。14 ～ 17 岁组中，膳食中铁、锌、硒、维生素 A、硫胺素、核黄素和维生素 C 的摄入量低于 EAR 的百分比分别为 18.8%、37.6%、72.8%、36.8%、91.8%、85.9% 和 75.5%[1]。

16.2.1 铁的营养状况

铁缺乏（iron deficiency, ID）和缺铁性贫血（iron deficiency anemia, IDA）是影响全世界的普遍而重要的健康问题，也是发达国家常见的营养缺乏问题，IDA是发展中国家最常见的贫血类型。据世界卫生组织报告，全世界5岁以下儿童的贫血患病率高达47.4%，其中50%为缺铁性贫血。即使在发达国家，儿童铁缺乏也是一个尚未解决的问题。美国1999～2002年全国流行病学调查结果显示，1～2岁儿童铁缺乏和缺铁性贫血的患病率分别为9.2%和2.34%。2004年，“中国儿童铁缺乏症流行病学的调查研究”报道，7个月～7岁儿童ID为32.5%、IDA为7.8%。7～12个月ID为44.7%、IDA为20.8%；13～36个月ID为35.9%、IDA为7.8%；37个月～7岁ID为26.5%、IDA为3.5%。不同年龄组儿童ID、IDA患病率由高到低依次为7～12个月（婴儿组）、13～36个月（幼儿组）、37个月～7岁（学前组），不同年龄组儿童ID患病率均明显高于IDA患病率，说明隐性缺铁已成为我国儿童营养性铁缺乏的主要问题。婴幼儿是铁缺乏的高发人群[2]。

2002年中国居民营养与健康状况调查结果显示，我国5岁以下儿童贫血患病率为18.8%，男孩、女孩分别为19.9%和17.7%，城市、农村分别为12.7%和20.8%。2010年，国家卫生健康委员会国家疾病预防控制局将10年开展一次的中国居民营养与健康状况调查调整为常规性营养监测，与2002年调查结果相比，2010～2013年中国居民营养与健康状况监测项目结果显示，我国5岁以下儿童贫血患病率明显下降，由18.8%下降至11.0%，2岁以内婴幼儿贫血患病率由2002年的31.1%下降至2013年的18.8%，降幅明显，从1992年、2002年和2013年三次全国营养调查结果来看，二十年来我国5岁以下儿童的贫血患病率有了明显改善，尤其是12～59月龄的儿童，贫血患病率下降明显[3]。

16.2.2 维生素A的营养状况

在发展中国家，维生素A缺乏是威胁儿童健康和生存的主要因素之一。据世界卫生组织估计，全球约33.3%的5岁以下儿童血清视黄醇＜0.7μmol/L，处于维生素A缺乏风险中。我国2002年的全国性调查结果显示，6岁以下儿童血清视黄醇≤0.7μmol/L的检出率为11.7%，属于轻到中度儿童维生素A缺乏地区。《中国儿童维生素A、维生素D临床应用专家共识》指出我国学龄前儿童边缘型维生素A缺乏患病率约为30%～40%。2016年报道了“农村义务教育学生营养改善计划”（以下简称“学生营养改善计划”）试点地区学生血清维生素A营养状况基线随机调查结果，在“学生营养改善计划”覆盖的22个省（直辖市、自治区、新疆生产建设兵团）50 个重点监测县 11245 名 6 ～ 19 岁学生中，血清维生素 A 缺乏率（＜ 0.7μmol/L）为 3.2%，维生素 A 亚临床缺乏率（0.7 ～ 1.05μmol/L）为 29.7%，合计为 32.9%。小学生维生素 A 缺乏率显著高于初中生，西部显著高于中部[4]。这说明我国不论是学龄前儿童还是学龄期青少年，都普遍存在边缘型维生素 A 缺乏，即血清维生素 A 的浓度在缺乏和正常的范围之间，边缘型维生素 A 缺乏也会对儿童的生长发育和健康造成影响，如会导致免疫力差、经常感冒、身高生长减慢、贫血等，还会成为近视的高发因素。针对我国儿童和青少年依然存在一定的维生素 A 缺乏及亚临床缺乏，应积极采取措施，改善这一群体的维生素 A 营养状况。

《中国居民营养与健康状况监测报告［2010—2013］之九：中国 0 ～ 5 岁儿童营养与健康状况》显示，3 ～ 5 岁儿童血清维生素 A 浓度为（0.34±0.08）mg/L，其中城市为（0.35±0.08）mg/L、农村为（0.33±0.07）mg/L，城市 3 ～ 5 岁儿童血清维生素 A 浓度显著高于农村。采用 WHO 维生素 A 缺乏的判定标准，3 ～ 5 岁儿童血清维生素 A 浓度＜ 0.20mg/L 判定为维生素 A 缺乏；血清维生素 A 浓度≥ 0.20mg/L 且＜ 0.30mg/L 判定为维生素 A 边缘缺乏。3 ～ 5 岁儿童维生素 A 缺乏率为 1.5%，其中城市为 0.8%、农村为 2.1%，农村显著高于城市。3 ～ 5 岁儿童维生素 A 边缘缺乏率为 27.8%（95% CI：25.5% ～ 30.3%），其中城市为 21.4%（95% CI：18.4% ～ 24.5%）、农村为 34.7%（95% CI：31.1% ～ 38.4%），农村儿童维生素 A 边缘缺乏率显著高于城市[5]。

16.2.3 维生素 D 的营养状况

《中国居民营养与健康状况监测报告［2010—2013］之九：中国 0 ～ 5 岁儿童营养与健康状况》显示，采用超高效液相色谱 - 串联质谱法测定了 1481 名 3 ～ 5 岁儿童的血清 25(OH)D 含量，均值为（19.9±6.3）ng/mL，城市儿童为（19.1±6.5）ng/mL、农村儿童为（20.8±6.1）ng/mL。按照 2011 年美国医学研究所标准判定儿童维生素 D 的状况，血清 25(OH)D ＜ 12ng/mL 判定为维生素 D 缺乏，12ng/mL ＜血清 25（OH）D ＜ 20ng/mL 判定为维生素 D 不足。3 ～ 5 岁儿童维生素 D 缺乏率为 8.9%，城市为 12.5%、农村为 5.3%。男女童维生素 D 缺乏率分别为 6.8% 和 11.1%。3 ～ 5 岁儿童维生素 D 不足率为 43.0%，城市为 44.0%、农村为 42.1%。男女童维生素 D 不足率分别为 40.0% 和 46.0%[5]。我国 3 ～ 5 岁儿童中维生素 D 缺乏及不足的发生率为 51.9%，城市略高于农村。《中国儿童维生素 A、维生素 D 临床应用专家共识》认为，预防性补充维生素 D 制剂是目前最常见的预防维生素 D 缺乏的措施[6]。

16.3 我国儿童中最易发生缺乏的微量营养素

全球5岁以下死亡儿童中，12%的死亡儿童合并有5种常见微量元素（维生素A、维生素D、锌、铁、碘）单独或者混合缺乏。在发展中国家，婴儿和儿童是微量营养素缺乏的高风险人群。最常见的微量营养素缺乏包括铁缺乏、锌缺乏、碘缺乏、维生素A和维生素D缺乏。我国大部分地区整体环境都缺碘，在1995年全面推行食盐加碘之后，碘已经不再是我国儿童最易发生缺乏的微量营养素。

16.3.1 铁缺乏

铁是最重要的关系到儿童健康的微量营养素。五分之一至三分之一的铁缺乏症导致小细胞低色素性贫血。铁缺乏会导致一系列功能障碍，包括：影响认知功能、注意力降低，活动耐力下降，肌张力或强度降低，免疫力低下等，这些都是铁缺乏的常见症状，无论是否伴有贫血，铁缺乏都严重危害儿童的生长发育。铁缺乏常见于婴幼儿和青春期少年中，青春期男孩主要由于生长加速，女孩则因为月经来潮。铁缺乏症的危险因素有：摄入的食物铁含量低，如牛奶、乳制品、水果、蔬菜、谷类和豆类食品；摄入食物铁生物利用率低；低出生体重、感染等多种危险因素都可导致铁缺乏。

16.3.2 锌缺乏

锌缺乏症在全世界范围内广泛存在，与发展中国家某些儿童的生长迟缓有关。水果、蔬菜和根茎类食物中锌含量低且利用率差，谷物和豆类中的锌与植酸紧密结合，不利于肠道吸收。婴儿在断奶期容易发生锌缺乏，因此需要强化锌的辅助食品（如辅食营养补充品）以改善婴幼儿膳食锌摄入量。

锌缺乏可导致免疫功能障碍，流行病学研究证明，在高危人群中补充适量的锌元素能有效降低呼吸道和消化道感染的发生率和死亡率。

16.3.3 维生素A缺乏

在发展中国家，给缺乏维生素A的儿童补充足够的维生素A可以减少腹泻、麻疹以及其他疾病的整体发病率和病死率。维生素 A 缺乏的动物中可见 T 淋巴细胞有丝分裂和抗原应答受损，自然杀伤细胞活性降低，干扰素的生成减少。然而对于维生素 A 充足的儿童，没有证据表明补充维生素 A 对其免疫系统有益。

16.3.4 维生素 D 缺乏

维生素 D 在骨代谢和免疫调节中很重要。皮肤受紫外线照射后皮下储存的 7-脱氢胆固醇转化为维生素 D_3，为人体内维生素 D_3 的主要来源。但是，皮肤接收紫外线照射受地理纬度、皮肤色素、衣服遮盖等影响。维生素 D 在天然食物中的含量是有限的，但是可以通过在乳制品中强化维生素 D 增加儿童维生素 D 摄入量。维生素 D 缺乏可引起儿童“X”型腿或“O”型腿，还有“鸡胸”、“肋骨串珠”、出牙晚等问题。补充维生素 D 可预防骨软化、佝偻病。维生素 D 在调节机体免疫功能中发挥重要作用，其防止自身免疫性疾病的重要性已越来越被重视。

16.4 精准补充微量营养素的方法

一般天然食物中就含有各种机体所需要的维生素，而且比例适宜，所以，大多数情况下，儿童通过合理膳食就可以获得适宜的维生素，满足机体需要。2022 年《中国居民膳食指南》[7]，对 0 ～ 6 月龄婴儿母乳喂养和 7 ～ 24 月龄婴幼儿喂养分别提出 6 条核心建议，对于 2 ～ 5 岁儿童膳食指南提出 5 条核心建议，是 0 ～ 5 岁儿童获得适量微量营养素的有效方法，有利于儿童生长发育潜能的发挥。

16.4.1 微量营养素补充的核心建议

16.4.1.1 食物多样，谷物为主

每天的膳食应包括谷薯类、蔬菜水果类、畜禽鱼蛋奶类、大豆坚果类和油脂类食物。食物多样是平衡膳食模式的基本原则。建议平均每天至少摄入 12 种以上食物，每周 25 种以上。

16.4.1.2 吃动平衡，保持健康体重

体重是评价人体营养和健康状况的重要指标，吃和动是保持健康体重的关键。各个年龄段人群都应该坚持天天运动、维持能量平衡、保持健康体重。

16.4.1.3 多吃蔬果、奶类、大豆类食物

蔬菜和水果是维生素、矿物质等的重要来源，奶类食品和大豆富含钙、优质蛋白质和 B 族维生素。提倡餐餐有蔬菜，推荐每天摄入 300 ～ 500g，深色蔬菜应占 1/2；天天吃水果，推荐每天摄入 200 ～ 350g 的新鲜水果，果汁不能代替鲜果；吃各种奶制品，摄入量相当于每天液态奶 300g；经常吃豆制品，每天相当于大豆 25g 以上；吃适量坚果。

16.4.1.4 吃适量鱼、禽、蛋、瘦肉

动物性食物优选鱼和禽类，因其脂肪含量相对较低。鱼类含有较多的多不饱和脂肪酸。推荐每周吃水产类食品 280 ～ 525g，畜禽肉 280 ～ 525g，蛋类食品 280 ～ 350g；平均每天摄入鱼、禽、蛋和瘦肉总量 120 ～ 200g。

16.4.1.5 少盐少油，控糖限酒

应当培养清淡饮食习惯，成人每天食盐不超过 6g；每天烹调油 25 ～ 30g；推荐每天摄入糖不超过 50g，最好控制在 25g 以下；少年儿童不应饮酒。

16.4.1.6 杜绝浪费，兴新食尚

提倡按需选购食物、按需备餐，提倡分餐不浪费；选择新鲜卫生的食物和适宜的烹调方式，保障饮食卫生。学会阅读食品标签，合理选择食品。

16.4.2 微量营养素的预防性补充

对于 0 ～ 2 岁的婴幼儿，由于其生长发育速度快、营养素需求量高，容易发生某种或多种微量营养素缺乏，最常见的微量营养素缺乏包括铁缺乏、维生素 A 和维生素 D 缺乏，因此对这一年龄段的人群应有针对性地补充微量营养素，使生长发育潜能达到最佳。

16.4.2.1 铁

铁是人体生长发育的重要营养素。当儿童缺铁时，可能会出现精神不振、烦躁不安、食欲减退等症状，严重的还会导致缺铁性贫血，影响大脑发育，对认知发育造成损害。母乳中铁的含量较低，母乳喂养的婴儿在出生后 4 ～ 6 个月时，体内储存的铁基本用完，需要及时补充富含铁的食物或添加强化铁的食物。中国营养学会建议 6 ～ 12 月龄婴幼儿每日铁的适宜摄入量为 10mg，1 ～ 3 岁为 9mg，

因此，婴儿6月龄后应及时添加强化铁的婴儿食品（如强化米粉）或肉类食品、肝脏等富含血红素铁的动物性食物。对于膳食不均衡的婴幼儿，也可在医生指导下选用铁剂进行补充。

16.4.2.2 维生素D

母乳为婴儿生命前6个月提供了全面的营养，但是维生素D除外。新生儿生后数日（通常一周）就应开始补充维生素D，正常体质新生儿和婴儿每日补充400IU维生素D[8]。在维生素D制剂的选择上，主要有复合维生素、鱼肝油、维生素AD制剂、纯维生素D四种。若婴儿只需补充维生素D，那么单纯选择维生素D制剂即可。

16.4.2.3 维生素A

正常情况下，应保证6月龄以内婴儿的奶量供应（纯母乳喂养或婴儿配方奶喂养）。6月龄以上的婴幼儿应多进食奶类、蛋类、动物肝脏、深色蔬菜和水果等富含维生素A的食物，有助于预防维生素A缺乏。对于那些日常膳食不合理导致维生素A摄入不足的婴幼儿，可以额外补充维生素A补充剂，如维生素AD滴剂等。给缺乏维生素A的儿童补充维生素A可减少腹泻、麻疹以及其他疾病的发病。美国医学会设定的儿童维生素A的可耐受最大摄入量为：0～3岁600μg/d；4～8岁900μg/d；9～13岁1700μg/d[9]。要注意维生素A的摄入量不要超过可耐受最高摄入量，以免维生素A中毒。当维生素A是由维生素A原类胡萝卜素（如α-胡萝卜素、β-胡萝卜素等）提供时，尽管给予大剂量的维生素A原没有观察到明显的副作用，但是对于那些维生素A缺乏或易缺乏的高危儿童，仍以补充预先形成的维生素A为主。

16.4.3 微量营养素在敏感群体中的补充

16.4.3.1 早产儿

早产儿由于器官功能发育不成熟，以及出生后的喂养不耐受和疾病的困扰，同时住院期间接受各种治疗干预，容易出现营养摄入不足的问题。早产儿一般在生理状况稳定之后，在相当长一段时间内存在追赶生长的需要，对营养素的需求高于足月新生儿。但是早产儿的消化吸收和代谢功能发育相对滞后，在疾病状态下更容易发生胃肠道功能障碍，严重影响生长发育，尤其是脑和神经系统的发育，不利于远期的健康结局。中国新生儿协作网2019年的数据显示，在胎龄小于32周的极早产儿中，将近20%出院时发生出生后生长受限（postnatal growth restriction, PGR）[10]。相同定义下的我国极早产儿出院时PGR发生率显著高于发达国家。

早产儿出生后头几天容易出现维生素 K 缺乏性出血倾向（尤其常见的是隐性颅内出血），出生时应给予肌内注射维生素 K 0.5 ～ 1.0mg[11]。

早产儿出生时维生素 A 的储存较差，母乳中脂溶性维生素和水溶性维生素均不能满足早产儿追赶生长的需要，尤其是维生素 A 和维生素 D。欧洲儿科胃肠病、肝病和营养学协会（ESPGAN）推荐早产儿住院期间维生素 A 摄入量为 1332 ～ 3330IU/（kg · d），出院后可按照下限补充 [12]。

一般情况下早产儿在出生后 2 周给予每天 400 ～ 800IU 维生素 D 补充，可在母乳喂养前将滴剂定量滴入新生儿口中，然后再进行母乳喂养。对于采用配方乳喂养的婴儿，其标准的配方能够使早产儿获得足量的维生素 D，不需要再额外补充。每日 400 ～ 800IU 的维生素 D 可满足婴儿在完全不接触日光照射的情况下对维生素 D 的需要量。

早产儿血清维生素 E 常低于正常儿，应每日摄入 6 ～ 12mg[13]。

早产儿出生后红细胞数少于足月儿，从红细胞内释放铁的量相应减少，组织内铁的储存也较少，通常出生后 2 ～ 3 个月时储备铁已用完，继之容易发生缺铁性贫血，所以早期补铁对预防早产儿缺铁性贫血是非常重要的。早产儿出生后的 2 ～ 4 周，要进行预防性补铁，每日补充元素铁 2mg/kg，直至校正胎龄 1 岁。ESPGAN 建议胎龄越小，应该越早开始补充铁剂。

16.4.3.2　极低 / 超低出生体重儿

母亲、胎盘和胎儿因素均可以造成宫内生长迟缓。目前我国新生儿重症监护病房（NICU）中极低 / 超低出生体重儿 PGR 的发生率远高于发达国家。极低 / 超低出生体重儿由于各脏器的生理功能发育不成熟与其出生后生长所需高的营养素摄入量相矛盾，是临床营养管理的重点人群，尽快增加低体重儿的体重是很重要的，恢复低体重儿正常的生长速度是决定其以后健康的关键，其喂养目标是：尽早开始母乳胃肠内营养，尽快达到全肠内营养，使婴儿获得最理想的生长发育，不强调过度的追赶生长。

低体重儿的维生素需要量高于足月新生儿，可以参照早产儿的需要量补充。低体重儿血锌含量明显低于足月新生儿，缺锌可导致进一步的生长缓慢。因此在出生后 6 个月之内应给予预防性补充锌 3mg/d，可用 1% 硫酸锌口服液或者间歇输入少量血浆。

16.4.3.3　偏食挑食的儿童

健康的儿童只要达到均衡膳食和合理营养，通常能够满足膳食推荐摄入量

（RNI）要求的必需维生素和矿物质的需要。摄入过量的矿物质或大剂量的维生素A、维生素D和维生素C对身体健康是不利的，长时间还会引起中毒。如果儿童的饮食存在偏食和挑食的情况，对于那些经常摄入过多的能量、脂肪、糖，且膳食纤维摄入较少的儿童，单纯使用维生素和矿物质补充剂不会使其饮食结构变得健康，并不能有效解决这些儿童营养缺乏和/或不平衡的问题。如果孩子挑食，要兼顾合理的食物组合以确保维生素和矿物质的摄入量，也就是要合理地调整膳食比例。

基于美国大样本学龄期儿童的膳食调查，饮食中最常缺乏的微量营养素是铁、锌、维生素A、维生素C、叶酸、维生素B_6。这些营养素在食物中都很丰富，儿童只要摄入膳食指南推荐的食物份量就可以得到每日所需量。全谷类、强化的谷物和面包可以补充铁、锌、叶酸和维生素B_6；多吃水果可以补充维生素A、维生素C、叶酸、维生素B_6；牛奶、酸奶和奶酪是钙、锌、维生素A和维生素B_6的丰富来源；家禽、畜肉和鱼等可有效补充铁、锌和维生素B_6；蔬菜，包括绿叶蔬菜、深黄色蔬菜，是维生素A、维生素B_6、维生素C、叶酸的良好来源。

对于不喜欢吃蔬菜的儿童，可用另外的食物代替蔬菜中的维生素来源。如杏、哈密瓜、芒果、李子、强化维生素AD的牛奶、鸡蛋黄等是很好的维生素A的来源，葡萄柚、橘子、哈密瓜、草莓和绿色蔬菜等是丰富的维生素C的来源。

16.4.3.4 反复呼吸道感染

反复呼吸道感染是儿童机体免疫力不强导致的。反复呼吸道感染的儿童可以多吃深色水果，如紫葡萄、芒果、甘橘、草莓等水果，它们富含抗氧化剂维生素C和维生素E，可以对抗造成免疫细胞破坏和免疫功能降低的自由基；有效抗感染，并可减轻呼吸道充血和水肿。

在发展中国家，补锌和维生素A能降低传染性疾病的感染率，特别是婴幼儿和学龄前儿童的呼吸道和肠道传染病。然而也有报道，每日锌的摄入量超过以下剂量可能妨碍铜的吸收：＜3岁儿童，锌摄入＞7mg；4～8岁，锌摄入＞12mg；9～13岁，锌摄入＞23mg。

16.4.3.5 反复腹泻

儿童发生急性腹泻时锌的丢失增加，组织锌缺少，机体处于负锌平衡。在急性腹泻期及腹泻症状消失后，常规补锌可以降低疾病严重程度和持续时间，并能够降低之后2～3个月内腹泻的复发率。2016年《中国儿童急性感染性腹泻病临床实践指南》和世界卫生组织《腹泻病临床管理推荐指南》中均建议：对于6月龄以上的腹泻儿童，每天补锌20mg（元素锌20mg相当于硫酸锌100mg或葡萄糖酸锌 140mg），连续补充 1 ～ 2 周；6 个月以下的婴儿每天补元素锌 10mg。大多数伴有迁延性腹泻的营养不良患儿可能存在锌、铁和多种维生素缺乏，此类患儿应该单剂量补充 100000 IU 初始剂量的维生素 A，另外锌摄入量为 3 ～ 5mg/（kg・d）。所有持续性腹泻患儿应连续 14 天补充多种微量营养素[14]。WHO 指南提倡尽可能提供更多种类的维生素和矿物质，包含 1 岁儿童膳食营养素推荐摄入量（RNI）或适宜摄入量（AI）中的维生素和矿物质至少两种，例如，满足每天叶酸 50μg、锌 20mg、维生素 A 400μg、铜 1mg、镁 80mg[15]。

16.4.3.6 人工喂养的婴儿

人工喂养是指婴儿出生 4 个月之内，因各种原因母亲不能给婴儿进行母乳喂养时，选择婴幼儿配方乳粉或者其他动物奶，如牛奶、羊奶等作为母乳的替代品进行喂养。现在用于人工喂养的配方食品以牛奶为主，还有一些产品是以羊奶为主，优质配方乳粉的营养成分含量及比例均参照母乳，其标准的配方能够使婴儿获得适量的维生素和矿物质，不需要再额外补充。应选择相应年龄段的配方乳粉，这对补充微量营养素具有重要意义。

如果人工喂养婴儿主要以牛奶为主，则应注意易发生维生素 A、维生素 D、锌、铁、钙等微量营养素缺乏的问题。

如果人工喂养以奶粉、饼干、米糊为主，则应供给婴儿含维生素 C 丰富的食物，于出生后的 3 周起补充维生素 C，并注意纠正偏食习惯。

16.4.3.7 缺乏日光暴露的儿童

人体内源性维生素 D 由紫外线照射皮肤中 7- 脱氢胆固醇而来。皮肤的基底层储存有 7- 脱氢胆固醇，经日光中紫外线 B 波段照射后可转化为胆钙化醇，也就是维生素 D_3。因此，让孩子经常进行户外活动，就可获得充足的维生素 D_3。一般日照时间的长短与佝偻病的发病有密切关系。如果儿童的日照暴露不足，尤其是在冬季的时候，衣服很厚，经常在室内活动，得不到充足的日照，时间长了就会因严重缺乏维生素 D 而引发佝偻病。以 3 ～ 18 个月龄的小儿最为常见，北方多于南方，冬春季多于秋季。

佝偻病的早期，由于血钙降低，非特异性神经兴奋性增高，表现为夜惊、夜哭、多汗、烦躁、易激惹、食欲减退，部分婴儿可有低钙性手足搐搦、喉痉挛甚或惊厥。此时可稍现枕秃、颅骨软化及肋串珠改变。

对于缺乏日光暴露的婴幼儿，提倡母乳喂养，及时添加富含维生素 D 及钙、磷比例适当（2∶1）的婴儿辅助食品；多晒太阳，平均每日户外活动时间至少 1h，并多让皮肤在树荫下暴露日光，一般建议每天坚持晒太阳 2h，即能满足小儿对维生素 D 的需要；防晒霜可以降低儿童患皮肤癌的风险，但是同时也会减弱阳光对身体合成维生素 D 的积极影响；对体弱儿或在冬春季节户外活动受限制时，可补充维生素 D 400 ～ 800IU/d，维生素 D 治疗期间应同时服用钙剂。

16.4.4 微量营养素在营养性疾病中的补充

16.4.4.1 营养不良

根据 WHO 定义，营养不良（malnutrition）是指个体摄入能量和 / 或营养素的不足、过量和不平衡，主要包括以下三类：①营养缺乏（undernutrition），即消瘦（wasting）、生长迟缓（stunting）以及体重不足（underweight）；②微量营养素相关营养不良，包括微量营养素缺乏（缺乏重要的维生素和矿物质）和微量营养素过量；③超重、肥胖以及饮食相关的非传染性疾病（如心脏疾病、糖尿病和一些肿瘤疾病）。

对于生长迟缓的儿童，往往存在多种维生素和矿物质缺乏，最常见的有铁、锌、碘、维生素 A 、维生素 D 等微量营养素的摄入量不足，导致机体无法产生足量的对维持生长和发育至关重要的酶、激素和其他物质，从而影响生长发育和健康。这类患儿的饮食应选择富含必需脂肪酸、维生素 A、锌等微量营养素的动物源性食物。

16.4.4.2 夜盲症

夜盲症是指白天视力良好，只是在暗处或者在夜晚的时候，患者视力明显下降或者视物不见的情况。夜盲症主要是营养不良导致，多由维生素 A 缺乏，影响视网膜视杆细胞代谢导致。

预防夜盲症，平时要多吃一些新鲜的水果和深色蔬菜，多吃维生素 A 含量丰富的食品，如鸡蛋、动物肝脏等，以及补充维生素 AD 胶囊等。β- 胡萝卜素可以转化成维生素 A，且没有副作用，它也是膳食维生素 A 的来源。

16.4.4.3 缺铁性贫血

铁是人体生长发育的重要营养素。当儿童缺铁时，可能会产生精神不振、烦躁不安、食欲减退等症状，严重的还会发生缺铁性贫血，影响大脑发育，对认知发育造成不可逆损害。

母乳中铁的含量较低，母乳喂养的婴儿在出生后 4 ～ 6 个月时，体内储备的铁基本用完，需要及时补充富含铁的食物或添加强化铁的食物。

对于发生缺铁性贫血的患儿，应当进行铁剂治疗：①给予口服铁剂治疗，维生素C可增加铁的吸收；②牛奶含磷较多，影响铁的吸收，故口服铁剂时不宜饮用牛奶；③选择适合儿童的口服铁剂，如口感良好、胃肠道刺激较小、服用方便（婴幼儿推荐液体制剂）的补铁药物；④补铁剂量应按元素铁计算，即每日补充元素铁4～6mg/kg，每日2～3次，纠正贫血后需继续补铁2个月，用以补充储备铁，必要时可同时补充叶酸和维生素B_{12}[16]。

16.4.4.4 异食癖

异食癖是由于代谢机能紊乱、味觉异常和饮食管理不当等引起的一种非常复杂的多种疾病的综合征，严重锌、铁缺乏时表现尤为突出。患有此症的儿童持续性地咬一些非营养非食物物质，如泥土、纸片、污物等。本病多发于2岁以下、未断奶又未及时添加辅食的小儿。

目前认为，异食癖主要是因体内缺乏锌、铁等微量元素引起。补锌可以改善异食癖的症状。含锌量最高的食物是牡蛎，富含锌的其他食物有瘦肉、猪肝、鱼类、蛋黄等。植物性食物含锌量普遍偏少且利用率低，缺锌的儿童应该增加动物性食物在膳食中的比例。药物补锌通常用硫酸锌治疗，剂量为3～5mg/（kg·d），疗程为2～4周。

16.5 改善儿童微量营养素营养状况的国家策略

近年来，我国儿童青少年营养健康状况有了很大的提升，但仍面临营养不足、微量营养素缺乏和超重肥胖三大营养挑战，新时期营养健康工作任务艰巨。

16.5.1 健康中国上升为国家发展战略

2014年，我国颁布《中国食物与营养发展纲要（2014—2020年）》（简称《纲要》），这是我国的第三部营养政策。《纲要》强调优先改善三类重点人群：孕产妇与婴幼儿、儿童青少年、老年人，提出营养性疾病控制目标，基本消除营养不良现象，控制营养性疾病增长。至2020年，全国5岁以下儿童生长迟缓率控制在7%以下；全人群贫血率控制在10%以下，其中，孕产妇贫血率控制在17%以下，5岁以下儿童贫血率控制在12%以下。2016年，我国又提出《“健康中国2030”规划纲要》，更是将健康中国建设上升为国家战略，旨在共建共享，实现全民健康。

16.5.2 全面实施贫困地区婴幼儿营养状况改善行动

为了改善贫困地区中小学生的营养状况，我国从 2011 年开始为贫困农村义务教育阶段学生提供营养膳食补助，从最初的每学习日每人补助 3 元增加到现在的 5 元。同时，国家卫生计生委与全国妇联于 2012 年 10 月起，合作实施贫困地区儿童营养改善项目，为集中连片特困地区 6 ～ 24 月龄的婴幼儿每天提供 1 包营养包，以预防婴幼儿营养不良和贫血，提高贫困地区儿童健康水平。

到 2021 年，项目已实施对 832 个原国家级的贫困县的全覆盖，累计受益的儿童人数达到 1365 万。监测结果表明，2021 年项目持续监测地区 6 ～ 24 月龄婴幼儿平均贫血率和生长迟缓率与 2012 年基线比较，分别下降了 66.6% 和 70.3%。项目的实施有效改善了贫困地区儿童的营养与健康状况，促进了儿童生长发育。联合国儿童基金会等国际组织对项目给予高度评价。

16.6 对症选择营养素补充剂的方法

随着经济的发展和生活水平的提高，人们对儿童营养健康问题越来越重视，复合维生素和矿物质补充剂也成为很多儿童日常保健的营养品。营养素补充剂分为单剂与复合剂两类，单剂适用于膳食比较平衡而个别营养素不足的儿童，复合剂适用于多种营养素不足或摄入量不够或膳食不平衡的儿童。

16.6.1 复合矿物质、维生素的选择

复合矿物质补充剂的种类包括常量元素、微量元素和多种复合矿物质补充剂（常量与微量，几种到十几种不等）；维生素补充剂有单一品种到多种复合不等；同时还有很多矿物质与维生素复合补充剂等。应针对机体缺乏状况，有针对性进行补充。需要特别注意的是，任何营养素补充剂都不宜盲目长期大量补充。例如，长期大量摄入人工合成钙剂，很可能造成补钙过量而增大健康风险；而且大量服用某种营养素补充剂可能会影响身体对其他营养素的吸收，如大量补钙会抑制铁、锌等微量元素的吸收利用。对于维生素与维生素之间、维生素与矿物质之间以及矿物质与矿物质之间的相互协同和拮抗关系的研究表明，在各种微量营养素之间、膳食与体内代谢之间存在动态平衡的调节机制。一些主要微量营养素的相互关系见表 16-2，这些相互关系对于营养素补充剂的选择和膳食配方的制定非常重要。

表 16-2 微量营养素之间的相互作用 [17]

项目		作用
维生素之间	维生素 A- 维生素 E	相互拮抗
	维生素 A- 维生素 D	过多摄入维生素 A 可以影响维生素 D 的作用
	叶酸 - 维生素 B_{12}	过多摄入叶酸可掩盖维生素 B_{12} 缺乏的血液病学症状
维生素与矿物质之间	维生素 D- 钙	相互协同，促进骨骼的钙化
	维生素 C- 铁	促进植物性食物中铁的吸收
	维生素 E- 硒	相互协同，促进细胞膜和细胞质的抗氧化保护作用
	维生素 A- 碘	防止甲状腺功能低下的发生
	维生素 A- 铁	有助于红细胞合成过程中铁的有效利用，协同预防贫血
	核黄素 - 铁	有助于红细胞合成过程中铁的有效利用
矿物质之间	铁 - 锌	在小肠的吸收中二者存在相互竞争关系
	钙 - 铁	钙干扰膳食中铁（不论是无机还是有机铁元素）的吸收
	钙 - 磷	磷的摄入过多或者缺乏都可能影响钙磷平衡的调节

市售的婴儿用维生素和矿物质补充剂为液体状，通常为维生素 A、维生素 D、维生素 C，或者为维生素 A、维生素 D、维生素 E、维生素 C，或者为维生素 B_1、维生素 B_2、维生素 B_3、维生素 B_6，含或不含铁。单独的婴儿维生素 D 滴剂已经有售，对于母乳喂养的婴儿非常重要。维生素 D 滴剂为非处方药，可以直接购买并参照说明书使用。

目前市售的多种维生素矿物质片，通常含有铁 + 叶酸、维生素 C+ 维生素 E、钙 + 维生素 D、维生素 B_1+ 维生素 B_2 等多重有益元素，为儿童量身定制多维矿物质营养素的支持，及时补充身体所需的维生素，改善生长发育状况。

16.6.2 长链多不饱和脂肪酸的选择

长链多不饱和脂肪酸包括二十碳五烯酸（EPA）和二十二碳六烯酸（DHA），具有下调过度免疫反应的作用，主要作用为抑制自然杀伤细胞，降低迟发型过敏反应和 T 细胞功能。膳食中长链多不饱和脂肪酸摄入不足，将可能增加发生过敏性疾病风险的问题已广受关注。

16.6.3 益生菌的选择

肠道共生菌有利于维持人体肠道健康的微生态环境，与致病菌竞争定植于肠上皮细胞，具有分泌抗菌分子和IgA、合成维生素B_{12}和维生素K等营养素、调节免疫功能等作用。越来越多的共生菌因其对人体健康有益，又称为益生菌。肠道益生菌的种类很多，近年采用二代测序和组学技术对比研究疾病患者和正常人群肠道菌群差异，旨在发现新的益生菌及其预防和治疗疾病的机制。目前人们普遍认为双歧杆菌、乳酸杆菌是母乳喂养新生儿和婴儿主要的肠道菌群，是生命早期的双向免疫调节剂。不利于双歧杆菌肠道定植的影响因素包括早产儿、剖宫产、非母乳喂养、抗生素使用等。

16.6.4 低聚糖的选择

低聚糖又名寡糖，是一种替代蔗糖的新型功能性糖源，集营养、保健、食疗于一体，广泛应用于食品、保健品、饮料、医药、饲料添加剂等领域。低聚糖可以改善体内微生态环境，有利于双歧杆菌和其他有益菌的增殖，经代谢产生有机酸使肠内pH值降低，抑制肠内腐败菌的生长，调节胃肠功能，改变大便性状，防治便秘，提高人体免疫功能。低聚糖作为一种食物配料被广泛应用于乳酸菌饮料、双歧杆菌酸奶、谷物食品和保健食品中，尤其是应用于婴幼儿和老年人的食品中。

16.6.5 辅食添加期间的补充

自婴儿6月龄开始，需要添加辅食，直到完全过渡到家庭膳食的期间为辅食添加期或断奶期，这期间儿童发生微量营养素摄入不足的风险上升，提供强化的辅助食品营养品是重要的干预途径。在接受强化的辅助食品的儿童中，如果同时再服用其他适用于婴幼儿的营养补充剂，则某些微量营养素可能存在摄入过量的危险，因此对食品中微量营养素含量进行监测和平衡是非常重要的。有些家长缺乏营养知识，陷入营养素补充剂多多益善这个误区，在不了解儿童营养状况的前提下，盲目给儿童服用，导致出现营养素比例失调等负面结果。任何营养素，人体的需要范围都有上限，服用过量容易造成中毒或其他不良反应。因此，在选择营养素补充剂前，要咨询专业医生。儿童保健或营养专业医生根据儿童的膳食营养摄入情况、生长发育情况（如身高、体重、头围、胸围等）和精神状态、全身检查是否具有某些营养素缺乏的体征，再结合血液生化检查结果（如血红蛋白、血清铁、铜、锌、钙、镁、血清铁蛋白、碱性磷酸酶、血清维生素A、血清25(OH)D、血清维生素E等），才能准确判断孩子是否缺乏某些营养素，然后根据营养素补充剂所含具体营养成分和剂量、配比等选择正确的营养素补充剂。

（吕岩玉）

参考文献

[1] Wang H W D, Ouyang Y, Huang F, et al. Do Chinese children get enough micronutrients? Nutrients, 2017, 9(4): 397.

[2] 中国儿童铁缺乏症流行病学调查协作组 . 中国 7 个月～ 7 岁儿童铁缺乏症流行病学的调查研究 . 中华儿科杂志，2004, 42(12): 886-891.

[3] 丁钢强，赵文华，赵丽云，等 . 2013 年中国 5 岁以下儿童营养与健康状况报告 . 北京：北京大学医学出版社，2019.

[4] 甘倩，陈竞，李荔 . 学生营养改善计划地区 2013 年学生维生素 A 营养状况 . 中国学校卫生，2016, 37(5): 661-663.

[5] 杨振宇 . 中国居民营养与健康状况监测报告 [2010—2013] 之九：中国 0 ～ 5 岁儿童营养与健康状况 . 北京：人民卫生出版社，2020.

[6] 中华预防医学会儿童保健分会 . 中国儿童维生素 A、维生素 D 临床应用专家共识 . 中国儿童保健杂志，2021, 29(1): 110-116.

[7] 中国营养学会 . 中国居民膳食指南（2022）. 北京：人民卫生出版社，2022.

[8] 汪之顼，盛晓阳，苏宜香 .《中国 0 ～ 2 岁婴幼儿喂养指南》及解读 . 营养学报，2016, 38(2): 105-109.

[9] Food and Nutrition Board, Institute of Medicine. A report of the panel on micronutrients, subcommittee on upper rference livels of nutrients and interpretation and uses of dietary reference intake, and the standing committee on the scientific evaluation of dietary reference intakes. Dietary reference intakes for vitamin A, vitamin K, arsenic, boron, chromium, copper, iodine, iron, manganese, molybdenum, nickel, silicon, vanadium, and zinc. Washington (DC): National Academies Press, 2001.

[10] Lyu Y, Zhu D, Wang Y, Jiang S, et al. Current epidemiology and factors contributing to postnatal growth restriction in very preterm infants in China. Early Hum Dev, 2022, 173: 105663.

[11] Samour P Q, Helm K K, Lang C E 著 . 儿科营养手册 . 2 版 . 李雁群，译 . 北京：中国轻工业出版社，2008.

[12] ESPGHAN Committee on Nutrition, Agostoni C, Axelsson I, et al. Feeding preterm infants after hospital discharge: A commentary by the ESPGHAN Committee on Nutrition. J Pediatr Gastroenterol Nutr, 2006, 42(5): 596-603.

[13] 苏祖斐 . 实用儿童营养学 . 3 版 . 北京：人民卫生出版社，2009.

[14] 中华医学会儿科学分会消化学组，《中华儿科杂志》编辑委员会 . 中国儿童急性感染性腹泻病临床实践指南 . 中华儿科杂志，2016, 54(7): 483-488.

[15] 世界卫生组织 . 腹泻治疗：医生和高年资卫生工作者使用手册 . 4 版 . 日内瓦：世界卫生组织 . 2005.

[16] 中华医学会血液学分会红细胞疾病（贫血）学组 . 铁缺乏症和缺铁性贫血诊治和预防的多学科专家共识（2022 年版）. 中华医学杂志，2022, 102(41): 3246-3256.

[17] Koletzko B, Bhatia J, Bhutta Z A, 等 . 临床儿科营养 . 2 版 . 王卫平，主译 . 北京：人民卫生出版社，2016.

第 17 章

平衡膳食计划与喂养指南

婴幼儿喂养主要包括从出生到 3 岁期间的母乳喂养、辅食添加、合理膳食和膳食行为的培养。这一时期是生命最初 1000 天中的重要阶段，科学良好的喂养方式或膳食模式有利于预防营养不良和增进儿童健康，为其一生的健康发展和良好身体素质奠定基础[1-4]。

膳食对儿童健康的影响较为深远且长久，也是影响儿童生长发育的重要因素中易于掌握和改变的因素[5]。平衡膳食，是由多种食物构成，提供足够数量的能量和各种营养素，且营养素的种类、数量、比例能满足机体需求，因而它既能满足人体生长发育、日常生活、运动与学习的需要，又能避免各种营养过剩所致疾病的发生[6]。

17.1 膳食中常见的问题

最近40年是我国处于社会国民经济快速发展时期，同时也是营养和生活方式变迁的关键时期，我国儿童的营养和健康状况面临着营养不足（营养缺乏）与营养过剩（超重、肥胖）的双重挑战，这些都与儿童的早期喂养方式以及日常膳食密切相关[7,8]。

17.1.1 喂养不当的问题

17.1.1.1 母乳喂养率低

母乳是婴儿最理想的天然食物，母乳喂养对于促进婴幼儿生长发育、降低母婴患病风险、改善母婴健康状况具有重要意义。0～6个月婴儿提倡纯母乳喂养，《2015—2017年中国居民营养与健康状况监测报告》显示[7]，2016—2017年我国6个月内婴儿纯母乳喂养率为34.1%，城乡没有差异，虽然与2013年的调查结果（20.8%）相比有所提高，但是与国民营养健康计划提出的50%的目标仍存在较大差距[8]。影响母乳喂养的原因主要有开奶时间、分娩方式、母婴分离时间等因素，也有产假时长、母亲上班、婴儿配方食品推广宣传干扰等因素[9]。

17.1.1.2 辅食添加时机、添加的质量与数量的问题

辅食添加通常从6月龄开始，继续母乳喂养的同时，逐渐开始添加多样化的辅食，随着母乳分泌量减少，应逐渐增加辅食量，其中添加辅食的质量很重要。目前我国6～23月龄婴幼儿辅食喂养仍存在种类单一、质量差和添加频次不足等问题[8,10,11]。很多家长简单地将辅食与米粉画等号，但实际上辅食的添加非常复杂，应遵循辅食添加原则，提倡顺应喂养，鼓励但不强迫进食。

17.1.1.3 喂养心理和行为相关问题

常表现为家长剥夺孩子自主进食，强迫孩子进食，甚至在喂养中娇惯与放纵婴幼儿，追着喂，跑着喂，挑食，进食不规律，没有形成良好的膳食习惯等。

17.1.1.4 食物制备不当

多数情况下存在没有重视辅食的制备，以成人的口味和体会给婴幼儿制备辅

食，对于那些留守儿童和流动儿童，这种情况尤为常见。给婴幼儿添加的辅食不能与制备成人的膳食完全一样，需要专门制作，因为孩子的咀嚼和消化食物的能力低于成人，制作食物时，青菜要切碎，瘦肉要加工成肉末，不放盐和调味品，做成质地细软、容易咀嚼和易消化的膳食，随年龄增长逐渐增加食物的种类和数量，为过渡到家庭膳食做准备[6]。

17.1.2 膳食结构不合理

婴幼儿需要摄入适宜的蛋白质以满足生长发育的需要，以畜禽肉、蛋为代表的动物性食品是优质蛋白质的良好来源[12]。近年来，我国儿童膳食中来自于动物性食品的优质蛋白质所占的比例逐步增加，但膳食蛋白质摄入状况存在明显地区差异，大城市膳食蛋白质摄入量高于膳食推荐摄入量（RNI），而中小城市、普通农村和贫困农村儿童的摄入量均围绕 RNI 上下波动[7,8]。《中国居民膳食指南科学研究报告（2021）》和《2015—2017 年中国居民营养与健康状况监测报告》指出，我国居民膳食结构中，全谷物、深色蔬菜、水果、奶类、鱼虾类和大豆类食品摄入不足[7,13,14]。

我国居民膳食结构以谷物为主，但谷物以精制米面为主，全谷物及杂粮摄入不足，只有 20% 左右的成人能达到日均 50g 以上；品种多为小米和玉米，杂粮的品种还需更为丰富；蔬菜以浅色菜为主，深色蔬菜约占蔬菜总量的 30%，未达到推荐的 50% 以上。人均水果摄入量仍然较低，摄入量较高的城市人群仅为 55.7g/d。与《中国居民膳食指南（2022）》[6] 的推荐量相比，仍有较大差距。我国居民奶类制品平均摄入量一直处于较低的水平，各人群奶类及其制品消费率均较低，儿童、青少年消费率高于成人，各人群消费量均低于推荐摄入量水平，奶类及其制品摄入不足是我国居民钙摄入不足比例较高的主要原因，断奶后的婴幼儿尤为突出。鱼虾类食品平均摄入量为 24.3g/d，多年来没有明显增加。大豆类食品是中国居民传统的食品，但目前消费率和消费量均较低。

17.1.3 行为及生活方式不健康

一些不健康的饮食行为和生活方式，如早餐食物种类单一、饮食不规律、厌食、挑食、无节制吃零食、快餐食品消费量增加、大量饮用含糖的果汁和饮料或冷饮等，都会增加儿童发生营养不良或超重、肥胖的风险。

17.1.4 社会环境变迁带来的问题

儿童的营养健康不仅与自身的膳食结构和生活方式有关，也受到我国食品产业迅速发展的影响。我国含糖饮料、糖果、薯片等高糖、高油、高盐的加工食品供应更加丰富，城市儿童的可及性高，而且针对儿童的广告和营销趋于多样化。这些食品的饱和脂肪、反式脂肪酸、糖与钠（盐）的含量高，而人体必需的维生素、矿物质等微量营养素与膳食纤维含量低，长期大量摄入会增加儿童发生超重、肥胖的风险。

17.2 平衡膳食的原则

大量科学证据显示，生命早期是生命全周期健康的机遇窗口期[4]，婴幼儿时期乃至此后的学龄前阶段，科学喂养和良好营养以及习惯的养成是儿童近期和远期健康的重要保障。幼儿膳食应从婴儿期的以乳类为主过渡到以谷类食物为主，奶、蛋、鱼、禽、瘦肉及蔬菜和水果为辅的混合膳食，但其烹调方法应与成人有差别。

婴幼儿的平衡膳食安排主要是指在安排每天的膳食时，应给婴幼儿可选择的食物类别及食用量以满足其营养需求且不过量，保证婴幼儿获得全面均衡的营养成分。婴幼儿的膳食安排需要根据他们的年龄以及相应的营养素需要量、膳食平衡宝塔来制定：①提供优质蛋白质，如牛奶、鸡蛋、肉类、大豆制品等；②提供富含维生素的食物，如颜色较深的蔬菜、水果等；③提供以能量为主的食物，如谷物食品和油脂等。

17.2.1 0 ~ 6 月龄婴儿的原则

17.2.1.1 提倡纯母乳喂养

母乳是婴儿最理想的天然均衡食物，亦是婴儿出生后最初 6 个月的唯一营养来源，这一时期的纯母乳喂养对婴儿生长发育至关重要。

母亲或婴儿由于特殊状况或疾病，不能用母乳喂养的情况下，或者早产儿、低出生体重儿的特殊医学状况，需要在医生指导下选择相应的（特殊医学用途）婴儿配方食品。

17.2.1.2 按需喂养，不强求喂奶次数和时间

要学会识别婴儿饥饿及饱腹信号，按需喂养，不要强求喂奶次数和时间。原则上每日喂养不低于 8 次，每次不低于 20min。

17.2.1.3 营养素补充剂的应用

科学合理使用营养素补充剂，有助于改善和预防营养缺乏。已知母乳喂养儿存在维生素 K、维生素 D 和铁摄入量相对不足的问题，故分娩后，临床上会常规补充维生素 K，约 1 周开始在医生指导下每天补充 400IU 维生素 D，6 月龄开始添加含铁的辅食。

17.2.1.4 婴儿配方食品是无奈的选择

由于种种原因，确实有些情况下不能母乳喂养时，应选择相应年龄段或适用于特殊医学状况的婴儿配方食品喂养，采用何种配方食品及喂养方式，应在临床医生或儿科保健医生指导下进行。

17.2.2 7 ~ 24 月龄 /36 月龄婴幼儿的原则

17.2.2.1 继续母乳喂养

母乳仍是 1 岁内婴儿最主要的食物，可继续母乳喂养至 2 岁或 2 岁以上。不能用母乳喂养时，应选择较大婴儿配方食品和幼儿配方食品，以保证奶类食物的摄入量，奶类食物也是最主要的优质钙源，建议每日饮用 300 ～ 400mL 奶或相当量的奶制品，可保证钙摄入量达到适宜摄入量。

17.2.2.2 6 月龄开始添加辅食，逐步过渡到多样化膳食

6 月龄后母乳喂养，已不能满足婴儿能量和营养需求，婴儿体内储备铁已耗尽，母乳中的铁含量不足，辅食需添加含铁的食物，从铁强化谷物、肉、肝泥等泥糊状食物开始。

辅食单独制作，按辅食添加原则，逐步达到食物多样化。畜禽肉、蛋、鱼虾、肝脏、奶等动物性食物，是优质蛋白、脂溶性维生素和矿物质的良好来源，也是平衡膳食的重要组成部分。由于每大类食物提供的营养素不一样，多样化的食物是取得平衡膳食的条件，不仅要注意食物的多样化，更要注意食物品种的合理搭配。幼儿的每周食谱中应安排一次动物肝、动物血制品及至少一次海产品，以补充视黄醇、铁、锌和碘。

17.2.2.3 合理烹调，辅食不加盐、糖和调味品

婴幼儿的咀嚼和消化能力处于发育过程中，仍低于成人，因此膳食制作和安排不能和成人一样，食物要专门制作、菜要切碎、瘦肉要加工成肉末，做成质地

细软、便于咀嚼、容易消化的膳食。随年龄增长，逐渐增加食物的种类和数量。此时孩子膳食仍要清淡少盐，减少调味品的食用，培养良好的口味习惯。

婴幼儿肾脏功能发育不全，过早添加盐，会增加肾脏负担，且此时期婴幼儿味觉仍处于发育过程中，对外来调味品刺激比较敏感，容易造成挑食或厌食。少糖的目的是预防龋齿和偏食，可适当添加食用植物油，以增加能量摄入。

17.2.2.4　合理安排三餐两点

6 月龄后的婴幼儿对营养的需求相对较高，但是胃容量小、消化能力相对较弱，又活泼好动、能量消耗大，应该少食多餐，以“三餐两点”制为宜（1 岁之内还应适当增加进餐次数），早、中、晚正餐之间加适量点心，可保证营养需要，也不会增加肠胃过多的负担。

17.2.2.5　注意饮食卫生和进食安全

选择新鲜、优质、无污染的食物和清洁的水来制作辅食。制作辅食前须先洗手。制作辅食的餐具、场所应保持清洁。辅食应煮熟、煮透。制作的辅食应及时食用或妥善保存。进餐前要洗手，保持餐具和进餐环境清洁、安全。婴幼儿进食时一定要有成人看护，以防进食意外。整粒花生、坚果、果冻等食物不适合婴幼儿食用，而且要放在远离婴幼儿的地方。

17.2.3.6　足量饮水，少喝含糖饮料，正确选择零食

幼儿新陈代谢旺盛，活动量大，水分需要量相对较多，每天总饮水量为 1300 ～ 1600mL，除奶类和其他食物中摄入的水外，建议每日饮水量 600 ～ 700mL，以白开水为主，少量多次饮用。少喝含糖饮料，正确选择零食。零食应尽可能与加餐相结合，以不影响正餐为前提，多选用营养密度高的食物，如奶制品、水果、蛋类及坚果类等；不宜选用能量密度高的食品，如油炸食品、膨化食品。

17.3　食物选择的要点

人体必需的营养素有 40 多种，而各种营养素的需要量又各不相同，并且每种天然食物中营养成分的种类和数量也各有不同，所以必须由多种食物合理搭配才能组成平衡膳食，满足人体的需要。“中国居民平衡膳食宝塔”（2022）[6] 形象化的组合，遵循了平衡膳食的原则，体现了在营养上比较理想的基本食物构成。

17.3.1 谷薯类的选择要点

谷类为主是合理膳食的重要特征。谷薯类是碳水化合物的主要来源（碳水化合物提供总能量的 50%），同时也提供蛋白质、微量营养素和膳食纤维。

谷类包括稻米、小麦、大麦、燕麦、荞麦、玉米、小米、高粱米及其制品，如米饭、馒头、烙饼、面包、饼干、麦片等。6 ～ 24 月龄婴幼儿，推荐每日摄取量控制在 20 ～ 75g；25 ～ 36 月龄幼儿，推荐每日摄取量控制在 75 ～ 125g 为宜。

薯类包括马铃薯、红薯、紫薯、山药等，日常膳食中可酌量提供。

17.3.2 蔬菜水果的选择要点

蔬菜、水果是膳食指南中鼓励多摄入的两类食物。6 ～ 24 月龄婴幼儿，推荐每日蔬菜、水果摄取量各控制在 25 ～ 100g；25 ～ 36 月龄幼儿，每日蔬菜、水果摄取量各控制在 100 ～ 200g 为宜。

蔬菜中含有身体健康成长所需的矿物质、维生素和膳食纤维。蔬菜包括嫩茎、叶、花菜类、根菜类、鲜豆类、茄果瓜菜类、葱蒜类、菌藻类及水生蔬菜类等。深色蔬菜是指深绿色、深黄色、紫色、红色等有颜色的蔬菜，每类蔬菜提供的营养素略有不同，深色蔬菜一般富含维生素（如维生素 A 前体类胡萝卜素）、植物化合物和膳食纤维，推荐每天摄入量占总体蔬菜的 1/2 以上。

水果是钾、维生素 C、类胡萝卜素、果胶、花青素及原花青素等的重要来源。水果多种多样，包括仁果、浆果、核果、柑橘类、瓜果及其他热带水果等。推荐吃新鲜水果，在鲜果供应不足时可选择一些含糖量低的干果制品和纯果汁。

17.3.3 畜禽鱼蛋肉的选择要点

鱼、禽、肉、蛋等动物性食物是膳食指南推荐适量食用的食物。7 ～ 24 月龄婴幼儿，推荐每日鱼、禽、肉摄入量 25 ～ 75g，蛋 15 ～ 50g（至少一个鸡蛋黄）；25 ～ 36 月龄幼儿，推荐每日鱼、禽、肉摄入量 50 ～ 75g, 蛋 50g。

动物性食物是优质蛋白质、脂肪、脂溶性维生素和矿物质的良好来源，猪肉含脂肪较高，应尽量选择瘦肉或禽肉。鱼、虾、蟹和贝类等水产品富含优质蛋白质、脂类、维生素和矿物质，可优先选择。蛋类包括鸡蛋、鸭蛋、鹅蛋、鹌鹑蛋及其加工制品，蛋类的营养价值较高，推荐每天 1 个鸡蛋（相当于 50g 左右），蛋黄含有丰富的营养成分，如胆碱、卵磷脂、胆固醇、维生素 A、叶黄素、锌、B 族维生素等。

17.3.4 大豆、坚果和奶类的选择要点

奶类和豆类制品是鼓励多摄入的食物。建议 7 ～ 24 月龄婴幼儿继续母乳喂养，逐步过渡到以谷类食物为主食的膳食。6 ～ 12 月龄婴幼儿推荐每日母乳 500 ～ 700mL，13 ～ 24 月龄幼儿推荐每日母乳 400 ～ 600mL，不推荐大豆及坚果类食物；25 ～ 36 月龄幼儿，推荐每日奶类及奶制品 350 ～ 500g，大豆 5 ～ 15g，坚果类不推荐。

奶类及制品和大豆是蛋白质和钙的良好来源，营养素密度高。我国居民普遍都不重视奶类食物的摄取，因此人群普遍缺钙。而奶类是最好的补钙食物，经常食用奶类食品，可有效补钙以及优质蛋白质。

大豆及其制品包括豆腐、豆浆、豆腐干、腐竹等。

谷薯类食物中的蛋白质赖氨酸不足，而大豆及其制品中富含赖氨酸，谷薯类搭配豆制品食用，可起到蛋白质的互补作用，提高蛋白质的营养价值。

17.3.5 烹调用油、盐的选择要点

少许的烹调油能为身体提供必需脂肪酸和脂溶性维生素，可以改善食物的口感，对于较小的婴儿还可以提高能量摄入量。6 ～ 12 月龄婴儿推荐每日烹调用油 0 ～ 10g，不建议添加盐，13 ～ 24 月龄幼儿推荐每日烹调用油 5 ～ 15g，盐 0 ～ 1.5g；25 ～ 36 月龄幼儿推荐每日烹调用油 10 ～ 20g，盐＜ 2g。

在食用油的选取上，少用饱和脂肪酸较多的油脂，如猪油、牛油、棕榈油，多选用富含必需脂肪酸（亚油酸和亚麻酸）的植物油，如大豆油、菜籽油。烹调加工食物时，应尽量保持食物的原汁味，口味以清淡为好。

17.4 膳食的安排与管理

17.4.1 0 ～ 6 月龄婴儿的安排与管理

0 ～ 6 月龄婴儿，食物要以母乳为主，母乳不够的情况下，宜首选婴儿配方食品喂养。一般情况下，每天哺乳 8 ～ 12 次（每 3 小时哺乳一次）。如果婴儿吸吮力强，且母亲乳汁充足的情况下，约 20min 就可以完成喂奶；如果婴幼儿吸吮力弱，母亲乳汁不是很充足时，喂一次奶要 40min 甚至更长。不建议吸吮时间过长，否则母亲和婴幼儿都很累，不但影响乳汁分泌，还会使婴幼儿面部肌肉劳累影响下次吃奶。

每次吸吮时，要吸空一侧乳房后更换对侧乳房。越吸吮，母亲奶会越充足。

17.4.2 7 ~ 24 月龄婴幼儿的安排与管理

奶类优先，继续母乳喂养。及时合理添加辅食。每天应保证 500 ～ 600mL 的奶量，每日不低于 4 次。食欲不佳或者体格生长不良的幼儿，可适当增加喂奶的次数或配方奶的摄入量。每天辅食喂养 2 ～ 3 次，母乳喂养次数因辅食添加而减少。11 月龄左右的婴儿，每日吃辅食的时间逐渐向成人进餐时间靠拢。吃饭时间相对固定。

该时期的婴幼儿正在长牙，但是牙齿尚未出齐，咀嚼能力较差，胃肠道蠕动及调节能力较低，又处于辅食逐渐代替母乳转变为主食的过渡阶段，所以要注意营养素及能量的供应。

照护者可以在辅食的色、香、味及食物形状和搭配上多做改变，鼓励并协助婴幼儿自主进食，培养孩子对食物和进食的兴趣，逐渐养成良好的进食习惯，进餐时父母或喂养者要与婴幼儿有充分的交流，识别其饥饱信号，并及时回应。耐心喂养，鼓励进食，但不应强迫喂养。进餐时不看电视、不玩玩具，每次进餐时间不超过 20min。父母或喂养者应保持自身良好的进餐习惯，成为婴幼儿的榜样。

17.4.3 24 ~ 36 月龄幼儿的安排与管理

规律进餐是实现合理膳食的前提，应合理安排。每日 4 ～ 5 餐，除三顿正餐外，可增加 2 次点心，进餐应该有规律，定时定点定量、饮食有度。定时就是吃饭有一定的时间，两餐之间有一定的间隔，吃饭时间间隔一般以 3 ～ 4h 为宜；定点是幼儿吃饭时要有一定的地点和固定位置，不能边吃边跑边玩，否则很难形成良好的习惯，幼儿也缺少食欲感，既影响幼儿对营养素的摄入，对幼儿的发育也极为不利；定量是根据膳食原则，为幼儿提供饮食。

早餐应安排含一定量碳水化合物和蛋白质的食物，提供一日能量和营养素的 25%；午餐应品种丰富并富含营养，提供一日能量和营养素的 35%，每日 5% ～ 10% 的能量和营养素可以零食或点心的方式提供，晚饭后除水果或牛奶外，应逐渐养成不再进食的习惯，尤其睡前忌食甜食，以保证良好的睡眠，预防龋齿。

17.4.3.1 合理搭配食物

每天的膳食包括谷薯类、蔬菜水果类、畜禽鱼蛋奶类、大豆坚果类等食物，提倡平均每天摄入 12 种以上食物，每周 25 种以上。

17.4.3.2 合理烹调

烹饪是合理膳食的重要途径，尽量减少在外就餐的次数，《中国居民膳食指南（2022）》推荐烹饪食物则应多用蒸煮炒、少用煎炸等方式，多利用葱姜蒜等天然香料，善于使用电磁炉等油烟释放少的烹饪工具，以减少油脂的摄入量和高温引起的致癌物的产生。适合生吃的蔬菜，可以生食，既保持了蔬菜的营养，也减少了盐和油的摄入量。不能生吃的食材要做熟后食用。生吃蔬菜水果等食品要洗净。生、熟食品要分开存放和加工。

17.4.3.3 培养良好的膳食习惯

婴幼儿阶段是养成良好膳食习惯的关键期，可使其受益终身。良好膳食习惯的养成，需要良好的家庭环境以及父母的耐心培养和积极引导，其中父母的榜样作用非常重要。

17.4.3.4 保证食品安全卫生

对一些不易保存的食品，如牛奶、豆浆、活鱼、鲜虾、新鲜蔬菜等要妥善保存，防止霉变和食物中毒。

17.5 婴幼儿的喂养指南

喂养基本原则：出生后立即让婴儿与母亲皮肤接触，一个小时内让婴儿吮吸乳房，让婴儿吃到初乳，初乳可保护婴儿避免患多种疾病；6 月龄内纯母乳喂养，之后继续母乳喂养到 2 岁或更长时间。同时，应及时合理添加辅食，逐渐过渡到家庭膳食（约到出生后 36 个月）。

17.5.1 0 ～ 6 月龄婴儿的喂养指南

出生后 0 ～ 6 个月内，纯母乳喂养，按需喂养。只要孩子想吃就喂母乳。观察孩子饥饿表现，如出现焦躁、吸吮手指或者嘴唇嚅动。白天和晚上按需哺乳，24h 内至少哺乳 8 次。频繁母乳喂养会增加乳汁分泌。不给孩子吃其他食物或液体。母乳可以满足孩子所有需求 [15,16]。如果孩子比较小（如低出生体重），两次喂奶间隔不超过 2 ～ 3h。每 3 小时唤醒睡着的孩子进行母乳喂养。

17.5.2　6 ~ 12 月龄婴幼儿的喂养指南

对于 6 ～ 9 个月的婴儿，只要孩子想吃就要继续喂母乳。自 6 月龄开始应给孩子添加辅食，吃稠粥或泥糊状食物，包括动物来源的食物（通常富含维生素 A），逐渐尝试添加深色水果蔬菜泥（富含类胡萝卜素，有些类胡萝卜素组分在体内可部分转化成维生素 A）。开始先尝试给 2 ～ 3 勺食物，逐渐加量到半碗（1 碗 250mL）。每日 2 ～ 3 餐。两餐间、孩子饥饿时加 1 次点心，每日共 1 ～ 2 次点心。

9 ～ 12 个月龄孩子只要想吃就喂母乳，添加泥糊状或者切得很碎的家庭食物，包括动物来源的食物以及维生素 A 原含量丰富的水果和蔬菜。每餐给予 3/4 碗食物。每日 3 ～ 4 餐。两餐间、孩子饥饿时加 1 次点心，每日共 1 ～ 2 次点心。点心是孩子能够抓着咬的小块食物。让孩子试着自己抓着吃，锻炼孩子手眼口的协调性，必要时可以给予帮助。

17.5.3　12 ~ 36 月龄幼儿的喂养指南

12 月～ 2 岁的幼儿，只要孩子想吃就喂母乳，添加泥糊状或者切得很碎的家庭食物，包括动物来源的食物和维生素 A 原丰富的水果和蔬菜。每餐给予 1 碗食物。每日 3 ～ 4 餐。两餐间加 1 次点心，每日共 1 ～ 2 次点心。继续缓慢、耐心喂养孩子。鼓励孩子自己进餐，不强迫孩子吃东西。

超过 2 岁的幼儿，给孩子吃多品种的家庭食物，包括动物来源的食物和维生素 A 原丰富的水果和蔬菜。每餐至少 1 碗食物，每日 3 ～ 4 餐。两餐间加 1 次点心，每日共 1 ～ 2 次点心。如果孩子拒绝一种新的食物，耐心让他 / 她多次尝试，并且母亲表现出对这种食物的喜爱。进餐时跟孩子说话进行语言交流，保持眼神接触。良好的日常膳食的特点是：食物量适当，包含能量丰富的食物（比如添加适量植物油、黏稠的婴儿米粉），包含瘦肉、鱼、蛋、奶或豆类制品以及水果和蔬菜。

（史海燕，戴耀华）

参考文献

[1] Liu D, Zhao L Y, Yu D M, et al. Dietary patterns and association with obesity of children aged 6(-)17 years in medium and small cities in china: Findings from the CNHS 2010(-)2012. Nutrients, 2018, 11(1): 3. doi: 10.3390/nu11010003.

[2] Melaku Y A, Gill T K, Taylor A W, et al. Associations of childhood, maternal and household dietary patterns with childhood stunting in Ethiopia: Proposing an alternative and plausible dietary analysis method to dietary diversity scores. Nutr J, 2018, 17(1): 14. doi: 10.1186/s12937-018-0316-3.

[3] Shi Z, Makrides M, Zhou S J. Dietary patterns and obesity in preschool children in Australia: A cross-sectional study. Asia Pac J Clin Nutr, 2018, 27(2): 406-412.

[4] Hildreth J R, Vickers M H, Buklijas T, et al. Understanding the importance of the early-life period for adult health: a systematic review. J Dev Orig Health Dis, 2022, 8: 1-9.

[5] 丁心悦，杨振宇，赵丽云，等 . 膳食模式与中国 2 ～ 5 岁儿童营养不良关系 . 中国公共卫生，2021, 37(5): 865-870.

[6] 中国营养学会 . 中国居民膳食指南 (2022). 北京：人民卫生出版社，2022.

[7] 赵丽云，丁刚强，赵文华 . 2015—2017 年中国居民营养与健康状况监测报告 . 北京：人民卫生出版社，2022.

[8] 杨振宇 . 中国居民营养与健康状况监测报告 [2010—2013] 之九：中国 0 ～ 5 岁儿童营养与健康状况 . 北京：人民卫生出版社，2020.

[9] 荫士安 . 人乳成分——存在形式、含量、功能、检测方法 . 2 版 . 北京：化学工业出版社，2022.

[10] 王杰，黄妍，卢友峰，等 . 6 月龄内纯母乳喂养与 6 月龄后及时合理添加辅食同等重要 . 中国妇幼健康研究，2021, 32(12): 1816-1818.

[11] 石英，厉梁秋，荫士安，等 . 我国 0 ～ 5 岁儿童营养不良与婴幼儿辅食添加状况 . 中国妇幼健康研究，2021, 32(12): 1817-1821.

[12] 中国营养学会 . 中国居民膳食营养素参考摄入量（2023 版）. 北京：人民卫生出版社，2023.

[13] 中国营养学会 . 中国居民膳食指南科学研究报告 . 北京：人民卫生出版社，2022.

[14] 徐幽琼，叶友斌，曹祥玉，等 . 福州市 0 ～ 6 岁婴幼儿膳食结构状况调查研究 . 现代预防医学，2020, 47(23): 4272-4294.

[15] 中华人民共和国卫生部妇幼保健与社区卫生司 . 婴幼儿喂养策略 . 2007.

[16] WHO/UNICEF. Protecting, promoting and supporting breastfeeding. 1989.

第 18 章

良好生活方式与饮食习惯的养成

婴幼儿时期是儿童身心发展的关键时期。合理的喂养方式和良好的营养状态不仅可以保障生命早期的生长发育，有利于儿童体格生长和神经心理发育，并且对生命后期的健康如预防成年时期的肥胖、心血管疾病、血脂异常和糖尿病等慢性病具有重要意义。对处于生长发育期的儿童，进食是所有行为活动中最重要、最受养育人关注、最需要培养的基本能力。良好的进食习惯可提供儿童所需的能量和营养素，减少体格发育偏离和罹患营养相关疾病的风险，培养良好的生活自理能力，增进孩子与家长之间的情感交流。0 ~ 3 岁是儿童饮食习惯形成的关键期，即由液态食物（母乳或配方奶）经过辅食添加过渡到家庭食物（固体食物）的过程，因此在这个时期重视和做好儿童早期饮食习惯的培养对儿童身心发展十分重要[1-3]。

18.1 不良饮食行为的常见原因

儿童早期不良饮食行为的主导因素在喂养人（家长），也有儿童个体体质和疾病的因素，从不同角度对儿童早期的饮食行为产生相应的影响。我国儿童中常见的不良饮食（膳食）行为问题，如表 18-1 所示。

表 18-1　我国儿童中常见不良饮食行为、原因、危害及对策

饮食行为	常见原因	危害	对策
奶瓶与奶嘴喂养	人工喂养和超长时间习惯使用奶瓶	过度喂养，影响口腔和牙齿发育，易造成喂养伤害（感染、牙齿畸形等）	戒掉奶瓶，尝试使用杯子进食任何饮品
喂养困难	人工喂养，习惯使用奶瓶奶嘴，过早或过迟添加辅助食品，存在器质性病变	影响良好饮食习惯的建立，容易发生某种或多种微量营养素缺乏，影响生长发育	排除和治疗器质性病变，针对性积极喂养和补充多种微量营养素
偏食与挑食	早期喂养方式不合理（随意喂养或过度喂养），导入辅助食品方式不合理	影响食物多样化和平衡膳食，易发生微量营养素缺乏和成年期对食物的选择	父母应起表率作用，及时合理添加辅助食品，让孩子参与食物的选择和制作过程

18.1.1 家长方面的因素

18.1.1.1 缺乏儿童生理与进食技能发育基本知识

婴幼儿胃肠等消化器官的消化能力有一个发育成熟的过程，对不同质地、不同种类食物的接受度受制于年龄的成熟与能力的发展，过早、过晚或质地、种类不适宜的食物，都会导致喂养困难甚至厌食拒食等问题产生。不少家长不了解婴幼儿饮食行为特点和“关键期”的知识，如不了解“推舌反射”是防止外来异物进入喉部导致窒息的一种非条件反射，不知道“推舌反射”的消失是喂养泥糊状或固体辅食的开始；或不知道孩子的饥饱信号，无意中造成强制进食、儿童偏食等不良进食行为问题[4,5]。

18.1.1.2 缺乏基本的喂养技术

一些家长把喂养问题简单化，事先缺乏系统的知识学习，根据道听途说或想当然地进行喂养，不能制作适合孩子年龄的食物，缺乏基本的喂养技术。一旦孩子不能按照自己的意愿或节奏完成进食时，家长会很受挫甚至会产生强烈的焦虑

或厌烦情绪。随之出现强迫进食、过度喂养、包办代替现象，不仅不能解决问题，反而进一步妨碍了儿童自主进食能力的发展，容易导致儿童“厌食”“拒绝进食”等问题产生。

18.1.1.3 缺乏培养儿童进食习惯的意识

有的家长把喂养、进食过程仅仅看作是一个简单的吃饭问题，而不知道儿童喂养、进食是一个与儿童心理能力发育、亲子情感互动、儿童情绪 - 社会能力等多种能力发展交织在一起并互相影响的重要过程。家长往往忽视了良好进食环境、进食氛围的营造，喂养过程中缺乏亲子之间情感的交流和协同，更缺乏进食过程心理能力、自理能力和适宜行为习惯的培养。更为重要的，成人是婴幼儿最好的学习榜样，喂养人的饮食行为习惯直接影响着孩子的饮食行为习惯养成。喂养人如果本身存在不好的饮食习惯，例如“挑挑拣拣”、边吃边闹、看手机、看电视等，孩子也自然而然地模仿大人的这种不良习惯。同时家长对儿童的引导、教育也失去了“权威性”和说服力[6,7]。

18.1.2 儿童方面的因素

18.1.2.1 个体差异

遗传因素使得儿童之间在对食物的偏爱、消化系统的发育（吸吮、咀嚼、消化能力）、神经心理的发展速度、气质特点等方面先天存在着一定的个体差异，相应地表现为进食量、新食物的接受能力、进食速度、进食节奏、适应行为和自我调节控制能力等方面的不同。如果家长对儿童的特点不能加以认识并做出相应喂养策略和方式的调整，就容易造成喂养困难和亲子冲突。

18.1.2.2 身体活动水平及干扰的影响

在儿童的日常生活中，过多或不足的活动会影响食欲和食物摄入。有些孩子性情沉静，过于镇静不动，活动能力太弱，影响了他们的消化吸收功能。有些孩子性格活跃，活动过多，由于过度疲劳，也会影响食物摄入和食欲。进食环境的嘈杂、混乱和电视、电器等无关刺激的干扰也会影响儿童的进食。值得注意的是，家长与孩子的互动与饮食行为之间是相辅相成的，互动不良可能造成饮食行为问题，而不良的饮食行为更恶化家长与儿童的互动。

18.1.2.3 疾病因素

儿童急性疾病一般都会导致食欲不振，微量营养素缺乏、某些慢性疾病则会导致长期的厌食。当孩子换牙或口咽部损伤，也会影响进食或会选择吃某些特定食物。食物过敏会导致进食不适和胃肠功能紊乱，也是导致儿童饮食异常的常见因素之一。

18.2 健康饮食行为的培养

了解并遵循儿童身心发育水平和规律，根据0～3岁儿童生理、心理发育水平，本地区的季节性气候变化和家庭设施条件，按照年龄分段制订科学、合理的喂养计划，是培养儿童良好饮食习惯的基本途径[8-10]。

18.2.1 婴幼儿进食技能发育基本规律

小儿各种活动离不开感知觉及运动能力的发育，进食行为也不例外。婴幼儿对环境的感知、食物的感知、自身状态的感知，在这些感知的基础上所产生的需要、愿望以及由此推动的进食活动（运动）及其能力发展是一个交织、互动的过程。这个过程还伴随着小儿情绪 - 社会能力的发展，小儿情绪 - 社会能力的发展反过来也影响儿童的进食能力发育[11,12]。

18.2.1.1 感知运动发育

婴儿2～4周龄出现单眼注视；6～8周出现双眼注视；3个月可追视运动物体。4～5个月眼睛出现协调的辐辏运动，听觉可寻找声源，味觉敏感期出现，对人和吃饭开始有兴趣。6～8个月独坐自如，双手可一起操控物品，拇指食指能对着捏小东西，立体视觉开始出现，可识别成人简单的表情。9～11个月手眼协调能力出现；可让婴儿练习用勺自喂，用杯喝奶；此时开始有较好的视觉记忆，客体永存概念形成，对喊名字有反应。1岁获得行走能力，手眼协调进一步熟练，自主性增多，应多练习自主进食。1.5岁能较好地听从简单的指令，出现一定的分享行为。2岁前后幼儿能够跑、跳，能够完全自主进食，独立意识明显增强，第一个逆反期开始出现，此时应注意儿童自主能力和行为规范的培养。

18.2.1.2 进食技能发育

（1）摄食反射

① 觅食反射　用物体接触婴儿口周，婴儿立即出现张口并转向接触的方向，是婴儿出生具有的一种最基本的进食动作。

② 吸吮/吞咽反射　多数胎儿在15周龄前开始出现吞咽动作，18～24周龄胎儿可出现舌前后动的吸吮，36周龄胎儿有稳定的吸吮和吞咽动作。新生儿口腔浅，颊部脂肪垫、颊肌与唇肌发育好为其吸吮提供了良好的解剖条件。吞咽是一组复杂神经-肌肉活动，由脑干的吞咽中枢调控，有25组以上的肌肉参与；吞咽主要是反射引起的协调性的舌体后部运动。婴儿从出生开始持续到辅食添加之前，所进食物为液体，靠吸吮/吞咽反射来完成，直接吸入舌根咽部吞入食道，整个过程没有明显的口腔准备阶段。到2月龄后婴儿吸吮逐渐成为有意识的动作，靠舌在口腔上下活动、下颌轻微上下运动来完成。

③ 舌挤压反射　当食物接触唇部，5个月之前的婴儿出现舌体抬高、舌向前吐出食物的现象称为舌挤压反射。舌挤压反射可帮助婴儿摄入液体食物，但妨碍固体食物的添加。婴儿早期这种对固体食物的抵抗被认为是一种适应性功能，有防止吞入不适宜东西的作用。

（2）咀嚼功能　咀嚼是牙齿有节奏地咬、磨的口腔协调运动，伴有舌体运动参与的食物翻滚。消化过程的口腔咀嚼动作是婴儿辅食添加所必需的技能，其发展有赖于许多因素。咀嚼行为学习的敏感期在4～6个月，7～9个月左右逐渐熟练，可以咬嚼块状食物，有利于儿童口腔发育成熟。10月龄后才接触固体食物的婴儿由于错过了咀嚼发育的关键年龄，婴儿常表现为咀嚼不同质地的固体食物时，容易呛咳，含在口中不咽或吐出来。1岁以后随着幼儿磨牙的萌出，幼儿切牙、磨牙、尖牙齐备之后其撕咬、切断、研磨作用得以发挥，咀嚼功能已经比较成熟，对各种形态的食物均可应对。但是，与成人相比，其牙齿的坚韧程度尚弱，不宜提供过于坚硬的食物。

（3）吞咽功能　6月龄后引入半固体、固体食物，婴儿能进食这些食物提示主动吞咽行为发育较为成熟。成熟的吞咽过程包括三个阶段：①口腔准备阶段，食物进入口腔，经咀嚼和搅拌形成食物团块，舌体抬高将食物推送到咽喉；②咽喉阶段，软腭抬高关闭咽喉部，喉和舌骨向前、向上移动，会厌向后、向下移动关闭气管（停止呼吸），将食物团块送向食道；③食道阶段，食道上部括约肌松弛，食物团块进入食道，食道蠕动推动食物团块进入胃部。随着年龄的增长，婴儿咀嚼、吞咽功能进一步成熟完善。

（4）摄食行为　随着手眼协调能力发展，8月龄儿童能够用拇指食指对捏物品，此时可为婴儿提供手抓食物。10月龄婴儿手眼协调进一步增强，可让婴儿练习用勺子、用杯子进食。1岁后幼儿运动能力、手的操控能力、认知能力和人际交流能力逐步发展，在提高儿童自主进食技能的同时，要照顾幼儿的感受和情绪状态，注意培养良好的进食节奏和进食习惯。

18.2.2 饮食习惯的养成

婴幼儿喂养过程中，家长的角色十分重要。采取合理的喂养方式、积极的喂养技术对培养婴幼儿良好的饮食习惯具有关键性的作用[13]。

18.2.2.1 建立良好的喂养–进食环境

婴儿早期的母乳喂养，母亲自己首先要树立起哺喂婴儿的信心，早接触、早开奶，母婴同室，采取适当的喂养姿势以及正确的婴儿含接乳房的方式以利于婴儿的哺乳。母乳是孩子出生后最佳的食物，但是在妈妈母乳确实不足的情况下，可选择最适合孩子月龄的配方乳作为补充。混合喂养分为补授法和代授法。补授法是先喂母乳，将乳房吸空，再补充代乳品；代授法是用代乳品 1 次或数次代替母乳。这两种方法各有优缺点，补授法母子互动较多，有利于刺激母乳分泌，一般作为首选方法，但存在不容易判断补喂量的问题。具体采用哪种方法，可根据自身情况和孩子的生活节奏加以选择。

随着婴儿的生长发育，家长应根据其营养需求的变化、感知觉以及认知、行为和运动能力的发展，调整喂养姿势，顺序引进辅食以满足婴儿的能量和营养素的需要。一般满 6 月龄开始引入辅助食品。但是在特殊情况下，如果母乳已经不能满足婴儿的需求，婴儿体重增加不理想，或者婴儿有进食欲望，婴儿口咽已经能够安全地吞咽辅食，则可以在医生指导下适当提前添加辅食，但不应早于 4 个月。可从强化铁的营养米糊开始，逐渐添加蔬菜、水果、蛋类及动物类食物（如瘦肉、肝脏、禽肉或鱼肉），达到食物多样化。家长需要根据婴幼儿的年龄准备好合适的食物，并按婴幼儿的生活习惯决定食物喂养的适宜时间。从开始添加辅食起就应为婴幼儿安排固定的座椅和餐具，营造安静、轻松、愉快的进餐环境，避免进食时看电视或玩玩具分散注意力。

18.2.2.2 鼓励但不强迫进食

识别婴儿饥饿及饱腹信号，对帮助婴儿建立良好进食习惯十分重要。喂养时，家长应与婴幼儿保持面对面、处于便于交流的位置，以便及时回应婴幼儿发出的饥饿或饱足的信号，及时提供食物或停止喂养。家长应以语言、肢体语言等正面的态度鼓励婴幼儿进食，建立婴幼儿对饥饿及饱足的内在感受，发展其自我控制饥饿和饱足的能力。如当婴儿看到食物表示兴奋、小勺靠近时张嘴、舔吮食物等，表示饥饿；而当婴儿紧闭小嘴、扭头、吐出食物时，则表示已经吃饱。婴儿期饥饿与饱足的具体表现可参见表 18-2。

表 18-2　婴儿饥饿与饱足表现

月龄	饥饿表现	饱足表现
0～5月	醒来或摇头 吸吮手或拳头 哭或烦恼 等待喂养时间稍长时张嘴	闭唇 头转 减少或停止吸吮 吐出乳头或睡觉
6月左右	哭或烦恼 看见抚养者笑，或等待喂养时间稍长时发出咕咕声 头转向勺或欲抓食物到口	减少或停止吸吮 吐出乳头 头转 分心或注意周围事物
5～9月	抓勺或食物 手指食物	进食速度减慢 紧闭嘴或推开食物
8～11月	手抓食物 手指食物 食物出现时很兴奋	进食速度减慢 推开食物
10～12月	可用语言或声音表示要求进食某一特殊食物	摇头提示不要了

18.2.2.3　建立良好积极的互动式喂养方式

喂哺过程是一个最需要亲子互动的过程，在喂养过程中与婴儿有充分的眼神交流和语言交流，具有促进亲子情感、增加食欲的作用。母乳喂养的肌肤接触，辅食添加时所建立的互动式喂养方式对于婴幼儿长期的进食行为都有重要影响。喂哺固体食物时将婴儿置于安全、舒适的餐椅上，以保证其头部、躯干以及双足都有很好的支撑。双手应该可以自由活动，可与喂养者有很好的互动交流。给小婴儿直接喂食时要口中念念有词，有一定的信息交流；当大一些的孩子自己动手进食时，在发挥其主动性的同时应给予必要的协助，帮助其尽快掌握进食技巧，增加自主进食的信心和乐趣。在良好的互动过程中鼓励婴幼儿学习自我服务，餐前洗手，并开始学习和了解用餐时的礼仪，在生活中逐步养成良好的进餐习惯。

18.2.2.4　允许婴幼儿选择自己喜爱的食物

当婴儿拒绝一种新添加的食物时，可能是厌新现象，有的婴儿需要经过10～15次以上的尝试后才会接受一种新的食物。喂养者应经常变换食物质地和种类，增加味觉刺激，可以培养婴幼儿接受、习惯多种质地、口味的食物。10月龄后的婴儿尝试学习用杯子喝奶；18～24月龄时可以独立进食三餐；父母应为孩子提供选择食物的机会，对与年龄相符的进食狼藉现象给予必要的宽容，这样有助于提高进食的体验。儿童自主进食过程中父母应加以鼓励，但不能以食物或进食来作为惩罚和奖励的手段。

18.2.2.5 重视婴儿咀嚼功能练习窗口期

婴儿6月龄后是其练习咀嚼功能的关键期，面对不同质地的食物（从泥糊状到碎末状、颗粒状、块状等）婴儿会逐步学会在口腔中加以咀嚼、搅拌并顺利咽下。通过辅食添加、进食锻炼不仅促进婴儿进食能力，也促进婴儿的口腔运动功能的协调，对将来语言发育也有积极作用。幼儿阶段常见的进食问题（如食物长时间含于口中、吞咽纤维困难、进餐慢等）与婴儿期口腔咀嚼、吞咽功能发育不良有关。

18.2.2.6 适时训练和培养婴幼儿的自主进食能力

7～9月龄婴幼儿已经具备基本的抓握能力，喂养时可以让其抓握、玩弄小勺等餐具；10～12月龄婴幼儿已经能捡起较小的物体，手眼协调熟练，可以尝试让其自己抓着香蕉、煮熟的土豆块或胡萝卜等自喂；为婴幼儿准备合适的手抓食物，鼓励婴幼儿自主进食，增强其对食物和进食的注意与兴趣，并逐步学会独立进食。7～8月龄后可以让婴幼儿练习用杯子喝东西，9个月后可以学着用勺自食。

18.2.2.7 重视离乳的策略

建议母乳喂养到2岁，自然离乳最好。离乳前要做到辅食添加良好，以固体食物为主，每天应吃早、中、晚三餐辅食，具有相当的自主进食能力。应采用渐进式离乳，逐步进行，不能一次性打破孩子的日常习惯。在准备离乳之前的一个月内，母亲可以逐渐减少喂奶的次数，让孩子慢慢适应。一般先减少白天的喂奶次数，最后断掉睡前的母乳。

离乳是幼儿生活的一个重要转折点，离乳不仅关乎膳食类型、喂养方式的改变，而且对儿童的心理有一定影响。离乳时幼儿会变得黏人、易发脾气等。一般没必要将母亲和幼儿完全分开，2岁的幼儿已具备相当程度的语言理解能力，通过说明道理，必要时借助绘本、游戏，能让幼儿离断母乳。母亲和幼儿的强制分离会使幼儿感到不安全，会有较强的焦虑、不想吃饭、睡眠不好等。母亲需要多和幼儿互动，通过有吸引力的活动转移幼儿注意力。离乳过程中，可让爸爸多带幼儿，提供更多的亲子接触机会，满足幼儿的情感需要。

18.2.2.8 践行正确家长榜样

家长的进食行为和态度是婴幼儿模仿的榜样，家长必须注意保持自身良好的进食行为和习惯。从开始添加辅食就要有固定的就餐地点，婴儿能坐稳后可让孩子上桌和成人一起进食，养成进餐时不看电视、不互相打闹、不玩玩具的习惯。允许孩子不想吃了离开餐桌，但要避免追逐喂食。待到下一餐的时候，等孩子坐在餐椅上再给食物。对较年长一些的幼儿，可适当让其参与食物的制作过程或者餐前餐具的准备，提高其对进食过程的兴趣。平时不要用甜点、饮料等零食奖励孩子，进食甜点等零食会明显影响孩子的正常食欲，尤其是餐前一小时应限制零食摄入。

18.3 常见不良饮食行为的预防与纠正

在儿童早期，大约有1/3以上的儿童存在喂养或者饮食行为问题。饮食行为问题主要在1岁以后逐渐增加，3岁左右为高峰，以后会逐步下降。饮食行为问题通常表现为：对食物不感兴趣、吃得少或拒绝进食，挑食、偏食，或进食无规律、吃得慢、边玩边吃、玩弄糟蹋食物，2～3岁儿童不能自主进食等。

18.3.1 喂养困难的预防与纠正

18.3.1.1 表现

孩子对食物不感兴趣、吃得少或拒绝进食。

18.3.1.2 常见原因与预防、干预方法

（1）个体差异　儿童之间有一定的个体差异，尤其是足月小样儿、特发性矮小的婴幼儿由于生长发育相对缓慢，食欲、食量相对偏低。应根据儿童生长发育情况综合判断、区别对待，在满足了生长发育的前提下，不宜机械地比照别的孩子一样喂食。

（2）早期舌的挤压反射　出现在辅食添加较早的婴儿，可推迟数周再喂；或变换方式，将食物刮在嘴角试试。

（3）早期厌新现象　保持耐心，反复尝试；有的孩子需要尝试十余次甚至几十次才接受；习惯一种口味后再换另一种。

（4）创伤应急　惊吓、突发的伤害所引起剧烈的情绪创伤会引起一定时期焦虑、厌食等情况，应给予孩子充分的安抚、爱护等情感支持，必要时进行一定的儿童心理治疗。

（5）进食无节律或频繁提供零食，导致胃排空不足无饥饿感等　平时喂养要注意观察了解儿童的生活规律，根据儿童上、下餐具体进食情况，正确判断儿童的饥饱状况，适当调整进食节奏，一般每餐间隔2～3h。让儿童体验饥饿感，获

得饱感，但要避免不适当的喂食、喂得过饱、吃得过于肥腻；不要在两餐之间提供高能量的零食和饮料。

（6）积极喂养 提供轻松、温馨、友好的进食环境；及时回应婴儿的需求，鼓励但不强迫进食；避免对孩子呵斥、打骂等惩罚行为。减少进食时分心，如看电视、讲故事、玩玩具等。

（7）及时治疗疾病 食物不耐受或食物过敏，锌缺乏，口腔、咽部溃疡、炎症，呼吸道感染、消化功能紊乱等是影响儿童食欲的常见疾病，要及早发现，及时对因、对症综合治疗。

18.3.2 偏食和挑食的预防与纠正

18.3.2.1 表现

在辅食添加之后，婴幼儿出现不吃一些食物或一类食物的现象。

18.3.2.2 预防、干预措施

（1）及时添加辅食，不要晚于 8 个月 4 ～ 8 个月是婴儿接受辅食的关键窗口期，错过这个时期再添加辅食往往会导致儿童接受新的食物比较困难，容易造成后期的偏食、挑食。

（2）顺序引入 嗜甜、嗜咸是儿童的天性，添加辅食要注意从味淡到味浓，先添加味道寡涩蔬菜，后添加味美的水果；2 岁以前避免添加含糖食物、蜂蜜、果汁等。

（3）混合食物 改进烹调方法，改善食物色香味，通过调整口味让孩子逐步适应和接受。也可以把不喜欢吃的某种食材切碎、磨泥，当作配料放入他们喜欢的菜肴中，或者把儿童不喜欢的食物混合在喜欢的食物中，先是放入少量，逐渐加多，直至儿童能够接受。对于难养型气质的儿童有较长的适应过程，对新引入的食物要多次尝试，有时需要反复尝试许多次才能让孩子接受。

（4）给孩子一定的决定权 在每次就餐时，给孩子在不喜欢吃的食物中加以选择的权利，每当孩子做出选择后要同时给予必要的鼓励，这样能在一定程度上提高孩子的接受度和积极性。

（5）家长的榜样作用 与孩子一起吃饭；对大孩子用读绘本、讲故事、游戏疗法来改善其偏食挑食行为。

（6）正面强化 一旦孩子接受了一种新的食物，应及时表达肯定和鼓励，如用眼神、肢体或口头语言等。

18.3.3　进食过程中不良行为的纠正

18.3.3.1　表现

吃得慢、边玩边吃、玩弄糟蹋食物，2 ～ 3 岁儿童不能自主进食等。

18.3.3.2　预防、干预措施

（1）一日三餐、2 ～ 3 次点心，保持大致相同的进餐时间　进餐时间最好控制在 20min 以内（最长不要超过半小时），因为儿童注意力的持续时间有限。

（2）正餐时让儿童上桌与成人一起吃饭　良好的共同进餐的氛围和大人良好的榜样、带动作用有助于孩子良好习惯的养成。允许儿童参与餐食和进餐的准备，帮助其过渡至自己独立进餐。

（3）有固定的座位（婴儿餐椅），提供年龄适宜的餐具以及提供与年龄相适应的食物　允许孩子自喂食物，能自己取食；允许孩子进餐时的偶尔失误与杯盘狼藉。

（4）避免无关行为干扰　无关行为包括看电视、手机、画册，玩玩具以及没完没了的唠叨和指责！

（5）其他　对玩弄食物、糟蹋食物、哭闹撒泼等行为可采用暂时隔离法或移开食品的冷处理方法。

18.4　常见饮食行为相关的健康问题与对策

18.4.1　喂养的适宜性问题

饮食行为不当可引起营养不足和超重两种情况。资料显示，城市约有 5% ～ 6% 的儿童，农村约有 10% ～ 12% 的儿童因饮食行为问题造成体重增长不理想。因此避免喂养、饮食行为不当导致的营养不足是问题的主要方面。关键还是要做好儿童早期发展综合管理，定期进行儿童期常规体格检查和营养监测工作，以便及早发现体重增长缓慢；针对喂养问题，应及时加以解决，防止儿童营养不足。

另外，过度喂养、进食过多导致的超重情况也并非少见。由于部分家长期望值偏高，“孩子越胖就越健康”成为执念，明明孩子进食量偏多、身体也超重，但家长还不满足，每餐总怕孩子吃不饱，总要让孩子多吃一点以便长得“更胖”一点。面对存有这类执念的家长，一般情况下用言辞很难说动他们，可用体格发育指标、生长曲线、膳食营养分析等无可辩驳的“客观事实”来加以说服，往往可以纠正家长的错误认知。家长认知问题解决了，过度喂养的问题一般也就迎刃而解。

18.4.2 饮食行为不当引起的营养健康问题

婴儿开始添加非乳类泥糊状食物一般从6月龄开始，特殊情况下也不要早于4个月，4个月前添加辅食有增加食物过敏的风险和影响母乳喂养；过晚添加（8～9个月后）会增加喂养困难发生的机会，还会导致婴儿营养素缺乏和过敏风险的增加。儿童因偏爱某些质地的食物，尤其是质地较软的食物，长期以往易形成口腔运动功能问题，表现为流涎、食物在口中不咀嚼或含在口中不吞咽，对硬的固体食物有恶心呕吐感等；当儿童厌恶某些食物（通常是蔬菜类）时，例如因为纤维素的缺乏，可导致便秘的发生。过久进食流质、泥糊类食物会影响儿童咀嚼、吞咽功能和相关肌肉协调功能发育，会对后期吞咽功能产生不利影响。因此这类行为问题的关键在于预防，应适时、有顺序地引入辅食，运用适当的喂养技巧正确地添加辅食，可避免这类问题的发生。

18.4.3 奶瓶喂养与安抚奶嘴的问题

（1）奶瓶喂养　多数孩子都喜欢奶瓶喂养方式，所以用上奶瓶比较容易，但如何戒掉奶瓶是个问题。超长时间使用奶瓶被证明容易过度喂养，对口腔和牙齿的发育也容易产生不良影响，如果含着奶瓶入睡，则影响更大。一些学者指出，任何形式的奶类食物不合理地使用奶瓶喂养都有引起龋齿等的不良后果。另有研究表明，孩子躺着喝东西的时间越久，耳部感染的可能性就越大。美国儿科学会建议，幼儿在15个月龄之前应该戒掉奶瓶。

戒掉奶瓶的前提是要让婴幼儿学会很好地使用杯子。对于8～9个月的婴幼儿，只要开始表现出主动触碰物体的意向，就可以让他（她）练习抓握、把弄、熟悉杯子。开始喝东西会洒一点没关系，通过反复练习，孩子渐渐会熟练起来。一旦孩子能够自己用杯子喝流质食物，就坚决地让孩子戒掉奶瓶，任何饮品都要使用杯子喝，而不是装到奶瓶里喝。

（2）安抚奶嘴　在1930年至1955年间出版的一些婴儿喂养书籍中，认为安抚奶嘴会危害婴幼儿健康，也是导致牙齿错位、鹅口疮和其他多种消化系统紊乱的根源。因此，从1900年到约1975年期间，安抚奶嘴应用增加较为缓慢。近年来，一些人认为安抚奶嘴可满足婴儿不吃奶时的吸吮需求，在婴儿睡觉前给他安抚奶嘴，可以降低婴儿猝死综合征的风险，但具体原因尚不清楚。然而，在使用安抚奶嘴的过程中，如果产品质量不高、大小不合适以及使用方法不恰当都会带来让婴儿吸入气道的风险。如果把奶瓶上的橡皮奶头取下来当做安抚奶嘴使用，就更容易被吸到婴儿的呼吸道里，造成窒息。另外一些研究认为，母乳喂养持续时间的缩短和奶嘴使用存在关联性，使用安抚奶嘴不利于母乳喂养。基于目前的研究证据，不推荐给婴儿使用安抚奶嘴。

18.4.4 调味品使用的问题

1 岁内的婴儿辅食应保持原味，不加糖、盐、蜂蜜、味精以及刺激性调味品。1 岁以后逐步尝试淡口味的家庭膳食，避免腌制、熏制、卤制、重油、甜腻以及各种高盐、高糖、辛辣刺激的食物。淡口味的食物有利于提高婴幼儿对不同天然食物口味的接受度，保持味觉的敏感度，减少偏食挑食的风险。淡口味食物也可减少婴幼儿盐和糖的摄入量，降低儿童期及成人期高血压、糖尿病、肥胖、心血管疾病、龋齿等的发生风险。

18.4.5 食品安全问题

提倡家庭自制儿童食物，选择新鲜、优质、清洁、卫生的食材。制作辅食的环境、工具必须清洁无污染，生熟分开，盛装辅食的餐具要清洁，辅食应及时食用，原则上不食用剩下的食物。

婴幼儿进食过程要有成人监护，防止呛噎、外伤的发生。禁止给婴幼儿接触和食用坚果、果冻等容易引起窒息的食物。做好个人清洁卫生，根据孩子的年龄，帮助婴幼儿饭前洗手，让儿童学会自己饭前洗手、饭后清洁，避免病从口入。

（何守森，张环美）

参考文献

[1]World Health Organization. Complementary feeding: Report of the Global Consultation, and Summary of Guiding Principles for Complementary Feeding of the Breastfed Child. 2001.

[2]Mary F, Jiri B, Cristina C, et al. Complementary feeding: A position paper by the european society for paediatric gastroenterology, hepatology, and nutrition(ESPGHAN) committeeon nutrition. JPGN, 2017, 64(1): 119-132.

[3] 劳拉 • A 杰娜，杰尼弗 • 苏. 美国儿科学会实用喂养指南 . 徐彬，高玉涛，王晓，译 . 北京：北京科学技术出版社，2017: 49-52.

[4] 李楠，赖建强 . 婴幼儿喂养指南研究进展 . 国外医学卫生学分册，2007, 34(4): 256-257.

[5] 赖建强，荫士安 . 婴幼儿膳食指导手册 . 北京：化学工业出版社，2009: 64-69.

[6] 石淑华，戴耀华 . 儿童保健学 . 北京：人民卫生出版社，2014: 222-228.

[7] 黎海芪 . 实用儿童保健学 . 北京：人民卫生出版社，2016: 382-416.

[8] 中华预防医学会儿童保健分会 . 婴幼儿喂养与营养指南 . 中国妇幼健康研究，2019, 30(4): 392-397.

[9] 中国营养学会 . 中国居民膳食指南（2022）. 北京：人民卫生出版社，2022.

[10] 乌焕焕，康松玲 . 0 ～ 3 岁婴幼儿饮食习惯问题分析与培养建议 . 早期教育・教育科研，2018 (3): 35-38.

[11] Frances S S, Ellie W. Nutrition: Concepts and controversies. 14th Ed. Boston: Cengage Learning, 2017: 539-543.

[12] Reginald C, Tang Stanley H, Buford L, et al. Nutrition during infancy：Principle and practice. Digital Educational Publishing, 2009: 365-367.

[13] Steven P S, Tanya R A, Robert E H, et al. Caring for your baby and young child. American academy of pediatrics. 7th Ed. New York: Bantam Book, 2019: 176-180.

第19章

不同时期的营养干预

孕期合理摄入营养，营造良好的宫内环境，可降低子代后续发生代谢性疾病以及其他疾病风险，有助于其提高生活质量和降低成年时期罹患营养相关慢性病的风险。婴幼儿时期的营养非常重要，对其身体的生长、关键器官和大脑智力的发育有着非常重要的影响，而且婴幼儿的营养需求和成人是不一样的，所需要的蛋白质、脂肪、碳水化合物、矿物质和维生素等营养成分的量也是不同的，如婴幼儿单位体重需要的铁是成人的5.5倍、钙是成人的4倍、必需脂肪酸是成人的3倍等。同时，食物的质量安全也非常重要，因为婴幼儿胃容量小，身体重量小，一些有害成分，如污染物、重金属对婴幼儿的危害比成年人更大。因此，在生命最初的1000天中，食物的营养成分和质量安全都非常重要[1]，对存在的不良膳食习惯和营养问题及时进行干预将会使其受益终生。

19.1 早期营养干预对健康的影响

早期营养包括胎儿宫内营养、新生儿期营养及婴幼儿早期营养，甚至包括儿童早期营养（如学龄前）。出生后早期的营养既是胎儿宫内营养到新生儿营养的过渡，也是新生儿、婴儿健康成长的基础，更为生长发育潜能的发挥以及远期健康发展轨迹提供保障。

19.1.1 早期营养对特殊婴儿群体生长发育的作用

19.1.1.1 早产儿

由于早产、疾病影响，相当数量的早产儿出生早期生长发育落后于相应胎龄胎儿的宫内生长速度，低于生长曲线的第 10 百分位，导致宫外生长迟缓[2]。宫外生长迟缓不仅影响早期体格发育，对成长中的大脑也会产生不良影响。如果母乳充足，在继续母乳喂养基础上，添加适量母乳强化剂，可收到更好的效果；也有的临床喂养试验结果显示，PDF 喂养的早产儿 18 个月时体格发育较佳，特别是出生体重较低者、男婴受益更明显。出院后继续使用早产儿配方奶喂养 2 个月，对极低出生体重早产儿体格发育、骨矿化均有益。在保证孩子快速生长的同时，过快的生长也会带来机体代谢负荷过重、机体代谢重新程序化，可导致远期健康问题。因此，如何保证早产儿适度增长，避免生长发育迟缓或生长发育过度是有待解决的问题。

19.1.1.2 小于胎龄儿（SGA）

各种原因造成此组小儿宫内生长受限，出生后追赶生长是消除宫内不良影响的方法之一。SGA 患儿出生后恰当的追赶生长，特别是身长追赶生长好的婴儿，其神经系统发育较好。

19.1.2 早期营养对体格发育的影响

19.1.2.1 喂养成分及其持续时间影响生长发育速度

（1）喂养成分的影响　从营养素的组成、营养价值、对婴儿近远期的益处、对母亲的好处等多方面来讲，母乳是婴儿营养的最佳选择。虽然母乳个别营养素不能满足早产儿的需求，但是通过补充早产儿母乳强化剂可克服上述不足。需要强调婴儿配方乳不仅成分应接近母乳，而且应尽可能使婴儿生长发育模式接近母乳喂养儿。同时，婴儿 6 月龄之后及时合理添加辅食也是极其重要的。

（2）母乳喂养持续时间的影响　母乳喂养持续时间与超重的风险负相关，随母乳喂养时间的延长，比值比（OR）逐渐降低，从＜ 1 月的 1.0 降至＞ 9 月的 0.68。每进行 1 个月的母乳喂养，会使超重风险降低 4%；随访 2 ～ 33 年（多数随访对象 6 ～ 10 岁），母乳喂养者发生肥胖的概率较低。

19.1.2.2　早期体重增加过快与肥胖相关

早期过度营养直接影响婴儿的体重增加速度，而且出生早期体重增长过快也是后期出现超重、肥胖的基础，并与远期心血管合并症、代谢综合征等内分泌疾病相关。从出生至 20 岁的随访研究表明，以 0 ～ 4 月间体重增加超出年龄体重的 1SD（1 个标准差）定义，婴儿期 29% 出现快速体重增长，20 岁时 8% 肥胖，而肥胖者中，1/3 出生 4 月内体重呈快速增长，从而提示，婴儿期体重快速增长者，20 岁时更易出现肥胖。调整有关因素后，无论小儿出生体重及 1 岁以内体重增长如何，出生后前 4 个月体重增长速度过快增加其 7 岁时超重的风险 [3]。在婴儿早期营养的关键时期，恰当地控制体重增长速度对其以后的健康发展有重要意义。

19.1.3　早期营养对心血管系统的影响

早期营养状况的优劣会直接或间接影响儿童期、成年期的血压，甚至影响成年期的体质状况和对营养相关慢性病的易感性。

19.1.3.1　回顾性分析

低出生体重和低体重指数与成年期冠心病的风险增加相关。无论出生体重如何，1 岁内体重增长不佳可增加成年期罹患冠心病风险；出生瘦弱但 1 岁后体重增长迅速者，冠心病风险增加。

19.1.3.2　前瞻性研究

（1）对学龄期血压的影响　出生体重＜第 10 百分位的足月 SGA，非母乳喂养者出生后，随机分为标准婴儿配方乳喂养及营养强化婴儿配方乳（蛋白质高为 28%，富含更多的维生素、微量元素）喂养组，并设置母乳喂养为对照组。上述喂养方式持续 9 个月，6 ～ 8 岁时测量血压。营养强化组小儿舒张压较标准组高

3.2mmHg，9 个月内体重增长较快（Z 评分增加）的母乳喂养儿，血压较“Z 评分未增加者”高，表明 SGA 快速的体格发育，会以可见晚期血压增高为代价。

（2）对青春期血压的影响　出生体重低，但青春期体重重的男性血压增高的风险加大，2 岁内体重快速增加对男童维持血压在正常范围有帮助，而 6 ～ 11 岁及 11 ～ 16 岁体重快速增加，会使血压增高的风险加大。

19.1.4　早期营养对神经系统的影响

19.1.4.1　视功能

调查结果显示，母乳喂养儿的视敏度高于婴儿配方乳喂养者[4]。

19.1.4.2　认知功能

（1）母乳喂养对儿童神经系统发育有利　矫正母亲教育程度及社会地位后，出生后最初几周母乳喂养的儿童，7.5 ～ 8 岁时 IQ 较非母乳喂养组高 8.3 分。在一项比较母乳喂养儿与婴儿配方乳喂养儿 IQ 的研究中，6 月～ 15 岁间，相比较母乳喂养者 IQ 高出 5.3 分，即使控制了相关影响因素，母乳喂养者 IQ 仍高出 3.16 分；而且延长母乳喂养更有利于智力发育，母乳喂养时间＜ 1 月、2 ～ 3 月、4 ～ 6 月、7 ～ 9 月及＞ 9 月，27.2 岁时的韦氏智力量表 IQ 分别为 99.4、101.7、102.3、106.0 及 104.0。

（2）营养强化对神经系统发育的作用　7.5 ～ 8 岁间对出生体重＜ 1850g 的存活的早产儿进行随访，早期使用标准婴儿配方乳或早产儿配方乳单独喂养或作为母乳不足的替代喂养，喂养干预平均历时 1 个月。经儿童韦氏智力量表检测，出生后单独以标准婴儿配方乳喂养的男孩，7.5 ～ 8 岁时语言 IQ 较早产儿配方乳喂养者低 12.2 分；低语言 IQ（＜ 85）的比例更高。青春期时对标准婴儿配方乳喂养者与营养强化婴儿配方乳喂养者随访，测试语言 IQ 并行头颅核磁共振测定尾状核体积，营养强化组尾状核体积大，并且语言 IQ 值高，提出尾状核体积受早期营养的影响并与男孩语言 IQ 相关[5]。

（3）SGA 追赶生长的意义　随访研究表明，1 岁时出现头围追赶性生长的 SGA，6 岁时运动发育指数（DQ）高于无追赶性生长者。

19.1.5　早期营养对免疫系统的影响

母乳喂养有助于降低过敏性疾病的发生。在婴儿中进行的 2 年随访结果表明，纯母乳喂养4个月或更久，可减少2岁内哮喘、特应性皮炎及可能的过敏性鼻炎的发生率；部分母乳喂养半年或半年以上也有助于降低哮喘发生率。

由于早期婴儿膳食及肠道发育的特点，牛奶蛋白是非母乳喂养者最常见的过敏原。膳食预防及治疗主要针对以胃肠道过敏及特应性皮炎为主要表现的过敏症。对有出生后过敏家族史、不能母乳喂养的新生儿进行为期4个月的喂养干预实验，采用普通牛奶蛋白婴儿配方乳、部分或深度水解的乳清蛋白婴儿配方乳、深度水解的酪蛋白婴儿配方乳，在小儿3岁时随访，并以同期母乳喂养者进行对比，结果表明，过敏高危婴儿早期营养干预可显著降低特应性皮炎的发生，但对哮喘的发生率没有影响。

早期营养影响肠道菌群的建立，健康、有益的肠道菌群是保障机体健康的基础之一，早期营养成分，如母乳、益生原和/或益生菌有助于肠道有益菌群的建立，降低婴儿期各种常见感染性疾病和过敏反应的发生风险[6]。

19.1.6 早期营养对内分泌系统的影响

早期营养主要是对葡萄糖及脂类代谢的影响。胎龄25～34周、出生体重690～1500g的极低出生体重儿，其中包括小于胎龄儿及适于胎龄儿。5～7岁时短期静脉注射葡萄糖进行糖耐量试验，测定空腹胰岛素敏感性及葡萄糖刺激的胰岛素分泌。结果表明，宫内发育状况及出生后生长发育速度是胰岛素分泌及敏感性的独立影响因素。

19.2 产褥期和哺乳期妇女的营养干预

19.2.1 产褥期的营养干预

产妇自胎儿及其附属物娩出，到生殖器官恢复至非妊娠状态一般需要6～8周，这段时间在医学上称为产褥期，民间俗称“坐月子”。按我国的传统，很重视坐月子时的食补，产妇要进食很多的肉、禽、鱼、蛋等动物性食物，但同时又流传着一些食物禁忌，如不能吃蔬菜和水果等[7]。摄入过多的动物性食物，会使蛋白质和脂肪摄入过量，加重消化系统和肾脏负担，还会造成能量过剩导致肥胖；蔬菜、水果等摄入不足则使维生素、矿物质和膳食纤维的摄入量减少，影响乳汁分泌量以及乳汁中维生素和矿物质的含量，并增加乳母便秘、痔疮等的发生率。因此，产褥期要重视蔬菜、水果的摄入，做到食物均衡、多样、充足，但不过量，以保证乳母健康和乳汁质量。若产妇坐月子过后动物性食物明显减少，很快恢复到孕前饮食，使得能量和蛋白质等营养素往往达不到乳母的推荐摄入量。因此，要同样重视产褥期后哺乳阶段的营养，将肉、禽、鱼、蛋等含优质蛋白的食物在哺乳期的整个阶段均衡分配，这样才利于乳母健康及持续母乳喂养。在产褥期食物中，宜多样、不过量，重视整个哺乳期营养。关键性推荐如下：

① 产褥期膳食应是由多样化食物构成的平衡膳食，无特别的食物禁忌。

② 产褥期每天应吃适量的肉、禽、鱼、蛋、奶等动物性食品；吃各种各样蔬菜、水果，保证每天摄入蔬菜 500g。

③ 保证整个哺乳期的营养充足和均衡以持续进行母乳喂养。

乳母膳食营养状况是影响乳汁质量的重要因素，乳汁中蛋白质、脂肪、碳水化合物等宏量营养素的含量一般相对稳定，而维生素和矿物质的浓度容易受乳母膳食影响。最易受影响的营养素包括维生素 A、维生素 C、维生素 B_1、维生素 B_2、维生素 B_6、维生素 B_{12}、碘及脂肪酸等。因此，必须注重哺乳期的营养充足均衡，以保证乳汁的质和量。

19.2.2 哺乳期的营养干预

哺乳期是母体用乳汁哺育新生子代使其获得最佳生长发育并奠定一生健康基础的特殊生理阶段。哺乳期妇女（乳母）既要分泌乳汁、哺育婴儿，还需要逐步补偿妊娠、分娩时的营养素损耗并促进各器官、系统功能的恢复，因此比非哺乳妇女需要更多的营养。哺乳期妇女的膳食仍是由多样化食物组成的营养均衡膳食，除保证哺乳期的营养需要外，还通过乳汁的口感和气味，潜移默化地影响婴儿对辅食的接受和后续多样化膳食结构的建立[8]。

基于母乳喂养对母亲和子代的诸多益处，世界卫生组织建议婴儿 6 个月内应纯母乳喂养，并在添加辅食的基础上持续母乳喂养到 2 岁甚至更长时间[9]。乳母的营养状况是泌乳的基础，如果哺乳期营养不足，将会减少乳汁分泌量，降低乳汁质量，并影响母体健康。此外，乳母情绪、心理、睡眠等也会影响乳汁分泌量及乳汁成分组成。

19.2.2.1 膳食构成

在增加富含优质蛋白质及富含维生素 A 的动物性食物和海产品的摄入量时，需要注意的关键点为：①每天比孕前增加约 80 ～ 100g 的鱼、禽、蛋、瘦肉（每天总量为 220g），必要时可部分用大豆及其制品替代；②每天比孕前增饮 200mL

的牛奶，使总奶量达到每日 400 ～ 500mL；③每周吃 1 ～ 2 次动物肝脏（总量达 85g 猪肝或 40g 鸡肝）；④至少每周摄入 1 次海鱼、海带、紫菜、贝类等海产品；⑤采用加碘盐烹调食物。

19.2.2.2 膳食指南

哺乳期妇女膳食指南是在一般人群膳食指南基础上，增加了如下内容：①增加优质蛋白质食物摄入量，如动物性食物和海产品；增饮奶类，增加富含维生素 A 的动物性食物，选用碘盐和增加海产品摄入量；产褥期的食物多样不过量，重视整个哺乳期的营养；保持愉悦心情，充足睡眠，促进乳汁分泌；坚持哺乳，适度运动，逐步恢复适宜体重；忌烟酒，避免浓茶和咖啡。

19.3 婴幼儿期的喂养

19.3.1 6 月龄内婴儿的母乳喂养

出生后 1 ～ 180 天（6 月龄内）的婴儿处于一生中生长发育的第一个高峰期，对能量和营养素的需要量高于其他任何时期；但婴儿消化器官和排泄器官发育尚未成熟，功能不健全，对食物的消化吸收能力及代谢废物的排泄能力较低。母乳既能提供优质、全面、充足和结构适宜的营养素，满足婴儿生长发育的需要，又能完美地适应其尚未发育成熟的消化能力，并促进器官发育和功能成熟，而且母乳喂养又能避免过度喂养，使婴儿获得最佳的、健康的生长速率，为一生的健康奠定基础[10]。在食物形式上，6 月龄内婴儿需要完成从宫内依赖母体营养到宫外依赖食物营养的过渡，母乳是完成这一过渡期的最好食物。母乳喂养能满足婴儿 6 月龄内全部液体、能量和营养素需要，母乳中的营养素和多种生物活性物质构成一个特殊的生物系统，为婴儿提供全方位呵护，助其在离开母体子宫的保护后，仍能顺利地适应大自然的生态环境，健康成长[11]。6 月龄内婴儿的喂养，应遵循以下六条指南建议[12-14]：

① 产后尽早开奶，坚持新生儿第一口食物是母乳；

② 坚持 6 月龄内纯母乳喂养；

③ 顺应喂养，建立良好的生活规律；

④ 出生后数日开始补充维生素 D，不需补钙；

⑤ 用婴儿配方食品（奶粉）喂养只能是不具备母乳喂养条件下无奈的选择；

⑥ 定期监测体格指标，保持健康生长。

19.3.2 6 ~ 24 月龄婴幼儿的喂养

6～24 月龄婴幼儿是指满 6 月龄（出生 180 天后）至 2 周岁内（24 月龄内）的婴幼儿。这个阶段的婴幼儿处于 1000 日机遇窗口期的第三阶段，适宜的营养和喂养不仅关系到孩子近期的生长发育，也关系到长期的健康状况和生长发育轨迹。对于这个阶段的婴幼儿，母乳仍然是重要的营养来源，但单一的母乳喂养已经不能完全满足孩子对能量和营养素的需求，必须添加其他营养丰富的食物。与此同时，该月龄段婴幼儿胃肠道等消化器官的发育、感知觉以及认知行为能力的发展，也需要其有机会通过接触、感受和尝试，逐步体验和适应多样化的食物，从被动接受喂养转变到自主进食。

该阶段婴幼儿喂养的特殊性还在于父母及喂养者的喂养行为对婴幼儿营养和饮食行为有显著影响。应顺应婴幼儿需求喂养，有助于健康膳食习惯的养成，并具有长期而深远的影响。依据婴幼儿营养和喂养的需求，考虑我国婴幼儿喂养现状和营养健康状况，目前已有证据，同时参考 WHO 等的相关建议，对 6～24 月龄婴幼儿的喂养提出以下六条指南建议 [15-17]：

① 继续母乳喂养，满 6 月龄起添加辅食；

② 从富含铁的泥糊状食物开始，逐步添加达到食物多样化；

③ 提倡顺应喂养，鼓励但不强迫进食；

④ 辅食不加调味品，尽量减少糖和盐的摄入；

⑤ 注重饮食卫生和进食安全；

⑥ 定期监测体格指标，追求健康生长。

19.3.3 婴幼儿的喂养指导

19.3.3.1 母乳喂养

婴幼儿出生后，应首选母乳喂养，母乳可及时补充婴幼儿机体能量及各种营养素需要，降低婴幼儿患病率，同时还可减少婴幼儿过敏发生率 [18]。母乳中含有微量营养素及各种抗感染免疫因子，但维生素 D、锌、铁等营养素略显不足。在正常情况下，婴幼儿每日需要铁含量为 6～10mg，而母乳中仅为 1mg，早期无明显要求，当婴幼儿 4～6 月龄之后，则对这些喂养营养素的需要量逐渐增加，对此应从不同途径满足婴幼儿的需求，例如，自 6 月龄之后补充营养强化辅食、强化米粉等辅食，可改善这些营养素不足的状况。

19.3.3.2 添加辅食时间

至今为止，关于食物添加的时间有两种指导建议，一是根据喂养指导原则进行：若以纯母乳方式连续喂养婴幼儿 6 个月，应在婴幼儿 6 月龄时，适当添加辅食，而开始添加辅食时应以泥糊状为主。二是根据儿童指导中心建议和人群膳食指南，在婴幼儿 4 ～ 6 月龄，给予其他食物喂养。添加食物年龄不宜过早或过迟，正常情况下，城市生长发育良好的儿童不宜早于 4 月龄，农村儿童不宜迟于 8 月龄。而实际的辅食量应与婴幼儿头围、身长、体重相符，从而避免营养过量。当婴儿体重＞ 6kg 时，每日摄乳量为 800mL，而当婴儿出现咀嚼或咬手现象时，则提示需添加适量的辅食 [19]。

19.3.3.3 补充微量营养素和能量

婴儿期对能量的需求高于以后各个年龄段，若能量的摄入不足，可导致营养不良发生，严重时可影响婴幼儿的生长发育。婴儿期每日正常能量需要量为 95kcal/kg。婴幼儿在食物转换过程中（由母乳喂养过渡到家庭食物阶段），极易出现营养素缺乏。因此，在转换食物期间，应注意营养素补充，包括 B 族维生素、维生素 A、维生素 D、铁、锌等，当婴幼儿至 9 ～ 11 月龄时，则每日需要 72% 的钙、86% 的锌、97% 的铁来自于辅食，然而由于强化食品摄入量的个体差异和种类差异，常常存在难以满足机体需要量问题，对此应在儿童保健医生指导下进行必要的微量营养素补充，提高婴幼儿维生素 A、维生素 D、B 族维生素、锌、铁等营养素的摄入量，有助于提高机体抵抗力和免疫力，降低贫血发生率。

19.3.3.4 增加食物的能量密度

能量密度主要是指每克食物所含的能量（kcal），婴幼儿添加的食物中营养素和能量密度及膳食纤维与水分含量有关。若食物能量或脂肪含量高，则表明水分含量较低。若 6 ～ 8 月龄的婴幼儿膳食结构不合理或膳食种类不全，则容易发生营养缺乏，而在此期间应增加脂肪和蛋白质的摄入量。例如，婴儿 6 月龄后，应添加肉泥、肝泥、蛋黄泥等，可增加能量和蛋白质的摄入量，满足机体需要。

19.3.3.5 食物多样化

刚开始给婴儿添加的辅食第一种食物为谷类食物，其中以强化铁的米粉为首选。正常情况下，婴幼儿在 6 ～ 18 月龄时，处在缺铁性贫血高发期，若婴儿 6 月龄后还未添加辅食，容易发生缺铁和缺铁性贫血。当婴幼儿进食谷类食物一段时间后，便可逐渐添加鱼、禽肉、畜肉、水果、蔬菜等食物。食物的质地和营养素的种类对婴幼儿健康、营养均较为重要，在给予婴幼儿辅食过程中，不仅要保证能量充足，还需考虑营养素的含量。单一的蔬菜泥或水果泥，虽能够保证进食量，但是能量密度不够，因此可将多种蔬菜、水果混合制作，从而补充婴幼儿能量和营养素。自婴儿 6 月龄开始添加辅食时，应逐渐增加食物的品种和数量，且应逐渐从颗粒状食物或泥糊状食物过渡至小块状食物以后，再到固体食物 [20]。

19.3.4 辅食的添加

约到 4 ～ 6 月龄时，婴儿胃肠道和肾脏功能已经趋于发育成熟，保证足月婴儿能够开始适应消化辅食，从 6 月龄开始，应逐渐训练婴儿获得必要的运动技能（如手、眼、口的协调）以能安全应对辅食。从发育和营养的角度，给予与年龄相适应的食物，同时，正确的、适合婴儿年龄和发育程度的辅食添加方法也非常重要 [21]。

19.3.4.1 味觉发育和食物偏好

从完全乳类食物过渡到儿童早期膳食的过程中，婴儿学习并获得了关于食物和膳食的信息。婴儿有天生的、进化驱动的对甜味和咸味的偏好。婴儿天生讨厌苦味，因为苦味意味着潜在的有毒食物。然而，这些口味可以通过早期的经验来改变，因此父母在帮助婴幼儿建立良好膳食习惯中起着重要的作用。在宫内胎儿期或婴儿早期通过乳汁或婴儿配方乳接触到的特定口味将会影响后期的味觉发育。有证据表明，接受苦味和特定口味的食物需要早期规划 [22]。

父母和照顾者可改变婴儿的先天口味偏好，但是这些偏好（好或坏）只有在婴儿持续接触食物时才会增强。例如，反复早期接触一些蔬菜的味道，可增强 6 岁时对这些蔬菜的喜好 [23]。在婴幼儿期，辅食添加期间接触多种多样的蔬菜，在 6 岁时也更喜欢蔬菜，表明强调辅食添加期间优化膳食多样性和健康膳食的重要性。婴儿在接受新口味之前需要接触 8 ～ 10 次，甚至更多次。因此，应该鼓励父母坚持给婴儿提供新的食物，只要他们可以接受，即使婴儿的面部表情暗示他不喜欢的情况下也要坚持。

19.3.4.2 辅食添加的方式

在辅食添加过程中，父母扮演着重要角色，他们决定进食的时间和内容以及婴儿的喂养方式，制定规则和期望，并提供榜样。除了辅食添加的时间和内容之外，给婴儿食物的方式以及辅食添加期间父母和婴儿之间的互动还可影响婴儿膳食偏好以及食欲调节。

高收入家庭的婴儿通常用汤匙喂食第一种辅食，其形式为泥糊状，随后添加半固体和手指食品。然而，近年来，除了建议将固体食品的添加推迟到6个月外，还有一种逐渐增加的趋势，那就是完全避免最初的“泥糊”阶段，直接进入手指食品，即婴儿主导换乳方法。

婴儿主导换乳（baby-led weaning, BLW）方法中，父母给婴儿提供条块状食物，由婴儿自己用手拿起，吃到嘴里。这种情况下婴儿自己拿手指状食品，而不是由成人用勺子喂养，由婴儿自己决定吃什么、吃多少和吃的速度，和家人在就餐时分享家庭食物。这种方法可以提供婴儿更大的自我取食控制，并鼓励父母“反应性喂养”（responsive feeding），即根据婴儿的需求，父母做出反应喂养，是更好的膳食模式，有助于降低婴幼儿超重和肥胖的风险。

一种改良的BLW方式，称为婴儿主导的固体食物添加（baby led introduction to solids），特别强调辅食添加时增加含铁和富含能量的食物，并且避免可能导致窒息危险的食物。研究表明，这种方法是可行的，对增加婴儿摄取富含铁的食物有一定益处。

19.3.4.3 教养方式

人们越来越认识到父母教养方式，父母对待儿童的态度和行为方式，包括喂养行为，都会影响婴儿对食物的态度。对2岁以下婴幼儿，预防肥胖干预措施是注重膳食内容和反应性喂养，包括对看护者进行关于婴儿饥饿和饱腹信号的教育，鼓励父母采取个性化的合理喂养方式，避免把食物当作一种安慰或者奖励[24]。

19.3.4.4 调味品及牛奶

不鼓励在辅食中添加盐和糖，并不是因为婴儿成熟度不够，而是为了引导婴儿口味的偏好。应尽量减少糖（添加到食品和饮料中的糖）以及糖浆和果汁中天然糖的摄入量（包括蜂蜜）。婴儿期辅食中尽量少添加盐，以预防成人期的高血压病。大多数国家建议添加或开始食用牛奶的时间不应早于12个月。

19.4 追赶生长的营养干预

“追赶生长”是儿童因病理因素导致生长迟缓后，在去除这些因素后出现的生长加速现象，即生长过程中，若发生疾病、营养不良等，这些因素长期存在可导致儿童生长速度下降、生长曲线偏离原来的轨道，纠正以上因素后，生长速度较同龄人会加快，生长曲线又会回到受损之前或遗传确定的轨道上去[25]。

因不利因素发生的年龄、持续时间、严重程度等差异较大，追赶生长的结局亦不同，即有的儿童表现出完全性追赶生长，如生长水平恢复到原来甚至更高，而有的儿童则表现为部分性追赶生长，生长水平仍较低。身体器官、组织的最终大小是由特定程序（基因）决定，受外界影响较小，所以无论是生长迟缓抑或加速，最终都会回归到程序预定的大小。

19.4.1 生长速度对健康的影响

早产儿和低出生体重儿通过生长加速可提升生长速度，缩小与同龄儿童的差距，对体格和心理健康均有长远影响，如对脑发育的影响。脑发育的关键期为孕初期（脑细胞结构形成）、孕末期（脑细胞数量增长）与出生后前 2 年，儿童早期生长受损可引起认知发育延迟、学习能力差，出生后追赶生长中脑的快速发育可一定程度弥补这些缺陷。另外，生长受限的儿童易患某些感染性疾病如肺炎、腹泻等，且死亡率随体重 Z 评分值的减小而升高。可见，早期适度的追赶生长对体格和智力发育均有益。

19.4.1.1 追赶生长速度与成年期慢性病

追赶生长与一些成年期疾病如肥胖、Ⅱ型糖尿病、血脂异常、心血管疾病等代谢综合征密切相关，此类疾病高发病风险与追赶生长中的体重增加过速有关，尤其是出生后前 6 个月的快速生长。其机制为出生后早期营养过度使处在成熟过程中的下丘脑膳食中枢发生了结构改变，这种改变持续终生，影响调节体重、食欲、代谢以及脂肪沉积的激素轴，导致相关疾病发生[26]。追赶生长的小于胎龄儿在 2 ～ 4 岁期间，身体成分的变化（脂肪组织快速增加，尤其表现为腹部脂肪堆积）会伴随胰岛素敏感到胰岛素抵抗的转变，其与成年期肥胖、糖尿病等有关。由此提示有必要对追赶生长过程中体重增加过快的现象加以干预。干预的具体时间，有的认为是出生后的前几周很关键，有的则认为第二年的生长也与是否发生肥胖有关。但早期营养摄入不足、生长受限则可引起神经系统发育缺陷，认知能力下降。因此，确定营养干预的敏感期并合理安排膳食与补充十分重要。

19.4.1.2 追赶生长的差异

不同胎龄和出生体重的儿童发生追赶生长的概率、年龄及持续时间不同[27]，但追赶生长的一般模式相同，即早产儿从出生至足月（胎龄 40 周），因不适应宫外环境，生长速度较慢，40 周后才逐渐表现出生长加速，身高、体重 Z 评分值开始升高。在超低体重儿（出生体重＜ 1000g）随访中，所有对象从足月到 3 岁都表现出追赶生长。在纵向研究中，早产小于胎龄儿比足月小于胎龄儿出现追赶生长的时间晚，但到 2 岁时两组生长水平已无差别，3 ～ 5 岁之间未表现出追赶生长。而胎龄＜ 32 周的重度早产儿则需更长的时间来完成追赶生长，到 7 岁时他们的身高、体重才跟对照组很接近。有的极低体重小于胎龄儿，只要外界条件足够好，其追赶生长可贯穿于整个生长过程中，直至成年 [28]。这种差异提示，出生体重越低、胎龄越小，追赶生长所需时间越长。临床研究表明，大多数儿童的追赶生长发生于 2 岁之内，关键时期是 1 岁以内尤其是前半年，因此早期生长是关注的焦点。

19.4.2 影响追赶生长结局的因素

生长迟缓发生的年龄越小、持续时间越长、程度越严重，追赶生长的结局则越差。然而生长是一个复杂的、动态的、连续的过程，很多因素都会影响追赶生长的结局。

19.4.2.1 遗传

尽管存在早产这一不利因素，但通过追赶生长，大多数儿童可达到其遗传确定的身高范围。然而在儿童生长受损较严重时，遗传的决定作用则相对减弱。早产、极低体重儿通过追赶生长，身高可能处于正常范围，但并未达到遗传确定的水平，他们的成年身高仍低于父母平均水平。

19.4.2.2 胎龄

早产干扰了胎儿的正常生长规律，导致婴儿期生长迟缓，但进入儿童期后生长水平已与正常儿童无差别。胎龄不同，追赶生长结局亦不同。胎龄小于 32 周与 32 ～ 37 周的婴儿相比，幼儿期身高达到正常范围的人数比例明显减少，且到 5 岁时身高尚未达正常的比例显著升高。虽体重相同，但胎龄较小的婴儿头围的追赶生长较差，发生认知障碍的风险增加，说明极度早产对认知发育的影响比宫内发育迟缓要大。

19.4.2.3 孕期不良因素发生时间

在胚胎细胞生长的三个阶段，即细胞分化阶段（数目增加）、细胞分化和增大阶段（数目和体积增加）、细胞增大阶段（仅体积增大），若病理因素出现在第一和第二阶段，导致细胞总数减少则出生后追赶生长结局较差；若病理因素出现在第三阶段，细胞数目未减少则可能出现完全性追赶生长。反映宫内发育情况的指标有出生体重、身长等，另一指标可反映体重和身长的综合作用，即重量指数{ponderal index, PI，PI = 出生体重（g）×100/［出生身长（cm）]^3}，若病理因素发生于妊娠早期，导致胚胎细胞总数减少，各器官体积均匀减小，身长较体重损害严重，则 PI 较大，反之 PI 较小。出生时 PI 值与以后追赶生长水平呈负相关，即瘦长体形是追赶生长的有利因素。

19.4.2.4 小于胎龄儿和适于胎龄儿

小于胎龄儿存在不同原因的宫内发育迟缓（intrauterine growth retardation, IUGR），是出生后生长的不利因素。尤其在极低出生体重儿和超低出生体重儿（extremely low body weight infant, ELBWI）中，尽管小于胎龄儿组早期追赶生长的速度快于适于胎龄儿组，但其身高、体重、头围值始终低于适于胎龄儿组。以胎龄匹配时，小于胎龄儿组生长水平始终不及适于胎龄儿组；但以出生体重匹配时，同体重组的适于胎龄儿胎龄小于小于胎龄儿，2 岁以后同组小于胎龄儿和适于胎龄儿的身高、体重、头围水平已无差异，说明宫内发育迟缓对追赶生长结局的影响较早产大。在追赶生长过程中，两组的身体成分变化不同：小于胎龄儿组的脂肪含量增加明显快于后组，尤其表现为腹部脂肪增加，BMI 相应增大。这些为成年期的肥胖、糖尿病、心血管病等埋下了隐患。

19.4.2.5 出生身长、体重和头围

出生身长、体重与以后的生长水平呈正相关。大多极低出生体重儿的最终生长水平达不到其遗传确定的范围。早产儿 18 个月和 2 岁时的身高与出生时身长变化一致，胎龄＜32 周的小于胎龄儿出生身长也与 5 岁时身高能否达到正常密切相关。有些早产儿存在神经系统发育不全，发育程度与出生时的体重、头围趋势一致，以后的发育水平也与早期的体重、头围追赶生长情况呈正相关。

19.4.2.6 性别

在极低出生体重儿中，从出生到胎龄满 40 周这段时期，男女童身长、体重无差异，但 40 周后女童身长、体重增长明显快于男童。20 岁时，女童身高、体重与正常对照组已无差异，而男童则始终低于对照组。性别是影响追赶生长身高增长的一个独立因素，通常女童的追赶生长情况好于男童。

19.4.2.7 营养

与正常婴儿相比，早产和低出生体重儿出生时营养储备明显不足，早产合并低出生体重儿的情况最差，加强营养可明显提升这类儿童的生长水平。小于胎龄儿在前 9 个月内进行营养干预，其线性生长和头围增加明显改善。强化营养组和母乳喂养组的体重、身长、头围增长量均高于普通婴儿配方乳喂养组，强化营养

组和母乳喂养组间无差别。说明母乳可为小于胎龄儿提供足够的营养。但对极低出生体重儿（very low birth weight infants, VLBWI，出生体重＜1500g），仅母乳喂养是不够的，需辅助添加一些母乳强化剂；人工喂养者则需强化营养的早产儿配方乳改善生长状况。

19.4.3 追赶生长的利与弊

“出生后加速生长”或追赶生长的理论已经引起临床医生的质疑，尽管在生命早期加速生长有益于改善儿童的营养状态、抵抗力和存活率，但是以后则可能要为成年期肥胖、代谢、骨骼和心血管疾病的发生风险升高付出代价，所以，应针对早产儿追赶性生长的特点，及时进行营养干预和合理喂养指导。

19.4.3.1 生物学意义

生长是个体器官生长和组织生长的总和。组织生长包括脂肪、肌肉和骨骼的生长。肌肉的生长又称为无脂肪体重生长，骨骼生长也称为线性生长。体重变化主要反映脂肪量的变化，出生时的体重受遗传因素、母亲体重和宫内营养的影响，出生后体重则受膳食因素的调节。生长迟缓的婴儿如果能量和营养素摄入不足可引起发育障碍，过度喂养则可引起体重的过快增加。体脂沉积通常在出生后至1岁之间迅速增加，然后下降，直至青春期再次增加。身长（高）的生长（线性生长）可分为3个阶段，即婴儿期、儿童期和青春期。婴儿期始于宫内，持续到出生后，遵循同样的轨迹，出生前受胎盘功能调节，出生后受乳汁供给调节；儿童期尽管也依赖适当的食物供给，但主要受生长激素和胰岛素样生长因子-1的调节；青春期为线性生长的第二次加速，受性激素调节。

19.4.3.2 追赶生长的评价

追赶生长是人类生长的一种特性，即在一段时间的生长停止或延迟（如因疾病或营养不良）之后，儿童凭此回归到其遗传学编程的正常生长轨迹。追赶生长可发生在生长的任何阶段，但最常见于出生后最初的两年中。尽管长期以来一直将追赶生长看作是一种正常的生理学现象，但现在认为是成年期营养相关慢性疾病的主要危险因素。来自流产胎儿和死产婴儿的身体组成（又称体成分）分析结果显示，胎龄22周时胎儿几乎全部由无脂肪体重组成，足月时无脂肪体重占体重的87%；出生后，体重增加，逐渐从无脂肪体重向脂肪组织转移，脂肪量占体重的比例随年龄增加而明显增加。因此，出生后头2年内适度追赶生长特别重要，此阶段获得的生长主要是无脂肪体重和长骨的生长。追赶生长开始得越晚，获得的无脂肪体重生长就越少，特别是长骨。胎儿期和婴儿期是无脂肪体重生长关键的“时间窗口”，在此之后，过多的能量摄入将被转换为脂肪组织（“优先追赶脂肪”）。

因此，早期的生长类型可预示以后的疾病风险，体成分的个体发育起了重要作用，其主要通过两个机制引起成年期疾病：①胎儿和婴儿期的生长限制永久性地抑制无脂肪体重的生长，抑制儿童对丰富膳食的代谢能力；②出生后快速追赶生长使能量不成比例地转换为脂肪组织，特别是在腹部，可引起儿童体重增加和向心性肥胖。根据“节俭表型”假说，追赶生长的“优先追赶脂肪”是发生在食物缺乏期间能量保存机制的后遗作用，亦即当任何原因（如战争、饥荒、贫穷、疾病等）引起体重丢失和体内脂肪储备耗竭时，都会导致产热作用的抑制效应，恢复期即使没有过度的食物摄入，也会发生追赶生长，因为产热抑制持续存在，能量消耗仍然较低，多余的能量被转换为脂肪储存起来。

19.4.3.3 不同生长类型新生儿的喂养策略

追赶生长有其好的一面，也有其不利的一面。从营养状态和患儿存活这个层面来说，追赶生长是一件好事，然而，以后可能增加发生肥胖和代谢综合征的风险则是其不利的一面。因此，在进行喂养推荐时，必须权衡利弊。需要“适当地”追赶生长而不是快速地“加速生长”，是以无脂肪体重生长为主的线性生长，而不是脂肪的生长。

（1）宫内生长受限儿　宫内生长受限与成年期健康的关系不仅与出生体重相关，而且与出生后的生长类型也密切相关。尽管有同样的体重和体重指数（body mass index, BMI）增加，出生时为小于胎龄儿的儿童在 2 ～ 5 岁时，比出生时为适于胎龄儿的儿童有较多的脂肪量和较少的无脂肪体重、明显较高的“脂肪量 / 无脂肪体重量”比值、较多的全身肥胖和腹部脂肪及较低的胰岛素敏感性。1 岁以内适当追赶生长是生长受限儿出生后获得适当营养时所发生的一种自然现象，遵循与胎儿一样的生长轨迹，主要是无脂肪体重增加，而不是脂肪的堆积。而儿童期过快的体重增加则可能是过度能量摄入的结果，主要为脂肪量的增加。因此，如果宫内生长受限儿在 1 岁以内缺乏追赶生长，而在儿童期发生过度的快速生长，则以后发生代谢综合征的风险将明显增加。

对于宫内生长受限儿，营养的目标是通过均衡膳食和合理喂养使其达到最佳的生长，既有“适度”的追赶生长，又不至于发生“过快”的追赶生长。纯母乳喂养是出生后最初 6 个月最佳的喂养模式，不仅是因为有很多营养学和非营养学的优点，而且也因为其较低的蛋白质含量和婴儿较慢的生长速率有利于降低成年时期发生肥胖、心血管疾病等慢性病的风险。在母乳喂养不足的情况下，婴儿配方乳的选择对宫内生长受限儿也非常重要，因为宫内生长受限儿在胎儿时期已经习惯宫内限制的营养供给，出生后相对“丰富”的营养可诱导迅速的追赶生长和不利的远期健康结局，因此，对于这些婴儿可能需要选择能量密度和蛋白质含量较低的婴儿配方乳。

（2）早产儿　尽管大多数早产儿出生时是适于胎龄儿，不像小于胎龄儿存在宫内生长受限，但出生后的生长情况却不容乐观，特别是当其临床情况不稳定时。极低出生体重的早产儿出生后的生长不足是一个普遍的问题，甚至在出院时低于同胎龄胎儿宫内生长速率的第 10 百分位，称为宫外生长迟缓。与宫内生长受限儿一样，宫外生长迟缓早产儿也必然要经历追赶生长的过程，但追赶生长的时间窗口却相当狭窄，尤其是头围的关键生长期仅为出生后的第 1 年。如果在关键期不发生追赶生长，就会对神经发育和最终身高造成不可逆的长期影响。因此，提倡对极低出生体重儿给予早期“积极”的营养，以促进早期的追赶生长和减少宫外生长迟缓的发生。然而，“优先追赶脂肪”的现象也发生在早产儿的追赶生长期间，并有早产儿在儿童期、青春期和成人早期出现胰岛素敏感性降低和代偿性高胰岛素血症。多数新生儿学家认为，早期“积极”的营养方案能够减少宫外生长迟缓的发生，继而减少对追赶生长的需要。

对于出院时存在宫外生长迟缓的早产儿，出院后推荐应用营养丰富的院外婴儿配方乳或母乳加母乳强化剂喂养。出院至纠正年龄 2 ～ 3 个月为追赶生长的关键时期，此期间“生长迟缓”与神经系统发育密切相关。但是，一旦达到适当的追赶生长，应及时改回标准的婴儿配方乳或纯母乳喂养。对于出院时不存在宫外生长迟缓的生长适当的早产儿，出院后不推荐应用营养丰富的婴儿配方乳进行强化喂养。与宫内生长受限儿一样，对于极低出生体重的早产儿，母乳喂养则是更合适的选择。研究表明，母乳喂养组的婴儿在 16 岁时所有代谢综合征的指标均优于婴儿配方乳喂养组，其中尤其有意义的是，母乳喂养组的儿童 16 岁时的舒张压比配方乳喂养组平均降低 3mmHg 以上，显著优于任何其他非药物手段（如减肥、限盐、锻炼等）降低血压的效果。因此，除其营养学益处之外，大力提倡母乳喂养是降低早产儿成年期疾病风险的一种策略。

19.4.4　早产儿的追赶生长

早产低出生体重儿是婴幼儿和儿童期宫外生长迟缓（extra-uterine growth retardation, EUGR）、感染性疾病和发育落后的高风险人群，其生长发育、早期发展与正常足月儿相比存在着不同的生长规律，在生长发育过程中更容易发生营养、代谢、神经心理等方面的障碍，这些问题可在不同年龄段出现。

19.4.4.1 早产低出生体重儿的追赶生长特点

早产低出生体重儿的追赶生长，存在着完全性追赶生长和不完全性（部分性）追赶生长。影响追赶生长的因素包括胎龄、出生体重、疾病程度、住院期间的营养、生长状况及出院后的营养、疾病管理等，不同胎龄、出生体重的早产儿追赶生长呈现不同的变化趋势[29]。

（1）小于胎龄儿与适于胎龄儿　SGA 早产儿在宫内为提高生存概率会发生一系列适应性改变，包括对宫内生长和代谢的适应，出生后，脱离宫内不良环境，其生长代谢会出现不同于 AGA 的变化。早产儿 1 岁以内为追赶生长最佳时期，体重、身长和头围的追赶生长呈先快后慢的特征，体重追赶生长优于身长、头围，SGA 具有更大的生长潜力。SGA 早产儿在校正 7 月龄内体重追赶性生长较好，但身长追赶性生长则相对较差，头围追赶最差。在比较早产 SGA 和 AGA 在住院期间的体格发育增长情况，表明 SGA 出生后体重、头围增长均快于 AGA，而身长增长差异无统计学意义，提示早产 SGA 出生后存在追赶性生长，但体重的增速较身长的增速明显。在 10 年追踪研究中，表明 AGA 基本能达到正常身高，而早期快速体重增加的 SGA 追赶生长则更为显著，BMI 接近正常人群参考值的 −1SD，根据不同孕周分组统计显示，＜ 32 周的 SGA 身长达到 −0.29SD，而＞ 32 周身长能达到 −0.13SD。

（2）极早早产儿与极低出生体重儿　出生胎龄越小和出生体重越轻，其器官发育水平越差，早期出现不能耐受常规喂养和合并其他严重疾病的情况更多，导致能量、营养素摄入明显不足。通过对早产儿早期肠内外营养和合理喂养照护，可缩短其住院时间，这些早产儿同样可实现理想的追赶生长。从出生到 7 岁生长发育纵向回顾性研究显示，这些早产儿体重增长速度在校正胎龄 6 个月～ 2 岁期间增加迅速，身长的速度增长在校正 2 ～ 12 个月最快。在校正胎龄前三个月极早早产儿（very preterm infants, VPI）儿童的身高和体重 Z 评分值显著下降，之后在 11 年期间体重和身高呈现追赶生长，头围追赶生长主要发生在出生后 6 个月内，之后无明显追赶。BMI 的 Z 评分值增加显著，VPI 组 1 ～ 11 岁 BMI 增加变化值高于正常足月组。对 VLBW 的 SGA 早产儿进行研究，显示 SGA 组到成年期实现完全身高追赶，其中 71% 都高于目标身高，而无追赶生长或者一开始有追赶，但后面生长无追赶的儿童身高 72% 低于目标身高。接近 50% 有头围追赶的儿童也获得了身高追赶，身高追赶不超过 6 年。在对出生体重＜ 1250g 的早产儿进行为期 2 年的前瞻性、非随机、连续观察性研究表明，VLBW 的 SGA 儿童的体重增加更早，生长速度追赶也更明显[30]。

19.4.4.2 追赶生长与神经心理发育结局

早产、低出生体重儿的生长状况直接关系到脑细胞发育，营养缺失造成的生长速度缓慢不仅影响体格生长，更会影响其神经系统发育。早产儿的神经心理行为发育结局一直备受关注，例如脑瘫及认知发育障碍[31]。2 岁前，婴幼儿脑部可塑性很强，早期充足营养摄入、干预可促进脑结构的改变，改善早产儿神经发育水平，降低脑瘫发生率。多数 SGA 通过适宜的喂养可出现不同程度的追赶生长，在 2 ～ 3 年内达到正常水平，而无追赶生长的 SGA 易出现神经系统的不良结局[32]。低出生体重、低出生身长、出生时小头围和早产都增加了儿童日后智力和精神疾病的风险性，身长的追赶生长有利于 SGA 儿童的智能发展。ELBWI 出生后早期的体重增长速度及出院后的追赶性生长与学龄前期的认知功能密切相关。高蛋白摄入在实现快速增长的同时可提高早产儿随后的认知功能，如对＜ 31 周早产儿进行高蛋白质配方饮食证实对脑结构和功能有利，会增加 10% 尾状核体积和提高智商（IQ）[33]。＜ 30 周的儿童早期饮食对青少年期认知结局表明，高营养素饮食组与标准营养素饮食组，在 8 岁和 16 岁时通过韦氏儿童智力量表（WISC-R）测定的 IQ 结果显示，高营养素组的言语智商（VIQ）、操作智商（PIQ）、总智商（FIQ）均高于标准营养组。VLBW 和 SGA 儿童 18 个月～ 6 岁的每千克体重每日的能量摄入与其发育商和成年智商（DQ/IQ）相关。但增加氨基酸、蛋白质摄入，无论是肠外还是肠内营养均未提高 500 ～ 1249g 早产儿的生长和神经发育。因此，早期营养与生长效应的敏感窗口期还未知，早期营养、生长效应与神经发育之间的风险 - 效益仍有待进一步研究。

19.4.4.3 不适宜的追赶生长对健康的危害

在追赶生长动物模型研究中，孕期限制摄入蛋白质导致宫内发育 / 生长迟缓（intrauterine growth retardation, IUGR）的新生鼠，给予高能量饲料后，新生鼠成年死亡比正常对照组更早，以雄鼠显著，可见“多一些就好”的摄入策略在 IUGR 中要重新考虑。对于早产儿，早期的高蛋白摄入会提高生长速度，降低神经发育障碍的发生率，但其后期的生长加速理论认为快速体重增长的婴儿更倾向于被认为是发生心血管疾病（代谢综合征）的高危人群，因此，推测稍微慢一些的生长速度似乎更有益，过快的增长会扰乱早产儿自身适应性改变的“程序化”过程，降低对成年期疾病的抵御能力。

从婴儿到青少年的队列研究表明，快速生长可导致胰岛素抵抗水平的上升[34]。ELBW 在婴儿期生长落后，随后体重增速增加，也增加了之后发生胰岛素抵抗和冠心病的风险。在早产儿早期体重增长与成年疾病关系的研究发现，在校正胎龄头三个月的体重增长与21岁时的体脂率和腰围成正相关，体重在这三个月的增长与成年早期总胆固醇、LDL水平呈正相关，体重增长最高的组别其体脂率、腰围、急性胰岛素反应等都显著高于其他中等和低增长组。低出生体重儿（LBW）出现的追赶生长在短期内可能有利于个体，但长期会影响人体健康。

19.4.5 早产儿的营养支持

由于早产儿自身身体特点，其出生后早期能量、蛋白质摄入大多低于期望值，而营养因素对于新生儿的生长发育占有45%的影响力，一旦出现营养缺乏，则可造成身材矮小、智力落后、发育不良、心理疾患等。故早产儿出生后早期亟须补充足够的能量与营养素，这有利于加快早产儿的体重回复正常，早日实现追赶性生长。弥补早产儿早期能量、蛋白质的缺失，还能够降低早产儿并发症，避免由于营养不足带来的身体与智力缺陷。

19.4.5.1 早产儿的母乳喂养

母乳喂养是为新生儿提供免疫预防、早期获取营养物质的重要方式，利于避免早产儿发生过敏性疾病或感染。母乳中含有丰富的营养成分，易于消化吸收，对于提高早产儿机体免疫力，加快其体格与脑部发育意义重大。早产母乳中还含有高出足月母乳1.5～2倍的DHA与ARA，有利于加快早产儿神经系统和功能的发育；而且母乳喂养与降低新生儿成年后糖尿病、高血压等慢性疾病的出现具有一定关联。然而，单纯母乳喂养无法全面满足早产儿发育与生长需求，通过使用母乳强化剂等方式可及时补充各种营养成分，不断改善早产儿生长发育状况，保证营养均衡，对于追赶生长所需的营养支持至关重要。在母乳不足或无母乳的情况下，使用足月儿配方乳喂养的早产儿，与采用早产儿配方乳喂养的早产儿间存在明显差异，表现在早产儿配方乳喂养组的早产儿生长发育、体重状况改善效果更优。在对出院后早产儿提供营养支持时，应当着重考虑其出院时的具体情况及个体差异，对于出院时体重接近正常的早产儿，应尽量使用母乳喂养；对于体重较低的早产儿，在母乳喂养的基础上添加母乳强化剂，补充蛋白质、脂肪酸、多种微量营养素等，以更为快速、及时、有效地纠正早产儿的体质，帮助其尽快追赶达到足月儿的体格发育程度。

19.4.5.2 早产儿出院后的营养管理

（1）营养风险评估　营养风险评估是早产儿出院后早期营养管理的重要基础。依据早产儿出生体重、胎龄、宫内发育、日公斤体重奶量、经口喂养是否协调、宫外生长及并发症的发生情况，将早产儿的营养风险类型分为高危、中危、低危。其中，高营养风险早产儿同时亦属于发生宫外生长迟缓高危儿，其早期营养状况与后天神经发育、智力发育、体格发育关系密切。出生时体重低于第10百分位、体重增长缓慢、开始喂养时间迟，是早产儿发生早期生长迟缓的重要因素。足月～4月龄低体重早产儿，体重增长每提高1个Z评分，其精神运动发育指数即可提高1.7分；而至1～8岁时，体重增长每提高1个Z评分，韦氏儿童智力量表-Ⅲ评分可提高1.9分。由此可见，通过营养风险评估对宫外生长迟缓高危早产儿实施强化营养管理，能有效加快其追赶生长与心理、神经系统的发育。

（2）定期发育监测　为了便于评估早产儿出院后各阶段的营养状态，应定期监测发育状况，这是实现科学喂养的重要保障。早产儿科学喂养体系主要包括3个阶段：①院内强化阶段，强调通过母乳+院内专用配方/母乳强化剂，使得早产儿恢复正常宫内生长速率；②出院后过渡阶段，强调通过母乳+出院后专用配方/母乳强化剂，帮助早产儿尽快实现追赶性生长；③常规营养阶段，强调通过母乳或者足月儿配方食品，实现早产儿正常生长发育。在监测这3个阶段患儿体格生长情况的同时，还应当关注其身长、体重与头围等指标，并充分评估、分析各指标间存在的联系，这对于临床上更好地了解早产儿发育情况，进而有针对性地制定出院后营养管理措施，促进早产儿正常发育具有重要意义。

（3）强化母乳喂养　强化母乳喂养属于高营养风险早产儿出院后营养管理的关键措施，利于满足早产儿特殊营养需求，降低喂养不耐受及感染风险，确保生长发育速率稳定。世界卫生组织推荐的早产儿出院后强化营养时间为4～6月龄，提示（极）低出生体重儿需坚持母乳喂养至少6个月，若不能接受母乳喂养亦可选择捐赠母乳喂养。强化母乳喂养能够促使早产儿恢复到正常胎儿生长速率、败血症减少2/3、医院感染率下降50%，可优化喂养耐受情况，因此，早期强化喂养对于早产儿十分必要。早产儿母乳喂养量每日突破90mL/kg前即应当添加母乳强化剂，同时确保足量强化在3d内完成。超（极）低出生体重儿、出生后并发症多或病情危重、存在宫内外生长迟缓症状、完全肠外营养＞28d、住院期间纯母乳喂养且出生体重＜2kg、出院前体重增长每日＜15g/kg者均应当实施强化喂养策略。另外，在最大程度确保、鼓励母乳喂养的同时，还应当依据早产儿的基础疾病情况、体格生长状况，添加能量密度不同的婴儿配方乳以弥补母乳喂养的不足。从早产儿骨健康、体内所储存的营养素量较少角度出发，若其出院时体格发育仍低于同龄人群的第10百分位，在严密监测下适当使用院外早产儿/低出生体重儿配方乳亦具有一定的可行性。

（4）控制追赶生长　合理控制早产儿追赶速率，对于实现科学营养管理、确保早产儿正常生长发育十分必要。由于辅食添加对早产儿追赶生产速率具有重要影响，对于胎龄小、发育成熟较差的早产儿，过早添加半固体食物，除了影响摄入奶量，还易导致消化不良、食物不耐受 / 过敏；而添加时间过晚又会影响进食技能发育，导致多种营养素摄取不足。故而依据其口腔运动能力、咀嚼功能，个性化设定早产儿半固体食物开始添加的年龄，循序渐进地添加辅食至关重要。早产儿追赶性生长的理想目标，应当是通过充足、均衡的营养支持，实现身长、头围、体重等各指标匀速增长，促使其体成分、生长速率、功能状态均接近正常胎儿。根据早产儿生长指标校正同月龄的百分数，应当达到 $P_{25} \sim P_{50}$，同时还需看个体增长速率是否理想，避免体重与身长之比超过 P_{90}，一旦实现追赶目标则需结束强化喂养。因为非蛋白质的能量过多摄入、过度喂养均会造成早产儿追赶生长速率过快，进而增加成年期肥胖、Ⅱ型糖尿病、心血管疾病等代谢综合征的发生率。因此，早产儿出院后营养管理应当注意控制追赶速率的合理性，在促进早产儿健康发育的同时，避免种下成年慢性疾病的祸根。

（5）出院后随访与管理　临床上，对早产儿出院后管理及随访经验已有总结性研究，主要探讨的是对早产儿出院后的随访方式、随访内容、家长需求等。对于早产儿随访对象的选择应当包括所有早产儿，尤其是体重、胎龄较低，生长迟缓、合并症多的婴儿。参与随访的人员应掌握早产儿发育特点，选择合适的体格生长曲线加以评估，不但需关注体格生长指数的变化值与绝对值，还应关注早产儿体格生长指标在同龄人群中所处的水平，并依此进行营养指导与支持。随访人员应加大对早产儿合并症恢复情况的关注，定期开展早产儿肺动脉压力、慢性肺疾病肺功能检查等，并主动与专科医生进行沟通。随访人员需重视对早产儿神经系统发育的检测与评估，除临床体检外，还应根据矫正年龄选用适当的量表、评估方法进行评价。对早产儿进行体力检查、眼底检查等，对于常规筛查常见早产儿合并症亦极为重要。出院后，早产儿家长应提高早产儿营养摄入相关知识知晓率，随访人员应掌握更多早产儿健康状况评估方法，实施早产儿随访计划。若能设置早产儿营养管理护理专职、开发早产儿营养支持与发育监测 APP 等，不但可以对早产儿出院后的营养状况进行专业化、系统化、整体化管理，并能够满足早产儿父母对早产儿喂养信息的需求，进而为早产儿的生长与发育提供重要支撑。

19.4.6　追赶生长对糖代谢的影响

对个体而言，营养补充从较低水平开始的大幅提升可造成“追赶生长现象”，即经过一过性的生长抑制后出现的快速生长现象，可造成胰岛素抵抗及糖尿病风险增加。而群体营养由低水平的快速大幅提升同样可造成患肥胖、Ⅱ型糖尿病、高血压病等代谢性疾病的风险显著增加[35]。

19.4.6.1 快速的追赶生长增加代谢性疾病的风险

快速的追赶生长可增加胰岛素抵抗、糖代谢异常等代谢性疾病的风险。追赶生长根据其发生的时期可分为生命早期的追赶生长及成年期的追赶生长。

（1）生命早期的追赶生长与糖代谢　发生在生命早期的追赶生长现象多见于宫内生长受限（IUGR）、小于胎龄儿（small for gestational age infant, SGA）或低出生体重儿。IUGR、SGA 或婴幼儿期经历饥荒的个体成年后更容易罹患肥胖、胰岛素抵抗、糖尿病、高血脂、高血压、心血管病等代谢性疾病[36]，且这些风险的增加在出生后经历营养水平快速提升的个体中更为明显。按照“节俭表型”学说，即个体在生命早期经历营养缺乏时，机体为了保证重要脏器的生长发育，能量供应模式出现组织选择性，机体倾向于能量储存模式而非能量消耗模式，形成“节俭型代谢模式”，而这种代谢模式会以“代谢惯性”的形式延续至出生后的数年甚至一生。当个体出生后营养不再缺乏时，这种节俭型代谢模式与营养供应水平并不匹配，从而出现脂肪组织优先增加，导致肥胖及一系列与胰岛素抵抗密切相关的代谢性疾病。因此，发生在生命早期的追赶生长对远期代谢性疾病的发生、发展有重要影响。

（2）成年期追赶生长与糖代谢　相较生命早期追赶生长而言，发生于成年期的营养提升与代谢病的关系研究相对较少。由于成年期个体生长发育已经完成，成年期营养状况的快速提升，主要表现为脂肪组织的追赶，且脂肪增加具有明显向心性分布趋势，故可在短期内造成严重的胰岛素抵抗，成年期营养水平的快速提升与糖脂代谢紊乱密切相关。若营养水平有迅猛的提升，其 BMI、腰围、臀围、腰高比、腰臀比、稳态模式评估法测定的胰岛素抵抗指数（homeostasis model assessment-IR, HOMA-IR）、低密度脂蛋白（low density lipoprotein, LDL）升高，而高密度脂蛋白（high density lipoprotein, HDL）水平降低，提示营养水平快速提升增加了胰岛素抵抗及相关疾病的风险。

与之相类似，疾病和疾病的康复同样可造成营养水平的快速变化，这种变化也可造成体重波动。体重波动可独立于体重本身而增加代谢性疾病风险，如嗜酒及慢性胃肠道疾病引起的体重波动与心血管疾病等慢性代谢性疾病密切相关。借助节食及运动干预，多数人可在 3 ～ 6 个月内取得显著的减肥效果，然而随访结果表明，约有 1/3 的减重人群在减重后 1 年内体重开始反弹，3 ～ 5 年内体重恢复至减重前水平。节食后体重的反弹与高脂血症、高血压、高空腹血糖、高空腹胰岛素水平等代谢综合征密切相关。中等程度的体重反弹（2% ～ 6% 基础体重）可造成血压、血糖及胰岛素恢复至减重前甚至高于减重前水平，而更高程度的体重反弹则与血脂水平密切相关。因此，减重后体重反弹所诱发的体重波动，也是引起代谢性疾病的重要原因之一。

19.4.6.2 追赶生长引起糖代谢异常的机制

通过不同类型的人群研究表明，由于营养状况得到迅速改善（能量和营养素摄入量的显著增加）、疾病、体重反弹等因素引发的追赶生长可引起糖代谢异常。通过限制能量后再开放饮食来构建追赶生长的动物模型，尽管限制能量的程度及恢复饮食的时限各不相同，但通过该方法构建的追赶生长动物模型在能量摄入不多、体重无明显增加的情况下，亦可出现显著的内脏脂肪堆积、系统及局部的胰岛素抵抗，造成糖代谢紊乱。

（1）产热抑制，葡萄糖利用再分布及营养物质代谢转变　机体在营养素来源不足时，为保护重要器官的能量供应，会出现与“节俭表型”相类似的现象，即抑制产热及能量再分配。追赶生长的机体产热明显减少，脂肪组织出现优先生长，表明抑制产热是追赶生长过程中脂肪追赶生长及系统性胰岛素抵抗的重要原因。同时，“葡萄糖利用再分布”的学说也表明追赶生长引起代谢异常的机制。限食后开放饮食，在体脂、血游离脂肪酸及骨骼肌内脂质沉积无明显增加的情况下，追赶生长的骨骼肌对胰岛素刺激下葡萄糖的利用率比对照组低 20% ～ 43%，而白色脂肪组织对胰岛素刺激下葡萄糖的利用率是对照组的 2 ～ 3 倍，同时，脂肪组织内脂肪细胞数量增加、脂肪生成与脂质从头合成能力较对照组明显升高，提示白色脂肪组织在追赶生长过程中具有可塑性，其对胰岛素的敏感性增加且脂肪合成能力增强，而骨骼肌胰岛素敏感性下降，造成脂肪组织优先增加。

调节营养底物氧化代谢是机体适应不同生理及营养状况的一种重要机制。在不影响能量消耗及静息代谢率的情况下，限食情况下机体对脂肪的氧化能力低于碳水化合物，在限食期间对脂肪的氧化能力仅为正常组的 50%，从而导致了 IUGR 个体出现更早及更多的脂肪堆积，提示营养底物供应模式的转变也是导致追赶生长中脂质堆积的重要原因。

（2）脂质生成及储存失衡，内脏脂肪炎症及功能失调　脂肪组织作为能量调节的组织，在胰岛素抵抗、Ⅱ型糖尿病等代谢性疾病的发生发展中扮演重要角色。过氧化物酶体增殖物激活受体 γ（peroxisome proliferators-activated receptors γ, PPARγ）主要调控脂质生成，脂肪特异性蛋白 27（fat-specific protein 27, FSP27）则主要调节脂质储存，PPARγ 和 FSP27 二者之间的协调性表达是维持脂肪组织脂质生成 / 储存平衡的重要条件。限食 4 周末，大鼠附睾脂肪中 PPARγ 表达较对照组增强。开放饮食后，PPARγ 表达水平仍增加且持续高于对照组，而 FSP27 的表达则增加缓慢。皮下脂肪中 PPARγ 和 FSP27 表达水平较对照组无明显改变。与同期 CUG 大鼠附睾脂肪中的 PPARγ 水平相比，FSP27 的表达明显滞后于 PPARγ 的表达，提示脂肪组织中 PPARγ 和 FSP27 表达失调，脂质生成能力持续高于储存能力。限食期，机体通过增加脂肪组织脂质生成能力以代偿能量来源的不足，但是由于营养底物缺乏，这种适应性的脂质生成能力增加仅为潜在性的，而一旦开放饮食后，营养来源充足，脂肪组织脂质生成能力实际性增加，导致内脏脂肪迅速堆积，而脂质储存能力持续低于生成能力，造成脂质外溢至血液、骨骼肌、肝脏中形成脂质异位沉积，从而诱发胰岛素抵抗。

营养波动除了可导致脂肪组织中脂肪生成及脂质合成增加外，追赶生长过程中脂肪组织炎症是引起胰岛素抵抗的重要原因。内质网作为细胞内蛋白质加工、折叠及运输的重要场所，其对糖脂代谢具有重要调节作用。内质网功能紊乱会激活细胞内未折叠蛋白反应（unfolded protein response, UPR），UPR 可激活炎症通路，如 JNK 和 IKK-β 通路，从而抑制胰岛素信号通路活化，导致胰岛素抵抗。雄性 IUGR 大鼠循环及白色脂肪组织中 TNF-α 水平均升高，同时，UPR 相关组分的表达水平也升高。而脂肪组织中的慢性炎症对胰岛素分泌、胰岛素敏感性及脂代谢有着不利的影响，增加了个体对肥胖及代谢综合征的易感性。

此外，IUGR 还可导致白色脂肪组织中交感神经活性降低，使产热减少。同时，脂肪组织作为一种重要的内分泌器官，各种脂肪因子在营养波动时也会发生变化。IUGR 个体在出生后血清中瘦素（leptin）及脂联素（adiponectin）水平明显低于正常组，阿片黑素促皮质激素原（POMC）中厌食相关的基因表达水平也降低，这些因素共同导致 IUGR 个体在营养恢复后较易出现肥胖、脂肪堆积及胰岛素抵抗等代谢紊乱性疾病。

（3）骨骼肌线粒体异常、脂质异位沉积及骨骼肌功能异常　骨骼肌作为胰岛素作用的主要靶器官之一，对糖代谢具有重要调节作用。Ⅱ型糖尿病患者骨骼肌线粒体数量减少及功能减弱、氧化磷酸化能力下降[37]。追赶生长的大鼠模型结果表明，限食期骨骼肌线粒体 β 氧化能力降低，这种现象在恢复饮食后仍持续存在。此外，成年追赶生长的骨骼肌内线粒体数量及生物发生调控基因 SIRT1 与线粒体 β 氧化关键酶肉毒碱棕榈酰转移酶 -1（carnitine palmitoyltransferases-1, CPT1）表达减少、肌膜下和肌纤维间线粒体复合物活性受损，同时，线粒体内活性氧（reactive oxygen species, ROS）和丙二醇水平较对照组升高，抗氧化酶活性降低。给予 IUGR 个体高脂饮食，与全程高脂喂养小猪相比，其骨骼肌内线粒体氧化功能受损，线粒体 DNA 含量及线粒体生物发生相关基因表达降低。提示追赶生长过程中骨骼肌线粒体数量及功能受损，氧化应激水平升高是引起追赶生长所致胰岛素抵抗的重要原因。骨骼肌脂质稳态主要受脂质来源和脂质代谢两方面调控，脂质来源主要是脂质的跨膜转运，而脂质代谢则主要受线粒体功能的影响。生理情况下，机体通过内源性调节机制维持受体介导的脂质跨膜转运能力与脂质氧化功能之间的平衡，使脂质的“供”与“需”相协调。但在追赶生长模型中，骨骼肌在线粒体数量减少及功能有障碍的同时，还伴随脂肪组织脂质生成/储存失衡而导致的骨骼肌内脂质来源增加，这两种因素的叠加会造成骨骼肌内脂质异位沉积。追赶生长大鼠骨骼肌内甘油二酯（diacylglycerol, DAG）及甘油三酯含量增加，脂滴明显增加，骨骼肌出现胰岛素抵抗[38]。追赶生长过程中虽然没有过多能量摄入，但追赶生长动物早期即可出现骨骼肌内脂质异位沉积、骨骼肌乃至系统胰岛素抵抗，但介导该过程中脂质向骨骼肌内转运的具体机制不明。内皮细胞作为脂质转运的第一道屏障，其在脂质转运中起着重要作用。血管内皮生长因子B（vascular endothelial growth factor-B, VEGF-B）是维持脂质供需平衡，实现骨骼肌细胞与毗邻血管内皮细胞对话的重要介质[39]。骨骼肌可根据自身代谢需要表达并分泌VEGF-B,VEGF-B靶向性作用于毗邻血管内皮细胞表面的血管内皮生长因子受体1（VEGFR1）和共受体神经菌毛素1（neuropilin-1, NRP1），进而激活内皮细胞磷脂酰肌醇激酶（phosphatidylinositol 3-hydroxy kinase, PI3K）信号转导途径，引起脂肪酸转运蛋白（fatty acid transport proteins, FATPs）表达上调，从而促进血管内皮向骨骼肌运输脂质。追赶生长的大鼠研究表明，大鼠骨骼肌内VEGF-B表达水平自限食末期开始增加，并持续至开放饮食期，同时VEGF-B下游分子FATPs表达也相应增加，以及表观遗传学修饰（组蛋白甲基化及乙酰化）参与VEGF-B持续活化过程。

骨骼肌作为运动器官，其收缩和舒张可促进机体对葡萄糖的利用。限食及重新开放饮食可造成大鼠骨骼肌舒缩频率降低[40]。同时表明：①骨骼肌内抑制三碘甲状腺原氨酸（T_3）的脱碘酶3（deiodinase iodothyronine Ⅲ, DIO3）表达升高，而T_3激活酶DIO2表达降低；②骨骼肌内T_4向T_3转换减少造成骨骼肌局部T_3含量降低；③骨骼肌内慢肌纤维增多而快肌纤维减少。因此，能量限制可引起骨骼肌内T_3水平降低而导致骨骼肌产热抑制、骨骼肌内快肌纤维向慢肌纤维转化而导致骨骼肌收缩减慢，该改变在恢复饮食阶段仍持续存在，上述因素共同促进了恢复饮食期间的脂肪堆积及胰岛素抵抗。

（4）肝脏脂质沉积及炎症　肝脏作为糖脂代谢的调节枢纽，在追赶生长过程中出现脂质异位沉积和脂肪样变[41]，SGA出生后经历快速体重增长可增加非酒精性脂肪肝的风险。肝脏内脂质沉积后，可引起肝脏内巨噬细胞过度M1型（促炎型）极化，使巨噬细胞M1/M2极化失衡，极化的M1型巨噬细胞可促进多种炎症因子释放，诱发代谢性炎症和胰岛素抵抗。而敲除炎症通路中的关键组分Kupffer细胞或NF-κB后，可显著改善高脂诱导的肝脏脂质沉积、炎症水平及胰岛素抵抗，同时可促进肝脏自噬[42]。提示肝脏脂质沉积及炎症是引起追赶生长所致胰岛素抵抗的机制之一。胆汁酸及法尼醇受体X（farnesoid X receptor, FXR）在营养吸收及能量储存过程中发挥重要作用，与胰岛素抵抗相关的疾病密切相关。伴随追赶生长大鼠开放饮食期脂质堆积及胰岛素抵抗，血清中总胆汁酸及肝内 FXR 磷酸化及类泛素小分子修饰（small ubiquitin-related modifier, SUMO）化水平升高。提示胆汁酸及肝内 FXR 翻译后修饰参与追赶生长的脂肪堆积及胰岛素抵抗过程。

（5）肠 - 胰轴功能受损及胰岛细胞老化　胰岛素抵抗和胰岛 β 细胞衰竭是Ⅱ型糖尿病的中心环节。追赶生长大鼠限食期回肠 L 细胞数量减少、胃肠运动速度减慢、胰高血糖素样肽 -1（glucagon-like peptide-1, GLP-1）分泌减少，而开放饮食后，以上指标逐渐增加，但均未恢复至正常水平。同时，追赶生长大鼠肠促胰素效应减弱，胰岛素早时相分泌受损，胰岛内 β 细胞数量及胰岛素含量减少，提示追赶生长过程中存在肠 - 胰轴功能受损，从而引起糖代谢异常。而利用肠促胰素干预可有效防止追赶生长过程中体重过快增长、保护 β 细胞功能并促进胰岛 β 细胞增殖，抑制凋亡。在 IUGR 模型小鼠的幼年期，β 细胞数量和胰岛素分泌均增加，但随着年龄增加，β 细胞衰竭和糖尿病随之出现。推测胎儿大小可被胰岛 β 细胞感知而做出代偿性的反应，但该反应限制了个体在应激状态下增加胰岛素分泌的潜能，随着年龄增长，胰岛素需求逐渐增加，胰岛 β 细胞难以维持血糖的稳态，从而发生糖尿病。

19.5　营养缺乏的积极预防和干预

随着人类医学、文化的快速进步，健康宣教及营养知识的广泛普及，家长对儿童营养的重视度提升等多种因素的影响，儿童营养素缺乏的问题得到持续改善。但因国家、地区间的经济发展不平衡，某些经济落后的国家、地区食物资源匮乏，儿童营养不足及微量营养素缺乏依旧严峻；同时，全球儿童超重 / 肥胖问题日趋严重并呈现流行趋势。贫困、疾病以及儿童带养人文化水平低下、喂养知识缺乏等各种原因均是导致儿童营养素缺乏的重要原因。

19.5.1　儿童营养不良的积极预防

19.5.1.1　儿童营养不良的危险因素

（1）疾病因素　儿童疾病状态时可导致营养物质摄入减少，导致儿童抵抗力下降、疾病反复发生，从而形成恶性循环。如急、慢性腹泻时肠道对铁剂的吸收受到影响，使机体出现铁缺乏（ID），缺乏持续将导致缺铁性贫血（IDA）的发生；IDA 时，儿童可出现免疫功能下降，导致反复感染发生；IDA 时也可出现食欲下降，营养素摄入减少，进一步加重 ID 的程度。故疾病状态是导致儿童营养不良的重要危险因素之一。

（2）膳食因素　不恰当的膳食行为始于生命的早期，蛋白质或总能量长期摄入不足，使机体不能维持正常的新陈代谢，从而导致自身组织消耗出现营养缺乏性疾病，称为蛋白质能量营养不良（protein energy malnutrition, PEM），表现为低体重、生长迟缓和消瘦。辅食添加的质量影响儿童的营养状况，6 月龄后添加奶类和蛋类辅食的婴儿，其 2 岁以内营养不良患病率明显低于不添加的儿童。摄入能量足够，但种类较少或者搭配不合理，可出现微量营养素摄入不足，并可伴随 PEM 出现和多种微量营养素缺乏。长期素食者患 IDA 的风险增加，常见的微量营养素缺乏的有：铁、锌、维生素 A、维生素 D 等。

多种原因引起脂肪成分过多且超过正常人平均量的病理状态称为超重或肥胖。儿童肥胖的发生、发展是遗传、环境和膳食行为等因素共同作用的结果，肥胖的流行受遗传、环境和社会文化等多种因素影响。

19.5.1.2　营养不良的危害

儿童营养不良的危害是不可逆的，良好的营养是儿童体格生长和脑发育的基础，儿童任何一种营养失衡均可导致正常组织、器官的生理功能紊乱。在低收入及中等收入国家，胎儿生长受限、生长迟缓、严重消瘦、维生素 A 缺乏、锌缺乏、母乳喂养不良等都是导致儿童死亡的重要原因[43]。生命早期营养缺乏将会增加成人期非感染性疾病的发生风险，这种影响甚至可能会持续好几代人。儿童生长发育迅速，营养不良近期可影响体重、身高及肌肉和大脑的发育、新陈代谢，导致儿童生长发育障碍（如生长发育迟缓、低体重、消瘦等）、抵抗力下降、智力发育迟缓、学习能力下降及神经心理发育问题等后果；远期则可增加成年期营养相关慢性疾病的发病风险，如高血压、糖尿病、血脂代谢异常等。不良的营养状况对基因的表达可产生不良的影响，因此，通过使日常膳食营养素摄入量满足推荐摄入量或适宜摄入量，可增进基因的良好表达，采用积极的膳食措施或营养改善对减少基因突变导致的代谢异常引起机体的危害是十分重要的。

食物消费和营养水平提高所带来的健康人力资本的提高能够大大提高劳动生产力，营养水平提高是长期经济增长的一个重要推动因素[44]。儿童肥胖是高血压、血脂异常、糖尿病、非酒精性脂肪肝、呼吸睡眠暂停综合征、心理障碍等多种疾病的危险因素。超重、肥胖亦可导致儿童运动、心理、行为、认知等损害。同时，肥胖所致的健康问题可增加国家的医疗负担。此外，儿童期营养不良的影响可持续至成年，降低成年期的劳动力素质。因此，儿童营养不良不仅对家庭自身，同时对国家的发展均可造成不良的影响。

19.5.1.3 营养不良的干预方案

儿童早期营养不良对生命质量的影响是不可逆的，但却是可预防的。良好营养状态不仅可以帮助儿童抵御各种急慢性疾病，还有利于儿童神经心理发育，降低感染性疾病的发病率和死亡率。因此，采取合理有效的措施对儿童营养不良进行干预，对儿童整个生命周期及国家的长远发展有深刻的意义。

（1）严格执行国家推行的相关法规政策 《中华人民共和国母婴保健法》提出给予纯母乳喂养的母亲实施延长产假的政策，《成功促进母乳喂养的十项措施》向母亲及代养人宣传母乳喂养的好处，帮助母亲成功实施母乳喂养，提高 0 ～ 6 月龄婴儿母乳喂养率。《"健康中国 2030"规划纲要》为进一步开展儿童营养改善工作指明了战略方向。《国民营养计划（2017—2030 年）》提出要推行生命早期 1000 天营养健康行动及学生营养改善行动。到 2030 年，5 岁以下儿童贫血率控制在 10% 以下，5 岁以下儿童生长迟缓率下降至 5% 以下；进一步缩小城乡学生身高差别；学生肥胖率上升趋势得到有效控制，0 ～ 6 个月婴儿纯母乳喂养率在 2020 年的基础上提高 10% 等。《中国儿童发展纲要（2021—2030 年）》提出，要到 2030 年，城乡、区域、群体之间的儿童发展差距明显缩小；儿童享有更加均等和可及的基本公共服务。

（2）提升妇幼保健基本公共卫生服务能力 社区妇幼保健基本公共卫生服务是普及孕产妇及婴幼儿营养知识的有效手段，而相关部门也"应该"提供看护人获得婴幼儿养育看护知识和技巧的最佳途径。社区家庭医生可对其管辖区内孕产妇及 0 ～ 6 岁儿童健康进行统一均等化的管理，包括督促孕妇定期进行产检、孕妇产后的家庭访视、新生儿出生后的家庭访视、新生儿满月后于社区进行常规儿童体检。通过此类举措，对孕产妇及儿童进行膳食营养调查与指导，对儿童定期进行体重、身高（长）测量及贫血筛查等，可早期发现儿童生长发育落后、IDA 等营养问题，并进行及时干预或转诊，使儿童营养不良得到有效控制。通过提升妇幼保健基本公共卫生服务能力，将营养知识传达到每个家庭，是干预儿童营养不良长期且有效的措施。

（3）增加公共卫生行动与项目 原国家卫生计生委与全国妇联合作在集中连片特殊困难地区实施贫困地区儿童营养改善项目，为贫困地区 6 ～ 24 月龄婴幼儿免费提供辅食营养补充品（营养包），以期改善贫困地区儿童营养和健康状况。经过多年持续不断的努力，使这些地区儿童的整体生长发育和营养状况得到明显改善，常见的微量营养素缺乏的患病率显著降低，例如，缺铁及缺铁性贫血、维生素 A 缺乏、锌缺乏等。

（4）定期开展营养与健康状况监测 如《2015—2017 年中国居民营养与健康

状况监测报告》为我国各类人群营养与健康状况提供了有力的数据支持。该报告对我国不同地区儿童的营养状态进行了详细的阐述，利用此调查数据对不同地区儿童进行针对性的营养指导，亦是可改善我国儿童营养不良现状的有效举措。

19.5.2 妊娠期营养不良的积极预防

妊娠期营养的目标是通过合理膳食以及其他辅助措施，摄入适宜的能量和充足的微量营养素，从而保障胚胎正常、良好的生长发育，并避免母体由于能量、营养素摄入的不足、过量或不平衡而导致的并发症风险的升高。妊娠期营养评估是围生期营养保健工作的基本内容之一，对确保孕期妇女获得良好营养，从而促进母婴健康水平有重要的意义。

19.5.2.1 妊娠期营养状况的评估

营养状况的评估一般是膳食评估、体格评估、临床检查和实验室检验，评估中应注重下列几个方面。

（1）膳食评估　在膳食信息的计算、分析和评价中，膳食资料的评价一般从两个方面进行，即：食物消费量与相关推荐量进行比较，或者计算出膳食营养素摄入量，然后与相应人群膳食营养素推荐摄入量或适宜摄入量进行比较。

① 食物摄入状况和食物结构的评价　调查获得孕妇若干天（一般为 1 ～ 3 天，或采用记账法记录一段时间内的数据）膳食食物消费量资料，将其中各种食物按照分类规则进行分类，并进行食物量的必要折算，然后将同一类别的食物进行重量合计，再除以调查日数，从而获得平均每日各类食物摄入量。再将此食物摄入量与权威组织推荐的每日各类食物适宜摄入量进行比较，据此评价其合理性。

a. 食物量的必要折算：包括可食部计算和可比较基本状态的折算。可食部计算是指将市品重量到可食部重量的折算，可食部重量是用市品重量的克数乘以可食部比例而得，一般食物的可食部比例可从《中国食物成分表》中获得。可比较基本状态的折算主要是为了使同一类别中的食物处于相同的可比较统一状态，尤其是需要与推荐食物量的状态一致，如奶粉、鲜奶、酸奶等，需要统一折合成鲜奶进行比较。

b. 食物的分类：建议按照《中国居民膳食指南（2022）》中的“膳食宝塔”食物分类原则进行，经过可比较基本状态的折算后按类汇总，然后与《中国居民膳食指南》推荐的食物量进行比较。

c.《中国居民膳食指南（2022）》对备孕期和孕期妇女膳食中食物量的推荐：在中国营养学会颁布的《中国居民膳食指南（2022）》中，包括了《备孕妇女膳食指南》和《孕期妇女膳食指南》，该指南体系包含备孕期和孕期妇女的平衡膳食宝塔，其中推荐了每日各类食物的食用量范围。这些推荐数据可作为评价孕期妇女膳食合理性的参考依据。

② 膳食能量和营养素摄入水平的评价　将收集到的一日膳食中各种食物的摄入量数据，根据食物成分表中各种食物的能量及营养素的含量，计算出每日膳食能量及营养素摄入量。再将计算获得的每日能量及营养素摄入量与《中国居民膳食营养素参考摄入量（DRI）》中的对应人群的相关推荐数值进行比较，则可对孕妇膳食营养状况做出判断。

③ 孕期膳食的简易评价　对于大多数正常孕妇，通常没有太大必要进行烦琐、复杂的膳食信息收集，可依据孕妇的合理膳食要点进行建议、评估。由于膳食摄入总量常常可以体现为总能量摄入，而后者最为有效和简易的评估在于对孕期增重适宜性的观察，因此在做好孕期体重监测和管理的基础上，对膳食的评估可以聚焦于对膳食结构的关注。具体原则和推荐指标可参见《中国居民膳食指南（2022）》以及《备孕妇女膳食指南》《孕期妇女膳食指南》。

（2）体格评估　围生期营养评估中最常用的体格测量指标还是身高和体重，尤其是孕前、孕期内不同孕周体重，以及孕期不同时点体重比孕前的增加值。身高和体重测量看起来似乎非常简单，但测量质控往往容易被忽视。体重测量的质控要点包括测量设备的校准、测量人员培训、正确的测量方法。孕早期可每月测量 1 次体重，孕中晚期每周测量 1 次。

（3）临床检查和实验室检验　临床检查对评估孕妇营养状况及相关结局可提供重要信息，如血压、心率等心血管功能指标，以及各种营养缺乏病和孕期并发症的临床表现和体征检查。实验室检验主要是通过一定的程序，利用采集到的血液（血清）、尿液、唾液等，采用生化技术测定各种营养相关指标。此外，与营养代谢相关的基因检测也可应用到营养状况评估中。

19.5.2.2　孕期营养问题的干预

（1）膳食干预　在膳食供应充足的条件下，完全可在良好生活方式下，依靠平衡、合理膳食获得良好营养。首先确保膳食结构合理，依据膳食指南原则，保证日常膳食中每一类食物的食用量，膳食多样化、膳食关键点的落实。在膳食安排过程中，需要充分考虑膳食的非营养内涵对孕妇的影响，如通过烹调方法和食物品种更替对食物色香味的保障，满足孕妇对食物的心理需要；通过合理食材选择和膳食制度安排，充分满足孕妇的营养需要；配合生活方式改善、孕期运动和体重管理，合理调整食物总量。对于大多数正常妊娠状态的孕妇而言，平衡合理膳食、良好体重管理、常规孕期保健以及对胎儿生长的监控，一般都会获得良好的妊娠结局。

（2）孕期体重管理　体重是膳食总能量摄入（膳食总量）、组织生长、基础代谢水平和体力活动水平等能量平衡诸要素间综合作用的结果。确保孕期合理体重增长是降低孕期并发症风险和不良出生结局的重要举措。孕前体重、孕期增重既是评估孕期营养状况的重要指标，同时也是孕期营养干预的重要内容。孕期体重管理需要协调膳食摄入量与孕妇体力活动水平之间的关系，是孕期营养干预中不可缺少的内容。

（3）孕期营养素补充剂的使用　由于个人工作和生活等方面的原因，不能确保良好膳食安排时，在临床医生指导下合理选择营养素补充剂，对确保孕期良好营养或预防营养缺乏风险，也是一种简单、有效、方便的措施。

① 平衡膳食完全可满足孕期营养的各种需要，合理选择营养补充剂有助于达到适宜膳食的营养需要，如推荐孕期钙摄入量 1000mg，单纯依靠膳食则需要喝 500mL 以上的牛奶，这些奶量有可能增加能量摄入过量的风险或使乳糖不耐受者难以接受，适量选择钙补充剂有助于缓解奶类食品摄入量不足的矛盾。孕期维生素 D 虽然可通过增加太阳光照射来解决，但适量补充维生素 D 有助于预防维生素 D 缺乏。

② 若日常膳食安排良好，食物品种丰富，食量充足，宜选择不伴随摄入过多能量的营养素补充剂，如复合维生素和矿物质补充剂，或二十二碳六烯酸（DHA）胶囊，少选基于食物强化的含能量较高的营养补充剂品种。对于那些面临孕期过度增重压力的孕妇，不宜食用过多的孕妇奶粉。

③ 若日常膳食安排不佳，食物品种单调，如孕期继续工作的职业女性，或者有食欲不佳、节食、素食、食量不够等情况，则宜优先选择营养强化全面的孕妇奶粉。以食物为基础的营养素补充剂往往吸收效果会更好，也有助于全面营养状况的改善。

④ 需要关注多个营养素补充剂品种补充时的剂量叠加，复合补充比单独补充更好，复合补充既有利于全面补充，也易于避免多种补充剂使用时可能存在某一种或某几种营养素剂量叠加过量的风险。同时使用多种营养素补充剂时，需要计算营养素补充的总剂量不要超过推荐摄入量或适宜摄入量。

19.5.3　胎儿生长受限的干预

19.5.3.1　胎儿生长受限的预防

应关注围产期妇女健康生活方式对妊娠的影响，改善母亲及其后代的健康。

（1）膳食　保证健康的膳食会有更好的妊娠结局，使妊娠达到最佳结果。对于那些胎儿生长受限高风险的妇女（如先前胎儿生长受限、子痫前期或高血压患者），营养补充对于预防再次发生有一定的效果，尤其在可能存在营养不良的妇女中，通过每日额外补充 2.1 ～ 4.2kJ 能量和补充低于摄入能量 25% 的蛋白质的均衡饮食，可使小于胎龄儿的发生风险降低 32%，而补充大量蛋白与小于胎龄儿发病率的增加以及新生儿死亡的增加有关。等能量膳食，即以蛋白质代替同等数量的非蛋白质能量的均衡补充，与小于胎龄儿的增加有关。因此，应避免孕妇补充高或等能量的蛋白质。多吃鱼、低脂肉、谷物、水果和蔬菜可减少早产，但未降低小于胎龄儿的风险。产前健康膳食教育、能量和蛋白质平衡膳食可降低发生小于胎龄儿风险。

（2）膳食补充剂　母亲补充多种微量营养素可降低低出生体重和小于胎龄儿的发病率，建议低钙摄入的孕妇每天补充 1.5 ～ 2g 的元素钙，可预防子痫前期和早产，即使是补充低剂量的钙也同样受益。孕早期充足的营养、围孕期补充叶酸与妊娠中期子宫和胎盘血流阻力较低有关。维生素 C 和维生素 E、硒、鱼油能减少子痫前期和小于胎龄儿的发生风险，镁在低危妇女中，可降低 30% 小于胎龄儿的发生率。

（3）健康生活方式　在孕前体重过轻的妇女中，分娩低出生体重和极低出生体重儿的风险增加。体重过轻的女性在妊娠期间多增加体重，可降低胎儿生长受限的风险。妊娠前 BMI 过高增加胎儿生长受限风险，还会增加成年期患糖尿病、高血压或高胆固醇血症的风险。促进妊娠期戒烟的干预措施可降低出生体重过低的发生率，戒烟可使低出生体重儿降低 19%。在妊娠期间随时戒烟都可以减少胎儿生长受限的程度，妊娠 15 周前戒烟的收益最大。母亲摄入咖啡因与胎儿生长受限风险增加有关，每天摄入咖啡因超过 100mg 时，胎儿生长受限与咖啡因的关联性明显增高。对于备孕女性，建议是在妊娠前应减少咖啡因的摄入，妊娠后停止咖啡因的摄入可能是有益的。

19.5.3.2　妊娠前的疾病管理

母体原有的多种疾病与胎儿生长受限风险增加有关，慢性高血压、子痫前期、糖尿病或其他基础疾病的适当治疗，将有助于改善产妇的健康状况，预防不良妊娠结局，包括减少胎儿生长受限发生率。在高血压妇女中，抗高血压药物可使严重高血压的风险降低一半，但对小于胎龄儿的发生无明显影响，严格控制血压并不能降低小于胎龄儿的发生风险。胎儿生长受限在丙型肝炎和艾滋病病毒感染的妇女中更为常见，近 1/4 的艾滋病病毒感染孕妇发生胎儿生长受限。

19.5.4 婴幼儿喂养困难的干预

19.5.4.1 喂养困难的有关因素

婴幼儿喂养发育过程复杂，喂养困难可因多因素作用而发生，包括食物、孕期、婴幼儿及喂养者状况，喂养与社会环境等[45-50]。具体可参照第12章儿童的喂养困难。

19.5.4.2 喂养困难与生长发育

（1）婴幼儿体格和智力发育 婴幼儿需补充大量的营养，以满足自身的生长发育需求，而喂养困难容易导致儿童营养摄入不均衡甚至营养不良，引起患儿体格发育偏离，如体重低下、身材矮小及头围小等。同时，喂养困难会使机体能量摄入不足，影响大脑关键期发育，造成婴幼儿智力发育落后。相较于无喂养困难者，喂养困难婴幼儿的身长、体重、头围值均较低，且婴幼儿智力指数评分及发育商评分也低于无喂养困难儿童。若能够早期开始进行干预治疗，喂养困难的婴幼儿预后良好，患儿体重、身长、头围等体格发育及智力发育可逐渐恢复，但长期处于喂养困难所致重度营养不良的状态，则可导致婴幼儿不可逆的智力低下、体格发育严重落后等不良后果。此外，喂养困难儿童常因添加辅食困难、延迟，导致口腔运动功能障碍、咀嚼不良、口腔感统失调，造成婴幼儿语言发育障碍、口吃、构音障碍等。

（2）儿童、青春期及成人后的影响 婴幼儿时期喂养困难不仅导致体格、智力发育障碍，还可导致青春期发育延迟或直接影响青春期发育，甚至造成儿童青春期心理问题等。婴幼儿时期营养不良可导致成人期高血压、糖尿病、血脂异常等的发生，从而影响婴幼儿成人后的体质状况，导致其劳动能力下降，使社会负担增加。

（3）喂养困难对营养状态和体质的影响 婴幼儿喂养困难很容易引起钙摄入不足，从而增加儿童骨骼发育迟缓、佝偻病、无热惊厥、智力发育落后及铅中毒的发生风险。此外，喂养困难所致蛋白质、脂类、碳水化合物三大能量物质与锌、铁等微量元素及多种维生素缺乏，可进一步导致免疫力下降，佝偻病、贫血、异食癖及侏儒症等的发生。婴幼儿喂养困难严重影响儿童生长发育，近期可致婴幼儿抵抗力差，容易发生反复呼吸系统、消化系统及泌尿系统感染，体格、神经心理发育迟缓，远期可导致儿童青春期发育延迟、影响青春期发育及成人后的健康状况，降低其生活质量。

19.5.4.3 喂养困难的评估

喂养困难需多学科协作进行诊断评估[51]，具体可参见第12章儿童的喂养困难。

可结合调查法、访谈法及观察法等多种手段辅助评估。调查法通过婴幼儿喂养困难量评分量表（the montreal children hospital feeding scale, MCH-FS）、儿童饮食行为问题筛查评估问卷（identification and management of feeding difficulties, IMFED）、行为儿科学喂养评估量表（behavioural pediatrics feeding assessment scale, BPFAS）等评估膳食行为与喂养关系，其中 BPFAS 信度和效度较可靠[52]。访谈法是了解儿童发育史、喂养里程碑、家庭用餐常规及喂养问题综合状况。观察法是喂养评估核心内容，着重观察并评估在喂养的互动模式中喂养者存在的不当行为。戴琼等率先设计了中国婴幼儿喂养困难评分量表并进行了标准化研究，可广泛应用。

19.5.4.4 干预方法

喂养困难干预需要多学科协作，其主要目标是帮助儿童在积极喂养过程中获得适合年龄的进食技能，在确保吞咽安全前提下获得充足营养，包括行为干预、口腔运动治疗、饮食调整等[53-56]。具体干预方法参见第 12 章儿童的喂养困难。

19.5.5 微量营养素缺乏的干预

微量元素缺乏对儿童生长发育有着多方面的长期的不良影响，除了早期发现和干预儿童微量元素缺乏外，更理想的是防患于未然，采取各种措施预防儿童微量元素缺乏。具体可参见第 16 章儿童微量营养素的精准补充对策。

19.5.6 婴幼儿肠道菌群的干预

1 岁前婴儿肠道菌群多样性低、稳定性差、个体差异大，极易受到各种因素的影响而发生改变[57]，而喂养方式的不同，对婴幼儿肠道菌群多样性有显著影响，因此，需要尝试找出适合婴幼儿的喂养方式，使不同环境下的婴幼儿都能健康成长。

19.5.6.1 母乳喂养对婴幼儿肠道菌群的影响

母乳喂养对婴幼儿有着更加有益的作用，通常情况下，母乳喂养婴幼儿肠道菌群中双歧杆菌占99%、其他常见菌占0.11%～1%。母乳喂养的婴儿粪便样品中，链球菌和葡萄球菌是早期定植的肠道微生物[58]。仅用母乳喂养的婴儿，几周内就会形成以双歧杆菌为主的菌群，是由母乳中存在的选择性抑制剂（双歧杆菌因子）引起的，并且母乳喂养的婴儿粪便样本中含有微量的乳酸菌和链球菌。采用母乳喂养的婴幼儿粪便样品和其母亲粪便样品的细菌菌种基因分型（乳酸菌、葡萄球菌和双歧杆菌）显示，可存在同一菌株。母乳中含有很多种类的母乳低聚糖，这些成分能够选择性刺激有益菌的生长和活性，从而改善宿主健康。尽管母乳低聚糖很难被消化，但可被肠道末端的有益菌选择性发酵。母乳中含有的可溶性母乳低聚糖（human milk oligosaccharides, HMOs）属于益生元，同时也是一种重要的免疫调节物质。在严重发育不良的婴儿中，唾液溶出的低聚糖明显较少，而补充母乳后，有助于婴幼儿肠道健康菌群的建立。因此，低聚糖可以介导母乳对婴儿健康的有益作用。

19.5.6.2　辅食喂养对婴幼儿肠道菌群的影响

6个月以后，可采用母乳与婴儿配方乳粉混合喂养，此时婴幼儿体内的肠道菌群既存在着大量对肠道有益的双歧杆菌，又具有细菌的多样性。而当婴幼儿开始断奶并添加辅食后，此时婴幼儿肠道菌群处于“大爆炸”的生长阶段，各种不同种类的细菌在婴幼儿肠道内出现，拟杆菌属、嗜胆菌属、梭菌属、丁酸弧菌属等肠道微生物的种类明显增多，并逐渐过渡到成年人肠道微生物菌群。另外，婴幼儿在添加辅食后，其肠道微生物菌群与饮食呈现相关性，长期食用不同含量蛋白质、脂肪、纤维素的食物，肠道内菌群数量、种类也会表现不同，存在地域差异。研究表明，在9个月、18个月、36个月后的健康婴幼儿粪便中，当停止母乳喂养并添加辅食喂养后，9～18个月的婴幼儿肠道菌群受停止母乳喂养的影响最大，表现为双歧杆菌属、乳杆菌属减少，厚壁菌门增多[59]；而36个月后的婴幼儿肠道菌群的种类则变化很少。可见，婴幼儿在添加辅食后，肠道内的菌群经历了种类多样化的过渡期，逐渐菌群稳定。

（古桂雄）

参考文献

[1] 冯琪．早期营养对发育及健康的影响．中国新生儿科杂志，2009, 24(3): 129-132.

[2] 单红梅，蔡威，孙建华，等．早产儿宫外生长发育迟缓及相关因素分析．中华儿科杂志，2007, 45: 183-188.

[3] Stettler N, Zemel B S, Kumanyika S, et al. Infant weight gain and childhood overweight status in amulticenter, cohort study. Pediatrics, 2002, 109: 194-199.

[4] Michaelsen K F, Lauritzen L, Jergensen M H, et al. Breast-feeding and brain development. Scand J Nutr, 2003, 47: 147-151.

[5] Isaacs E B, Gadian D G, Sabatini S, et al. The effect of early human diet on caudate volumes and IQ. Pediatr Res, 2008, 63: 308-314.

[6] Arslanoglu S, Moro G E, Schmitt J, et al. Early dietary intervention with a mixture of prebiotic oligosaccharides reduces the incidence of allergic manifestations and infections during the first two Years of life. J Nutr, 2008, 138: 1091-1095.

[7] Liu N, Mao L, Sun X, et al. Postpartum practices of puerperal women and their influencing factors in three regions of Hubei, China. BMC Public Health, 2006, 6: 274.

[8] 中国营养学会膳食指南修订专家委员会妇幼人群指南修订专家工作组．哺乳期妇女膳食指南．临床儿科杂志，2016, 34(12): 958-960.
[9] World Health Organization and UNICEF. Global strategy for infant and young child feeding. Geneva: World Health Organization, 2003.
[10] 汪之顼，盛晓阳，苏宜香．中国 0 ～ 2 岁婴幼儿喂养指南及解读．营养学报，2016, 38(2): 105-109.
[11] WHO. Recommendations on newborn health. From Guidelines on maternal, newborn, child and adolescent health. Geneva, WHO, 2012.
[12] Wyness L. Nutrition in early life and the risk of asthma and allergic disease. Br J Community Nurs, 2014: S28-S32.
[13] Brown A, Raynor P, Lee M. Maternal control of child-feeding during breast and formula feeding in the first 6 months post-partum. J Hum Nutr Diet, 2011, 24: 177-186.
[14] Jones A D, Ickes S B, Smith L E, et al. World Health Organization infant and young child feeding indicators and their associations with child anthropometry:A synthesis of recent findings. Matern Child Nutr, 2014, 10: 1-17.
[15] Przyrembel H. Timing of introduction of complementary food: Short - and long-term health consequences. Ann Nutr Metab, 2012, 60: 8-20.
[16] Hurley K M, Cross M B, Hughes S O. A systematic review of responsive feeding and child obesity in high-income countries. J Nutr, 2011, 141: 495-501.
[17] Mennella J A, Trabulsi J C. Complementary foods and flavor experiences: Setting the foundation. Ann Nutr Metab, 2012, 60: 40-50.
[18] 阙瑞英．婴幼儿喂养指导研究进展．中外医学研究，2017, 15(14): 162-164.
[19] 鲍雪梅，陈建华，倪钰飞，等．婴幼儿早期喂养行为特点分析及其对婴幼儿饮食行为的影响．中国妇幼保健，2014, 29(10): 1581-1583.
[20] 黎海芪．提升基层医师指导婴幼儿喂养的能力．中华儿科杂志，2016, 54(12): 881-882.
[21] 安娜，韩彤妍．婴儿辅食添加研究新进展．中国儿童保健杂志，2019, 27(7): 733-736.
[22] Nehring I, Kostka T, Von Kries R, et al. Impacts of in utero and early infant taste experiences on later taste acceptance:A systematic review. J Nutr, 2015, 145(6): 1271-1279.
[23] Remy E, Issanchou S, Chabanet C, et al. Repeated exposure of infants at complementary feeding to a vegetable puree increases acceptance as effectively as flavor-flavor learning and more effectively than flavor-nutrient learning. J Nutr, 2013, 143(7): 1194-1200.
[24] Redsell S A, Edmonds B, Swift J A, et al. Systematic review of randomised controlled trials of interventions that aim to reduce the risk, either directly or indirectly, of overweight and obesity in infancy and early childhood. Matern Child Nutr, 2016, 12(1): 24-38.
[25] 武华红，李辉．追赶生长研究与进展．中国儿童保健杂志，2010, 18(2): 144-146.
[26] Plagemann A. Perinatal programming and functional teratogenesis: Impact on body weight regulation and obesity.Physiology & Behaviour, 2005, 86(5): 661-668.
[27] Jordan I M, Robert A, Francart J, et al. Growth in extremely low birth weight infants up to three years.Biol Neonate, 2005, 88(1): 57-65.
[28] Brandt I, Sticker E, Gausche M, et al. Catch-up growth of supine length/height of very low birth weight, small for gestational age preterm infants to adulthood. J Pediatr, 2005, 147(5): 662-668.
[29] Kerkhof G F, Willemsen R H, Leunissen R W, et al. Health profile of young adults born preterm: Negative effects of rapid weight gain in early life. J Clin Endocr Metab, 2012, 97(12): 4498-4506.

[30] Senterre T, Rigo J. Optimizing early nutritional support bas ed on recent recommendations in VLBW infants and postnatal growth restriction. J Pediatr Gastr Nutr, 2011, 53(5): 536-542.

[31] Serenius F, Kllén K, Blennow M, et al. Neurodevelopmental outcome in extremely preterm infants at 2.5 years after active perinatal care in Sweden. JAMA, 2013, 309 (17): 1810-1820.

[32] Tudehope D, Vento M, Bhutta Z, et al. Nutritionalrequirements and feeding recommendations for small for gestational age infants. J Pediatr, 2013, 162 (S3): 81-89.

[33] Singhal A. Long-term adverse effects of early growth acceleration or catch-up growth.Ann Nutr Metab, 2017, 70(3): 236-240.

[34] Singhal A, Fewtrell M, Cole T J, et al. Low nutrient intake and early growth for later insulin resistance in adolescents born preterm. Lancet, 2003, 361 (9363): 1089-1097.

[35] 陈璐璐．营养水平快速提升对糖代谢的影响．中国科学：生命科学，2018, 48(8): 888-895.

[36] Wang N, Cheng J, Han B, et al. Exposure to severe famine in the prenatal or postnatal period and the development of diabetes in adulthood: An observational study. Diabetologia, 2017, 60: 262-269.

[37] Jheng H F, Tsai P J, Guo S M, et al. Mitochondrial fission contributes to mitochondrial dysfunction and insulin resistance in skeletal muscle. Mol Cell Biol, 2012, 32: 309-319.

[38] Shulman G I. Ectopic fat in insulin resistance, dyslipidemia, and cardiometabolic disease. N Engl J Med, 2014, 371: 1131-1141.

[39] Hagberg C E, Mehlem A, Falkevall A, et al. Targeting VEGF-B as a novel treatment for insulin resistance and type 2 diabetes. Nature, 2012, 490: 426-430.

[40] De Andrade P B M, Neff L A, Strosova M K, et al. Caloric restriction induces energy-sparing alterations in skeletal muscle contraction, fiber composition and local thyroid hormone metabolism that persist during catch-up fat upon refeeding. Front Physiol, 2015, 6: 254.

[41] Faienza M F, Brunetti G, Ventura A, et al. Nonalcoholic fatty liver disease in prepubertal children born small for gestational age: Influence of rapid weight catch-up growth. Horm Res Paediatr, 2013, 79: 103-109.

[42] Zeng T, Liu F, Zhou J, et al. Depletion of Kupffer cells attenuates systemic insulin resistance, inflammation and improves liver autophagy in high-fat diet fed mice. Endocr J, 2015, 62: 615-626.

[43] Black R E, Victora C G, Walker S P, et al. Maternal and child undernutrition and overweight in low-income and middle-income countries. Lancet, 2013, 382(9890): 427-451.

[44] 王弟海，崔小勇，龚六堂．健康在经济增长和经济发展中的作用——基于文献研究的视角．经济学动态，2015(8): 107-127.

[45] Sanchez K, Boyce J O, Morgan A T, et al. Feeding behavior in three-year-old children born ＜ 30weeks and term-born peers. Appetite, 2018, 130: 117-122.

[46] Patra K, Greene M M. Impact of feeding difficulties in the NICU on neurodevelopmental outcomes at 8 and 20 months corrected age in extremely low gestational age infants. J Perinatol, 2019, 39(9): 1241-1248.

[47] Husk J S, Keim S A. Breastfeeding and dietary variety among preterm children aged 1-3 years. Appetite, 2016, 99: 130-137.

[48] Searle B E, Harris H A, Thorpe K, et al. What children bring to the table: The association of temperament and child fussy eating with maternal and paternal mealtime structure. Appetite, 2020, 151: 104680.

[49] Gibson E L, Cooke L. Understanding food fussiness and its implications for food choice, health, weight and interventions in young children: The impact of professor Jane Wardle. Curr Obes Rep, 2017, 6(1): 46-56.

[50] de Barse L M, Jansen P W, Edelson-Fries L R, et al. Infant feeding and child fussy eating:The Generation R Study. Appetite, 2017, 114: 374-381.

[51] Borowitz K C, Borowitz S M. Feeding problems in infants and children: Assessment and etiology. Pediatr Clin N Am, 2018, 65(1): 59-72.

[52] Sanchez K, Spittle A J, Allinson L, et al. Parent questionnaires measuring feeding disorders in preschool children:A systematic review. Dev Med Child Neurol, 2015, 57(9): 798-807.

[53] Lau C. Development of infant oral feeding skills: What do we know? Am J Clin Nutr, 2016, 103(Suppl 2): S616-S621.

[54] Inal O, Serel Arslan S, Demir N, et al. Effect of functional chewing training on tongue thrust and drooling in children with cerebral palsy:A randomised controlled trial.J Oral Rehabil, 2017, 44(11): 843-849.

[55] Lin C C, Ni Y H, Lin L H, et al. Effectiveness of the IMFe D tool for the Identification and management of feeding difficulties in Taiwanese children. Pediatr Neonatol, 2018, 59(5): 507-514.

[56] Seiverling L, Anderson K, Rogan C, et al. A comparison of a behavioral feeding intervention with and without premeal sensory integration therapy. J Autism Dev Disord, 2018, 48(10): 3344-3353.

[57] Koenig J E, Spor A, Scalfone N, et al. Succession of microbial consortia in the developing infant gut microbiome. Proc Natl Acad Sci USA, 2011, 108(S1): 4578-4585.

[58] Sahl J W, Matalka M N, Rasko D A. Phylomark a tool to identify conserved phylogenetic markers from whole-genome alignments. Appl Environ Microbiol, 2012, 78(14): 4884-4892.

[59] Bergstrm A, Skov T H, Bahl M I, et al. Establishment of intestinal microbiota during early life: A longitudinal, explorative study of a large cohort of Danish infants. Appl Environ Microbiol, 2014, 80(9): 2889-2900.

婴幼儿精准喂养

Practical Feeding for Infants and Young Children

第 20 章

婴幼儿照护面临的问题与挑战

虽然随着年代的推移，我国对婴幼儿照护的重视逐步加强，照护理念、照护资源和规范不断完善，但依然面临许多问题和挑战[1-3]。2021 年 6 月 26 日《中共中央　国务院关于优化生育政策促进人口长期均衡发展的决定》正式公布，明确实施一对夫妻可以生育三个子女政策，短期内生育需求集中释放，35 岁以上高龄孕妇增加，如何帮助众多家庭更好地养育和照护 3 岁以下婴幼儿成为亟待解决的问题。

20.1 纯母乳喂养率处于较低水平

中国母乳喂养情况近年来并不乐观且存在地区差异。2019 年，6 个月内的婴儿仅有 29.2% 属于纯母乳喂养，31.0% 的婴儿属于除母乳外仅添加水或果汁等液体，33.5% 是部分母乳喂养，还有 6.3% 是人工喂养 [4]。

对于我国的农村贫困地区，中国发展研究基金会于 2016 年 9 月进行的国家“贫困地区儿童营养改善项目”评估调查发现，接受纯母乳喂养持续时间满足 6 个月及以上的占比仅为 30.6%。其中需要高度关注的是，有高达 35.5% 的孩子接受纯母乳喂养持续时间不足 1 个月。造成母乳喂养率偏低的原因主要是在农村贫困地区，由于接受信息渠道有限，缺乏科学的母乳喂养知识 [5]。

对于我国的西部地区，2012 年，6 个月以内纯母乳喂养率仅为 18.9%，婴儿 1 岁仍坚持母乳喂养的占 41.8%，2 岁时这一比例下降到 11.5%[6]。2017 年的调查显示新生儿出院前母乳喂养率只有 76.50%，纯母乳喂养率为 32.08%[7]。2014 年、2019 年开展的两轮横断面调查结果显示，早开奶知晓率从 2014 年的 65.73% 上升至 2019 年的 72.64%。此外，研究地区婴幼儿母亲的纯母乳喂养知晓率同样呈现上升趋势，从 2014 年的 25.30% 增加至 2019 年的 31.36%。整体来看，西部贫困农村地区母乳喂养率及母亲科学喂养认知水平在一定程度上有所提高，但纯母乳喂养率仍旧处于较低水平。

20.2 辅食添加过渡期存在喂养困难

辅食添加过渡期的问题主要表现在辅食添加时间过早或过晚、辅食性状不合理、添加的辅食质量差或量不足、缺乏添加辅食的技巧等。

20.2.1 辅食添加的时间不适宜

有些家长没有适时添加辅食的概念，6 个月的婴幼儿还没有开始逐步添加辅食，影响婴幼儿摄入充足的营养素，营养不能满足身体发育需求；错过味觉发育期，易养成偏食的习惯。部分家长则是在婴儿未满 4 个月时就过早添加辅食，带来婴儿过敏、消化不良等健康问题。

20.2.2 辅食的性状不合理

有些家长为婴儿制作或购买的辅食性状不合理，不能与儿童成长相适应。如一直提供给孩子较细碎的食物，没有随着孩子年龄的增长，提供相应的手指食物（即孩子可以用手抓着吃的食物）或固体食物，婴儿缺乏相应的就餐能力训练，到了幼儿阶段，往往会出现长时间含着食物不下咽、吃饭慢等不良饮食习惯。国际生命科学会中国办事处开展了5省农村婴幼儿看护者调研，发现对婴幼儿辅食制作方式的认识存在3种观点：一是大多数的婴幼儿看护人认为“有必要单独给孩子做饭”的原因是：①“容易吸收”，“大人想吃的孩子不一定想吃”，“合孩子口味”；②“可以多加佐料”，“大人吃得太油腻，孩子吃了不好消化”，“保证孩子生长”。二是少数看护人认为“没有必要给孩子单独做饭”，主要原因是“怕麻烦”。三是还有少数看护人认为“有必要但没有单独做”的原因是“和家里人一起吃，平时带孩子忙没有时间单独做”。提示农村婴幼儿照护者关于婴幼儿辅食制作存在一定误区[8]。

20.2.3 辅食添加的方法不规范

辅食添加需遵循从少到多，从稀到稠，从细到粗，从软到硬，从泥糊状到碎块状，逐步适应婴儿消化、吞咽、咀嚼能力的发育。有些家长操之过急，短时间添加多个种类辅食，引起儿童心理抗拒，产生厌食情绪。与此相反，有些婴幼儿拒绝吃新添加的辅食，家长又很容易放弃多次尝试喂食。有研究指出，如果有足够的机会如8～10次，在愉快的情况下（无压力）尝试食物，多数婴儿会从拒绝到接受，开始对新食物的拒绝可看成为一种适应性功能[9,10]。

20.3 偏食与挑食影响膳食均衡

婴幼儿中存在偏食、挑食，不吃蔬菜，零食摄入过多，偏爱油炸、油腻食物及甜食等现象，影响膳食均衡。

20.3.1 偏食挑食影响儿童营养均衡

有调查显示，在营养知识中，仅33.0%的家长对《中国7～24月龄婴幼儿平衡膳食宝塔》有所了解，与北京既往研究结果29.5%较接近，仅36.5%的家长了解婴幼儿蛋白质的主要来源，仅45.3%的家长了解营养补充剂[11]。很多家长只希望孩子吃得多、吃得营养价值高，而忽视了荤素搭配、营养均衡。为了迎合孩子的口味，只准备孩子爱吃的饭菜，进一步加重孩子的偏食现象，如有的孩子吃的都是肉、鱼、虾等动物性食物，蔬菜品种较少。

也有研究显示，脱贫地区亦存在婴幼儿膳食结构不均衡的问题，儿童吃零食现象普遍。6个月～3岁儿童对膨化食品、糖果类食品、含糖饮料、油炸食品都有接触，其中最受欢迎的是糖果类食品，包括冰激凌、糖果、蜜饯、果冻、奶油蛋糕等[12]。对看护人态度的调查结果提示，婴幼儿家长需要便捷、重点突出的健康教育，依托网络和智能手机的健康教育形式持有率为97.6%，超过讲座（90.9%）、海报（95.0%）等传统健康教育形式[11]。

20.3.2 饮料偏好影响白开水摄入

婴幼儿对于饮料的偏爱，在一定程度上影响了白开水的摄入，尤其需要引起关注。白开水是婴幼儿最好的饮料，市面上销售的饮料和果汁往往含有添加剂和糖分含量高，对孩子的生长产生负面影响，家长应尝试各种方法，帮助婴幼儿养成饮水的好习惯。

20.4 不良进餐习惯影响营养吸收

良好饮食行为的培养应在孩子3岁前就开始，且应及时说服教育孩子改变不良饮食行为；相关实践研究表明，幼儿的生活习惯中饮食习惯相对较差，与儿童早期的喂养方式方法和照护人有关。

20.4.1 不良进餐习惯的表现

3岁以下婴幼儿不良进餐习惯包括多种表现形式，一是用餐态度表现为餐前摄入零食，正餐时无食欲；厌食；暴饮暴食；不专心进餐，边吃边说话或者边吃边看手机、电视，边吃边玩玩具；一直要求家长喂食。二是进餐方式不符合年龄发展，表现为2岁以上幼儿仍以奶瓶为主要饮水或饮奶工具；不会使用符合其年龄的相应餐具。三是进餐节奏把握欠佳，表现为进食过快，狼吞虎咽；不擅咀嚼，长时间含着食物不下咽；两餐之间间隔太短；进食速度过慢，用餐时间过长。四是用餐卫生礼仪不佳，表现为不讲卫生、餐前不洗手、饭后不漱口，餐桌上大喊大叫，扔餐具等[13]。

20.4.2 不良进餐习惯的原因

不良的进餐习惯往往和照护者的喂养方式密切相关。例如：有些家长不给婴幼儿提供固定座位，吃饭时家长追着喂，孩子边吃边玩，或者边吃边看书、看电视等。事实上，婴幼儿的注意力极易被分散，进食时做其他事情会降低他们对食物的注意力，导致不能专心进餐。

很多婴幼儿在进食时单独在自己的餐桌椅上，不与其他人同桌进餐，甚至有些家长先把孩子喂饱后再自己吃饭。事实上，婴幼儿在跟其他家庭成员或者托幼园所的同伴围桌而坐的过程中，能够受到适度摄食、充分咀嚼、细嚼慢咽等正确进食习惯的熏陶，同时有助于加强人际交流、社会性合作能力的养成[14]。

持控制型观念的家长往往不注意营造宽松、自主的进餐氛围，影响婴幼儿进餐兴趣；也不注意观察婴幼儿饥饱状态，甚至控制婴幼儿自主进食行为，削弱婴幼儿进餐积极性和精细动作的发展。持溺爱型喂养观念的家长往往对婴幼儿的饮食行为缺乏引导，顺其自然，导致婴幼儿表现出进餐不专心、速度慢、挑食、偏食等行为[15]。

无论城市还是农村，婴幼儿照护者的相关照护知识均有待加强[16]。北京市10%～15.6%的婴幼儿家庭在食品转换的关键期喂养方式存在明显不足，须加强针对性指导[17]。北京市城区2～3岁儿童喂养行为调查显示：城市家长使用最多的策略是平衡膳食型喂养和积极反应型喂养，较少使用放任型喂养和工具型喂养；家长喂养行为对幼儿饮食行为有显著影响，不同类型的喂养行为产生的影响也不同[18]。北京市通州区2021年5～8月对看护人及婴幼儿的基本情况，看护人的儿童营养知识、态度、行为以及婴幼儿不良饮食行为等进行调查，结果显示：91.4%的家长会在购买幼儿食品时，阅读标签及关注营养成分；91.5%的家长注意纠正孩子偏食、挑食的行为；96.7%的家长注意不经常让孩子睡前吃东西；96.0%的家长注意让孩子在固定地点吃饭[11]。

20.5 流动婴幼儿与留守婴幼儿缺乏营养关注

20.5.1 流动婴幼儿照护者喂养知识不足

有别于城市户籍家庭，流动家庭往往对于城市服务利用不足，支持网络有限，家庭照护者喂养照护知识相对不足。上海一项外来人口婴幼儿喂养调查结果显示：外来人口添加辅食目的和时间的知晓率为4%，母乳喂养持续时间的知晓率为

20%，母乳中缺少的营养的知晓率为24%，婴儿合理的睡眠时间知晓率为30%，婴儿补钙目的的知晓率为36%。提示外来人口婴幼儿喂养知识相对不足[19]。流动人口聚集城市的一些定性调研得出了同样的结论。

20.5.2 留守婴幼儿存在意外伤害风险

婴幼儿照护不周，往往会发生意外伤害。国家卫生计生委流动人口司2016年12月至2017年1月在12个省的27个县实施贫困地区农村留守儿童健康服务需求评估调查结果显示：3岁以下留守儿童伤害发生率要明显高于非留守儿童，分别为7.78%和6.87%；3岁以下留守女童的伤害发生率为6.13%，远低于非留守女童（7.10%）；而3岁以下留守男童的伤害发生率为8.37%，要高于非留守男童（7.53%）[20]。

3岁以下留守儿童的监护人多为祖父母，其受教育程度较低，伤害防护的知识和技能的掌握程度也不高。从儿童容易发生烫伤风险的行为来看，留守儿童的监护人让儿童在厨房或浴室玩耍、将点火工具/热水热食放在儿童容易够到的地方的比例均高于非留守儿童的监护人（图20-1）；从农药存放方式的情况来看，留守儿童监护人将农药存放于空饮料瓶内、将农药随手放在室内的比例均高于非留守儿童（图20-2）；从危险行为来看，留守儿童监护人将孩子带到附近河流湖泊游泳或让孩子和其他非成年人在河流湖泊游泳的比例也要高于非留守儿童（图20-3）。而从面临突发事件时求助电话的知晓率来看，留守儿童监护人对报警、火警、急救电话的知晓率也远不如非留守儿童的监护人，增加了留守儿童在面临伤害时不能获得及时救助的风险（图20-4）[20]。

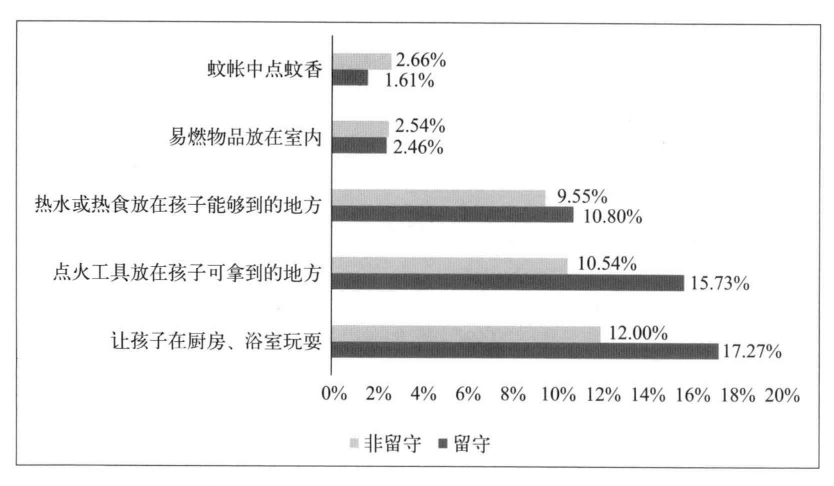

图20-1 3岁以下儿童监护人发生容易烫伤儿童的行为的情况[20]

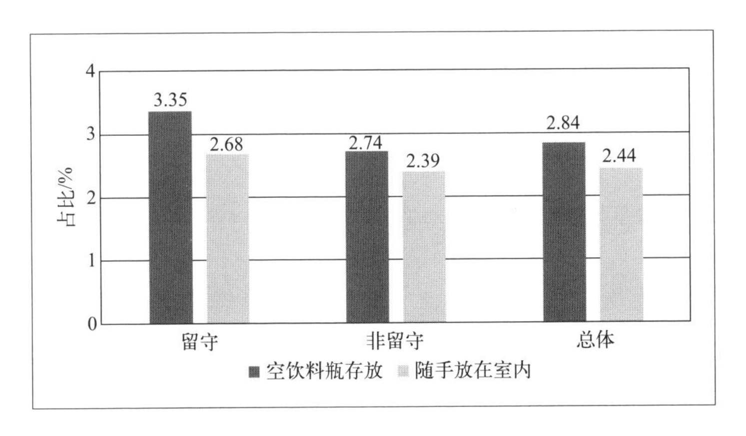

图 20-2　3 岁以下儿童家庭农药存放方式 [20]

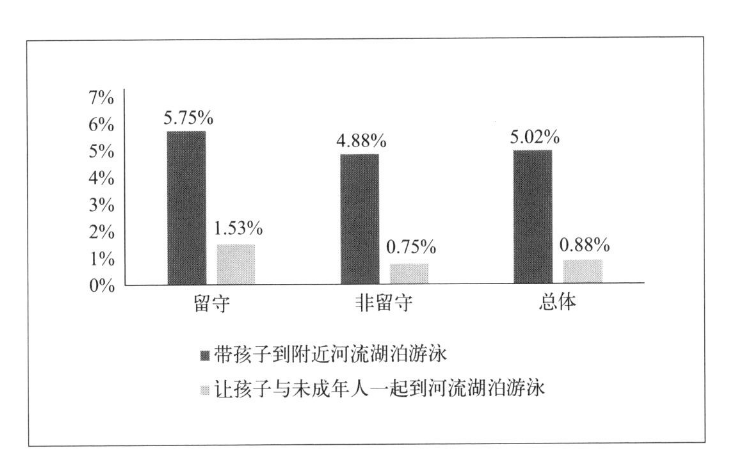

图 20-3　3 岁以下儿童监护人带儿童在河流湖泊游泳的情况 [20]

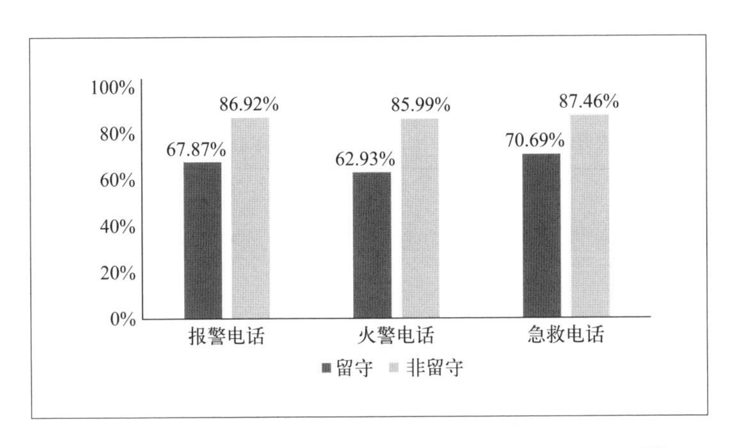

图 20-4　3 岁以下儿童监护人求助事件报警电话知晓率 [20]

20.6 其他应关注的照护问题

20.6.1 照护服务的规范化有待加强

经过多年的发展，我国 3 ～ 6 岁学前儿童教育相对规范和成熟，但 3 岁以下婴幼儿照护，无论是家庭照护还是托育机构照护，规范性都有待加强。国家相继颁布《托儿所幼儿园卫生保健管理办法》、《托育机构保育指导大纲（试行）》、《托育机构婴幼儿伤害预防指南（试行）》、《托育机构婴幼儿喂养与营养指南（试行）》、《婴幼儿喂养健康教育核心信息》[21] 等文件和规章，这些内容的培训、实践以及政策法规体系的修订完善，都需要时间和人员的投入[22]。

20.6.2 流动和留守婴幼儿的照护问题有待关注

流动人口家庭中的婴幼儿往往由家庭成员照看，包括父母或祖父母，受限于对流入地的支持网络以及公共服务的利用，这些家庭的婴幼儿照护知识往往低于户籍家庭，更需要关注和指导。部分不具备家庭照看条件的流动人口，则需要利用城市 3 岁以下婴幼儿托育服务，但流入地往往属于城市地区，普惠托育服务相对不足[23]，民办托育机构价格相对较高，限制了流动家庭的选择，一些流动家庭不得不选择支付得起的家庭户托育，或是没有备案的师资匮乏的民办托育所。如何将科学养育照护知识普及到流动家庭照护人[24]，并规范和监督家庭户托育和民办托育的照护服务，是当前面临的艰巨任务。

尽管我国已经完成历史上规模最大的脱贫攻坚战，但如何提高脱贫地区的婴幼儿的照护养育水平仍任重道远。这些脱贫地区的留守儿童往往采取隔代照护的形式，面对年龄相对较大、文化程度偏低、照护养育知识相对传统、缺乏现代育儿理念和技能的隔代照护人，婴幼儿照护知识的宣传教育、养育实践技能的培养和传授，都成为亟待解决的问题。这些地区的健康教育资源和人才队伍的匮乏都影响着“普及科学婴幼儿照护”任务目标的达成[20,25]。

20.6.3 职业女性背奶的需求亟待解决

产假结束返岗工作的女性，在城市地区，特别是通勤时间较长的大城市，如果继续坚持母乳喂养，不得不采取在上班时间定时吸奶，带回家中供婴幼儿备用，这种现象被称为背奶。如何选择吸奶用具？如何科学储存和运输，保证母乳的营养与安全？背奶的保质期如何判定？如何保证背奶妈妈的奶量？[26]婴幼儿食用时注意事项都有哪些？[27]对于上述问题，背奶一族亟须得到系统、科学的指导。

20.6.4 婴幼儿视力保护问题亟待重视

脱贫地区33.6%的0～3岁儿童平均每天屏前时间超过1h[8]，超过《综合防控儿童青少年近视实施方案》标准。发达地区婴幼儿则对手机、电视、平板的接触机会更多。尤其在隔代照护方式下，为了保持婴幼儿的安静，照护者往往允许婴幼儿更长时间地接触电子产品，给婴幼儿视力带来潜在危害。

（王晖，刘冬梅）

参考文献

[1] 洪秀敏，朱文婷．全面两孩政策下婴幼儿照护家庭支持体系的构建——基于育儿压力、母职困境与社会支持的调查分析．教育学报，2020, 16(1): 35-42.

[2] 丁亮亮，师梦真，张万珍．我国以家庭为中心的0-3岁婴幼儿照护服务现状与发展趋势．教育导刊（下半月），2021, 1: 75-79.

[3] 徐琳.0-3岁婴幼儿照护服务体系建设的挑战与思考——以江苏省南京市为例．江苏第二师范学院学报，2022, 38(3): 84-88, 110, 124.

[4] 王晓蓓，李佳．中国母乳喂养影响因素调查报告（会议版）．北京：中国发展研究基金会，2020-7-19.

[5] 杜智鑫，高山俊健，李绍平．分类施策提高我国母乳喂养率．北京：中国发展研究基金会，2017-10-20.

[6] 冯瑶，周虹，王晓莉，等．中国部分地区婴幼儿喂养状况及国际比较研究．中国儿童保健杂志，2012, 20(8): 689.

[7] 杨金柳行，李夏芸，王燕，等．我国西部4省县级医疗保健机构新生儿早期基本保健服务现状．中国妇幼保健，2019, 34(10): 2178-2182.

[8] 刘树芳，常素英，王玉英，等．农村地区婴幼儿看护人对辅食添加认识的定性调查．中国健康教育，2007, 23(9): 653-655.

[9] 黎海芪．儿童进食行为和生长发育．中国儿童保健杂志，2002, 10(6): 398-400.

[10] 陈绍红，黎海芪．婴幼儿喂养与食物转换．国外医学儿科分册，2005, 32(5): 302-304.

[11] 侯杉杉，王文建，毛晶．北京市通州区婴幼儿看护人的儿童营养知信行现况与影响因素．中国妇幼卫生杂志，2022, 13(4): 22-28.

[12] 张丹，周戈耀，田海玉，等．贵州省0～3岁婴幼儿托育服务体系的构建——基于其他地区的经验借鉴．中国初级卫生保健，2020, 34(8): 22-25.

[13] 乌焕焕，康松玲．婴幼儿饮食习惯的问题分析与培养建议.2018年中国学前教育研究会学术年会论文集，2018: 3-11.

[14] 丁宗一．儿童营养学进展．中国儿童保健杂志，2000, 8(2): 174-176, 183.

[15] 鲍雪梅，陈建华，倪钰飞．婴幼儿早期喂养行为特点分析及其对婴幼儿饮食行为的影响．中国妇幼保健，2014, 29(10): 1581-1583.

[16] 李新，王宏丽，王昌辉，牛策．城乡婴幼儿喂养方式影响健康的现况调查及措施．中国儿童保健杂

志，2002, 6(2): 112-114.
[17] 杨海河，梁爱民，裘蕾，等 . 北京市婴幼儿家庭养育现状及与体格发育关系的调查分析 . 中国儿童保健杂志，2007, 15(6): 596-598.
[18] 刘淑美，刘馨，崔淑婧 . 北京市城区 2 ～ 3 岁幼儿饮食行为与家长喂养行为的调查研究 . 幼儿教育，2012, 11: 37-41.
[19] 俞幼娟，陈翼，段蕴钢，等 . 上海市外来人口婴幼儿喂养方法和安全行为教育评价 . 中国初级卫生保健，2009, 23(5): 36-38.
[20] 刘鸿雁 . 贫困地区农村留守儿童健康服务需求评估 . 调查课题资料汇编，2021-11-12. http://hcrc.cpdrc.org.cn/show/87.html.
[21] 邓艳南 . 喂养方案与习惯对幼儿牙颌发育影响的研究 . 北京口腔医学，2017, 25(1): 42-44.
[22] 罗枭 . 我国婴幼儿照护服务政策法规体系的完善——基于结构功能主义 AGIL 模式的思考 . 学前教育研究，2020 (12): 26-31.
[23] 杨春慧，杨洁，李海芸 . 社区普惠性婴幼儿照护服务需求现状与发展对策——基于对江苏省 X 市 48 个社区的调查 . 成都师范学院学报，2022, 38(10): 111-117.
[24] 李海荣，王梦 . 婴幼儿照护方式对流动女性劳动参与的影响——一项基于全国流动人口动态监测数据的实证检验 . 重庆理工大学学报（社会科学），2022, 36(9): 113-124.
[25] 中国儿童中心课题组 . 脱贫地区婴幼儿照护服务状况调查 . 早期儿童发展，2022, 1: 63-74.
[26] 文丽丽 . 背奶妈妈如何保证奶量 . 健康博览，2021, 2: 54.
[27] 董丽媛，刘亦娜 .“背奶妈妈”如何实现无忧母乳喂养 . 健康向导，2021, 27(6): 7-9.